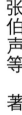

张伯声等 著

张伯声院士论著选集 下

西北大学名师大家学术文库

西北大学出版社

地壳的波浪状镶嵌构造[①]

张伯声　王　战

一、波浪状镶嵌构造说发展梗概

波浪状镶嵌构造说，是在我国解放后新发展起来的一种地壳构造运动假说。这一观点萌芽于 1959 年。最先阐明的问题是，相邻二地块在不同地质历史时期，都以它们之间的活动带为支点带，互作天平式的摆动，并相应地引起支点带本身与之同时做激烈的波状运动[1]。在此基础上，1962 年提出了整个地壳是由不同级别激烈运动的活动带，与不同级别相对稳定的地壳块体相结合，而形成的一级套一级的镶嵌构造；同时还强调指出，传统所称"地台古老镶边"的"地轴""地盾"等，实际上与地槽活动带的中央隆起性质相似，且在空间展布上一般也是相连的，故应划归活动带的范畴[2]。1965 年，把相邻二地块的"天平式摆动"在空间上扩大范围来统一考虑，引伸出地块波浪的概念，并论述了中国地壳的"非地台性质"；尤其是指出了地球表面存在着四个地壳波浪系统，用基于地球膨胀与收缩相结合，而以收缩为主的"脉动说"加上"收缩说"的"四面体理论"，来说明地壳镶嵌构造形成的机制[3]。1974 年，镶嵌构造说突出强调了地块镶嵌格局的波浪状及地壳运动的波浪性；同时，还汲取了地质力学的某些分析方法，把由于地球的脉动，以及因此而引起的地球自转速度变更对于地壳波浪镶嵌构造格局的形成和影响，作了综合的考虑[4]。自此以后，逐步明确地划出了以斜向构造为主交织而成的"中国构造网"[5-8][②]。

[①]本文 1978 年由地质部地质科技情报所编入《地质科技在发展中》（之三），并在第二届全国构造地质学术会议（1979）上散发。1982 年收入陕西科学技术出版社出版的《地壳波浪与镶嵌构造研究》。收录时作者对本文作了部分修改及删节。此为修改后文。
[②]西北大学地质系中国区域地质构造研究室，中国大地构造图（比例尺：千万分之一，根据"镶嵌构造波浪运动"学说编制）。煤炭工业部航测大队印刷，1977 年。

波浪状镶嵌构造说以地壳运动的三种形式（蚕行式、蛇行式、蠕行式）[9]，来形象说明地壳各大小块体的运动是以水平方向传递为主，但"漂而不远，移而不乱"。这样就有别于近 20 余年来国外流行的"板块说"所认为的，岩石圈几大板块在上地幔软流层之上作超长距离漂移的看法；而且，波浪状镶嵌构造是由于不同系统级级相套的地壳波浪的交织，而形成宏观与微观统一的级级相套的镶嵌构造。这也有别于有限数量的"板块"。

近年来，国际国内地质界所普遍注意到的"构造等间距""成矿等间距"等现象，用同系统、同级别的波浪具有相同波长的特性可以作出合理解释。而不同系统的各级波峰、波谷的相互交织对沉积建造、岩浆活动、变质作用，从而也对矿产有明显的控制作用。最近几年，通过对我国历史地震震中的时空分布特征同中国波浪状镶嵌构造关系的研究，表明用这一构造理论进行地震预测也是可以探索的。

二、波浪状镶嵌构造说不同于其他"镶嵌构造"和"波动"理论

国外有不少地质学者，如布鲁克（B. B. Brock）[10]、威克斯（L. G. Weeks）[11]、裴伟（А. В. Пейве）[12]、哈因（В. Е. Хайн）[13]、别洛乌索夫（В. В. Белоусов）[14]等，都曾提出过地壳构造的镶嵌形式，但他们所指的多是某些地区性的构造表现，或者如谢音曼（Ю. М. Шейнман）那样，认为地壳像"巨大角砾"，由许多大小地块杂乱无章地镶嵌在一起[15]。作者则认为，地壳中有不同系统和不同规模的构造带、断裂带、断层、节理等，把地壳分成一级套一级排列有序、大大小小的地块，又把它们结合起来的镶嵌构造[2, 3]，以及各级镶嵌地块的运动，表现着类似于、却又不同于流体的波浪，即采取"地块波浪"的运动，因此提出了镶嵌构造波浪运动的说法[4]。作者对于这种构造运动的发展过程，还吸收了李四光的地质力学理论[16-18]，探讨了地球由于脉动派生的自转速率变化所引起的效应，对波浪状镶嵌构造网的影响，并着重分析了中国地壳构造发展的基本特点，及其同整个地壳构造发展一般性规律的关系[4]。

镶嵌构造波浪运动说，不同于范拜麦伦（R. W. van Bemmelen）[19]和别洛乌索夫[20]所提出的起源于地下深部岩浆的波动；也不同于哈尔曼（E. Haarmann）[21]波动说的地球主要构造是由于宇宙能所产生，而次要构造是由于引力滑动或压力沉陷的结果；更有异于葛利普（A. W. Grabau）[22]脉动说的大陆有节奏地升降所引起的广泛海退与海侵；还有异于乌木布格罗夫（J. H. F. Umbgrove）[23]脉动说认为的地壳以下物质发动的脉动构造过程。所有这些有关地壳波动的说法，所强调的都是地

壳的垂向运动，而这里所提出的镶嵌地块波浪构造运动，不但认为地块波浪的运动方式主要是侧向转递，而且也认为地质力学理论所阐明的地球自转速度的变化是一种不能忽视的因素，推动着地壳的水平运动。壳下物质变化所生的垂向运动，虽说在地内是主要的，但对地壳上构造形象的影响和改造，则居稍次地位。至于以上所列举的各种"波动"说，它们基本上，甚至完全忽视了地壳的水平运动。

　　地壳运动的侧向传递，势必引起一定方向和一定部位的地块波浪。在波峰隆起处进行风化与剥蚀，到波谷洼陷地带，进行着沉积建造。波谷沉积地带反过来又决定着以后褶皱断裂、变质作用和岩浆活动的波峰带地位，这不仅限于地壳中特大构造带，如地中（海）构造带和环太（平洋）构造带，而且在它们之中发生发展的次一级、又次一级、更次一级等无数构造带或断裂、节理、劈理等，都是按照一定力学规律发展而成的地质构造网。这些构造带、断裂带、断裂面、节理、劈理等许许多多不同级的构造带或构造面之间，也就是不同级别的构造网中，有规律地按一定方向排列着大大小小的地块，而不是杂乱无章的"角砾状镶嵌构造"。

　　所有物质运动都采取波浪状的形式。毛泽东曾从哲学的角度指出："世界上的事物，因为都是矛盾着的，都是对立统一的，所以，它们的运动、发展，都是波浪式的。太阳的光射来叫光波，无线电台发出的叫电波，声音的传播叫声波。水有水波，热有热浪。"[①]作为固体地壳的运动也不例外。所有在地壳中镶嵌着的地块，不论其大或小，都曾有构造带、断裂带、断裂面、节理面、劈理面，夹在它们中间作为剪切带或面。那些不同规模、不同大小的地块和岩块，就在这些剪切带或剪切面的两侧，交互进行着上下或左右的相对错动或推拉运动，因而形成或大或小的地壳（块）波浪。所以，波浪状构造运动，实际上是构成镶嵌构造的直接原因，而它又是由于地球以收缩为主要趋势的胀缩脉动，以及由此而引起的地球自转速度变化，在地壳中派生的主要运动形式。对于地壳，特别是中国地壳的波浪状镶嵌构造，我们可以汲取地质力学的部分观点和方法来进行探讨，但不拘泥于地质力学的现有研究结论和研究范畴。

三、地壳构造的镶嵌图案

　　全球地壳构造最显著的现象是存在着两个最宏伟的构造带，即环太（平洋）构造带和地中（海）构造带。这是两大岛弧－海沟系，是当今整个地壳在构造地貌上差异最大的地带。它们也是环球最大的地震带和火山带。这两大构造带把整

──────────

① 1957 年 1 月 27 日 "在省市自治区党委书记会议上的讲话"，《毛泽东选集》第五卷，人民出版社，1977 年第 1 版第 361 页。

个地壳分为太平洋、劳亚和冈瓦纳三大壳块[4]（过去曾叫做巨大地块[2, 3]）。三大壳块之内，还可由次一级、再次一级等构造带，分为地台、地块以至更小的地壳块体；二大构造带内，也可以由次一级、再次一级等构造带以至断层、节理等，分为一级小一级的构造活动带，它们之中又分布着大大小小的地块、山块、岩块等。因此，整个地壳的构造，就是由一级套一级的大大小小的构造带或面所分割的一级套一级的大大小小的地块和岩块，又把它们结合起来的构造，就好像破伤了的地壳又被愈合了的伤痕结合起来的形象。这样既破裂又被结合起来的地壳构造，就叫作地壳的镶嵌构造[2]（图 1）。从全球地壳镶嵌构造的总体布局来看，又可以显示出四个系统地壳波浪的网状交织（图 1a，b，c，d）。每一系统的地壳波浪，又是一级套一级的。正是这些级级相套的地壳波浪的交织，决定了地球表面各个部位波浪状镶嵌构造的格局和特点。

四、中国地壳的波浪状镶嵌构造

中国的大地构造位置，恰好处于地中构造带和环太构造带在东亚丁字接头的部位和劳亚壳块的东南一角。或者可以更确切地说，是位于太平洋壳块和西伯利亚地台、印度地台三者作"品"字形排列的空当。由于地中构造带和环太构造带的一些类平行分带（古地中构造带和外太构造带）在中国交织成网，形成了中国的斜向构造网。网目中有秩序地排列着许多地块。它们过去既为纵横交错的地槽坳陷带所分割，到目前又为地槽褶皱带所结合，而且不论在地块或地槽褶皱带之中，都有次一级、再次一级、更次一级的错动带，再分割、再结合的一级套一级的大小地块、岩块。这就勾画出了中国地壳的镶嵌格局。

（一）中国地壳斜向波浪状构造格局

中国地壳构造，从目前的构造地貌来看，基本上是斜向的网格状。地中与古地中构造带，以及环太与外太构造带，多是自元古到现代不同时期的地槽褶皱造山带。它们在中国地区交织成网，因此也可以说，中国大地构造的总形势是个地槽网。夹在地槽褶皱隆起带之间的是地块沉陷带。两个方面的地块沉陷带交会地区，恰好出现一些地块。也就是说，它们正好处于网目之中。由此而形成的构造地貌，就好像两大系统的巨大波浪。褶皱断裂隆起带的所在是波峰，地块沉陷带分布在波谷。不同方向的波峰与波峰相交地区，隆起互相叠加，波峰往往更高；波谷相交地区，由于双重沉陷，波谷往往更低；波峰与波谷相交地区，则有各种不同的过渡情况。中国地壳的波浪状镶嵌构造就是这样有规律的构造格局（图 2）。

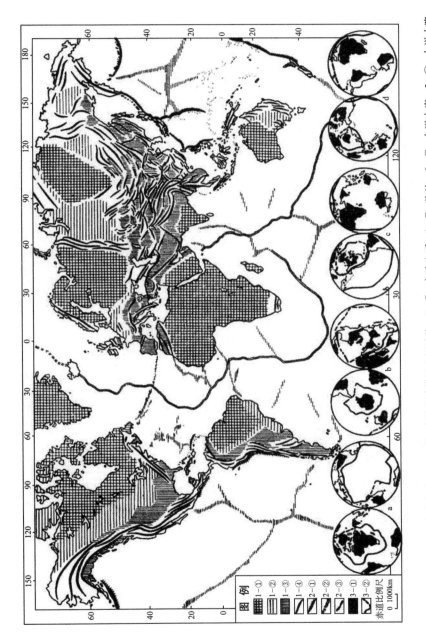

1—①. 大陆隆起区; 1—②. 大陆浅陷区; 1—③. 大陆深陷带及山间地块; 1—④. 大陆山系; 2—①. 海沟; 2—②. 大洋中脊; 2—③. 大洋中隆; 3—①. 附图内的隆起区; 3—②. 附图内的大圆构造带及环绕隆起板级的明显大圆构造带

a. 太平洋－欧非亚洲波浪系统; b. 北冰洋－南极洲波浪系统; c. 北美洲－印度洋波浪系统; d. 西伯利亚－南大西洋波浪系统

图 1　地壳波浪状镶嵌构造概貌

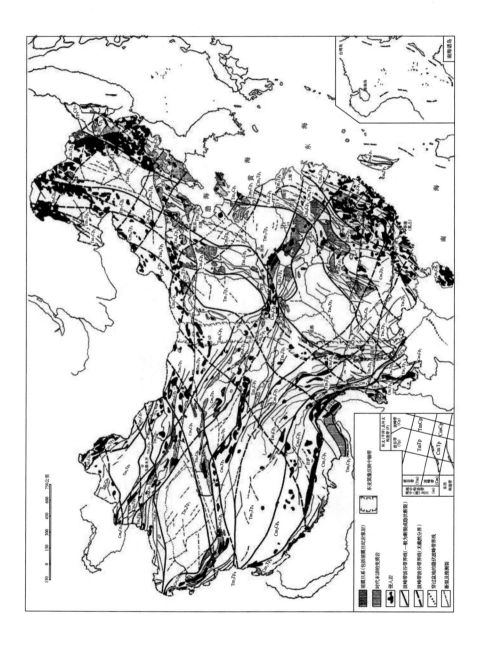

图 2　中国地壳的波浪状镶嵌构造图

自东向西排列的环太和外太构造带，由于太平洋壳块和西伯利亚地台的夹峙，走向北东，在中国东北地区收敛，向西南撒开。由南向北排列，走向北西西的地中构造带和古地中构造带，由于印度地台同西伯利亚地台的约束，在中国西部收敛，向东南撒开。这两排斜列的构造带，在中国地区互相交织形成中国地槽网。网格中分布着两个方向排列的地块。它们在中国西部，北西西方向延伸都较长，在东部，北北东方向延伸都较多。

环太及外太构造带由东南向西北，中国的顺序排列是：

Cp_1——台湾构造带　　　　　　　　　　〔环太构造带〕

Cp_2——东南沿海构造带

Cp_3——长白山－雪峰山构造带

Cp_4——大兴安岭－龙门山构造带

Cp_5——贺兰山－珠穆朗玛构造带　　　　〔外太构造带〕

Cp_6——阿尔金山－西昆仑山构造带

Cp_7——博格达山－阔克沙勒岭构造带

Cp_8——准噶尔界山构造带

上述构造带中，现今活动性最强的自然是台湾构造带。但在中国大陆内部，构造上最突出的却是大兴安岭－龙门山构造带。它非常明显地把中国地质构造划分为东西二部：东侧三条构造带走向多偏北北东，西侧构造带都偏向北东东。从目前的构造活动来看，大兴安岭－龙门山构造带在中国境内起着很重要的作用，在近代火山和现代地震活动方面是非常明显的地带。

斜贯中国走向北西—南东的地中及古地中构造带，由西南到东北依次为：

Cm_1——喜马拉雅构造带　　　　　　　　〔地中构造带〕

Cm_2——哀牢山－海南岛构造带

Cm_3——昆仑山－巴颜喀拉山－南岭构造带

Cm_4——天山－祁秦－大别山构造带　　　〔古地中构造带〕

Cm_5——阿尔泰山－阴山－泰山构造带

Cm_6——辽河－辽东构造带

Cm_7——小兴安岭构造带

上列北西西向的这些构造带中，除喜马拉雅构造带，无论构造地貌上或现代构造活动性方面，都是最具有活动特色的以外，在中国内部最引人注目的要算是天山－秦岭－大别山构造带了。在地质构造发展上，它将中国截然分为南北两个地质区域。它在当代地震活动性方面，也是比较突出的地带。

（二）中国斜向构造网上叠加的正向构造带

中国北东向环太和外太造带，同北西向地中和古地中构造带互相交织所形成的斜向构造网上，可以见到附加于其上的近东西向和近南北向构造带（见图2）。它们往往随着斜向构造带的交叉部位拐来拐去，呈舒缓波状甚或锯齿状分布。然而，由于它们的存在，确也在一些地带使北西和北东向的构造带出现转折。

构造网中所表现的近东西向构造带，一般比近南北向构造带更清楚一些。关于中国的东西构造带，早经李四光用地质力学观点予以说明。"镶嵌构造波浪运动"说大体上沿袭了这些东西构造带的划分，即天山－阴山东西构造带，昆仑－秦岭东西构造带，喜马拉雅－南岭东西构造带（李四光认为，南岭构造带西延经云南鹤庆一带后出国境，而对喜马拉雅带另有归属），以及黑龙江省北部所表现出的东西向构造。

前已述及，中国的大地构造部位，处于太平洋壳块、西伯利亚地台和印度地台所形成的"品"字形中间地区。天山－阴山构造带因靠近西伯利亚地台，在其南侧表现为微向南凸的"弓"形。因太平洋壳块的影响，使华北的几个镶嵌地块联合成为楔形，楔入中国内部。这一方面影响天山－阴山构造带，越往东越向东北偏转，另一方面使昆仑－秦岭构造带，越往东越向东南偏转。至于喜马拉雅山脉，则因印度地台的影响，在云南西部急转向南，形成马来半岛西侧的山脉。但就喜马拉雅构造带来说，它本是个接近东西方向的构造带，辗转向东越过横断山脉、"康滇地轴"和"江南地轴"，接连南岭，由此勉强形成喜马拉雅－南岭东西构造带。

就南北构造带来说，其中或有近于南北向的构造地段，但真正表现为南北构造走向的地段，比起东西构造带中的东西走向地段来就更少了。相当明显的南北向构造带，可以说是贺兰山－龙门山构造带，但仔细分析起来，就可发现贺兰山一般走向北北东，六盘山是北北西，龙门山又变为北北东甚至北东。如就贺兰山本身来看，其北段走向北北东，中段走向北北西，南段又是北北东。在这条经向构造带南段的"康滇地轴"，除其内部具有十分发育的北东向和北西向两组交叉断裂外，本身也有锯齿状屈曲。

其他的南北构造带，更是断断续续，模糊不清。其中一些地段，如大兴安岭、太行山、雪峰山等，表面上看是南北走向，仔细分析起来则是锯齿状，或表现为斜列形式。

　　根据以上对附加在斜向构造网中的东西向和南北向正向构造带零星分布地段的分析，可以认为，中国地质构造的基本特征是以斜向构造带所交织而成的构造网为主。透过这样的斜向构造网，可以在这里或那里的某些地段，看到附加于其上的经向和纬向构造带。而且，就在这些地段之中，也往往是由斜向的构造辗转交织，或表现为斜向成排的格局。

（三）分布于中国构造网网目中的地块

　　从以上概略谈到的构造带可以清楚地看到，几带北北东到北东东的环太和外太构造带，同几带北西西到北西的地中和古地中构造带，在中国交织而成的构造网相当规则。因此，夹在它们所交织的网目之中的地块排列，也是很规则的。一方面，可以看到一排排呈北东向排列的地块；另一方面，可以看到一排一排呈北西向排列的地块。它们的形状自然多是斜方的（见图2）。

　　夹在北东－南西向环太和外太构造带之间的地块，从东南向西北可以看到七排：

　　Tp_2——南海地块、台西地块、东海地块；

　　Tp_3——广西地块、湘赣地块、苏北地块、黄海地块；

　　Tp_4——景谷地块、楚雄地块、四川地块、河淮地位、渤海地块、松花江地块；

　　Tp_5——稻城地块、若尔盖地块、鄂尔多斯地块、查干诺尔地块、海拉尔地块；

　　Tp_6——藏北地块、柴达木地块、巴丹吉林地块；

　　Tp_7——塔里木地块、哈密地块；

　　Tp_8——准噶尔地块。

　　夹在北西－南东向地中和古地中构造带之间的地块，由西南向东北可以看到六排：

　　Tm_2——景谷地块；

　　Tm_3——南海地块、广西地块、楚雄地块、稻城地块、藏北地块；

　　Tm_4——台西地块、湘赣地块、四川地块、若尔盖地块、柴达木地块、塔里木地块、昭苏地块；

　　Tm_5——东海地块、苏北地块、河淮地块、鄂尔多斯地块、巴丹吉林地块、哈密地块、准噶尔地块；

　　Tm_6——黄海地块、渤海地块、查干诺尔地块；

　　Tm_7——松花江地块、海拉尔地块。

但是，既有迁就二排斜向构造网相交地带的东西构造带和南北构造带，在上述地块中就有一部分被切割成三角形、多角形。以上这些地块，也可以按近东西排列或近南北排列，但是远不如斜向成排那样明显。

（四）东亚套山字型构造体系

东亚套山字型构造体系[3]，是由于西伯利亚地台向南楔入太平洋壳块和印度地台之间所形成的巨型复杂构造体系。分析起来，这个构造体系可分为三部分，中间是东亚镜像反映中轴（见图2），其东侧有在广大地区分布的华夏构造带，其西侧有较窄的华西构造带。

东亚镜像反映中轴带，在一些地段走向北西或北北西，另一些地段走向北东或北北东。它实际上构成一条引人注目的作锯齿状转折的南北向构造带。它的形成看来是因西伯利亚地台同太平洋壳块的相对扭动，以及西伯利亚地台同印度地台的相对扭动，使华夏与华西二带相反的扭动褶皱，在它们之间窄狭的地带互相作麦穗状交叉，形成锯齿状南北构造带，构成华夏构造与华西构造的"反映中轴"。

从西伯利亚到马来半岛的北西与北东向构造，成锯齿状反复交叉，可以说是这条东亚镜像反映中轴带的一种构造特点。由此可以认为，这一近南北向辗转折曲，通过纬度共达50°的经向构造带，只是附加于互相交叉的斜向构造网上的锯齿状构造带。

华夏构造带和华西构造带在东亚镜像反映中轴东西两侧，二者大致对应，但并非真正的对称。华夏构造带，实际是"中轴"以东的中国东部、蒙古和西伯利亚东部、印支半岛，以及东亚边缘海地带，所表现的许多北东和北北东向斜列构造，排列成近于南北向的宽广构造地区。华西构造带，则是"中轴"以西的中国西部、蒙古和西伯利亚西部，以及马来半岛以西地带，所表现的北西和北北西向斜列构造，排成近南北向的构造带。

东亚镜像反映中轴以东的中国东部褶皱构造，不管其被阴山、秦岭、南岭三条东西构造带分割的东北、华北和华南等地区的构造发展是多么不同，但它们的构造线大多成北北东或北东向，夹在其中的侏罗纪及其以后的断陷盆地，走向也多成北北东或北东向。"中轴"以西的中国西部，特别是在密集分布着北西和北北西向构造线呈近南北延伸的华西构造带范围，它们的构造发展虽然也是随地而异，但其中的褶皱构造绝大多数走向北西或北北西。

因此，东亚镜像反映中轴带和华夏构造带、华西构造带所构成的特大型构造体系，可以说是一个由东亚镜像反映中轴带贯穿了的套山字型构造。其北部是以阿纳巴尔地盾向南接贝加尔构造带为脊柱，萨彦岭、阿尔泰山等为西翼，大兴安岭等为东翼，从蒙古中南部穿透弧顶，在前寒武、加里东、华力西及燕山等不同旋回形成的复合山字型构造。更南巨大而复杂的山字型构造，分布在阴山与秦岭之间，是以贺兰山及其西侧为脊柱，祁连山为西翼，吕梁山、太行山为东翼，从西秦岭穿透弧顶，在前寒武、加里东，华力西（－印支）、燕山等不同旋回形成的山字型构造。秦岭与南岭之间的巨大山字型构造，大致是以龙门山及其西侧和"康滇地轴"为脊柱，通过巴颜喀拉山的川西印支褶皱带为西翼，"江南地轴"及其两侧平行排列的大量北东向褶皱为东翼，从哀牢山一带穿过弧顶，在前寒武、加里东、华力里（－印支）、燕山等不同旋回形成的复杂山字型构造。过喜马拉雅－南岭构造带向南，在东南亚可以把马来半岛看作脊柱，以爪哇等岛为前弧，菲律宾群岛为东翼，安达曼列岛为西翼，很不对称的山字型构造。东亚套山字型的总形势有些扭转，它在西伯利亚和蒙古，还算比较对称些；进入中国以后，越向南不对称性越显著；直到马来半岛两侧，其不对称性的发展就很强烈了。

东亚套山字型构造在中国斜向交织构造网上的叠加，中国东、西二部分分别加强并改造了环太及外太构造带和地中及古地中构造带，且使东、西二部的地块分别打上了多字型和反多字型的构造印记，还使"中轴"经过地带的地块遭到部分乃至大部分破坏。

五、镶嵌构造的波浪式发展

（一）中国各相邻地块的天平式摆动

中国东部地壳由古地中构造带的一些段落，如阴山和秦岭等走向北西西的构造波峰带，分隔了东北、华北、华南等构造波谷带，再由外太构造带，如长白－雪峰、大兴安－龙门山等北东向构造波峰带的一些段落，在华北隔开河淮、鄂尔多斯，在华南分离湘赣、四川等地块。中国构造网不仅在目前的构造地貌上表现为这样的地壳波浪形式，而且在地史中不断进行着天平式的波浪摆动。

隔开华北和华南两地块的秦岭构造带，是两地块至少从元古代，甚至太古代晚期以来，不断作天平式摆动的支点带[1, 2]。我国太古界结晶杂岩主要分布于华北，元古界结晶片岩普遍出现于华南。由此可以推测，华北大部分地区在太古代多有沉陷，当时华南可能多是隆起；但到了元古代，华南各地大多坳陷，华北多处反而上升。这一大的天平摆动过程中，还包含着次一级的天平摆动。元古代时期，华北地块不均一上升，华南地块普遍沉陷。此后，华北曾一度沉陷，较广地沉积了蓟县系和青白口系，华南与之相当地层的分布，则甚有局限性。到了元古代末期，或峡东群沉积时期的震旦纪，华北地块经蓟县运动普遍上升，华南地块却广泛沉陷。

华北、华南两地块在元古代的天平摆动，引起其间秦岭地带发展为一系列地背斜和地向斜相结合的地槽体系。所谓"秦岭地轴"，可能是当时的一个地背斜部位。"地轴"地背斜快速隆起，伴随着它的是其两侧的急剧坳陷，形成两个元古代地向斜：南侧地向斜沉积了郧西群夹火山岩建造；北侧地向斜沉积了宽坪群夹火山岩建造及陶湾群碳酸盐岩建造。还应想到，在宽坪和陶湾这两个优、冒地向斜之间，应有一个冒地背斜把它们分开。这样，从"秦岭地轴"向北就组成一个优地背－地向斜组和一个冒地背－地向斜组，二者紧密结合成对，构成优、冒地背－地向斜偶地槽体系[24]。"地轴"南侧的郧西群主要为变质火山岩及陆源碎屑岩建造，因此，也是个元古代优地向斜，其南可能曾有一个元古代冒地向斜，但由于后来的下古生界掩盖难以看出。由此可见，秦岭元古地槽是由两对优、冒地背－地向斜偶组成的、相当复杂的、离心发展的双地槽体。这样复杂的地背－地向斜地壳波浪的形成，同华北、华南二地块反复作天平式波浪摆动应有密切关系。

华北、华南两地块，在晋宁运动前后的反复起伏波及秦岭，华山以南的熊耳优地向斜受蓟县运动影响而上升，其他在"秦岭地轴"两侧的元古地槽体系，都随晋宁运动而褶皱。此后，地轴以北大多上升，其南侧广泛沉降，震旦系峡东群由南向北超覆到秦岭地带。

寒武、奥陶纪，南、北二地块趋于平衡，在"秦岭地轴"南、北都有这二时期的地层沉积，但在洛南－卢氏一带发生带状坳陷。1975 年，西北大学地质系部分师生，曾在这一褶皱带发现含有正笔石目 (Graptoloidea) 有轴亚目 (Axonophora) 笔石的奥陶纪地层（因岩层遭受变质作用而难以详细鉴定），它与元古界熊耳群、高山河组－大庄组，以及寒武系等褶皱在一起[25]。这就说明，这个从元古代发展起来的地槽造山运动，推迟到寒武纪，甚至到奥陶纪，因而是早加里东期褶皱的，可以说这是个中、晚元古代－寒武、奥陶纪地槽早加里东褶皱山带。它的褶皱过程，则是由于华北、华南两地块在当时天平摆动所引起。

华北、华南两地块，在早加里东运动的天平摆动比较激烈，当秦岭洛南－卢氏的中、晚元古－寒武、奥陶地槽褶皱造山时期，南秦岭激烈坳陷。它接续着较薄的震旦、寒武、奥陶系，沉积了较厚志留纪地层。南秦岭地槽在志留纪激化成为优地槽，志留纪末褶皱造山，可以叫作震旦－早古生地槽晚加里东造山带。它的褶皱造山是由于南、北两地块，特别是四川地块，对鄂尔多斯地块在泥盆－早石炭纪的回升，虽然后者的下降还没有达到沉沦的地步。这个晚加里东运动，导致了中秦岭的镇安、柞水一带进一步坳陷，形成一个晚古生代冒地槽。中秦岭地槽是在早古生代地层基础上发展起来的晚古生地槽，到三叠纪，由于四川和鄂尔多斯二地块的再次反复摆动、褶皱造山，卷进褶皱的地层包括全部古生界及部分三叠系。涉及三叠系的构造运动，一般称之为"印支运动"。但由于地壳运动的波浪式传播，一次构造运动，往往在一个地区早些，另一个地区晚些，如欧洲的华力西运动在二叠纪就结束了，而它的余波达到东亚的活动时期，就推迟到了三叠纪。把这期运动划归阿尔卑斯运动初期，有些勉强；单独划分为一个构造旋回，则显得为时过短，且在东亚往往看到二叠、三叠纪地层平行接触，一起褶皱，难以分出华力西运动。因而，把印支运动作为华力西旋回最后一幕的看法[26]，无疑是恰当的。

三叠纪以后，秦岭构造带同中国构造网的其他大多数构造带一样，从地槽型的活动变为断块运动。侏罗－白垩纪，秦岭南北的四川和鄂尔多斯地块，都成内陆盆地。其中，四川的侏罗－白垩纪陆相地层，一般厚达四五千米，有些地方更厚；鄂尔多斯地块却沉陷较浅，陆相沉积较薄，部分地区也有数千米。两个地块的差异运动，引起秦岭褶皱造山带内产生许多断块，形成半地垒－半地堑构造，即盆地山岭构造，也就是块断式的地壳波浪，或叫地块波浪。在半地堑断陷盆地之中，沉积了侏罗－白垩系，以及第三、第四系。

第三纪以来，鄂尔多斯地块北仰南倾，向秦岭地带俯冲，四川地块南倾北仰，向秦岭仰冲；夹在它们中间的秦岭，作为整块也是北仰南倾，形成一个巨大而复杂的盆地山岭式的半地垒山块，在其北侧造成一个巨大而复杂的半地堑渭河断陷盆地。

从以上秦岭构造带的波浪发展与其两侧地块波浪状摆动的相互关系概略分析，可以看出，秦岭构造带是由反复变迁地位的中、晚元古，寒武－奥陶，志留，泥盆－三叠四个时期地槽体系波浪状构造发展形成的。

华北地块和东北地块以阴山构造带为支点带，进行天平式摆动的状况与上述相似。东北地块的上下摆动，同华南有类似之处；阴山构造带的水平摆动，方向同秦岭恰恰相反。

南岭构造带的构造地貌不像秦岭、阴山两带那样清楚，但大致以北纬 24 ～ 26° 为界，南北地层的发展不平衡。从四川地块和广西地块，以及夹在它们之间的贵州构造带（昆仑－南岭构造带的一段）加以分析，其波状起伏和水平摆动是很清楚的。

中国东部北北东向外太构造带两侧地块的相互摆动也很明显。

就华北地区来说，由东向西排列着鲁东、河淮、山西、鄂尔多斯等地块。华北地块上的太古杂岩分布较广，而元古代地槽型沉积形成的结晶片岩，则局限地分布于太古杂岩之间，山西和胶东就是这些结晶片岩零星分布的地带。这正好说明，在元古代，河淮及鄂尔多斯可能是上升较高的地块，山西和胶东曾有元古地槽体系的发生发展。

仔细分析华北地区元古代各地块的天平式摆动情况，还可看出，山西和胶东在中元古曾变为隆起，而位于其间的冀鲁河淮地块，曾一度大范围沉沦[27]。由此可见，华北地壳早在元古代就已表现出相邻地块的天平式摆动了。

蓟县运动后，虽然华北各地块结合一起，作整体运动，但仍不断发生微弱的反复波状起伏，这从华南震旦海水对华北东缘的侵漫情况，早寒武海水侵进华北的程序，以及寒武、奥陶海在华北各地沉积的变化，都可看得出来。由于缺失志留、泥盆和早石炭时期的地层，要辨认华北这一时期的地壳波浪比较困难。从中石炭海侵起，在华北又不乏找到此起彼伏的地壳波浪频繁变动的记录。许多不同阶段不同地带沉积的不同厚度、不同质地的煤系，可以作为很敏感的地壳波浪的见证。通过燕山运动，华北地壳发生严重破裂，最大的半地垒可以说是山西地块（大兴安岭－龙门山构造带在中段的膨胀部分），最大的半地堑则是鄂尔多斯地块及河淮地块。它们开始于三叠纪，从侏罗纪到现代才是它们大发展的时期。在山西这个隆起的波峰上，还发生了次一级、更次一级的半地垒－半地堑地块波浪。例如，太行山、吕梁山等山块就是次一级的半地垒，汾河断陷、大同断陷等是次一级半地堑。鄂尔多斯高原及华北平原的基底构造，也有这样的地块波浪，在鄂尔多斯及华北的石油物探、钻探工作中不断发现。这样的波状构造很重要。例如，华北平原下面埋藏着一系列东翘西倾的半地垒和半地堑地块波浪，以及其中许多次一级的半地垒－半地堑地块波浪，好像一个接一个的一端稍微掀起的阶梯形象，因而也叫作斜阶构造。它们可以形成古潜山油藏。

中国东部在华南由东到西排列，有台湾、闽浙、湘赣、四川等地块。由雪峰构造带相隔的四川和湘赣两地块，在地史时期曾反复波动。湖南在早、中元古代隆起，晚元古代深陷，震旦纪以前部分褶起，震旦时稍陷；四川在早、中元古代深陷，晚元古代褶皱，震旦纪时同湖南近于平衡。早古生代，湖南及其邻区深陷，在志留纪加剧，总沉陷超过8000米；早古生代，四川屡经海侵，但主要沉降期在寒武纪，沉积厚度不及湖南的半数。前泥盆地层，湖南有激烈褶皱和浅变质；志留纪中后期，四川只是升起成陆。湖南作为中泥盆－早三叠盆地的一部分，不断沉降，从晚三叠上升，以后形成地块波浪，断陷中接受中、新生代沉积；四川盆地缺乏泥盆与石炭系，到二叠、三叠纪才再度沉陷，侏罗、白垩纪成为大型内陆盆地普遍接受沉积，而且是向西逐步加深，到新生代隆起，但仍是东翘西倾。

夹在四川、湘赣之间的雪峰波峰带（包括武陵山带），是个构造敏感的"支点带"。它在川、湘两地块互相上下波动的地质时期，运动更加激烈。早、中元古代，雪峰是武陵8000米沉积的来源；晚元古代，武陵褶皱隆起，反成供给雪峰万米沉积的山地；震旦纪两处趋于平衡，都有部分洼陷，差异不大；早古生代，武陵带随着四川升起，雪峰带跟着湘赣褶皱；泥盆纪海，武陵带浅，雪峰带深；石炭纪，武陵成陆，雪峰海更深；二叠纪及早三叠世，又趋平衡，全部海侵；中三叠世，陆海反转，东成陆，西留海；晚三叠世以后，分裂成更多的地块波浪，其表现形式则为半地垒－半地堑式，即盆地山岭式构造。

台湾与闽浙两带，互相起伏的波浪运动也是清楚的。从前震旦到早古生代，福建西部和西北部沉积发育，由西向东，依次变薄变少，此时的台湾应是连着福建的一块陆地，为福建西部提供陆源沉积物质；前泥盆褶皱使华南各地隆起，而福建中东部及滨外发生晚古生代沉陷；二叠后的褶皱运动，又把中生代初期的坳陷带赶到闽浙西部，闽浙地带三叠、侏罗系的发育是自西向东，表明台湾地区的抬高；白垩纪闽东隆起，波及台湾坳陷；新生代以来，台湾坳陷带逐步向西回移，目前已发展到台湾海峡，这就不能不因波浪运动而使闽浙东部抬升，西部断陷。

中国西部许多构造带及其两侧地块的相对波动，可以进行同样分析。但是，西部的构造带不像东部简单，东西构造带明显迁就北西和北东两组扭裂带。这些扭裂带的相交，使整个天山构造带内分成许多斜方块，有的形成块垒，如库鲁克塔格、北山等，有的形成盆堑，如哈密、吐鲁番等。这些不同性质的构造段落所围绕的较大地块，如塔里木盆地，也就随着天山、昆仑山不同段落的扭裂带而形成斜方。这些扭裂构造带伸入盆地，隐没在较新地层之下，其构造格局很可能同天山和昆仑山中的斜方块垒和盆堑相似[6]。

藏北地块与塔里木地块、塔里木地块与柴达木地块、柴达木地块与藏北地块之间，同样进行着反复变换的波状起伏，依次夹在它们之间的西昆仑、阿尔金与东昆仑三个构造带，也都相应地进行着侧向摆动，不多赘述。

由上可知，目前中国构造地貌的波浪形象，是在长期的地史中由地壳波浪发展而成。地壳波浪随时随地的发展和变迁，既是形成地壳镶嵌构造的直接原因，也就成了镶嵌构造最重要的特点。

（二）地壳波浪的三种基本形式

地壳波浪运动所表现的形式是很复杂的。地壳波浪运动的类型，也同其他的波浪运动一样，基本上可分为纵波和横波两类。横波又可以分为垂向和侧向两种。形象地说，垂向横波好像蚕行时的弓屈，侧向横波好像蛇行时的蜿蜒，纵波好像蚯蚓的蠕行，其波动传播的方向都是近于水平的。弓屈和蜿蜒是分别通过垂向和侧向的变化，体现与其变化方向相垂直的水平方向的行进。地壳波浪的表现形式，基本上都可归为这三种。

（1）蚕行式地壳波浪清楚地表现在剖面上。地壳中一带隆起间一带坳陷，一带地背斜间一带地向斜，都是蚕行式地壳波浪。至于较小的褶皱，其波浪起伏就更清楚，是蚕行式的弓屈。由断裂形成的地垒－地堑、半地垒－半地堑，也都是蚕行式的弓屈波浪，不过这些又可以称为地块波浪罢了。

蚕行式的地壳波浪，不仅表现在构造横剖面中，纵剖面中也有表现。这应从与之交织的另一系统的地壳波浪传播情况去加以认识。

（2）蛇行式地壳波浪清楚地表现在平面上。构造带不论大小，水平方面都不是笔直的，而是表现为略显波状的曲线，说明它们在形成过程中曾不断作蜿蜒摆动。例如，仔细分析一下北西西向的天山－祁连－秦岭构造带，在古生代期间的波状摆动就可发现：北西西向天山构造带（与其斜交的北东东向天山构造带不计在内）的博罗霍洛古生代地槽构造发展，即构造迁移的方向，主要是从东北向西南；库鲁克塔格地槽迁移，主要是从西南向东北；到祁连山又翻过来，从东北向西南；秦岭地槽迁移，又从西南向东北。这样逐段随时代变迁反复转换方向的构造迁移，清楚地说明，一个大构造带上的构造发展，是有分段作反向侧面摆动的情况，即存在着蛇行式蜿蜒摆动的地壳波浪运动。在中间海岭，所谓的"转换断层"，实际上也是左右摆动的。

（3）属于纵波的蠕行式地壳波浪普遍存在。蠕行波的传播像蚯蚓的行动，它的头部缩短时尾部就伸长，头部延长时尾部就收缩，身体中的细胞，一段压缩，一段伸张。这种波浪运动，犹如地震的纵波，以及声波或爆炸后的气体冲击波等。

地壳运动的纵波表现，不论大小地块，相邻的地块对冲时，在它们互相挤压的集中地带，地壳垂向上变厚。褶皱、冲断、岩石变质，都可使地壳垂向上变厚，也就是在横向方面收缩。至于相邻地块本身，则相对稳定，厚度变化不大。

地槽褶皱带在中国分布的近等间距性，就说明它们是某种波浪运动。地块作侧向和垂向相配合的差异运动时，互相接近的地块，一方面作天平式摆动，另一方面作相对挤压，但在地块中很少发生物质的密集，而构造带却明显地发生物质密集作用。这种变化，实际上是地壳中蠕行波的表现。地中海构造带及环太平洋构造带在中国的分带，从每个分带的整体来说，就相当于地壳运动蠕行波的挤压收缩带。这些挤压收缩带可以叫作"波密带"，而其间的地块带则可叫作"波疏带"。

花岗片麻岩中的断裂片理带，也有蠕行波的表现。例如，小秦岭的花岗岩或片麻岩中，发现有近东西或北西西向宽达数十米的片理带，产状陡，向北倾。这些陡倾的片理带，可以代表一些较深的断裂带。而且同级的断裂片理带，大致呈等间距分布[28]。

上述三种地壳波浪，各有自己的特色，但它们又是互有联系、互相影响的。当今地壳所表现出来的波浪状镶嵌构造网，主要就是在不同地质历史时期所出现的这三种地壳波浪的综合[9]。

六、波浪状镶嵌构造的派生特点

在阐述了中国镶嵌构造的波浪状发展这个最重要的特点之后，便可以进一步说明由它所派生的其他特点。

（一）地质构造的近等间距性

地质构造的"等间距性"，已越来越为更多的地质学者所重视。它包括各级隆起或沉积坳陷的等间距性、各类火成岩带的等间距性，以及变质带、褶皱断裂带、片理化带、各种成矿带和矿化带的等间距性。它们是地壳作波浪运动的必然产物和有力佐证，也是使作者得以认识地壳波浪运动的地质构造基础。

最大的构造带，如地中大圆构造带，大致平分位于地理上南极和北极的两个构造极地；环太大圆构造带，大约平分位于非洲中北部和太平洋中南部的两个构造极地。这是同级构造近等间距的表现。

从图 1b 可以看出，地中构造带与北极构造极地之间，有北半球地台分布带，它与南极构造极地之间是南半球海盆环绕带，两相对应。地中构造带与北半球地台带之间，有两个坳陷带，它与南半球海盆带之间却是南半球地台分布带，也是两相对应。这也是同级构造近等间距的现象。

图 1a 所表现的环太构造带与其构造极地之间的构造，分配情况与上列情况相似，可以在经向上分出地台分布带与海盆环绕带相对应的近等间距现象。

中国的地中及古地中构造分带，以及环太与外太构造分带，这些分带之间的距离具有大致的等间距性。

局限到秦岭构造带本身，可以分为北秦岭、中秦岭及南秦岭地槽褶皱带，它们所占的宽度近于等距。按秦岭现代的盆地山岭构造地貌来说，洛南、商县、山阳、汉阴剖面上，半地堑盆地之间的距离颇为近似。

地块中的次一级构造带，也有近等间距性。例如，鄂尔多斯地块之中显示有三个近东西向构造带：一在北纬 40°南，二在 37～38°之间，三在 36°以南[5]。

但必须注意的是，不同级的地质构造，当然不具有等间距性；也不能只顾数字上同级，地槽褶皱带与地台或地块中"数字上"同级的构造带或面，自然也不能互相对比。

（二）斜向构造的普遍性

地壳中的构造带或面，基本上多是北东或北西向。至于东西和南北向构造带，总走向虽然近于东西和南北，但分段看，则往往偏于北东或北西向。例如，在总体表现为北东斜向的大兴安岭－龙门山构造带中看来是南北走向的太行山地段，其内部的构造线也多走向北北东或北东。又如，昆仑－秦岭东西构造带总的走向是蜿蜒转折，或走向北西西，甚至北西，或走向北东东，甚至北东。每个大构造带中，只是两段斜向构造带相交叉的部位，才出现近东西或近南北的走向。

大比例尺地质图中，构造带或面的走向，也常表现出同样的现象。这些现象，都应从不同系统地壳波浪的传播和交织去寻求原因。

（三）镶嵌地块的相对稳定性与构造带或面的活动性

镶嵌构造波浪运动的运动方式，总是相邻的镶嵌块体互作整体此起彼伏的差异运动，或一左一右的反复错动，抑或一推一拉的冲动。它们之间的带或面，就成了活动性较强的构造带或构造面。因此可说，凡是作整体位移的各级地壳镶嵌块体，都比较稳定些，而不断发生反复相对位移的地壳镶嵌块体之间的构造带或面，都是比较活动的。无论大小刚柔，概莫能外。

（四）构造带或面的剪错性

地质构造带或面是在地壳中曾经剪应力集中的地方，发生发展而成的错动带或面，这也是不分大小规模的。

从一级构造来说，环太与地中两个大圆构造带之所以形成岛弧－海沟带，或类岛弧－海沟带，都是由于相邻壳块的对冲。例如，大陆壳块向太平洋壳块仰冲，或太平洋壳块对大陆壳块俯冲，以及冈瓦纳壳块向劳亚壳块俯冲，或劳亚壳块对冈瓦纳壳块仰冲。它们形成环球第一级剪切错动带，也是构造地貌上差异运动最大的构造活动带。

由较小地块对冲而构成的构造带，可以秦岭为例。就目前的构造地貌来看，好像是秦岭北侧的鄂尔多斯地块对四川地块俯冲，或后者对前者仰冲，因而在秦岭形成一系列北翘南倾的斜阶状盆地山岭构造。但从其地层发育分析，已如前述，鄂尔多斯及四川两地块，曾在地质历史时期发生过反复的天平式摆动，以及随之而来的秦岭构造带内地向斜坳陷的反复迁移和褶皱运动。由此可见，秦岭是个反复错动的构造带。

断裂带及断层面更不待说，都是由于它们两侧地块或岩块，因剪力作用发生错动而形成的构造活动带或活动面。

（五）镶嵌地块多呈斜方形

斜向构造的普遍性,规定了镶嵌地块与岩块等的斜方形状和有规律的斜向排列。中国的地中及古地中构造带与环太及外太构造带交织成网，网格中的地块形状主要是斜方，个别成三角形或多角形地块，则是由于斜向交织的构造网上，一些附加构造形象的改造所致。同时，由于这些构造形象的附加，在某些地带也就歪曲了二组斜向构造带及其间夹的二组斜向地块带的整齐性。这种排列的整齐性的歪曲，往往使我们难以在这些地带发现它们分布的固有规律性，这也是引起构造理论多种多样的原因之一。

类菱形地块之内还套着更小的类菱形地块，如在连接大兴安岭－龙门山构造带的山西地块内五台断块及汾河断陷中，更次一级的块垒及盆地。岩石中的节理、劈理等，又把它们分割成为无数类菱形的岩块和石块。

七、对于波浪状镶嵌构造形成机制的探讨

地壳只是地球的一小部分，它的运动必须服从地球本身的运动。地球本身的运动主要是自转与脉动。这两种运动形式是统一的。地球自转速度的变化主要取决于地球体积的变化：地球自转速度变快说明地球体积的收缩，变慢说明体积膨胀。地球体积的这种收缩与膨胀交替进行，就是所谓脉动。从地球的整个发展来看，表现出的总趋势是以收缩为主的胀缩脉动。球体收缩时，收缩到最小体积的趋势应为四面体[29, 30]，因而要发生四个收缩中心。地球的四个收缩中心是太平洋中部、北冰洋、印度洋和南大西洋。地球上的这些地方，表现为最明显的洼陷。它们的对极是四个最明显的隆起，即非洲地台、南极地台、加拿大地台和西伯利亚地台。互相对应的洼陷和隆起之间，形成一系列似平行的构造活动带，在接近大圆的位置，形成最宏伟的构造活动带（图1a，b，c，d）。这样，地球上就有四个波浪系统互相交织。其中，太平洋－非洲波系和北冰洋－南极洲波系表现明显。环太平洋构造活动带和地中海构造活动带，就分别属于这两个波系的大圆活动带。另外两个波系的大圆活动带，不如上述两个那样清楚[3, 31]。为什么四个大圆活动带只有两个表现明显呢？可以用地质力学观点来加以解释。这两个大圆，一个近于经向，一个近于纬向。地球自转速度的变化，直接加剧了它们的活动程度[4]。

地球自转时产生离心力，其垂向分力为重力抵消，切向分力又分为二，即经向分力与纬向分力。这些分力随着地球转速的周期变化，影响地壳运动。地球自转速度变快时，物质自身的惯性造成低纬度壳段向高纬度推挤，以及中、低纬度壳段由东向西推挤；自转速度变慢时，则恰恰相反。不论哪个方向的推挤，在开

始阶段都要发生北东和北西向的共轭状扭裂带，形成全球性的扭裂网络[32]。进一步的经向挤压，造成地壳的南北向波峰波谷带；进一步的纬向挤压，造成地壳的东西向波峰波谷带。由于原始形成斜向共轭状扭裂构造的先在条件，更进一步发展的褶皱断裂带，不论是东西带或南北带，都"追踪"或利用这些斜向扭裂带，表现为蛇行蜿蜒的舒缓波状，甚或成锯齿状。

　　总之，地壳波浪状镶嵌构造格局的形成，主要是由于地球缩胀脉动引起的四个系统地壳波浪的交织，同时也是由于脉动所导致的自转速度变更。后者所造成的构造形象影响前者，或叠加其上，形成全球地壳既复杂又有规律可寻的波浪状镶嵌构造。

　　叠加在以斜向交织为主的中国构造网上的"东亚套山字型构造"，对中国的构造带和地块进行了有规律的改造。它所表现出来的较规则的似对称形象，表明是在一定的地应力场中发生发展而来。

　　前已提到，中国大地构造位置正好在太平洋壳块和西伯利亚地台、印度地台作"品"字排列的空当。太平洋地块最大，跨着两个半球的部分；印度地台跨着北回归线的低纬度地带；西伯利亚地台在北半球的中、高纬度地带。地球自转所引起的离心力的水平分力，使三者作差异运动，因而在中国部分造成三者对挤的应力场。地球自转所引起的离心力的经向分力，使西伯利亚地台向南运动较快，压力较大；印度地台向南运动较慢，中国西部在它们之间受到相对挤压。天山构造带及其两侧地块的波动之所以表现出对称性，就是由于处在这二壳块对挤中间部位的缘故。又因二壳块所处经度并不完全一致，它们的对扭使中国西部在大约93～103°之间形成一个明显的剪切带（华西构造带）。这一剪切带中，北西或北北西构造线特别发育。太平洋壳块中的经向分力，基本上南北抵消，相对稳定，但对于向南运动较快的西伯利亚地台来说，二者就必须发生相对扭动，在中国东部形成北北东及北东构造带（华夏构造带）。总之，从地质古代以来，西伯利亚地台就向南楔入太平洋壳块与印度地台之间。中国东部的左行扭动，导致北东和北北东构造线；西部的右行扭动，导致北西和北北西构造线。二者相结合，在中国中部形成一个近南北向的挤压带（镜像反映中轴），把中国构造图形分为东西两部。在贺兰－龙门山这条挤压带以东，地应力场主要是南北对扭，其次是东西挤压，分裂出来的斜方地块基本上是北北东向延伸的 S 型。这条挤压带以西，地应力场主要是南北挤压，其次是东西对扭，分裂出来的斜方地块一般是北西西向延伸的反 S 型。

　　大陆与海洋地壳在地幔上黏着的牢固程度不同。大陆壳以下的低速层薄，以至没有，海洋壳以下的低速层厚。壳下阻力以低速层的厚度为转移，低速层薄阻力大，低速层厚阻力小。就地壳的纬向运动来说，地球转速周期变快时，太平洋壳块因惯性及壳下低速层阻力小而运动落后，向亚洲大陆推挤，越在低纬度地带向西推挤越强。太平洋壳块在中国南部，表现出比北部更加明显的向西推挤。华北地块与华南地块就作为两个楔子，不平衡地向中国西部楔入，在东北与华北之间，以及华北与华南之间，形成二带右行扭动，向西作不平衡推挤，而华南地块向西推挤更强一些。因此，使古地中构造带在中国西部收敛，东部撒开。外太构造带在秦岭之南的部分，都一致向西成弧形凸进。印度地台的相对北推，以及华南地壳的明显西推，造成印度地台东北部向中国地壳部分楔入，兴安－太行－龙门山构造带以西的外太构造带，就在中国西部撒开，成为北东或北东东向。

　　从以上分析可知，无论是全球构造格局或中国构造格局的形成，都是至少远自元古代以来，在地壳水平位置基本上变化不大的情况下，由于地球缩胀脉动而发生发展的结果。地球自转轴虽有烛头状摆动，但基本无太大变化，因而赤道与两极的位置，也基本无太大变化。各处地壳块体的运动，方向上必须符合几个系统地壳波浪的传播和叠加状况，以及在一定边界条件下的扭动推拉关系。它们的相对地位，只能按地壳波浪和力学条件作适当的变迁。很难设想，它们能够在地幔之上漫无限制地漂来漂去，无规律地互相碰撞或反复拼合。大陆壳块在相对的侧向运动中，应是漂而不远，移而不乱。

八、镶嵌构造波浪运动理论与生产实践

（一）波浪状镶嵌构造与矿产的关系

　　（1）不同系统地壳波浪的交织对成矿的控制。两个系统地壳波浪的交织，使我国地壳的不同段落，显示出三种基本的地质特征，并且与之相应，发育着不同的矿产资源[4]。

　　Ⅰ. 波谷带与波谷带相交，形成构造网眼，一般表现为较深洼陷。在地史时期中，较多地表现为海盆地或内陆盆地，因而是沉积矿产发育的场所。例如，含油气盆地绝大多数处在这种部位，这种地段的边部常有煤田。

Ⅱ. 波峰带与波峰带相交，形成构造网结，一般表现为较高隆起。在地史时期中，较多地表现为隆起剥蚀区，古老岩系和中酸性侵入岩大片出露。这种地段普遍发育着与变质岩系有关的矿床和岩浆矿床（包括伟晶岩矿床）。由于地壳较深层物质在此被揭露，加之这里应力较集中，断裂十分发育，为较深层矿液向上活动创造了条件。所以，这种地段的内生矿产资源极为丰富，而外生矿产却被限制在其边缘范围或其中的小型坳陷。

Ⅲ. 波峰带与波谷带相交地段，形成构造网线，地史环境复杂多变。除了对成煤往往十分有利以外，还常常由于内生、外生成矿作用相互交错，形成各种各样的矿产资源。尤以各种与内生、外生成矿作用同时有关的矿床为多，如热液型及接触交代型多金属矿床，以及沉积变质矿床等。从矿产成因类型看，这种地段最丰富多彩；从金属矿化普遍性和规模看，其中一些地带的希望也很大。

以上是从大的波峰、波谷带相互交织所表现出来的总体情况，展示其与矿产资源分布的一般关系。同时还应注意，每一波峰或波谷带中，又有次一级的波谷与波峰，它们交织后又表现出不同的情况。例如，长江中下游地带，属于大别与雪峰两个波峰带相交地段，这就决定了它的矿产的丰富性；又因为这里是雪峰波峰带中的一个次一级波谷带，显示出第Ⅲ种类型地段的特征，从而表现出矿产类型的多彩性。处于构造网眼部位的含油气盆地，其中次一级构造网眼，常常是油田的位置，而再次一级的构造网结，则常是油气储集部位。构造网结中的次一级网结，常是金属矿化最有利的处所，或为一些小型的中、酸性斑岩体所占据，而它们正是造成金属矿化的母岩。

（2）波浪的等间距性与矿产的等间距性。各级各类波浪，都因其固有的波长而使波浪运动表现出等间距性。地质构造上的波浪运动，自然也有其等间距性。不同构造引起建造环境的改变，形成不同的造矿条件，产生不同类型的矿产。所以，"构造控矿"这个结论应予以肯定。在找矿工作中，矿产分布的成带性和等间距性，必须得到应有的重视[1]。但应当知道，①地壳是固体，不同刚性、柔性的固体物质，在地壳中的分布很不平衡，这会影响地壳波浪的幅度和波长，因而地壳波浪只能有近等间距性，甚至在有地块阻碍的地方，其等间距性会发生较大变化。

---

[1]张伯声，地壳的镶嵌构造与地质学的基本理论。地质参考资料，1975 年第 15 期，河南省地质局科研所。

②地壳波浪的规模，有大小不同的级别，在分析问题时，要寻求的是同级同类构造的等间距性。例如，在中国构造网中，地槽褶皱带的等间距以千百公里计，地块内的次级活动带以几十公里计，地槽褶皱带内次级构造的等间距以十几公里计，再次一级、更次一级构造的等间距可以公尺计。因而，只能在同级同类构造波浪中，而不能在不同级不同类的构造波浪中，去找等间距性。

太行山与龙门山两构造带是遥相连接的同一个北东向波峰带，只因强大的北西西向秦岭波峰带的隔开而难以明显看出。但是，我们可以看到，从东秦岭东北部（小秦岭）斜穿秦岭向西南直到勉（县）略（阳）宁（强）三角地区，有一系列北东向断裂及斜列的花岗岩体把它们联缀起来。小秦岭北东向的断裂带是很发达的，大一级的断裂带有较大的近等间距现象，小一级的断裂带有较小的近等间距现象。这对于在那里找多金属矿有重要的意义。我们也曾在小秦岭东潼峪，见到一些不同走向的等间距含金矿脉互相交叉的情况。一个老矿洞口外石壁上，残留有刻下的宋代年号，说明在九百多年前，我们的祖先就在这里开发金矿了。这里老洞子的开口，往往是在不同走向矿脉的交叉点。更重要的是，一条隐伏矿脉与露出矿脉的交叉点上，有个老洞口。这个洞口外并没有发现那个隐伏矿脉的迹象，而这个洞口与别的洞口的分布是近等间距的。由此可知，我们伟大祖国的古矿工早已发现了按照近等间距与构造交叉点找矿的规律。

近年来，我国各地在运用地质构造的等间距性进行找矿方面，已有相当好的成效。

（二）波浪状镶嵌构造与地震的关系

用地壳波浪系统作为预报地震的地质构造背景，也是可以探索的[33, 34]。

从图3可以看出，两组斜向构造带同两组斜向地震带大体符合。这决不是偶然的，而只能说明，中国地质历史时期构造网同现代构造运动形势大致符合。当然，构造网从发生、发展到现在，比较全面，而有文字记载的人类历史时期的地震记录却为时太短，现代构造运动及地震周期变动的记录还很不全面，因而现代地震的分布，难以完全符合构造带的展布，只能说大致符合。但这样的大致符合已经可以认为，从这些构造带的形成，发展演化到现代地震带，即当今地壳的构造活动带，其成因机制或地球本身的动力学状态，以及由这种状态所决定，但对地表构造带布局形象有影响的地球自转轴方位，自地质远古以来，至少元古代以来，并无很大变化。

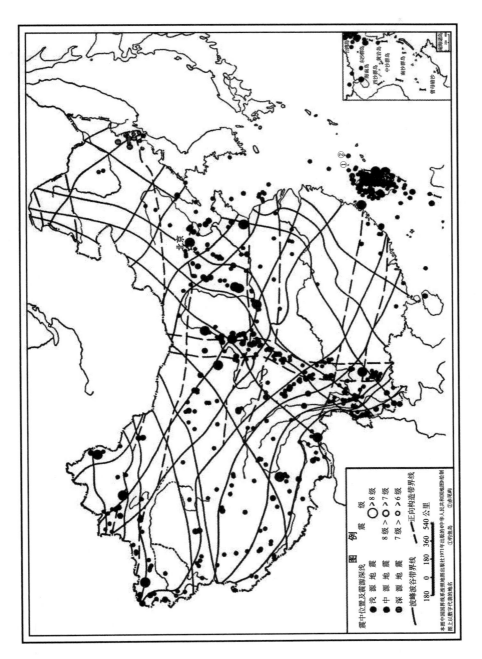

图 3　中国强震震中分布与波浪状镶嵌构造关系图

中国历史地震震中，基本上是在中国的两组斜向构造带内（或沿其边部）作跳动式迁移，而这种跳动又是以一定的构造部位为支点的反复跳动。例如，人类历史时期震中，沿外太构造带的一条分带，即大兴安－龙门山构造带的反复跳动，就是以古地中构造带的一条分带，即天山－秦岭－大别构造带与前者相交叉的部位（东秦岭及渭河地堑一带）为支点的跳动。

不同历史时期，地震活动有其不同的特点。在一段时期内，以北东向构造带的活动为主，北西向为次；而到了另一时期，则以北西向为主，北东向为次。这种特点，可以认为是不同系统地壳波浪活动所具有的独立性。它们各有自己的传播方向和周期性。

值得注意的是，当北东向构造带上发震频繁的时候，具体发震部位则往往是与北西向构造交叉地方；当北西向构造带上发震频繁的时候，具体发震部位则在与北东向构造带交叉部位。因此，两个斜向构造带的交叉部位容易发生地震，这已是人所共知的事实，在力学上的道理也是浅显易懂的。但有趣的是，也有那么一些构造交叉部位，在人类历史时期的发震情况却表现得十分出人意外。例如，陕西的秦岭和关中地区，是我国大陆内部最主要的两条斜向构造带相交部位。这是在地质历史上的活动性，甚至新生代以来的地貌差异，都是十分惊人的。然而，就在这一地区，人类历史时期的大地震，甚或中等强度的地震，却表现出长达700年左右的周期性。外太构造带或古地中构造带的单向地震活动，都不足以导致这里发生大地震，而必待两个系统构造带的同时活动（或频繁交替）才能引起。这也许可以看作是不同地壳波浪的干涉现象吧。

贯穿中国中部，近乎南北方向的东亚镜像反映中轴带，是一条醒目的地震带。它在中国地震研究上的地位，几乎是不容忽视的。无论以何种理论为指导，用何种观点来看待和研究中国地震，都不得不承认这条地震带的存在。地震界通称其为"南北地震带"。从地壳波浪状镶嵌构造的观点来看，"南北地震带"在地震研究上的重要性，在于两个系统的地壳波浪，无论其中哪一个的活动传播到这里，都足以激发这个带上发生强震。这就使得它成为我国内部地震最频繁的部位。一方面，"南北地震带"本身就是迁就两个斜向系统的构造带而形成的"南北"构造带（并非真正的南北，局部看来，都是北东和北西）；另一方面，中国的大地构造位置处于太平洋壳块、西伯利亚地台和印度地台三者作"品"字排列的空当，"南北地震带"的存在，正好从又一个侧面证明，由三者对挤所形成的"东亚套山字型构造"中轴（即东亚镜像反映中轴）的存在。黄汲清等（中国地质科学院地矿所大地构造组）近年来也认为，这里是"滨太平洋构造域应力场与特提斯喜马拉雅构造域应力场之间在最新构造时期的干涉带"[35]。这表明，越来越多的学者注意到了这一地震活动带，实为不同方向传来的地壳波浪运动的叠加所形成。

总之，用波浪状镶嵌构造观点探索地震，应从地壳运动的波浪性来分析不同系统地壳波浪的传统方向、活动周期和在同一带上的跳动式迁移状况。同时，还要研究不同系统地壳波浪互相叠加种种情况和显示出来的规律性，从而更好地指导地震的预测预报工作。

镶嵌构造波浪运动说，目前还只是一种萌芽性的地壳运动假说，在它的面前有很多问题需要去解决，还望广大地质工作者、构造地质学者，以及从事地学领域其他学科、方向研究或对地学有爱好、感兴趣者，多加批评指正。

参考文献

〔1〕 张伯声. 从陕西构造单位的划分提出一种有关大地构造发展的看法. 西北大学学报（自然科学版），1959 年第 2 期

〔2〕 张伯声. 镶嵌的地壳. 地质学报，1962 年第 42 卷第 3 期

〔3〕 张伯声. 从镶嵌构造观点说明中国大地构造的基本特征. 见：中国大地构造问题. 科学出版社，1965

〔4〕 张伯声，王战. 中国的镶嵌构造与地壳波浪运动. 西北大学学报（自然科学版），1974 年第 1 期

〔5〕 张伯声，汤锡元. 鄂尔多斯地块及其四周的镶嵌构造与波浪运动. 西北大学学报（自然科学），1975 年第 3 期

〔6〕 张伯声，吴文奎. 新疆地壳的波浪状镶嵌构造. 西北大学学报（自然科学版），1975 年第 3 期

〔7〕 张伯声，王战. 中国镶嵌地块的波浪构造. 见：国际交流地质学术论文集·1·区域构造地质力学. 地质出版社，1978

〔8〕 张伯声. 中国地壳的波浪状镶嵌构造. 科学出版社，1980

〔9〕 张伯声，王战. 中国地壳的波浪运动及其起因与效应. 见：国际交流地质学术论文集：为二十六届国际地质大会撰写·1·构造地质 地质力学. 地质出版社，1980

〔10〕 B. B. Brock. Structural Mosaics and Related Concepts, Trans. and proc. Geol. Soc. S. Af., 1956, Vol, LIX

〔11〕 L. G. Weeks. Geologic Architecture of Circum—Pacific. A. A. P. G. Bull., 1959, Vol. 43, No2.

〔12〕 А. В. Лейве. Разломы и их роль в строении и развитии земной коры. Междун. Геол. Конг. XXI Сесся, Док. Сов. Геол., Проблема 18, Москва. 1960

〔13〕 В. Е. Хайн. Основные тилы тектонических структур, особенности и причины их развития. Междун. Геол. Конг. XXI Сесся, Док. Сов. Геол., Проблема 18. Москва. 1960

〔14〕 V. V. Beloussov et al. Island arcs in the development of the earth's structure（especially in the region of Japan and the sea of Okotsk）. Jour. Geol. 1961, 69, 5

〔15〕 Ю. М. Шейнман. Великие обновлени в тектонической истории Земли. Междун. Геол. Конк. XXI Сесся, Док. Сов. Геол., Проблема 18, Москва. 1960

〔16〕 J. S. Lee. Geology of China. Murby. London. 1939

〔17〕 李四光. 地质力学之基础与方法. 中华书局, 1945

〔18〕 李四光. 地质力学概论. 科学出版社, 1973

〔19〕 R. W. van Bemmelen. 1935, The Undation Theory of the Development of the Earth's Crust. Int. Gonl. Gong. 16th . Washington, 1933, Vol. 2

〔20〕 В. В. Белоусов. Основные вопросы геотектоники. Госгеолтехиздот СССР. 1945

〔21〕 E. Haarmann. Die Osziliations-theorie; eine erklarung der Krustenbewegungen Von erder und mond. Stuttgart; F. Enke. 1930

〔22〕 A. W. Grabau. 1936, Oscillation or pulsation. Int. Geol. Cong. 16, Washington, 1933 Report, Vol. 1

〔23〕 J. H. F. Umbgrove. The pulse of the Earth. ed., The Hague, Martinus Nijhoff, 1947

〔24〕 J. Aubouin. Geosynclines. Elsevier pub. Co. London, 1965

〔25〕 万山红. 东秦岭地质新发现（简讯）. 西北大学学报（自然科学版）, 1975 年第 3 期

〔26〕 郭令智等. 中国地质学. 人民教育出版社, 1961

〔27〕 王战, 吴文奎, 魏刚锋. 从郯庐断裂两侧的元古界看地壳的波浪运动. 见: 地壳波浪与镶嵌构造研究. 陕西科学技术出版社, 1982

〔28〕 西北大学地质系东秦岭构造体系研究组. 东秦岭（陕西境内）构造体系及其复合关系. 西北大学学报（自然科学版）, 1977 年第 1-2 期

〔29〕 W. H. Bucher. The Deformation of the Earth's Crust. princeton Univ. press. 1933

〔30〕 W. G. Woolnough. 1946, Distribution of Oceans and Continents—A Suggestion. Bull. Amer. Ass. Petrol. Geol. Vol. 30,1981

〔31〕 张伯声. 中国大地构造的基本特征与镶嵌构造形成的机制. 地质学报, 1966 年第 1 期

〔32〕 张文佑等. 现阶段地壳构造分区及其成因的初步探讨. 地质科学, 1963 年第 2 期

〔33〕 张伯声, 王战. 地震同地壳波浪状镶嵌构造关系初探——着重探讨陕西地震活动的规律. 西北大学学报（自然科学版）, 1980 年第 1 期

〔34〕 张伯声, 王战. 地壳的波浪状镶嵌构造与地震. 西北地震学报, 1980 年第 2 卷第 2 期

〔35〕 黄汲清等. 中国大地构造基本轮廓. 见: 国际交流地质学术论文集·1·区域构造　地质力学. 地质出版社, 1978

地震同地壳波浪状镶嵌构造关系初探
——着重探讨陕西地震活动的规律[①]

张伯声　王　战

【摘要】 本文阐述了地震与地壳波浪状镶嵌构造的关系，并着重对陕西的地震形势进行了分析，指出了对陕西地震进行中长期预报应密切注意的问题。

中国地区恰好处于环太（平洋）及外太构造带和地中（海）及古地中构造带相交接的三角地区中。这里的地震带大致随着这样两个系统的地壳波浪交织而成的中国构造网，形成了中国地震网。中国历史地震震中的跳动式迁移，基本是沿着这两个系统的构造带方向而反复活动。

陕西关中和秦岭恰好处在中国构造网及地震网的中心地区，北东－南西向的大兴安－龙门山构造带和北西－南东向的天山－大别山构造带在此相交叉。在人类历史时期，这二带的地震活动有其相互交替的周期性。这种交替，使陕西这个交叉点反而形成了地震频度较小的地区。只是当二带地壳波浪互相叠加，或频繁交替的时期，关中和秦岭才有可能发生强震。

自从 1976 年 7 月 28 日唐山地震以来，我们深感地震灾害对于社会主义建设和广大劳动人民生命财产所造成的威胁。根据已有的中国历史地震资料，运用"镶嵌构造与地壳波浪运动"观点，我们对中国地震的发震趋势和陕西地震活动的特点提出一些看法，供有关方面的同志参考。但从地震研究的现状来看，全世界还都仍处于探索阶段，要掌握地壳活动的规律性，尚需经过艰巨的努力。

[①] 本文完成于 1976 年 12 月。作者曾以本文观点在陕西省内作过十余场学术讲演，并由西北大学地质系中国区域地质研究组将其印成小册子，在省内部分单位散发。1978 年 4 月，本文摘要曾在国家地震局召开的"地震地质及地壳深部结构研究会议"上作过交流。1980 年发表于《西北大学学报》（自然科学版）第 1 期。

下面分四部分来讨论：①世界地震震中的地理分布同环球构造带的关系；②中国地震带的分布同中国构造网的关系；③中国地震带活动的形势；④陕西地震活动的特点。

一、世界地震震中的地理分布同环球构造带的关系

构造地震震中的全球性分布，基本上与全球构造带的分布相一致。它们主要集中在两个大圆构造带上：一是环太构造带，一是地中构造带；其次分布在大洋中脊或中隆（图1）。

环太构造带，包括东亚及澳洲东侧的岛弧－海沟带和美洲西侧的连山系。这个地带内分布有80%的强震。全世界约80%的浅源地震、90%的中源地震、几乎所有深源地震，都发生在这个构造带。中国黄海、东海及南海，为西太平洋的岛弧－海沟构造带所包围。我国台湾省则是这个带的一个环节，是我国地震强度最大、频率最高的地区。这里的中源地震较少，且不曾有深源地震的记录。

地中构造带从地中海两侧向东分为南北二带。北带经高加索、兴都库什山脉，到帕米尔。南支经伊朗南侧过巴基斯坦向北延伸，同北带在帕米尔会合，由此转折成为喜马拉雅山脉，到云南转成横断山脉，向南延伸到马来西亚，又东转到印度尼西亚。地中构造带的地震活动，仅次于环太构造带。那里多浅源地震，中源地震出现在帕米尔和喜马拉雅地带。

其他地震活动带主要集中于大洋的中脊或中隆，沿这些海岭都是浅源地震。

同地震带基本相吻合的世界性大构造带，其分布大多数是斜向，南北向和东西向的构造带，往往只是由于迁就、追踪北东和北西构造带的交接部位而形成。

二、中国地震带的分布同中国构造网的关系

中国地震带的分布，基本符合于中国大地构造网的构造带。

中国地壳构造的特殊性中，蕴藏着整个地壳构造的一般性。如果能把中国的大地构造格局搞清楚，就可以比较正确地掌握全球性构造的发展规律，从而找出构造地震的基本原因和发震的形势，并比较恰当地作出强震的中长期预报。

"镶嵌地块波浪构造说"（张伯声，1962，1965；张伯声，王战，1974）结合地质力学理论（李四光，1939，1945，1962）认为，中国地壳表现为由一些活动的构造带分割成的许多相对稳定的地块，又由这些构造带把后者结合起来的构造形式（图2，表1）。大构造带中，还有不同规模的大大小小的构造带，把它们分

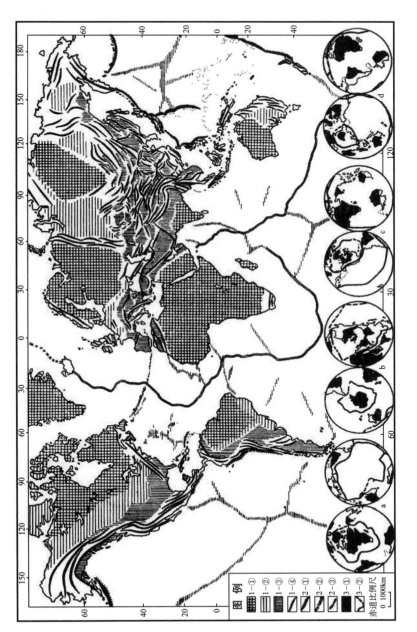

1－①. 大陆隆起区；1－②. 大陆浅陷区；1－③. 大陆深陷带及山间地块；1－④. 大陆山系；2－①. 海沟；2－②. 大洋中脊；
2－③. 大洋中隆；3－①. 附图内的隆起区；3－②. 附图内的大圆构造带及环绕隆起的明显小圆构造带
a. 太平洋－欧非洋波浪系统；b. 北冰洋－南极洲波浪系统；c. 北美洲－印度洋波浪系统；d. 西伯利亚－南大西洋波浪系统

图 1　地壳的波浪状镶嵌构造图

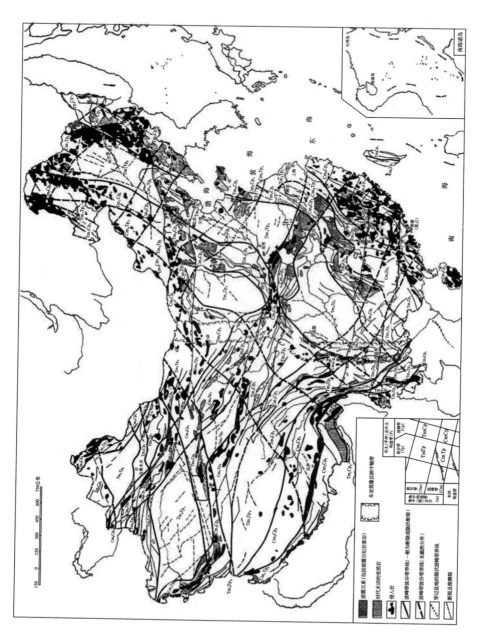

图 2 中国地壳的波浪状镶嵌构造图

表 1　中国构造网及分布在网目中的地块

构造带组	中国构造网及分布在网目中的地块	外大 (平) 洋构造带														环太构造带	
		准噶尔界山波峰带 Cp	准噶尔-伊犁河波谷带 Tp	阿克塞钦勒博格达波峰带 Cp	哈密-塔里木波谷带 Tp	阿尔金-阿里昆仑波峰带 Cp	柴达木-西藏波谷带 Tp	贺兰-珠穆朗玛波峰带 Cp	鄂尔多斯-川西波谷带 Tp	大兴安-龙门山波峰带 Cp	松辽-四川波谷带 Tp	长白山-雪峰山波峰带 Cp	黄海-湘桂波谷带 Tp	东南沿海波峰带 Cp	东海-南海波谷带 Tp	台湾波峰带 Cp	台湾海沟波谷带 Tp
古地中(海)构造带	三江平原波谷带 Tm																
	小兴安岭波峰带 Cm																
	海拉尔-松花江波谷带 Tm								海拉尔地块 Tm.Tp		松花江地块 Tm.Tp						
	辽河-辽东波峰带 Cm																
	查干诺尔-渤海波谷带 Tm								查干诺尔地块 Tm.Tp		渤海地块 Tm.Tp		苏北地块 Tm.Tp		东海		
	阿尔泰山-阴山-秦岭波峰带 Cm																
地中构造带	准噶尔-河淮波谷带 Tm		准噶尔地块 Tm.Tp		哈密地块 Tm.Tp		巴丹吉林地块 Tm.Tp		鄂尔多斯地块 Tm.Tp		河淮地块 Tm.Tp		黄海				
	天山-秦岭大别波峰带 Cm																
	塔里木-四川波谷带 Tm		昭苏地块 Tm.Tp		塔里木地块 Tm.Tp		柴达木地块 Tm.Tp		若尔盖地块 Tm.Tp		四川地块 Tm.Tp		湘赣地块 Tm.Tp		台湾地块 Tm.Tp		
	昆仑-南岭波峰带 Cm																
	藏北-广西波谷带 Tm						藏北地块 Tm.Tp		稻城地块 Tm.Tp		楚雄地块 Tm.Tp		广西地块 Tm.Tp		南海		
	哀牢山-海南岛波峰带 Cm																
	永平-恩平波谷带 Tm								景谷地块 Tm.Tp								
	喜马拉雅波峰带 Cm																
	喜山南麓平原波谷带 Tm																

成不同级别的小地块。大地块也还有不同规模的构造带，把它们再分割成为无数大小不同级的地块。大地块方圆千百公里，如塔里木、鄂尔多斯、四川等地块；小地块，如太白山块、华山块等，长宽几公里到几十公里；还有大大小小的断裂或裂缝，把这些地块分割成更小的地块或岩块。所有这些大小地块和岩块，都曾因地壳作过互相上下、左右交错及或推或拉的运动，形成地块波浪。地壳就是这样由不同规模的构造带、断裂或裂缝，分割成不同大小的地块和岩块；再由这些作上下、左右错动或推拉运动的构造带、断裂或裂缝，把它们结合起来，好像破伤了的地壳，再被愈合了的伤痕结合起来的形象，从几个方向看去，又好似"石化"了的波浪。这就是地壳的"波浪状镶嵌构造"。

由于斜向构造带及正向构造带，一而再、再而三地将地壳分割成不同级的地块，都相间起伏、左右摆动或前后推拉，形成波浪状。地壳运动从过去发展到目前，不论是世界性的或中国全国性的，更或是地方性的，都由于各级构造带在方向上、距离上，以及地块形状上的共性，说明地壳中曾有定向的波浪运动。

中国地震带的分布，大体上符合于中国大地构造网（图 3）。走向北东的地震带，基本符合于环太及外太构造带；走向北西的地震带，基本符合于地中及古地中构造带。两组斜向地震带同两组斜向构造带的大体符合，决不是偶然的，而只能说明中国地质历史时期构造网同现代构造运动形势大致相符合。当然，构造网从发生发展到现在，比较全面，而有文字记载的人类历史时期的地震记录，为时较短，现代构造运动及地震周期变动的记录还很不全面，地震的分布难以完全符合构造带的分布，只能说大致符合。但这样的大致符合，已经可以认为，世界构造带的发展历史和现代地震带分布，大体上是一致的，说明由于地球自转在目前引起的地应力场同地质历史时期的地应力场，基本上是一致的。从而说明，地球自转轴的方位，自古以来并无很大变化。

三、中国地震带活动的形式

首先，从图 3 可以看出，中国的北东－南西向构造带和地震带，既相符合，也稍有偏离。例如，华北及东北各地的地震带，基本符合于大兴安－龙门山构造带，但华北太行山以东及阴山以南的地震带，却偏离了太行山，逐渐通过斜列的北东向构造带，向东北过渤海，过渡到长白山构造带。它同较古的构造带不很一致，又有相合的情况。这条地震带，从太行山西侧及汾河断陷，向西南抵触秦岭东西

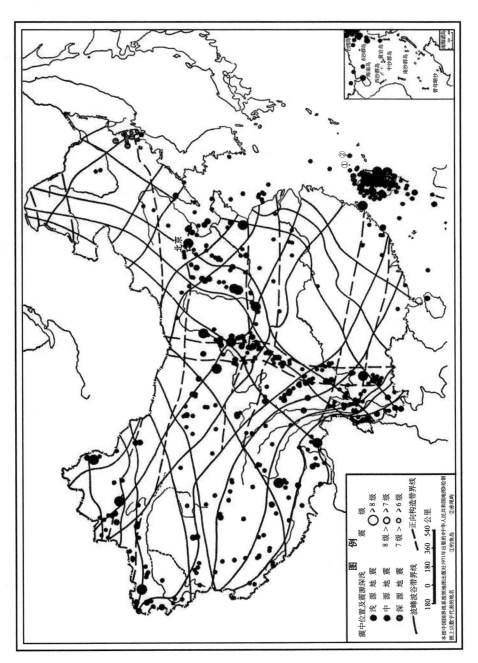

图 3　中国强震震中分布与波浪状镶嵌构造关系图

构造带，突然减弱；由东北向西南斜穿秦岭，到甘肃武都地区，重新显示活动；到四川松潘地区，又比较活动；然后通过康定、泸定、冕宁、西昌等处，进入云南的地震活动地区；由此过渡到腾冲和潞西，然后出国境。

由太行山－龙门山地震带向东排，首先是长白山－雪峰山地震带，它由辽东半岛向西南延伸，越渤海海峡，经山东半岛，向南南西，斜切大别山东南端。这一带地震比较活动，近年来的营口地震、唐山地震都出现在这个地带。只是过大别山向南西西延伸，到南南西走向的雪峰山地带，强震较少出现。

其他北东－南西向地震带从略。

地震震中在北东－南西向地震带上的跳动非常明显。以太行山－龙门山地震带为例，就可说明它们的跳动规律。表2说明这一带的震中跳动情况。其跳动规律

表2　沿北东－南西向太行山－龙门山构造带的地震活动

地震活动时期（公元）	云南、四川、甘肃		陕　西		山西、河北、辽宁		备　注
	震级	次数	震级	次数	震级	次数	
777～814	6～7	1	6	1	6	1	河北
1022～1068					6～6.75	3	山西
					7.25	1	
1290～1337					6～6.75	5	山西
					8	1	
1481～1588	6～6.75	8	6.5～6.75	2	6～6.75	5	
			7	1			
	7.5	1	8	1			
1618～1630	6～6.25	3			6～6.5	3	河北、山西
					7	1	
1652～1695	7.5	1			6～6.75	2	河北、山西
					7	1	
	6～6.75	4			8	2	
1830～1850	6	2					河北
	7.5	1			7.5	1	
	8	1					
1876～1888	6～6.75	4			6	1	河北
	7.5	1			7.5	1	
1917～1925	6～6.5	6			6.25～6.5	2	
	7～7.25	2			7.25～7.5	2	
1929～1952	6～6.75	29			6.25～6.5	8	
	7～7.5	4			7.25	2	
1966～1976	6～6.9	15			6～6.8	6	
	7.1～7.9	3			7.2～7.7	4	

是间歇和发展相间的。在历史的年代里，由于地震记录不全面，只能大致看到其长期的间歇和发展时间的韵律性。20世纪，由于我国的地震记录较详细，就可以看出其较短时期的韵律性。

这一带地震的集中部位首先是云南，其次是河北北部、山西北部和中部，以及四川西部，偶尔落脚于陕西关中地区。据历史记载（主要资料依据中央地震工作小组办公室1971，下同）这一带六级以上强震分布：云南45.71%，四川18.01%，河北12.86%，东北10.95%，山西7.62%，陕西2.26%，其他2.09%。由于在陕西的地震记录最早，这里的比例数可以说比实际高。

其次，中国地震在北西-南东向地震带的活动规律，可用天山-祁连-秦岭地震带为例加以说明。这一构造带上的地震大约分为南北二带。北带分布在北西向天山、祁连山、六盘山的东北麓；南带顺着这些山脉的西南麓延伸。到陕西后，北带经渭河地堑，由蓝田穿秦岭过渡到河南南阳盆地北部，向东南延伸于大别山北麓，更向东南入东海；南带从陕南的汉中、安康，到湖北、皖南，展布于大别山南麓，由福建北部进入东海。一般说，这个地震带的活动，在陕西以西比较强烈，以东相当减弱，因而陕西是个过渡区。从它的周期性来说，也介于二者之间。3000年人类历史的地震记录中，陕西只在明代出现过7～8级地震。这以前的2000多年，还没有这样高级的地震；这以后也可能相当长的时期，才能有这样强烈的地震。在这个过渡地区，以西地震强度高，以东强度低，自然有其地质构造上波浪发展的原因。作为北东-南西向的长白-太行-龙门山强震带，在陕西关中地段把这个北西-南东向的地震带截然划分为两个不同的地震活动地段：西北是比较活动的，东南是比较稳定的。在3000年的历史记录中，关中地区只有6次6级以上的地震。其中在15世纪到16世纪，集中于关中东部地区就发生了4次。陕西以东的河南南阳、安徽巢县及霍山、湖北麻城等广大地带，历史上只有少数6级以上的地震，没有出现过7级以上地震。多数6级和少数7～8级地震，多发生在陕西以西的祁连山南北及新疆天山南北各地，分二带反复跳动。其北西-南东向地震跳动情况，以陕西关中地区为一明显的界限。其活动情况列为表3。

表3　沿北西－南东向天山－祁连－秦岭－大别构造带的地震活动

地震活动时期（公元）	新、甘、宁、青		陕　西		豫、鄂、皖、苏、浙		备　注
	震级	次数	震级	次数	震级	次数	
734~793	6	1	6~6.5	2			
	7	1					
1125	7	1					
1306~1352	6.5	1					
	7	1					
1487~1585	6.25	1	6.25~6.75	2	6	1	
	7.25	1	7	1			
			8	1			
1622~1654	6	3			6	2	
	7~7.5	2					
1704~1718	7.5	2	6	1			
1812	7或8	1					
1879~1888	6~6.25	3					
	7.5	1					
1902~1914	6.5~6.75	3					
	7.5~8	2					
1917~1927	6~6.75	14			6.25	1	安徽
	7~7.25	3					
	8~8.5	2					
1932~1938	6~6.75	6			6	1	湖北
	7.5	2					
1943~1949	6~6.5	6					新疆
	7~7.25	3					
1955~1969	6~6.8	18					新疆
	7	3					

历史记载的这个带上6级以上强震分布是：

新疆天山	31.88%	
甘肃祁连山	34.80%	84.06%
宁夏六盘山	10.13%	
青海祁连山	7.25%	
陕西秦岭南北	10.14%	
鄂豫皖大别山等地	5.80%	

同样应该注意陕西地震记录早的情况。

由此可见，这一地震带的 6 级以上地震，在新、甘、宁、青四省（区）的分布，占绝对优势，而陕西是个过渡地区，到河南、湖北、安徽、江苏等省，强震则很少。这样，我们也就可以明显地看出，这一地震带上，震中从西北向东南的跳动，主要限于西北地区，历史上跳动通过陕西的强震不多。这是和北东－南西向地震带稍有不同的地方。

其三，昆仑－秦岭东西构造带上，地震震中的分布有同北西－南东向构造带相似的跳动情况。其历史上 4 级以上地震的分布：新疆昆仑山地带 24.52%，青海昆仑山地带 18.86%，甘肃西秦岭地带 24.41%，陕西东秦岭地带 13.20%（也应考虑记录早的问题），晋、豫、鲁、苏的东西带附近 17.01%。

由此看来，优势地震带仍然在陕西以西，陕西是个过渡地区，山西、河南、江苏、山东各省，在这个地带的地震较少。

其四，从"康滇地轴"经四川龙门山地带，再由甘肃武都向北通过天水、庄浪、静宁，以及六盘山，到宁夏贺兰山，基本上是一条近南北向的地震带。这一带上的地震，也有辗转跳动迁移的形势。还应指出，这一条"康滇地轴"－贺兰山南北带和昆仑－秦岭东西地震带，把中国东南部（除环太地震带上的台湾，以及接近环太带的闽、粤沿海强震地带以外）这一广大的弱震区，同其他各地的强震地区分开。至于分布在东北的广大地区，由于阴山东西构造带以北，也同上述东南广大地区相似，形成一个地震稳定的地区。这样，为华北地震活动地块所分隔的东北地块及华南地块，在地震活动性质上的相似性，恰恰如同它们在地史和构造发展上有相似性（张伯声，1962）一样。

从以上情况看，可将中国地震带划分为 6 个等级。第一等是台湾特别强震带和东北深源地震带，这是与环太构造带活动可能有关的地震带。台湾一向是中国构造地震最明显的地带，最近几十年来的地震活动，不论频度或强度，都是很活动的。跟环太构造带接近的地震带，在吉林和黑龙江东部出现，这是中国震源最深的地震带。第二等强震带在云南和藏东南地区，这是喜马拉雅构造带在中国急转弯的地带。第三等是一般强震带，像围绕渤海的辽宁、河北、山东、山西的汾河断陷、四川西部地区、甘肃的河西走廊、青海的祁连山及昆仑山地带、新疆的天山和阿尔泰山及昆仑山地带，以及西藏的广大地区、闽粤沿海地区。第四等是中强地震带，像陕西秦岭两侧的地带，这个地带处于我国大陆内部两条最明显的斜向地震带交叉地区，其地震强度不是加强了，而是大大减弱了（第四部分将针对这一特殊地带的情况，作进一步的探讨）。第五等是较弱的地震地带，如大别山及周围地区。第六等地区则是以上所提到的构造带和地震带分割的地块，如塔里木、鄂尔多斯、四川、松辽，以及河淮等地块，围绕江南地轴的浙、赣、湘、桂等地块。这是地震活动微弱，几乎没有强震发生的地区。

四、陕西地震的活动特点

前已述及，太行山－龙门山这一北东－南西向地震带、天山－秦岭－大别山这一北西－南东向地震带，以及昆仑－秦岭东西向地震带，在陕西关中和陕南地区相交叉，但其地震不论频度或强度，却不像一般地震带交叉地区那样强烈，而是成为中国地震的第四等地区。

从图 3 可以看出，中国的一个北东－南西向地震带，基本追随大兴安－龙门山构造带，从太行山两侧进入陕西。汾河地震带由韩城附近过黄河，向西南绕过中条山西端，经大荔、华县到蓝田，这是关中地震最强烈的地带。再由蓝田过秦岭，这个地段活动性较小，到宁陕一带又稍显活跃。这一带西北，由铜川、耀县到汉中是另一个带，过秦岭的一段，也较稳定。更向西北的一个斜列带，由宝鸡经东河（嘉陵江上游）到略阳，穿秦岭时也较稳定。泾河及嘉陵江以西，是南北强震带穿过秦岭的地带，但在某些分段上也可看到北东－南西向的斜列关系。由汾渭断陷斜穿秦岭，到宁陕地震带以东，有一条平陆到紫阳的地震带，它向东北可以连到山西昔阳。更向东还斜列着洛阳－镇坪地震带。这些北东－南西向的地震带，通过秦岭以北渭河断陷及南秦岭汉江流域时，一般是地震加强，而在汉江以北的秦岭地带，是较弱地震的地带。

从图 3 中还可看出，一条北西－南东向的地震带，基本追随天山－祁连－秦岭构造带，陇县－安康地震带从宁夏固原向东南经陇县进入陕西，向东南斜穿秦岭的弱震带，到宁陕及安康地区，又形成一个地震较强地带，最后在镇坪和湖北竹溪、竹山地区，再一次形成一个较强地震地带。陇县－安康地震带的西南，斜列出现的是略阳－汉中地震带，它从甘肃天水穿过徽成盆地的弱震带，到略阳、汉中又成一个较强地震地带。陇县－安康地震带的东北，有淳化－商南地震带，它从宁夏银川－吴忠向东南，穿过地震平静的鄂尔多斯地块西南部到淳化－高陵，形成一个渭北的较活动地震地带，然后由蓝田斜穿北秦岭的弱震地带，过商县和商南两个较活动地震地带，进入河南南阳较强地震地区。淳化－商南地震带的东北，有一带北西向的较强地震带，围绕潼关西北，包括大荔，东南达到河南阌乡。更东北的一条北西－南东向地震带，集中表现为韩城周围和山西平陆与河南三门峡地区的地震活动。

以上叙述的几条北东－南西向和北西－南东向在陕西关中与秦岭相交叉的地震带，比较密集地大约分布于北纬30～35°之间，即顺着秦岭东西构造带的两侧，形成一条近东西向排列的地震区所构成的地震带。

但太行－龙门北东－南西向地震带的山西强震带，过渭河地堑后，在秦岭地带突然减弱其地震的频度和强度；斜穿秦岭以后，到了甘肃武都和四川龙门山地带，又行加强。而北西－南东向地震带，从甘肃河西断陷的强地震带过来，同贺兰－珠穆朗玛地震带及贺兰－六盘－龙门山南北地震带相交，在陇西地块形成一个强震地区，过此向东南入渭河地堑，地震活动性突然降低，穿过秦岭时，变为弱地震区，直到宁陕、安康等地，活动性才稍有加强。

由此可以认为，关中和秦岭的地震形势，虽说是北东、北西及东西向三个地震带通过的地区，但因不同方向的地应力在关中和秦岭地区互相干扰，即不同地壳波浪的干涉，地震强度因而大大减低，把陕西渭河地堑和秦岭变成第四等强度的地震地带。

从1976年的情况看，陕西的弱震频度及烈度与过去相比虽有升级，但与其位于同一地震带上的相邻地段，如山西汾河流域及四川龙门山地区相比，只是小巫见大巫罢了（表4）。

表4　通过陕西的北东－南西向地震带1976年一、二、三季度活动情况

地　区	频度（大小震合计）	强度（7级以上地震）
河北唐山、京津地区	（三级以上）3700次	2次
山西太原地区	750次	0次
陕西关中地区	34次	0次
四川松潘地区	千次以上	2次
云南西部	近30000次	2次

陕西关中地区在人类历史时期，只有明代的（1487～1569）83年间，有7～8级地震。看来这里7～8级地震的大周期，有超过3000年的可能性。6级

左右强震在关中地区的周期是 700 年左右。而在那些强震发生的时期，往往是北东向和北西向地震活动互相交叉的时期（表 5）。70 多年来，北西－南东向地震带和北东－南西向地震带活动的基本交替情况：在 1900 年以前相当长时期到 1940 年的地震，是在北西－南东向的天山－秦岭－大别山构造带上反复跳动，主要在关中西北的六盘山、祁连山和天山地带发震；1940 年以后，是在北东－南西向的太行山－龙门山构造带上反复跳动，甚至从京津一带跨过渤海过渡到长白山构造带。近十余年来，我国地壳的活动性，随着全球地壳活动性的加剧而加剧。特别是从 1970 年以来，地震活动表现得十分活跃。但中国地震震中跳动迁移的方向并没有改变，仍然主要表现为北东－南西向的反复跳动，只是在邻近地中构造带的西藏到云南一些地段，有时出现北西－南东向的跳动情况。

从图 4 可以清楚地看出，1965 年以来，我国强震震中的分布主要在环太构造带和各条外太构造带上。另外，也可以十分明显地看到，与陕西处于同一条北东－南西向地震带上的云南、四川、山西、河北等省，都发生过几次强震，独独陕西是个空白。

陕西地震频度较小，这是已为历史记录说明了的（表 2 至表 5）。然而频度较小，并不等于不发大震。在 1487～1569 年这 83 年中，就曾发生了 11 次 $4\frac{3}{4}$ 级以上的强震，特别是朝邑的一次 7 级地震和华县的一次 8 级地震，确曾给人类带来巨大的灾害。为了探索像这样的虽然很少发生，而一旦发生时将给人民带来严重灾害的大地震，在陕西发震时的背景条件，我们把 1487～1569 年全国所发生的 $\geqslant 4\frac{3}{4}$ 级的地震震中，表示在平面图上（图 5）；为了寻求陕西发震时同发震前全国地震活动状况的差异，从 1487 年又向前扩展了 86 年。从图 5 可以看出，在陕西地壳处于较强烈活动的时期（1487～1569），也正是北东向地震带和北西向地震带同时活动（或频繁交替）的时候。而在这以前的 86 年里，却主要表现为一系列北东向地震带的活动，北西向地震带的活动极不明显。

同理，我们又选择了公元 600～880 年这一时期（图 6）。这 280 年也算是陕西历史上发震的一次"小高潮"，而且也由此向前作了适当的延展（406～599）。从图 6 所得的结果与图 5 竟然是如此之相似。600～880 年，也正是两组斜向地震带同时活动（或频繁交替）时期。而在此以前一段时期（406～599），则是单向（但此时不是北东向，而是北西向）活动时期。

表 5　中国地震在陕西北东—南西、北西—南东和东西向上的变迁关系

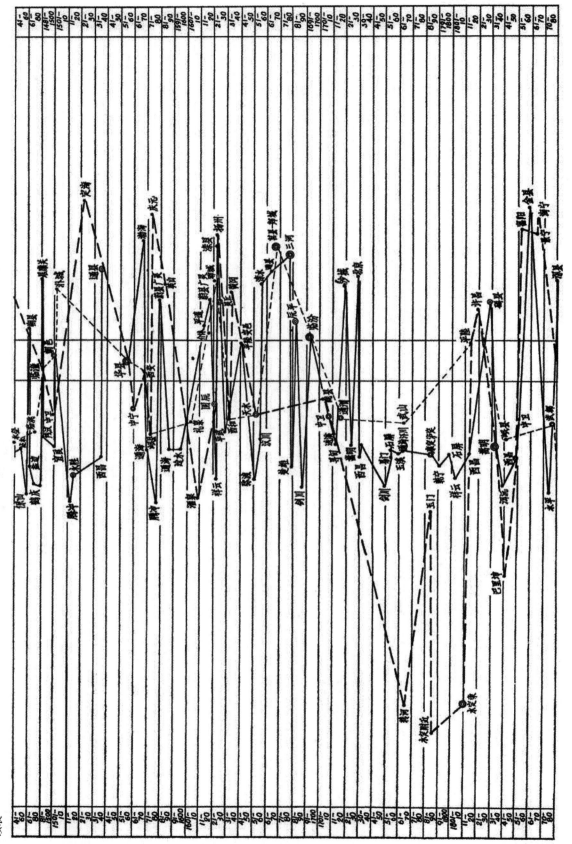

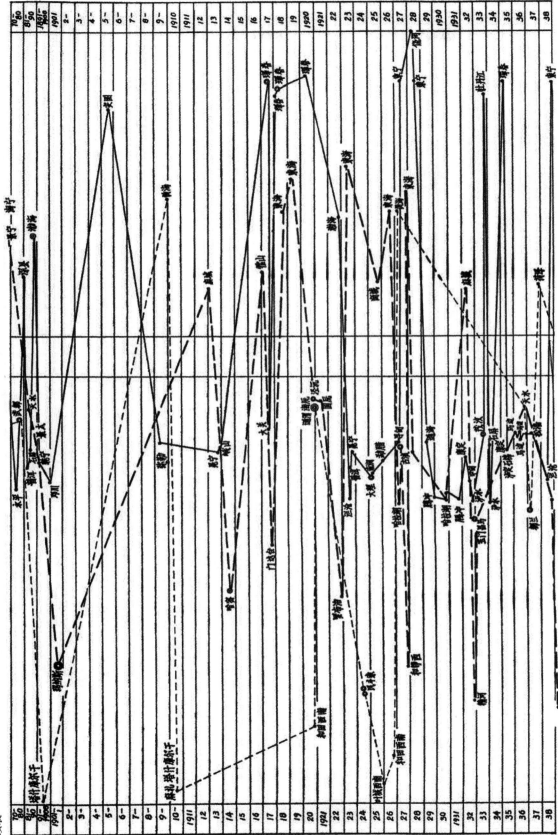

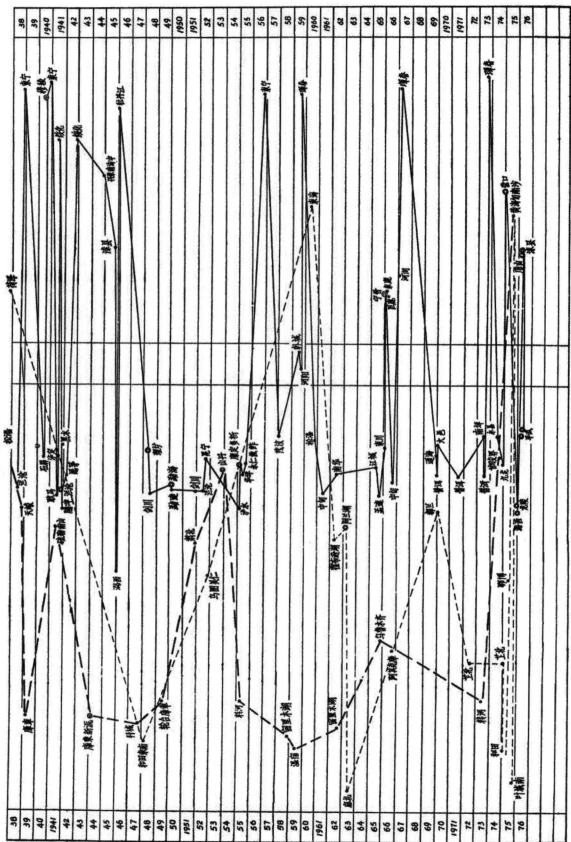

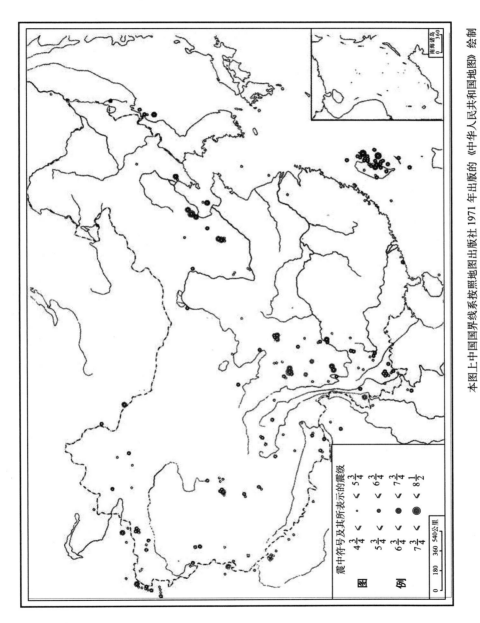

图 4　公元 1965 年以来我国强震震中分布图

本图上中国国界线系按照地图出版社 1971 年出版的《中华人民共和国地图》绘制

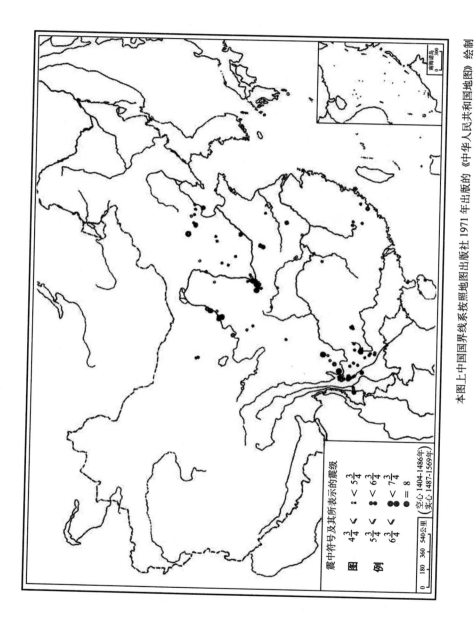

本图上中国国界线系按照地图出版社1971年出版的《中华人民共和国地图》绘制

图5　公元1401～1569年我国强震震中分布图

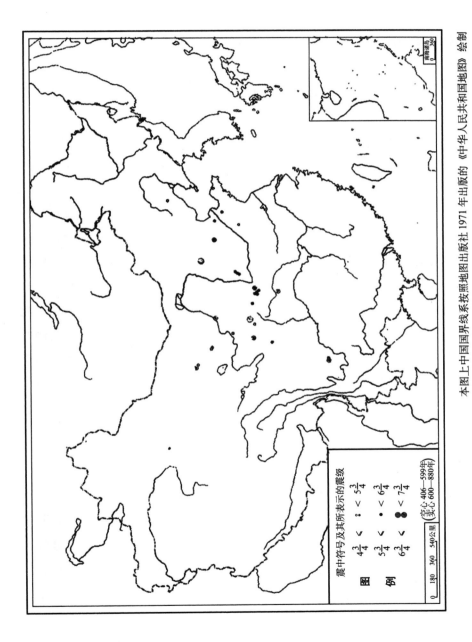

本图上中国国界线系按照地图出版社 1971 年出版的《中华人民共和国地图》绘制

图 6　公元 406～880 年我国强震震中分布图

图例

震中符号及其所表示的震级

$4\frac{3}{4} < \because < 5\frac{3}{4}$

$5\frac{3}{4} < \bullet < 6\frac{3}{4}$

$6\frac{3}{4} < \bullet\!\bullet < 7\frac{3}{4}$

空心 406—599年
实心 600—880年

0　180　360　540公里

也有两组斜向地震带同时活动或频繁交替时期，关中地震强度并不很高的情况。这应属于负性干扰时期。

通过分析陕西全部历史地震记录及对其历史上地震的两次活跃期，从地壳活动的方向性和周期性方面进行探索，可以得到这样的初步认识：

（1）中国大陆内部交织的北东和北西这两组斜向地震带，特别是通过陕西或邻近陕西的那些带，在只有一组方向活动而另一组方向基本上不活动的时候，陕西地区很少发生较强地震。

（2）当以上两组斜向地震带同时活动（或频繁交替活动）的时候，才是陕西有可能发生较强地震的时候。同时，也要结合考虑地壳活动在这里所表现出来的大约700年左右的周期性。

如果上述认识能够反映一些客观实际，也就可以认为，尽管当前全球地壳处于相对活动时期，尽管我国1976年连续发生了多次7级以上强震，尽管陕西和这些7级以上强震的震中又正好处于同一个地震带上，尽管1976年陕西地区的弱震频度数倍于往年，但强震（7级和7级以上）震中仍然不至于在陕西发生。

为了及时而准确地对陕西地震发出预报，专业和业余地震工作者应密切注视全国范围内的地震活动。一旦发现天山－秦岭北西－南东向地震带与正在活动的太行山－龙门山北东－南西向地震带同时活动起来，或者二者在进行频繁交替活动，那么，陕西地区发生较大地震也就有了可能，就应该做好防震抗震的准备工作，更广泛而深入地搞好各项微观和宏观的观测，为及时发布短期和临震预报提供可靠的依据。

结束语

地震是地壳运动的一种表现，它必须服从于构造运动的规律。由于地球自转的不平衡，地壳由两极向赤道、由西向东的运动也是不平衡的。这样就会在其中引起北东向和北西向的扭动，随后形成东西向和南北向的压张运动。固体波浪难免使地壳破裂，破裂就要引起地震。因此，地震带总是不能离开北东与北西斜向构造带，或东西和南北正向构造带，但因北东和北西向的扭动，先于又强于东西向和南北向的压性或张性构造带，地震在北东和北西向构造带上，比在东西和南北向构造带上的频度与强度就高得多。北东向环太及外太构造带和北西向地中及古地中构造带在中国交叉的构造网，规定了这里的地震网。中国的纬向和经向构造带使其斜向构造网复杂化，也使中国的地震网复杂化。

地球自转速度的变化，使北东和北西向构造带不断交替扭动，南北和东西向构造带遭受挤压和张弛交替，这是中国北东向和北西向各地震带上地震周期性反复跳动的近因。中国地震北东带和北西带上的活动，在交替时期，往往发生间断，这是两种地带都比较平静的时期。如果北东带和北西带上的发震，交替频繁或同期发震，则作为一个北东带和一个北西带交叉的关中与秦岭地区，由于地壳波浪的叠加而地震活动增强。关中和秦岭地区地震强弱变化的周期性，很可能是由此形成的。

近十年来，我国北东向构造带的地震活动正处于高潮期，但北西向构造带的地震尚处于低潮期。如从长白山过渤海湾，斜穿华北平原及太行山，接汾渭断陷盆地，过秦岭顺四川龙门山，切过横断山的北东－南西向构造带，处于地震高潮期；而从天山顺祁连山到关中平原，斜穿秦岭，向东南接大别山，过安徽、浙江入东海的北西－南东向构造带，则是地震低潮期。近年来，只是在两带交叉的渭河断陷盆地和秦岭构造带，有北西－南东向的小震活动；而在历史时期，关中地区的地震，往往是北西及北东二地震带频繁交替的时期比较活动，单方向构造带的活动，不足以引起关中及秦岭地区发生强震。今后，为做好陕西的地震预报工作，就应密切注视北西向构造带的活动情况及其与北东向构造带活动的关系。

陕西省地震局和西安市地震办公室的同志，热情地为作者借阅和提供资料，地质系绘图室的同志为本文清绘了全部图件，在此谨致谢忱！

1976 年 12 月于西安　　1978 年 4 月修订

参考文献

〔1〕 J. S. Lee. Geology of China. Murby, London, 1939

〔2〕 李四光. 地质力学之基础与方法. 中华书局, 1945

〔3〕 李四光. 地质力学概论. 科学出版社, 1973

〔4〕 张伯声. 镶嵌的地壳. 地质学报, 1962 年第 42 卷第 3 期

〔5〕 张伯声. 从镶嵌构造观点说明中国大地构造的基本特征. 见: 中国大地构造问题. 科学出版社, 1965

〔6〕 中央地震工作小组办公室. 中国地震目录 (第一、二、三、四册). 科学出版社, 1971

〔7〕 张伯声, 王战. 中国的镶嵌构造与地壳波浪运动. 西北大学学报 (自然科学版), 1974 年第 1 期

地壳的波浪状镶嵌构造与地震①

张伯声　王　战

　　地壳的 "镶嵌构造波浪运动" 学说，原来通称 "镶嵌说"。从 50 年代后期张伯声提出相邻地块的 "天平式运动"[1]和 60 年代初期提出 "镶嵌的地壳"[2]以来，通过近 20 年 "实践—认识—再实践—再认识" 反复认识客观世界的辩证过程，并汲取国内外其他各个大地构造学派的长处，已使这一观点发展成为能够用来解释地壳构造与地壳运动，具有独立学术思想体系的一种大地构造假说。它以地壳目前的构造地貌为研究向导，运用波浪运动的理论，对地壳构造发展进行历史和现状的解释，初步提出一些近乎规律性的看法，以期对生产实践能有一定的指导意义，并希望通过一次又一次的实践检验和在此基础上对假说的修正，使其逐步接近于地壳运动的客观实际。

　　1976 年，我国连续发生了 6 次 7 级以上的破坏性地震。我们生活和工作在陕西关中地区，当时这里的防震抗震工作确实有点紧张，因为 1556 年 1 月 23 日的渭华大地震相去不过 420 年，对它所造成的破坏性人们记忆犹新。陕西的广大群众要求地学工作者，特别是像我们这样从事地质构造研究的人，能够回答陕西的发震趋势究竟如何，应该如何监视震情和分析震情。于是，我们用了近 3 个月的时间，集中进行了地震同地壳的波浪状镶嵌构造关系研究。当时研究的着重点，在于回答陕西的地震趋势。研究的初步成果②，曾于 1976 年底和 1977 年初，在西安市和陕西关中一些地方作过多次讲演，并于 1978 年 4 月，在国家地震局召开的 "地震地质及地壳深部结构探测研究" 专业会议上，交流过这一研究的摘要③④。现

---

① 本文 1980 年发表于《西北地震学报》第 2 卷第 2 期。
② 地震同地壳波浪状镶嵌构造关系初探——着重探讨陕西地震活动的规律。
③ 地震同地壳波浪状镶嵌构造的关系。
④ 从镶嵌构造波浪运动的观点探讨陕西地震活动的规律。

汲取近年来地震战线上新取得的成果，将那时进行的初步研究重新加工整理，并将重点从对特定地区（陕西）的研究，尽可能转向对一般规律的认识。鉴于作者不是专业地震工作者，文中的提法难免不当，认识也很肤浅，只不过是想在地震与地质构造关系的研究中抛砖引玉罢了。

一、地壳的镶嵌构造与全球震中的分布

　　全球地壳构造最显著的现象，是存在着两个系统的宏伟构造带，即环太平洋构造带和地中海构造带。这是两大岛弧－海沟或类岛弧－海沟系，是当今整个地壳在构造地貌上差异最大的地带。这两个宏伟的构造带，把整个地壳分为太平洋、劳亚和冈瓦纳三大壳块[3]（图1）。三大壳块之内，还可由次一级、再次一次、更次一级等构造带或面，把壳块分为地台、地块，以至更小的地块；两大构造带内，也还包含着一级小一级的构造带（直至构造面），它们之中也分布着地块、山块、岩块等。因此，整个地壳的构造，就是由一级套一级、大大小小的构造带或面所分割的一级套一级、大大小小的地块，又把它们结合起来的构造，好像破伤了的地壳又被愈合了的伤痕结合起来的形象。这样既破裂又被结合起来的地壳构造，就叫作地壳的镶嵌构造[2]。

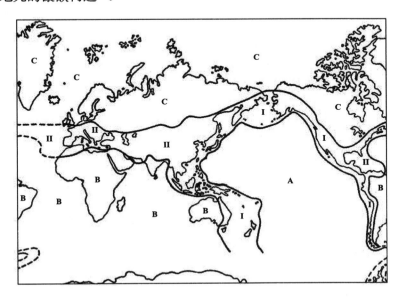

Ⅰ. 环太平洋构造带；Ⅱ. 地中海构造带　A. 太平洋壳块；B. 冈瓦纳壳块；C. 劳亚壳块

图1　地壳的第一级镶嵌构造示意图

　　总观构造地震震中的全球分布，与地壳的镶嵌构造完全相一致。这样的分布，使得全球地壳的镶嵌图案更加显明。它们基本沿着全球性的一级和次一级构造带分布，主要集中在两个环球最宏伟的构造带（环太构造带和地中构造带）上，其次分布在大洋的中脊或中隆。这样，不但更加说明一级套一级的地壳镶嵌构造的存在，而且就连地震的强弱频稀情况，也恰恰反映出地壳镶嵌构造的级别。环太构造带基本环绕太平洋一周，包括东亚及澳洲东侧的岛弧－海沟带和南、北美洲西侧的连山系。这一环太构造活动带内，分布有全球 80% 的强震。全世界约有80% 的浅源地震、90% 的中源地震和几乎所有的深源地震，都发生在这个构造带内。地中构造带的地震活动，次于环太构造带。它包括地中海沿岸的活动带，西延越过大西洋到加勒比海，与环太构造带相交；东延至喜马拉雅构造带到印尼东部，与环太构造带相交。由于太平洋壳块的原始洋壳性质，使这一活动带在太平洋壳块内部表现不太明显，它可能从太平洋中南部向东北方斜穿到中美。地中构造带是除环太构造带之外，唯一偶尔也有深源地震和约 10% 中源地震的地带（图2，图3）。据统计，全世界地震能量的 95%，由发生在岛弧周围的地震所释放[4]。因此可以说，环太构造带和地中构造带仅就地震活动情况而言，作为环球第一级活动带，也是当之无愧。大西洋、印度洋等中间海岭，虽然也同样被板块构造说作为全球若干大板块的边界，但它们只有浅源地震，而没有中、深源地震的事实，说明它们只能是劳亚和冈瓦纳两大壳块内的次一级构造活动带。

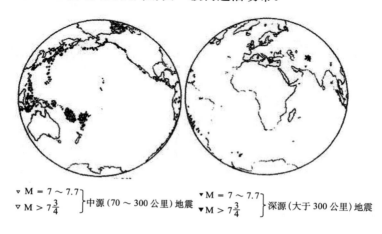

▽ M ＝ 7 ～ 7.7
▽ M ＞ 7¾ ｝中源（70 ～ 300 公里）地震　　▽ M ＝ 7 ～ 7.7
▼ M ＞ 7¾ ｝深源（大于 300 公里）地震

据 B · 古登堡和 C · F · 里克特，1954

图 2　世界深源地震（包括中深）的分布（1904 ～ 1952）

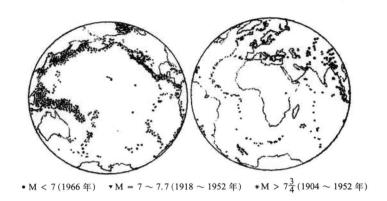

• M < 7(1966 年)　▼M = 7 ～ 7.7(1918 ～ 1952 年)　＊M > 7$\frac{3}{4}$(1904 ～ 1952 年)

图 3　世界浅源地震的分布

二、中国的波浪状镶嵌构造与中国的地震震中分布

中国的大地构造位置，恰好处于地中构造带和环太构造带在东亚丁字接头的部位及劳亚壳块的东南一角。由于地中构造带和环太构造带的一些类平行分带(古地中构造带和外太构造带) 在中国交织成网，形成了中国构造网 (图 4)。网目中有秩序地排列着许多地块 (表 1)，它们在过去既为纵横交错的地槽坳陷带所分割，到目前又为地槽褶皱带所结合。而且，不论在地块或地槽褶皱带之中，都有次一级、再次一级、更次一级的错动带，再分割又再结合的一级套一级的大小地块、岩块。

中国地壳构造，基本是斜向的网格状 (图 4)。地中构造带与古地中构造带，以及环太构造带与外太构造带，多是自元古到现代不同时期的地槽褶皱山带，夹在这些造山带之间的是地块沉陷带。由此而形成的地貌，就像两大系统的巨大波浪：褶皱断裂隆起带是波峰，地块沉陷带是波谷。两个方向的波峰与波谷相交织，形成各种不同性质的构造地段。

中国斜向构造网上，可以在这里或那里见到附加于其上的近东西向和近南北向构造带，这就使得中国斜向构造网复杂化了。它们一方面迁就斜向构造带的交叉部位拐来拐去，形成舒缓波状甚至锯齿状分布；另一方面由于它们的存在，一些地带也使北西和北东向构造带出现显明的转折。

此外，由于中国构造部位的特殊性，在中国构造网上还叠加着一个 "东亚套山字型构造体系" [5]。它是由于西伯利亚地台和太平洋壳块、印度地台三者作 "品"

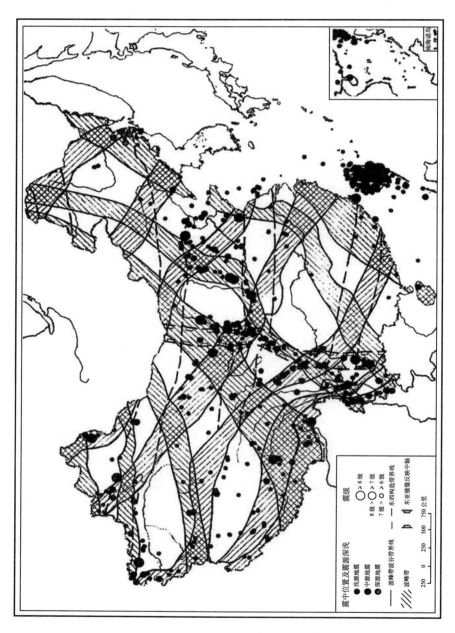

本图中国国界线系按照地图出版社 1971 年出版的《中华人民共和国地图》绘制

图 4　波浪状镶嵌构造网与强震的分布（图上地震分布据文献〔9〕）

表 1　中国构造网及分布在网目中的地块

中国构造网及分布在网目中的地块	准噶尔-界山波峰带 Cp_1	准噶尔-伊犁河波谷带 Tp_1	阔克沙勒-博格达波峰带 Cp_1	哈密-塔里木波谷带 Tp_1	阿尔金-西昆仑波峰带 Cp_1	柴达木-西藏波谷带 Tp_1	贺兰-珠穆朗玛波峰带 Cp_1	鄂尔多斯-川西波谷带 Tp_1	大兴安-川山波峰带 Cp_1	松辽-四川波谷带 Tp_1	长白山-雪峰山波峰带 Cp_1	黄海-湘桂波谷带 Tp_1	东南沿海波峰带 Cp_1	东海-南海波谷带 Tp_1	台湾波峰带 Cp_1	台湾海沟波谷带 Tp_1
三江平原波谷带 Tm_1																
小兴安岭波峰带 Cm_1																
海拉尔-松花江波谷带 Tm_1								海拉尔地块 Tm_1Tp_1		松花江地块 Tm_1Tp_1				东海		
辽河-辽东波峰带 Cm_1																
查干诺尔-渤海波谷带 Tm_1								查干诺尔地块 Tm_1Tp_1		渤海地块 Tm_1Tp_1		黄海		海		
阿尔泰山-阴山-泰山波峰带 Cm_1																
准噶尔-河淮波谷带 Tm_1		准噶尔地块 Tm_1Tp_1		哈密地块 Tm_1Tp_1		巴丹吉林地块 Tm_1Tp_1		鄂尔多斯地块 Tm_1Tp_1		河淮地块 Tm_1Tp_1		苏北地块 Tm_1Tp_1				
天山-秦岭-大别波峰带 Cm_1																
塔里木-四川波谷带 Tm_1		昭苏地块 Tm_1Tp_1		塔里木地块 Tm_1Tp_1		柴达木地块 Tm_1Tp_1		若尔盖地块 Tm_1Tp_1		四川地块 Tm_1Tp_1		湘赣地块 Tm_1Tp_1		台西地块 Tm_1Tp_1		
昆仑-南岭波峰带 Cm_1																
藏北-广西波谷带 Tm_1						藏北地块 Tm_1Tp_1		稻城地块 Tm_1Tp_1		楚雄地块 Tm_1Tp_1		广西地块 Tm_1Tp_1		南海		
冈年山-海南岛波峰带 Cm_1																
永平-思茅波谷带 Tm_1										莫谷地块 Tm_1Tp_1						
喜马拉雅波峰带 Cm_1																
喜山南麓波谷带 Tm_1																

字排列，并互作相对挤压所形成的一个复杂的巨型构造体系。它包括三大部分，即中部大体呈南北向的"东亚镜像反映中轴带"，以及在"中轴"以东主要呈北北东向斜列的"华夏构造带"和"中轴"以西主要呈北西或北北西向斜列的"华西构造带"。"中轴带"其实正是因扭动而斜列的北东向华夏构造带，与因扭动而斜列的北西向华西构造带呈麦穗状交叉的结果。"中轴"的所谓经向，实际上是作锯齿状转折。"中轴"的构造特征及其地史上长期不断活动的性质，越来越引起地学研究者们的重视。黄汲清等（地质科学院地矿所大地构造组）近年来也认为，这里是"太平洋构造域"和"特提斯构造域"的"干涉带"[6]。

中国地震的分布，基本符合上述中国大地构造网（见图4）。无论哪个单位所编制的中国强地震震中分布图，其震中分布都显示出斜向网格状[7, 8, 9]。不久前，作者十分兴奋地看到，丁国瑜和李永善对地震活动的这种网络性进行了专题探讨[10]，说明对于地震同地壳上斜向交织构造网络的密切关系，受到了越来越多学者的注意。走向北东的地震带，基本符合环太及外太构造带；走向北西的地震带，基本符合地中及古地中构造带。中国历史地震的强震震中，基本在北东和北西两组斜向构造带内（或沿其边部）分布。此外，也在叠加于斜向构造网格之上，并追踪交叉网点的东西和南北向构造带内（或沿其边部）分布。纬向和经向构造带，使中国斜向构造网格复杂化，也使中国地震网复杂化了。

地震带同地壳波浪状镶嵌构造的大体符合，决不是偶然的。目前地壳的波浪状镶嵌构造形象，是地壳自元古代以来每一地史时期构造变动的综合结果。根据人类有史以来所记录的地震而划定的地震带，同漫长地质历史时期所综合成的波浪状镶嵌构造的大体符合，可以说明地质历史时期的构造网，同现代构造运动形势的大致符合。当然，构造网从发生、发展到现在，比较全面，而有文字记载的人类历史时期的地震记录，却很不全面，地震的分布难以完全符合地壳的镶嵌构造网，只能说大致符合。但就此已经可以认为，地壳各构造带在地史时期的发育，与现代地震带的活动基本是一致的，从而用地壳波浪状镶嵌构造作为研究地震活动的地质构造背景，可能是有前途的。

三、地壳波浪的传播以及各波浪系统固有的活动周期性

地震是地壳运动的一种表现，它必须服从于地壳运动的一般规律。地壳又只

是地球的一部分，所以它的构造运动又主要取决于地球整体的运动。地球整体的运动主要是自转与脉动。因脉动而形成全球四个波浪系统[5, 11]（图5），因而造成四个系统的波浪交织。每个波浪系统都有一个大圆构造带，是该波浪系统中地壳运动最活跃的地带，这也符合于"天平式运动"的原理。但是，四个大圆构造带的活动程度并不一样，其中以环太大圆构造带和地中大圆构造带表现最为明显，而另外两个则有逊色。这是由于环太大圆构造带近于经向，地中大圆构造带近于纬向，地球自转速度的变更，加剧了它们活动程度的缘故[3]。

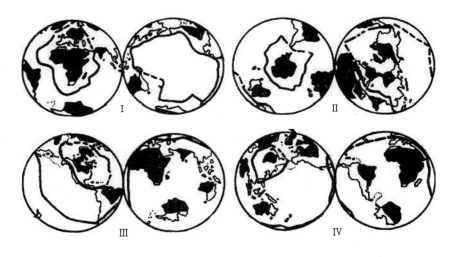

I . 太平洋 - 欧非波浪系统　　II. 北冰洋 - 南极州波浪系统
III. 北美洲 - 印度洋波浪系统　IV. 西伯利亚 - 南大西洋波浪系统

图5　四大地壳波浪系统示意图

　　上节已经述及，中国有史以来地震震中的分布，正是基本追随环太和地中两大构造带，以及同它们类平行的一系列分带。然而，地震震中这种以斜向为主的网格状有规律分布，只是地震有规律活动所造成的结果。看来，地震活动无论在时间或空间上，都表现为波浪形式。中国历史地震的强震震中，基本在两组斜向构造带内周期交互地作跳动式迁移。一段时间内，以沿北东向构造带活动为主，到另一时期，则以北西向活动为主。这可能是因为不同系统的地壳波浪，各自具有自己的传播方向与活动周期之故。据历史资料[12]对我国大陆内部两条最注目的构造带（包括其边部）发震情况进行粗略统计的结果：北东 - 南西向太行山 - 龙门山构造带的活动情况，大约每活跃 40 ～ 50 年，而后相对平静 120 ～ 150 年，也就是说，它的活动周期约为 180 年；北西－南东向天山－秦岭－大别山构造带的活动情况，大约每活跃 20 ～ 30 年，而后相对平静 110 ～ 140 年，也就是说，它的活动周期约为 150 年。由于二者的周期并不完全一致，因此在历史上就表现为两个方向的构造带交互活动，而且其间的相对平静期又长短不一，加之在大的活动周期之中又有许多较小的活动周期，从而使它们固有的周期性不易被发现，给地震研究工作带来困难。但通过把它们分别归入不同的地壳波浪系统中去，这种固有的周期性就比较明显地表现出来了。

　　只要留心一下不同时期地震震中的迁移情况，即便是不从地壳的波浪运动观点出发，而只大体划出一定时间间隔来看震中的分布，也能约略看出地震活动方向的改变，或地震在类平行构造分带上的迁移。例如，刘百篪从大陆地震应力调整场动态模型出发所进行的研究，对我国 7 级以上地震迁移情况所作的图示（图 6），就大致可以反映出地震在方向上周期交替，以及类平行分带上迁移的情况。

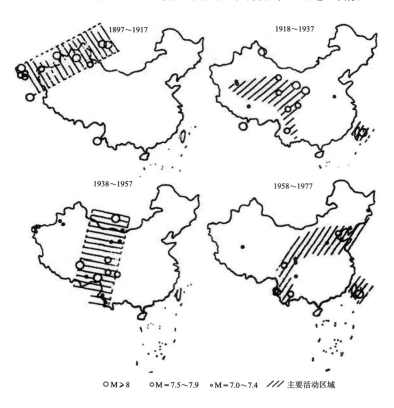

○M＞8　　○M＝7.5～7.9　。M＝7.0～7.4　/// 主要活动区域

图 6　中国大陆地震活动分期图（据刘百篪）[13]

四、两个系统地壳波浪的叠加与地震活动性的加剧或减弱

北东－南西向和北西－南东向构造交叉部位，一般是构造活跃部位。无论哪个方向的构造带活动，都会在这些地方引起强震。因此，一般说来，这些地方的地震频度甚大。例如，近十余年来，是北东向外太构造带发震的活跃期，特别是太行山－龙门山构造带上，以斜穿秦岭的地方为支点，作北东－南西向往复跳动式迁移。然而，强震震中都处于它与北西向构造的交叉部位。关于这方面的研究，已经非常之多，而且人们对于这种现象没有疑义，故在此不再多叙。

值得详述一下的，倒是与此相反的现象。某些构造交叉部位，在地震活动性方面表现出异乎寻常的情况：一个方向的构造带活动，不足以导致这里发生强震，而必待两个系统的构造带同时活动才能引起。这也许是不同系统地壳波浪干涉的一种结果。例如，陕西关中和秦岭地区，是北东向太行山－龙门山构造带与北西向天山－秦岭－大别山构造带的交叉地区。前已述及，前者的活动周期约为180年，后者约为150年。既然这里是这两个重要构造带的相交地区，按一般正常情况来讲，似乎这里应当比两个带上其他地方有更大的发震频度，然而事实却恰恰相反。根据作者对历史地震记载的统计，这里的地震活动表现出大致700年的周期性。进一步分析研究表明，在3000多年有文字记载的人类历史中，关中只出现过一次地震高潮期（1487～1569）和一次地震次高潮期（600～880）。这两次活动期，就中国地壳部分而言，恰恰都是北东和北西两个方向构造带同时活动的时期。更进一步研究说明，陕西关中和东秦岭这样的地区，一个系统的地壳波浪传来，不足以引起强震，而必待两个系统的地壳波浪同时传播到这里才有可能（图7，图8）。中国地震活动较为频繁的1976年，通过中国地壳活动状况的分析，发现十余年来（1965～1976）中国大陆内部的强震，主要表现为北东－南西向的跳动，属于外太构造带的活动，而北西向的古地中构造带（除地中构造带本部的喜马拉雅带之外），则基本处于相对平静期。因此，当时我们认为，尽管陕西关中和秦岭地区与连续发生强震的龙陵、唐山、松潘等地正好处于同一条北东向构造带上（唐山地区是北东向太行山－龙门山构造带向另一条北东向长白山－雪峰山构造带在晚近地质时期斜接的地带），而且关中地区的小震又数倍于往年，但强震却不致于在这里发生。并认为，陕西地震工作者应密切注视全国范围的地震活动，一旦发现北西向天山－秦岭－大别山构造带（或与之相邻的类平行构造带）与北东向太行山－龙门山构造带（或与之相邻的类平行构造带）同时活动起来（或频繁交替），那时这里才有发生强震的可能。

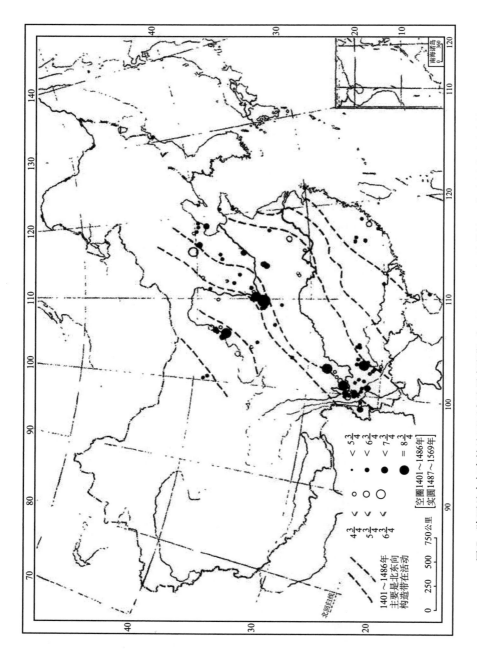

图 7　陕西关中与秦岭地区历史地震高潮期（1487～1569）及其前 86 年全国地震活动情况

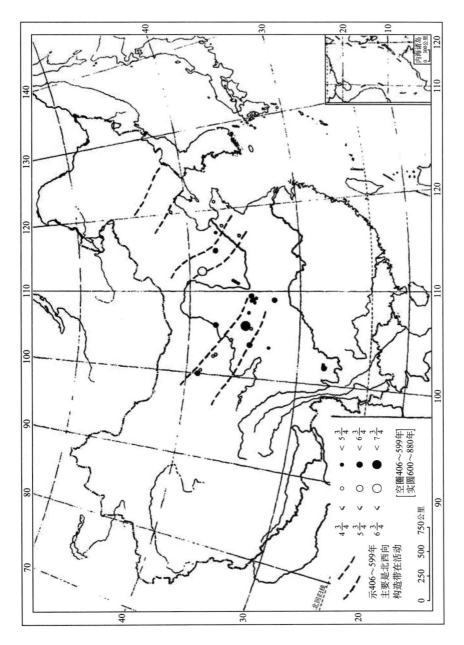

图 8　陕西关中与秦岭地区历史地震次高潮期（600～880）及其前 194 年全国地震活动情况

　　还需要特别提及的是，我国大陆内部，有一条大体呈南北向分布十分引人注目的地震带，通称"南北地震带"。前已述及，在地质构造上，按照地壳波浪状镶嵌构造观点，把它叫作"东亚镜像反映中轴带"。它大体呈正向分布，是迁就北东、北西两组地壳波浪的结果。由于这个带实际是由一系列北东向构造和一系列北西向构造作麦穗状交叉而成，所以，无论是太平洋波浪系统传来的地壳波浪所造成的北东向构造带的活动时期，或是地中海波浪系统传来的地壳波浪所造成的北西向构造带的活动时期，"中轴带"上的相应部位都要发生强震。这正是"中轴带"之所以成为中国大陆内部最明显地震带的根本原因。地壳波浪传播的规律性，决定了地震活动在"中轴带"上的迁移也有规律性。这里，震中迁移的路线是由北而南、由南而北这样的往返（图9）[14]。这种往返，正是两组斜向地壳波浪传播在"中轴带"上的反映。

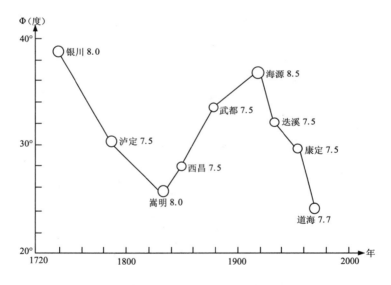

图 9　南北地震带上 M ≥ 7 地震的迁移（据国家地震局西南烈度队）[14]

　　综上所述，地震带的分布与地壳波浪状镶嵌构造网点基本一致，说明用地壳波浪运动和镶嵌构造的观点，来探索地震活动规律是可以考虑的；中国强震震中基本沿着两组斜向构造带，作交互的跳动式迁移，似有各自的周期性；不同方向的构造交叉部位，一般是地震活跃部位，但也有些交叉部位（如关中地区）发震频率相反却很小，这可能是不同系统地壳波浪互相干涉的一种负性结果；"东亚镜像反映中轴带" 由两组斜向地壳波浪作麦穗状交叉而成，故地震频度甚大，震中在该带上作南北向往返迁移的规律性，应看作是两个系统的斜向地壳波浪在该带上的传播。因此，应用地壳波浪状镶嵌构造理论，通过对一个地区的历史地震资料分析，并结合大范围内地壳波浪活动情况，有可能对那个地区地震趋势作出比较接近客观实际的判断。

参考文献

〔1〕 张伯声. 从陕西大地构造单位的划分提出一种有关大地构造发展的看法. 西北大学学报（自然科学版），1959 年第 2 期

〔2〕 张伯声. 镶嵌的地壳. 地质学报，1962 年第 42 卷第 3 期

〔3〕 张伯声，王战. 中国的镶嵌构造与地壳波浪运动. 西北大学学报（自然科学版），1974 年第 1 期

〔4〕 A. Sugimura and S. Uyeda. Island Arcs—Japan and Its Environs. Elsevier Scientific Publishing Company. Amsterdam-London-New York，1973

〔5〕 张伯声. 从镶嵌构造观点说明中国大地构造的基本特征. 见：中国大地构造问题. 科学出版社，1965

〔6〕 黄汲清等. 中国大地构造基本轮廓. 见：国际交流地质学术论文集·1·区域构造　地质力学. 地质出版社，1978

〔7〕 中央地震工作小组办公室. 中国主要构造带和强震震中分布图（三百万分之一）. 1970

〔8〕 中国地质科学研究院地质力学研究所. 中国强地震震中分布图. 见：中华人民共和国地质图集. 1972

〔9〕 中国科学院地球物理研究所. 中国强地震震中分布图. 地图出版社，1976

〔10〕 丁国瑜，李永善. 我国地震活动与地壳现代破裂网络. 地质学报，1979 年第 1 期

〔11〕 张伯声. 中国大地构造的基本特征与镶嵌构造形成的机制. 地质学报，1966 年第 1 期

〔12〕 中央地震工作小组办公室. 中国地震目录（第一、二、三、四册）. 科学出版社，1971

〔13〕 刘百篪. 中国大陆地震的应力调整场动态模型. 地震地质，1979 年第 3 期

〔14〕 国家地震局西南烈度队. 西南地区地震地质及烈度区划探讨. 地震出版社，1977

中国地壳的波浪运动及其起因与效应[①]

张伯声　王　战

一、关于中国地壳波浪的研究

波浪运动是物质运动所普遍采用的方式，但由于各种物质自身属性的千差万别，它们所进行的波浪运动，其表现也各式各样。地壳运动也取波浪形式。

中国地壳运动是整个地壳波浪运动的一部分。通过对中国地壳运动个性步步深入的研究，对于整个地壳运动共性的认识，即可愈来愈接近客观实际。与中国地壳波浪运动有关问题的最初探讨，可以上溯到李四光[1]和葛利普[2]的研究。他们轮廓性地讨论了大陆上海水有规律的进退，以及一些造山带有规律的分布，以说明地球因自转速度的变更而引起地球扁率的变化及其效应；李四光还明确划出了东亚地区的一系列东西构造带，特别指出了它们之间相隔约纬度 8°的等间距性[3]。五十年代以来，张文佑等通过力学和地史的分析，指出了乌木勃格罗夫[4]论述的X 型斜向断裂网络对中国地壳发展的控制作用[5]；黄汲清等对中国各地地壳运动多旋回性[6]、陈国达等对中国地壳动定转化[7]进行的研究，都一定程度上可以说明地壳的波浪状构造发展。

与中国地壳波浪运动最为攸关的提法始于 1959 年。张伯声通过对陕西大地构造发展的讨论，提出了"天平式运动"的看法[8]。"天平式运动"是指地壳上相邻两地块，以它们之间所夹的构造活动带为支点带，不断进行此起彼伏类似于天平的摆动。这种现象在一级套一级、大小不同的地块及其所夹各级构造带内都有发现[9]。"天平式摆动"现象的普遍存在，导致了地壳波浪运动的观念[10]。相

---

①本文收录于 1980 年地质出版社出版的《国际交流地质学术论文集——为二十六届国际地质大会撰写·1·构造地质　地质力学》。

邻地块起伏相间的空间展布，自然表现为地块波浪。

其实，地壳波浪所表现的形式很复杂，并不只限于地壳块体的相对升降运动。中国地壳各级地块在它们所夹构造活动带的两侧，既进行着此起彼伏，又进行着或推或拉，还进行着一左一右的运动。根据质点运动与波浪传播方向的关系，波浪运动基本分为两大类，即纵波和横波。就地壳波浪运动而言，纵波和横波都存在。横波又可分为垂向和侧向两种。形象地说，纵波型地壳波浪好像蚯蚓的蠕行，一疏一密地进行传播，可称蠕行波；垂向横波型地壳波浪好像蚕行时的屈伸，一起一伏，可称蚕行波；侧向横波型地壳波浪好像蛇行时的蜿蜒，在水平方面弯来弯去，可称蛇行波。这三种波型是地壳波浪的三种基本形式，其中无论哪一种波浪，即无论质点作垂向运动、侧向运动或顺向运动，都是基本沿水平方向传播。

二、地壳波浪与中国地壳的镶嵌构造

（1）地壳的蚕行波，即在地壳中一高一低、此起彼伏地向前传播的一种横波。它在地壳运动的传播方式中占有重要地位。蚕行波在地壳上的不同地方，表现为不同的一些方向。在中国，至少有两个方向的蚕行式地壳波浪，清楚地表现出来（图 1）。

一组蚕行式地壳波浪是从太平洋西缘向亚洲大陆内部传播，即由东南向西北方向传播的地壳波浪，因此而产生的构造线呈北东－南西向展布，这就是环太（平洋）构造带和与其类平行的一系列外太（平洋）构造带，以及夹在这些构造带之间的一系列地块带。就目前构造地貌上的表现而言，这些构造带一般均为隆起带，夹在其间的一系列地块带，一般则表现为洼陷带。为了探讨方便，我们姑且把这些地貌上表现为隆起状态的构造带叫做"波峰带"，把表现为洼陷状态的地块带叫做"波谷带"[11]。环太及各外太波峰带，一般都具有东南侧翘起向西北侧俯倾的特点；就是夹在各波峰带之间的波谷带，也基本具有这一特点。这种特点尤其在中国东部表现得最为明显，它们形成一组庞大的盆地山岭式（半地垒－半地堑式）构造。

另一组蚕行式地壳波浪是从印度地台东北部边缘向东北方向传播，构造线大体呈北西西向展布，这些就是地中（海）和一系列类平行的古地中（即特提斯）波峰带与波谷带。这一组蚕行式地壳波浪也同样具有盆地山岭式构造的特点，如喜马拉雅山（Cm_1）及其以北地带所表现出来的南缘翘起、向北俯倾的一系列半地垒－半地堑极为明显[12]。

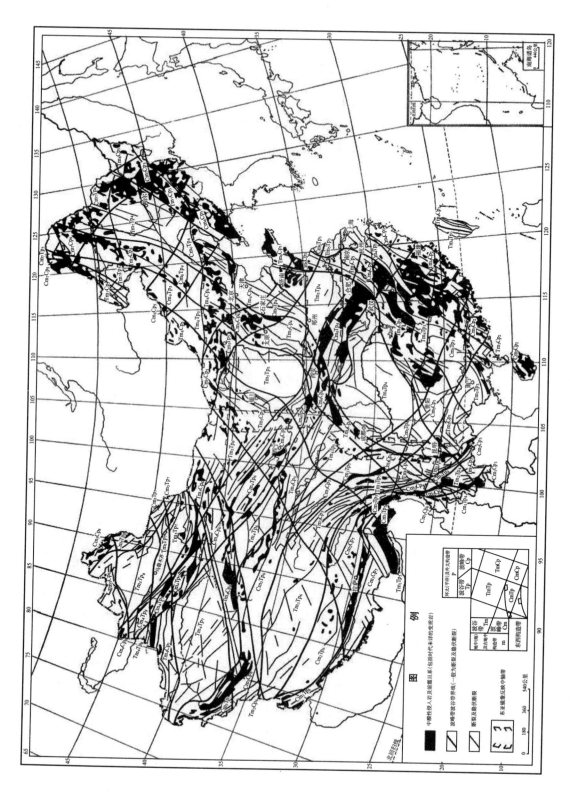

图 1　中国的波浪状镶嵌构造格局

　　两组斜向传播的蚕行式地壳波浪，在中国地区互相交织，使中国地壳表现出明显的斜方网格构造。横贯中国的几条近乎等间距东西向构造带，也可以看作南北向传播的另一组蚕行波，它叠加在这一斜方网格之上，使中国的构造格局复杂化。这种复杂化了的斜方网状格局，对中国地壳自元古代以来的地史发展起着控制性作用。波峰、波谷的位置，可以随时代的发展而有所变迁，但以斜向为主的地壳波浪，在各个地史时期都是十分显著的。中国地壳在不同的地史时期，都具排列有序的斜方形和三角形半封闭乃至封闭的大陆架海盆和内陆湖盆，为各种沉积矿产的形成提供了优越条件。次一级的波浪状镶嵌构造也是这样，如华北目前所发现的若干个油田，全部都在次一级波谷带与波谷带相交所成的斜方形小地块之中，而油田内部的储油构造，又多与再次一级蚕行式地壳波浪——半地垒－半地堑式的古潜山有密切关系。

　　（2）地壳的蛇行波，也是在地壳表面沿水平方向传播的地壳波浪，是一种侧向横波。蛇行波的传播，在地表表现出蛇行蜿蜒的样子，它在地史上表现为同一条构造带的分段左右迁移。比如，北东向展布的太行山－龙门山构造带（Cp_4）两侧，通过新生代断陷盆地的分布，可以清楚地认识蛇行波：华北断陷发生于该构造带东侧，太行山本身的东翘西倾和华北盆地的东翘西倾，使太行山东麓形成较深陷的新生代盆地；但是，沿该带往西南方向，从太行山西南端到中条山和东秦岭地段，则发生了恰恰相反的情况，该构造带西北侧在新生代强烈断陷，形成"汾渭盆地"，构造带本身在这一段的翘倾运动，也与太行山地段相反，西北侧翘起，向东南俯倾；再沿该构造带向西南方向，穿过秦岭到川西北的龙门山地段，情况又为之一变，新生代成都断陷盆地发生在龙门山的东南侧，龙门山本身东南侧翘起，向西北俯倾，成都新生代断陷盆地也是东浅西深，最明显的差异运动发生在龙门山东侧大断裂附近；沿该构造带再向西南方向，到云南西部的龙陵、潞西，并延伸到缅甸的汤彭山脉和伊洛瓦底江上游地段，新生代坳陷又回到了构造带的西北侧，沉积了第三系海相、海陆交互相及第四系陆相地层，构造带本身又显示出西北侧翘起、向东南俯倾的趋势。把太行山－龙门山构造带两侧上述几个不同段落的新生代坳陷连接起来看，蛇行式的曲折蜿蜒十分清楚。

　　再以北西向的天山－秦岭构造带（Cm_4）为例，这个带上的早古生代坳陷，也显示出明显的蛇行式蜿蜒摆动。这个构造带两侧，都有早古生代坳陷，但几乎总是一侧强烈，一侧缓和。北西西走向的天山部分，明显的加里东坳陷发生在西南侧；但到了祁连山地段，北祁连的加里东坳陷具有优地向斜性质，而南缘的加里东坳陷则只具有冒地向斜性质，说明强烈的坳陷发生于构造带东北一侧；再进而到达秦岭－大别山地段，强烈的坳陷发生于南侧，特别是北大巴山地区，在志留纪发展为具有优地向斜性质的剧烈坳陷带，而构造带北侧主要只是震旦－寒武（局部可能延续到奥陶纪）冒地向斜；沿该构造带再向东南，到下扬子地区，由于外太构造带一个分带（Cp_3）在这里穿过，且占据优势，所以构造线以北北东向为主，但北西西向构造仍然可以表现出来。这里同秦岭－大别山地段相反，早古生代显示出明显的西南侧翘起、向东北俯倾的趋势，皖东南、浙西北一带的加里东冒地向斜坳陷本身，明显地显示出北深南浅的特征[13]。

　　从元古代以来，在每一地史时期，各活动带类似于上述分段蜿蜒摆动的情况很普遍。如果我们把同一时期坳陷最剧烈的地段连起来，则可以得到一条条蛇行式蜿蜒摆动的形象；而各个不同地史时期的这种坳陷摆动情况综合起来，就是今天的构造带。

　　（3）地壳的蠕行波，是在地壳表层一疏一密地沿水平方向传播的纵波。它截然不同于地壳横波的上下起伏（蚕行式）和左右摆动（蛇行式），而是前后张缩的拉伸和挤压运动。它在地壳运动的传播方式中，差不多与蚕行波的地位同等重要。在一些情况下，蠕行波的"波密带"与蚕行波的"波峰带"分布相近，甚至重合。之所以会出现这种现象，首先是因为，蠕行波的波密带形成地壳上的地槽造山带或岛弧－海沟系，它们最初可能是地壳的薄弱环节，经强大的张力作用而变为隆坳相间的地壳波浪，波峰遭受剥蚀，波谷接受沉积。沉积到一定程度时地壳收缩，造成这里地壳增厚，成为地槽造山带。这种地带相对于它两侧的平原或海盆地来说，自然是波峰带。但在另一些情况下，二者又不相重合。比如，以夹在其间的地槽造山带为"支点带"，两边的地块在地史时期互作天平式摆动，一带地块带是波谷，另一带地块带是波峰，这样一带间隔一带的隆起和洼陷作蚕行式传播。这时，波密带处于地块波峰带与地块波谷带的邻接带上，这里应是剪力集中的部位。这也可以用来说明，为什么地槽造山带总是不单具有明显的压性，而且同时具有明显的扭性。除了图示的波峰带可视为同一级波密带之外，次一级、再次一级的波密带，在所有造山带之内或地块之内，都很容易发现。例如，被构造地质学称之为"隔档式"或"隔槽式"的构造，就是次一级"一密一疏"的蠕行式地壳波浪。从湘黔界上的武陵山，往西北方向直到四川的华莹山，可以看到一系列明显的波密-波疏带。

地块内的次一级波密带，把地块进一步次分。一级套一级的波密带普遍存在，以及不同系统波密带的网状交织，使中国地壳极其支离破碎。每一地块、小地块、山块、岩块内部，又都罗织着次一级、再次一级的波密带。在花岗片麻岩中，往往发现等间距分布的片理带，即可说明蠕行波的存在是一级套一级、直至很小的地壳构造现象。

三、地壳波浪运动的起因与效应

作者从地壳波浪运动的实际出发，在重新分析了地球四面体理论[14, 15]之后认为，只要将这一理论结合地球自转速度变化所引起的效应予以综合考虑，便可较好地解释地壳的波浪状镶嵌构造。根据地球四面体理论，在表面积基本固定的情况下，一个正则体（regular body）伸张到最大程度应是圆球体，收缩到最小程度应是四面体。地球脉动和自转速度的变化，既不能使地球形成真正的圆球，也不能成为真正的四面体，而只能形成略有四面体迹象的旋转椭球体。地球四面体的迹象，表现在它有四个"顶点"、四个"面"和六个"边"。四个"顶点"的部位在南极洲、非洲、西伯利亚和北美洲；四个"面"的部位在北冰洋、太平洋、南大西洋和印度洋；六个"边"的地带则是从四个"顶点"放射出来断续地围绕着四个大洋分布的大陆[16]。同时，由于地球的脉动，地球自转速度就要发生旋回性或似周期性的变化。地球自转速度变化所引起的地壳运动，主要是作正向水平推动的波浪运动。在固体地壳中，无论是南北向或东西向的挤压，都要先发生北东和北西向的破裂构造。这些斜向破裂构造与地球四面体的四个波浪系统相综合，形成斜向交织、互相间夹的波浪状隆起带和洼陷带。正向水平推动的进一步发展，便会迁就这些斜向构造带的交叉网点，形成叠加在斜交构造网络之上的近东西向和近南北向锯齿状或舒缓波状的构造带。这种有正向构造叠加其上的斜向交织构造网络，是一级套一级。这些一级套一级的网格中，围限着不同规模的地块和岩块。

关于壳下物质运动与地壳波浪运动的关系，作者认为，地球缩胀的脉动和自转速度的变化，必然影响到地幔上部物质的运动，它们也应采取波浪运动的方式。但由于其密度和黏滞性都相当大，且被固体地壳所围限，使这种波浪的传播相当缓慢。它们与其上较大地壳块体的波浪起伏互相影响。但因密度和地心引力的关系，地壳的波浪起伏和地幔顶面的起伏，常常互相倒置。由于波浪的传播主要靠物质质点的摆动，而不是物质远距离的随波流动，因而地壳块体的相对侧向运动，其位移不可能漫无节制。漂浮于上地幔低速层之上的地壳块体运动，只能是漂而不远、移而不乱的地块波浪。

总之，用地球收缩与膨胀相结合、以收缩为主的脉动和地球四面体理论，以及由此而引起的地球自转速度变化，可以认为是形成地壳现在波浪状镶嵌构造格局的原因。作者对于这些问题的力学机制讨论，已包括在发表的另外两篇论文之中[16, 17]。

四、结语

综上所述，地壳波浪主要有蚕行式、蛇行式和蠕行式三种。三者各有自己的特色，但它们又互有联系、互相影响。不同方向传来的这几种形式的地壳波浪，相互交织，相互干扰，构成了中国地壳的波浪状镶嵌构造。尽管地壳具有不均一性，但波浪运动所固有的"等间距性"，则无论在三种地壳波浪的哪一种中，都是明显存在的。地壳构造的"等间距性"，是我们得以认出地壳运动波浪性质的基础；同时，也正在成为我们进一步认识地壳构造发展规律，从而更好地去指导地质实践的有力武器。关于地壳波浪运动的起因，作者认为是由于地球的脉动，以及由此而引起的地球自转速度的变化。地壳的镶嵌构造，则是它们所造成的综合效应。

参考文献

〔1〕 李四光. 地球表面形象变迁之主因. 中国地质学会志，1926 年第 5 卷第 3-4 期

〔2〕 A. W. Grabau. 1936, Oscillation or Pulsation. Int. Geol. Cong. 16th, Washington, 1933, Vol. 1

〔3〕 李四光. 中国的构造轮廓及其动力学解释. 见：区域地质构造分析. 科学出版社，1974

〔4〕 J. H. F. Umbgrove. The Pulse of the Earth. 2nd ed., The Hague, Martinus Nijhoff. 1947

〔5〕 张文佑，钟嘉猷. 中国断裂构造体系的发展. 见：国际交流地质学术论文集·1·区域构造 地质力学. 地质出版社，1978

〔6〕 黄汲清等. 对中国大地构造若干特点的新认识. 地质学报，1974 年第 1 期

〔7〕 陈国达等. 中国大地构造的一些特点. 见：国际交流地质学术论文集·1·区域构造 地质力学. 地质出版社，1978

〔8〕 张伯声. 从陕西构造单位的划分提出一种有关大地构造发展的看法. 西北大学学报（自然科学版），1959 年第 2 期

〔9〕 张伯声. 镶嵌的地壳. 地质学报，1962 年第 42 卷第 3 期

〔10〕张伯声. 从镶嵌构造观点说明中国大地构造的基本特征. 见：中国大地构造问题. 科学出版社，1965

〔11〕张伯声，王战. 中国的镶嵌构造与地壳波浪运动. 西北大学学报（自然科学版），1974 年第 1 期

〔12〕常承法，郑锡澜. 中国西藏南部珠穆朗玛峰地区构造特征. 地质科学，1973 年第 1 期

〔13〕郭令智等. 华南加里东地槽褶皱区构造发展的基本特征. 见：中国大地构造问题. 科学出版社，1965

〔14〕W. H. Bucher. The Deformation of the Earth's Crust. Princeton: Princeton Univ. Press. 1933

〔15〕W. G. Woolnough. 1946, Distribution of Oceans and Continents—A Suggestion. Bull. Amer. Ass. Petrol. Geol., 1981, Vol. 30

〔16〕张伯声. 中国大地构造的基本特征与镶嵌构造形成的机制. 地质学报，1966 年第 1 期

〔17〕张伯声，王战. 中国镶嵌地块的波浪构造. 见：国际交流地质学术论文集·1·区域构造地质力学. 地质出版社，1978

中国地壳的波浪状镶嵌构造[①]

张伯声

第一章　地壳镶嵌构造波浪运动与其他构造假说

一、关于地学革命的问题

近十几年来，由于美国等一些国家对世界海洋资源的开发和利用，它们的地球物理和地质工作者有机会对各大洋进行了较广泛的地球物理调查，应用最新科技手段取得了一些地震与古地磁，以及海底地貌等新资料，部分地填补了大洋地壳研究的空白，对于地学研究的发展，无疑是有裨益的。而一些外国学者就以这些资料为依据，提出了一个"新的全球构造假说"，即"板块构造说"。这是以设想的"地幔对流"（霍姆斯，1965）为动力所引起的海底扩张（范因，1966）为基础的一种新的地质构造假说。它认为，地壳是分为少数几块到十几块的"板块"，浮在"对流的"地幔之上，进行着或多或少的各自独立的漂流运动。在海洋中脊由于岩浆不断上升，增生新的海洋地壳；在靠近大陆的深海沟地带俯冲，并坠落到大陆地壳以下，又被吸收。相邻板块在它们的接触地带，互相抵触摩擦。上爬的地壳在接触地带碰撞破碎，俯冲的地壳钻进上地幔的深处，逐渐因热熔融，以至消亡。至于大陆地壳，却焊接在这些板块之中，浮在海洋地幔之上，随着海底扩张而漂移。这样一来，就解释了 20 世纪初期没有从地壳运动的推动力自圆其说

[①]系统阐述"地壳波浪状镶嵌构造"学说，科学出版社 1980 年出版。

的"大陆漂移说"(魏格纳,1922),所以"板块构造说"也可以说是"新的大陆漂移说"。由于它不同于传统地质学对地壳运动问题的看法,支持"板块构造说"的外国学者就认为,这是自赖尔(1930)以后的一次"地学革命"(威尔逊,1968)。但也有用"固定论"与其分辩是非的(别洛乌索夫,1970)。这些对地壳发展不同看法之间的争论,对于人们认识地壳发展一定会有所推进。然而,第二次地学革命的关键问题究竟在哪里,作者认为尚值得进一步讨论。

伟大的马克思主义者毛泽东同志在其著作《矛盾论》中指出,"科学研究的区分,就是根据科学对象所具有的特殊的矛盾性",并对数学、化学、力学、电学等,明确指出它们研究的对象的特殊性。根据毛泽东同志的哲学思想,我们可以对地质学的研究对象所具有的特殊矛盾性进行具体的说明。地质学研究的对象是地球的发展过程,特别是其外层地壳构造的发展历史,其中有无数的矛盾,非常错综复杂。究竟什么是其主要的矛盾,尽管地质学的假说纷至沓来,但直到今天还有很多不能作为定论。18 世纪有火成论与水成论的争辩;19 世纪有均变说对灾变说的争论;20 世纪初期有大陆活动论对固定论的争论;中期在花岗岩的成因问题上,还有花岗岩化说对岩浆说的争论;在地壳运动的问题上,有不同时运动说对同时运动说;更有水平运动说对垂直运动说的争论。凡此种种,多是各执己见,攻其异说。拿以前有革命意义的"均变说"(赖尔,1830)来看,它是资本主义社会方兴未艾的时期,在学术中发展的一次很重要的"地学革命"。但是,由于当时生产力发展水平和具体社会历史条件的限制,赖尔的观点也不可避免地有一定的局限性。它可以说是唯物的,但不是辩证的。恩格斯在《自然辩证法·导言》中曾对赖尔的"均变说"有很高的评价:"只是赖尔才第一次把理性带进地质学中,因为他以地球的缓慢的变化这样一种渐进作用,代替了由于造物主的一时兴发所引起的突然革命。""均变说"是对"灾变说"的革命。灾变说认为,①在地质历史中,曾有突然的、激烈的、短暂的事变,大大地改变地壳的情况,以及②地面上的动植物由于这些重复的灾变,不止一次地使旧生物界彻底灭亡和完全不同于以前的新生物再次创造。其中的①不是没有道理的,但在地质历史中突然的、激烈的、短暂的事变就地史时期来说,其时也占了相当长的时期。至于其中的②就被宗教界利用了,它这样就恰好为宗教界提出的"造物主创世"的反动观点服务。均变说则认为,曾经对地壳改造的作用力,在地质历史的全过程中,基本上是一致的，温度上没有很大变化，而且完全可以用现代的地质过程解释过去的地质变化，因而也有把"均变说"叫作地质学的"现实主义"的，这也就是地质学中"将今论古"的观点。但是赖尔和当时的多数地质学者，由于历史条件和他们自己的阶级所限，缺乏唯物辩证法这一武器，难免陷于形而上学的观点。恩格斯在高度评价赖尔对地质学贡献的同时，又尖锐地指出："赖尔的观点的缺陷——至少在其最初的形式上——在于：他认为在地球上起作用的各种力是不变的，无论在质或量上都是不变的。""地球不是按照一定的方向发展着，它只是毫无联系地、偶然地变化着。"因而，"均变说"的缺陷是昧于辩证法。虽然如此，但它用朴素的唯物主义打击了地质学中的唯心主义观点，所以应说是革命的。

"板块构造说"却是以在海洋上间接观察的地质资料为依据，而对于千千万万地质工作者在大陆上直接调查的实际资料，却有所忽视。板块构造说者认为，地壳运动的推动力是"地幔对流"。而这种"对流"，只能是假设的还没有得到证实的在地壳以下的"半流体运动"。"地幔对流"说者认为，它在地壳以下的分布，多是偶然性的，其上升流和下降流的发生与发展，没有处于固定的部位，由此导致的海底扩张，在海洋中脊的增生和海沟的吸收部位在地壳中的分布，也就看不出什么规律，驮着大陆的海洋板块的漂移也难有定向。这样漫无规律的漂移，很难用来解释地壳中褶皱断裂构造带分布有定向的规律性，也难以说明这些构造带是这样有规律地，而不是那样没有规律地排列。同时，"板块构造说"只能把地壳分为几块到十几块大地块，驮着大陆块进行漂移，但对地壳中许多不同级的构造带，以及在它们之间和它们之中镶嵌着的无数分布有规律的大大小小地块，甚至很小的有规律排列的石块形成机制，也得不到合理的解释。

同板块构造说可以对照讨论的是地质力学理论。它既结合了大陆上大量的地质资料，也不忽视海洋中的地质资料。它认为，推动地壳运动的力主要是由于地球自转速度的变化在地壳中所引起的横向压力，同时也不完全排除地壳下垂直运动的作用。因地球转速变化而在地壳中引起的大量横压力是客观存在的事实，它在地壳中势必导致有规律的定向应力应变，按其发生发展的序次而产生许多不同级的构造。这就确定了地壳中构造带分布的规律性和定向性。而且作者认为，借助于力学的分析方法，还能够用来解释构造带之间和构造带之内镶嵌着的不同等级的大小地块形成的机制。

　　李四光（1965）在地质学的理论研究中，为中国地质工作者提示了一种有意义的想法："地质构造包括建造和形变两个方面"。形变就是建造的改造。作者认为，这个建造与改造的辩证结合很重要，它指出了地质学研究对象的特殊矛盾性。如果把这一对矛盾看作地质学研究对象的主要矛盾，地质学的传统体系就可以由此而"破旧立新"。

　　传统地质学总是以外动力地质作用与内动力地质作用的一对矛盾，为地质学的基本矛盾。殊不知，这只是由于地球物质所在环境不同而进行的不同形式的地质过程，而这种不同形式的地质过程，并没有实质上的区别。因为不论地表的地内的地质环境，都是它自己的地球物理化学条件所引起的地球物质的物理化学变化，在这两种地质环境中，都是地球物化条件的作用与地球物化变化的反作用，推动着地质历史的发展。外动力与内动力地质作用，不过是地质过程中一种表面上比较明显的矛盾，说不上基本矛盾。

　　如果把构造运动作为地球物化条件变化的前提，再把地质建造作为地球物化变化的结果，则地质学研究对象的特殊矛盾性，就应归结为地质构造与建造的矛盾。由此可以认为，地质学讲来讲去，只是讲了地质构造与地质建造的辩证关系。

　　建造是构造的基础，构造是建造的条件。地质构造是通过地质建造而起作用的地质过程，地质建造是通过地质构造所引起的地质过程。一部地质发展历史，就是通过这一对基本矛盾的辩证发展而写入地壳之中的。

　　地质建造指的是岩矿地质体的形成；地质构造是岩矿地质体经过改造而发生的形变。也可以说，岩矿体的形变是地质构造的形成过程，而地质构造的破坏则是岩矿体形成，即地质建造的开始。因此，地质建造有个形成与形变；由于地质建造的形变而形成的地质构造，也有个形成与破坏；由于地质构造的破坏，才有新的岩矿建造的形成。这就说明，地质建造同地质构造都有破立过程，即建造有新陈代谢，构造也有推陈出新。通过地壳运动使先期形成的地质建造发生形变，形成新的地质构造，再通过新形成的地质构造的破坏，开始新地质建造的形成。所以，地质建造的形成与形变和地质构造的形成与破坏是矛盾统一的、辩证发展的。它们之所以成为地质学研究领域的基本矛盾，就是因为它们不论在哪一门地质学科中，都有很重要的意义。无论是在外动力地质作用方面，或是在内动力地质作用方面，都有岩矿体的形成与形变、构造的形成与破坏。但不可能在任何一种岩矿体的形成与形变，或构造的形成与破坏中，都同时包含有外动力与内动力两种地质作用。

地质建造与地质构造二者互相矛盾，互相联系，时而以这个为主，时而以那个为主，在一些地带以这个为主，另一些地带以那个为主，它们无论在时间上或空间上，都进行着波浪式的发展或转化，推动着地质历史的发展。任何一个构造带或地块中的地质发展史，都是通过这对矛盾着的两个方面互相转化而发展的。因此，历史地质学应辩证地把地质构造学与地质建造学统一起来。

要真正了解一个地区的地质情况，以便更好地指导找矿和各项建设工程，就必须弄清这个地区及其相邻地区地质构造与地质建造在时间和空间上的转化规律。也就是说，要去尽力探求和回答为什么地壳一定时期会在一定的地方、一定的方向出现有规律排列的褶皱带和地块带，在不同的时期，它们又是如何迁移、如何转化的，对于地质革命的契机可能就在这里。当今在地质学研究中，凡是致力于探索和回答这些为传统地质学所未曾回答的问题，并用来指导生产实践的，可以说都具有革命意义。而作者目前对这个问题的回答则是，由于地壳的波浪运动，导致了地壳的波浪状镶嵌构造。有用矿产的生成与赋存、地震的发生与震中的迁移等，对人类生产实践活动具有重大意义的问题，无不与地壳的波浪运动及其所形成的地壳波浪状镶嵌构造有关。

二、"镶嵌地块的波浪运动"不同于其他"镶嵌构造"和"波浪运动"的观点

地质建造与地质构造的辩证法，在时间上随地变动的连续性和空间上随时消长的周期性，完全采取波浪运动的形式，其结果形成地块波浪的构造，很自然勾划出了地壳波浪状发展历史。

作者认为，不管从实际上或理论上，由于地壳（块）波浪运动所引起的地壳镶嵌构造的观点，同一般所说的"镶嵌构造""板块构造"，以及与这些构造无关的"波浪运动"，都有质的区别。

国外有不少地质学者，如布鲁克（1956）、威克斯（1959）、裴伟（1960）、哈茵（1960）、别洛乌索夫（1961）等，都曾提出过地壳构造的镶嵌形式，但他们所指的多是某些地区性的构造表现，或者认为是像"巨大角砾"状杂乱无章的镶嵌（谢音曼，1960）。作者则认为，地壳中有不同系统和不同规模的构造带、断裂带、

断裂、节理等，把地壳分割成一级套一级、级级相套、排列有序的大大小小地块，又把它们结合起来的镶嵌构造（张伯声，1962），以及不同级的镶嵌地块的运动，表现着类似又不同于流体的波浪，而是采取"地块波浪"的运动，因此提出了镶嵌构造波浪运动的说法（张伯声，1965）。作者和王战[①]对于这种构造运动的发展过程，还部分地吸收了李四光（1939，1945，1959等）的地质力学理论，分析了中国地壳构造发展的基本特点，及其与整个地壳构造发展一般性规律之间的关系。通过"实践、认识、再实践、再认识"的辩证过程，可以预言，随着地质新资料、新发现的不断涌现，"地壳的波浪状镶嵌构造说"将会进一步地发展和完善。

镶嵌构造波浪运动说，不同于贝麦伦（1933）和别洛乌素夫（1954）所提出的起源于地下深部岩浆的波浪运动，也不同于哈尔曼（1930）波浪构造说的地球主要构造是由于宇宙能所产生，而次要构造是由于引力滑动或压力沉陷的结果，还有别于葛利普（1936）脉动说的大陆有节奏地升降所引的广泛海退与海侵，更有异于乌木勃格罗夫（1947）脉动说认为的地壳以下物质发动的脉动构造过程。所有这些有关地壳波浪运动的说法所强调的，都是地壳的垂向运动。这里所提出的镶嵌地块波浪构造运动，不但认为地块波浪的运动方式主要是侧向传递，而且就其形成机制来说，也认为地质力学理论所阐明的地球自转速度变化是一种重要的因素，推动着地壳的水平运动，而壳下物质变化所生的垂向运动，虽说在地内是主要的，但在地壳上的表现则居稍次地位。至于以上列举各种"波浪运动"说法，所谈的都是以地壳垂向升降为主的运动，它们基本上，甚至完全忽视了地壳的水平运动。

地壳中的侧向运动，势必引起一定方向和一定部位的地块波浪。在波峰掀起的高处，进行着风化与剥蚀，到波谷洼陷的地带，发生着沉积建造。波谷沉积带反过来又决定着以后的褶皱断裂与变质作用和岩浆活动的波峰带地位。这不仅限于地壳中的特大构造带，如地中（海）构造带和环太（太洋）构造带，而且它们之中发生发展的次一级、又次一级、更次一级等等无数构造带或断裂面、节理、劈理等，都是按照力学所阐明的序次发展而成的地质构造网。在这些构造带、断裂带、断裂面、节劈理等许许多多不同级的结构带或结构面之间，也就是不同级别的构造网中，有规律地按一定方向排列着大大小小的地块，决不像杂乱无章的"角砾状镶嵌构造"。

---

①张伯声，王战，《中国的镶嵌构造与地壳波浪运动》，1974。

所有的物质运动都采取波浪状的形式。毛主席指出："世界上的事物，因为都是矛盾着的，都是对立统一的，所以，它们的运动、发展，都是波浪式的。太阳的光射来叫光波，无线电台发出的叫电波，声音的传播叫声波。水有水波，热有热浪。"（《毛泽东选集》第五卷，361 页）作为固体的地壳运动，也不能例外。所有在地壳中镶嵌着的地块，不论其大或小，都曾有构造带、断裂带、断裂面、节理面、劈理面，夹在它们的中间作为剪切带或面，那些不同规模不同大小的地块和岩块，就在这些剪切带或剪切面的两侧，进行着交互的上下或左右的相对错动或推拉运动，因而形成或大或小的地壳（块）波浪。所以，波浪状的构造运动，实际上是构成镶嵌构造的主要原因，而地壳的波浪状构造运动，则是由于地球的脉动和由此引起的地球自转速度变化，在地壳中派生的主要运动形式。对于地壳，特别是中国地壳的波浪状镶嵌构造，我们可以用地质力学的一些观点和方法来进行探讨，但决不能拘泥于地质力学研究的现有结论。镶嵌构造波浪运动说，目前还只是一种萌芽性的地壳运动假说，在它的面前有很多问题需要去研究解决，还望广大地质工作者、构造地质学者，以及其他从事地学研究或对地学有爱好的同志，给以批评指证。

第二章　地壳构造的表现形式

波浪状镶嵌构造网是地壳构造的一种主要表现形式。全球构造形成网状，地方构造也形成网状，更小的地区构造则表现为更小的网状。这里在概述了全球构造网以后，稍加详细地说明中国大地构造网的情况。

一、全球构造网概述

全球地壳构造格局的总形势，只能是归纳了不同地区的构造特殊性，才能得到对它的共性的认识。作为整个地壳一部分的中国地壳，同其他地区的地壳部分一样，在它们的特殊构造格局中，自然包含着整个地壳构造的共性。这个共性在"波浪状镶嵌构造说"看来，是由于地壳的波浪运动，形成了目前波浪状镶嵌地块的构造。中国地壳构造，就是这样由于不同方向和不同规模的构造带，分割而成的一级套一级、大大小小的地块，再由这些构造带、断裂带，以及断层、节理结合起来的不同等级的波浪状镶嵌构造。

　　地壳中的构造带，包括褶皱带、断裂带、断层、节理等，不论大小，其分布都有一定格局，一般来说，多是斜向的。由它们分割开来，又镶嵌起来的一级套一级、大大小小的地块和岩块等，都作有规律的排列，大多数是斜向的，即偏于北东向或北西向。

　　最显著的全球性一级构造带是环太（平洋）构造带和地中（海）构造带，它们在构造地貌上是差异运动最大的断裂带，岛弧－海沟带或类岛弧－海沟带，又是寰球最活跃的火山带和频率最繁、震级最强的地震带。它们的分布接近地球上的两个大圆，叫作大圆构造带（图1）。两个大圆构造带把地壳分为太平洋、劳亚、冈瓦纳三大壳块，也曾叫作巨大地块（张伯声，1962）。

　　劳亚、冈瓦纳两大壳块的界限，在西端的地中海到太平洋中的汤加群岛比较清楚，在大西洋北部，只能作一种不很准确的估量：可以从地中海通过大西洋中的亚速尔群岛到西印度群岛，地中构造带的东段可以认为是从太平洋中的汤加群岛转向东，经过社会群岛，再向东北过加拉帕戈斯群岛，经中美洲地腰，到西印度群岛。它虽然隐约穿过太平洋，但是并未能把太平洋壳块分成两个壳块，太平洋壳块的南缘在南太平洋海岭。

　　三大壳块以内，还可由次一级、再次一级、更次一级等造带，分为较小的地台、地块，以至小小的岩块。大圆构造带本身，也由次一级、再次一级、更次一级等构造带，以至断层、节理等，分为一级小一级的构造带，其中又分散着大大小小的地块和岩块。因此，整个地壳的构造是由一级套一级、级级相套的大大小小构造带或面所分割的一级套一级、级级相套的大大小小地块和岩块，又把它们结合起来的构造，好似破伤了的地壳，又被愈合了的伤痕结合起来的形象。这样既破裂又结合起来的地壳构造，就叫作地壳镶嵌构造（张伯声，1962，1965）。

　　地中大圆构造带和环太大圆构造带，分割地壳为劳亚、冈瓦纳、太平洋三大壳块。中国恰好处于两大圆构造带的丁字接头和劳亚壳块的东南角。由于地中和环太一些类平行的分带，在中国交织成网，构成了中国构造网，网目中有秩序地排列着许多地块。它们在过去既为纵横交错的地槽坳陷带所分割，到目前又为地槽褶皱带所结合，而且不论在地块或地槽褶带之中，都有次一级、再次一级、更次一级的错动带，再分割、再结合的一级套一级的大小地块、岩块。这就勾画了中国地壳的镶嵌格局。

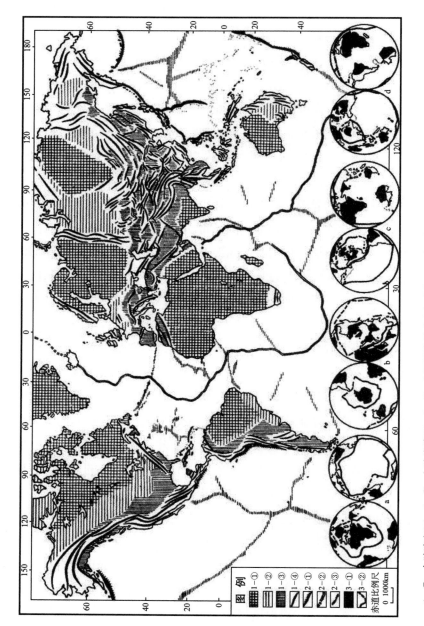

1—①. 大陆隆起区; 1—②. 大陆浅陷区; 1—③. 大陆深陷带及山间地块; 1—④. 大陆山系; 2—①. 海沟; 2—②. 大洋中脊;
2—③. 大洋中隆; 3—①. 附图内的隆起区; 3—②. 附图内的大圆构造带及环绕隆起的明显小圆构造带;
a. 太平洋－欧非亚洲波浪系统; b. 北冰洋－印度洋波浪系统; c. 北美洲－南极洲波浪系统; d. 西伯利亚－南大西洋波浪系统

图 1　地壳的波浪状镶嵌构造图

环太构造带和一些外太构造带，纵贯中国的东北-西南方向，东部大致走向北北东，中部变为北东，到西部转成北东东，似乎呈现东北收敛，向西南撒开的形势。地中构造带和一些古地中构造带，横贯中国西北-东南方向，一般走向是北西西，在中国南部的走向偏北西，甚至北北西，有向东南撒开的形势。大多数外太和古地中构造带的分带之中，出现强烈的褶皱、断裂、岩浆活动和变质作用。它们活龙活现地跃然于中国地质图中。这种构造形势形成中国的镶嵌构造网，被这样一种构造网所镶嵌的、不同级别的大小地块的运动方式，往往是波浪状。在一带或大或小的构造带两侧镶嵌着的地块，或左右作水平摆动，或上下作垂向升降，这只是构造运动的两个极端方向，最常见的则是既非水平，又非垂向，而是斜向的交替移动，由此形成地壳的波浪状运动。把地壳的分块运动，以及它们的上下起伏和左右摆动相结合的形式，在这里叫作地壳的波浪状镶嵌构造运动。这种运动中，互相之间的地块错动，不论是顺走向或倾向或斜向，总的推进方向基本是水平的，好像水上的波浪，虽然它们的表现是一起一伏的波峰与波谷相间运动，但其传播方向则是水平的。

二、中国地壳的波浪状构造网

作为整个地壳一部分的中国地壳构造运动，主要是由一级套一级的北东向外太构造带和北西西向古地中构造带交织所形成的两个系统的波浪运动，它们把包括中国地壳在内的整个地壳，分割成一级套一级、级级相套的左右摆动和上下起伏的波浪状镶嵌构造。因此，我们可以通过对中国地壳构造认识的一斑，来认识整个地壳的构造都是镶嵌式的，形成这种镶嵌式构造的运动，都是波浪状的。

（一）中国地壳斜向波浪状构造格局

中国地壳构造，从目前的构造地貌来看，基本是斜向的网格状（图2）。地中构造带与古地中构造带，以及环太构造带与外太构造带，多是自元古代到现代不同时期的地槽褶皱造山带，它们在中国地区交织成网，也可以说中国的大地构造总形势是个地槽网。夹在地槽褶皱隆起带之间的是地块沉陷带，沉陷带交会的地区恰好出现一些地块，它们正好处于网目之中。因此，形成的构造地貌好像两大系统的巨大波浪，叫作"地壳波浪"或"地块波浪"。褶皱断裂隆重起带的所在是波峰，地块沉陷带分布在波谷。不同方向的波峰与波峰相交地区，隆起互相叠加，波峰往往更高；波谷相交地区，由于双重沉陷，波谷往往更低；波峰与波谷相交地区，则因不同情况，有时表现较高，有时较低。中国地壳的镶嵌构造，就形成了这样有规律的构造构局（图2及表1）。

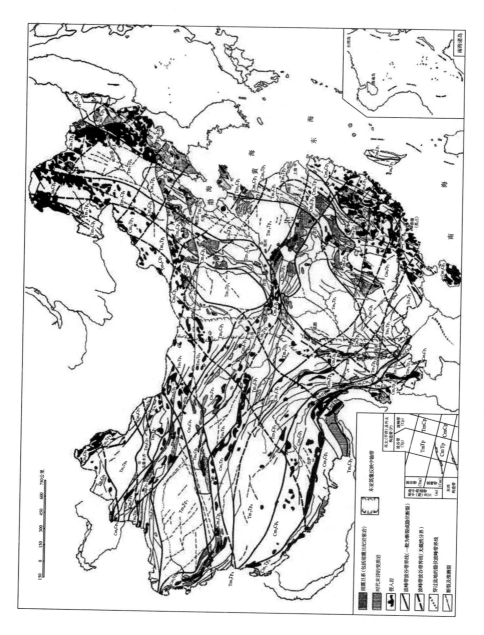

图 2　中国地壳的波浪状镶嵌构造图

表1　中国构造网及分布在网目中的地块

中国构造网及分布在网目中的地块	外太(平洋)构造带														环太构造带	
	准噶尔界山波峰带 Cp_3	准噶尔-伊犁河波谷带 Tp_3	阿尔金-额博格达波峰带 Cp_3	哈密-塔里木波谷带 Tp_3	阿尔金-西昆仑波峰带 Cp_3	柴达木-西藏波谷带 Tp_3	贺兰-珠穆朗玛波峰带 Cp_3	鄂尔多斯-川西波谷带 Tp_3	大兴安-龙门山波峰带 Cp_3	松辽-四川波谷带 Tp_3	长白山-雪峰山波峰带 Cp_3	黄海-湘桂波谷带 Tp_3	东南沿海波峰带 Cp_3	东海-南海波谷带 Tp_3	台湾波峰带 Cp_3	台湾海沟波谷带 Tp_3
三江平原波谷带 Tm_3																
小兴安岭波峰带 Cm_3																
海拉尔-松花江波谷带 Tm_3								海拉尔地块 Tm_3Tp_3		松花江地块 Tm_3Tp_3						
辽河-辽东波峰带 Cm_3																
查干诺尔-渤海波谷带 Tm_3								查干诺尔地块 Tm_3Tp_3		渤海地块 Tm_3Tp_3		黄海				
阿尔泰山-阴山-泰山波峰带 Cm_3																
准噶尔-河淮波谷带 Tm_3		准噶尔地块 Tm_3Tp_3		哈密地块 Tm_3Tp_3		巴丹吉林地块 Tm_3Tp_3		鄂尔多斯地块 Tm_3Tp_3		河淮地块 Tm_3Tp_3		苏北地块 Tm_3Tp_3				
天山-秦岭-大别波峰带 Cm_3																
塔里木-四川波谷带 Tm_3		昭苏地块 Tm_3Tp_3		塔里木地块 Tm_3Tp_3		柴达木地块 Tm_3Tp_3		若尔盖地块 Tm_3Tp_3		四川地块 Tm_3Tp_3		湘赣地块 Tm_3Tp_3		台西地块 Tm_3Tp_3 / 东海		
昆仑-南岭波峰带 Cm_3																
藏北-广西波谷带 Tm_3						藏北地块 Tm_3Tp_3		稻城地块 Tm_3Tp_3		楚雄地块 Tm_3Tp_3		广西地块 Tm_3Tp_3		南海		
哀牢山-海南岛波峰带 Cm_3																
永平-思茅波谷带 Tm_3										景谷地块 Tm_3Tp_3						
喜马拉雅波峰带 Cm_3																
喜山南麓平原波谷带 Tm_3																

对照图 2 与表 1，可以更清楚地了解中国地壳的镶嵌构造格局，及其与地壳波浪的关系。

表 1 所列的这一级波峰，一般是地槽造山带，在它们之间的波谷，往往是较大地块分布的地带。C 表示波峰带；T 表示波谷带；p 表示这个波峰带或波谷带属于环太或外太构造带；m 表示这个波峰带或波谷带属于地中或古地中构造带。各带的号码顺序，由主构造带向外带排列。因而，环太及外太构造带是由东向西排，地中及古地中构造带是由南向北排。这样的排列可与图 2 相对照。

由图 2 可以看出，自东向西排列的环太构造带和外太构造带，由于太平洋壳块和西伯利亚地台的夹峙，走向北东，在中国东北地区收敛，向西南撒开。由南向北排列、走向北西西的地中构造带和古地中构造带，由于印度地台同西伯利亚地台的约束，在中国西部收敛，向东南撒开。这两排斜列的构造带，在中国地区互相交织，形成中国的地槽网。网格中分布着的两排地块，中国西部都在北西西方向延伸较长，中国东部都在北北东方向延伸较多。

首先谈谈环太及外太构造带。它们由东向西在中国的顺序排列是：

Cp_1——台湾构造带　　　　　　　　　　〔环太构造带〕
Cp_2——东南沿海构造带
Cp_3——长白山 – 雪峰山构造带
Cp_4——大兴安岭 – 龙门山构造带
Cp_5——贺兰山 – 珠穆朗玛构造带　　　　〔外太构造带〕
Cp_6——阿尔金山 – 西昆仑山构造带
Cp_7——阔克沙勒岭 – 博格达山构造带
Cp_8——准噶尔山构造带

台湾构造带是环太构造带上的一个锁链，向东北通过琉球群岛接着日本，向南过巴士海峡连到菲律宾群岛，它们都是环太构造带在亚洲大陆以外的一环。

东南沿海构造带向东北顺东海与黄海的边界，遥接朝鲜南部，向西南由广东入南海，接海南岛。

长白山 – 雪峰山构造带从吉林长白山向东北过渡到西伯利亚东海滨省的锡霍特山，向西南通过辽东半岛，越渤海，接鲁东山地，其西界是北北东向的郯城 – 庐江大断裂。构造带绕过大别山东麓，转向南西西，斜贯湖北中南部，到湖南再转为南南西，跨雪峰山和武陵山，更向西南斜穿贵州东部和广西、云南之间，入越南。

大兴安岭－龙门山构造带是外太构造带在中国的一条主干。大兴安岭向东北过黑龙江，遥接西伯利亚沿岸的朱格朱尔山脉，向南南西穿过阴山，接到太行山和吕梁山，过渭河断陷，斜穿秦岭，到四川西部崛起为龙门山，穿过邛崃山和大雪山，入云南，经腾冲、龙陵一带的北东向山地，入缅甸。

贺兰山－珠穆朗玛构造带向东北穿阴山，跨中蒙边界，入西伯利亚，绵延为额尔古纳河以西的加集木尔山。这一构造带在内蒙为狼山，在宁夏崛起为贺兰山。它们都明显表现为北北东和北东走向的山脉。但在穿过甘肃祁连山、青海积石山和巴颜喀拉山，以及西藏唐古拉山的地区，只能从黄河和长江上游地带，排成一带北东向的河曲和成带分布的花岗岩侵入体，以及表现在西藏东部北东向的山脉与河流，对这一北东向构造带的存在加以推知。它穿越喜马拉雅山，过不丹后落入恒河三角洲地区，更向西南掠过印度次大陆的东岸地带，落入印度洋。

阿尔金山－西昆仑构造带向东北过玉门及敦煌盆地，遥接甘肃与新疆之间的北山，隔蒙古的大戈壁和肯特山，再现为西伯利亚的雅布洛诺夫山脉。由新青界上的阿尔金山和新藏界上的西昆仑山，向西南穿过北西向的喀拉昆仑山，经克什米尔，顺苏里曼山向西南落入印度洋。

阔克沙勒岭－博格达山构造带是在天山山脉中作 X 斜交的北东东向构造带。一般所说横贯新疆中部的天山，实际是北东东和北西西二带作 X 状斜交的复合构造带，二者不能混为一谈。这里先不谈其中北西西走向的天山古地中构造带。至于其中北东东走向的天山，则是由苏联阿赖山和中苏界上阔克沙勒岭向北东东绵延，过汗腾格里峰，完全进入中国境内，表现为哈尔克山，斜穿北西西走向的天山以后，在北疆南部隆起为博格达山，过巴里坤入蒙古，穿过蒙古走向北西西的阿尔泰山及杭爱山和蒙苏界上的萨彦岭，在贝加尔湖西北侧再度崛起为北东走向的贝加尔山脉。

准噶尔界山在新疆的西北边沿，也是由北西西向和北东东向的几带山岭作 X 交叉。盘亘于中苏界上的山地，在中苏边界反复作"之"字绵延，实际上，只有两小段在中苏界上，"之"字拐的大部分在我国境内。

以上所述的环太及外太构造带之中，最突出的是大兴安岭－龙门山构造带。它非常明显地把中国地质构造划分为东西两部，其东侧三条构造带的走向多偏北北东，西侧构造带都偏向北东到北东东。从目前的构造活动来看，大兴安岭－龙门山构造带，在中国境内起着很重要的作用。如果把这一带由山西通过河北平原到渤海湾的斜列构造和长白山联系起来，就可以看到从云南西南斜穿横断山脉，经过龙门山，再穿过陕甘界上的秦岭，并在山西斜切吕梁山和太行山，经过河北平原，入渤海湾，过渡到辽东半岛和长白山。这一联结起来的北东向构造带，不仅在构造上很突出，而且在地震方面也是非常明显的地带。

其次谈斜贯中国走向北西－南东的地中及古地中构造带。它们是：

Cm$_1$——喜马拉雅构造带
Cm$_2$——哀牢山－海南岛构造带 }〔地中构造带〕

Cm$_3$——昆仑山－巴颜喀拉山－南岭构造带
Cm$_4$——天山－秦山－大别山构造带
Cm$_5$——阿尔泰山－阴山－泰山构造带 }〔古地中构造带〕
Cm$_6$——辽河－辽东构造带
Cm$_7$——小兴安岭构造带

喜马拉雅构造带是地中构造带在我国西南边陲绵延的地段。从帕米尔山丛南沿的克什米尔向东南进入我国西藏南侧，再经西藏东南部和云南西南部，到印度支那半岛。

哀牢山－海南岛构造带是喜马拉雅山北带（喀拉昆仑山－冈底斯山），向东南延伸再次隆起的一带斜穿云南的山脉，走向南东，与北东向的龙门山构造带斜交，并掠过"康滇地轴"南端，顺红河入越南，隔北部湾遥接海南岛。

昆仑山－巴颜喀拉山－南岭构造带是从西昆仑山分支的一条古地中构造带，辗转接连可可西里山，由此更向东南绵延，在巴颜喀拉山成为黄河与长江上游青海南部的分水岭。更向东南延伸到大雪山，越过大凉山和贵州乌蒙山，遥接西江上游北盘江与红水河流经的山地，走向北西－南东，过南岭，转为南东东走向，入南海后崛起为东沙群岛。

天山－秦岭－大别山古地中构造带，在昆仑山－巴颜喀拉山－南岭构造带以北，走向北西西，二者类平行。北西西向的天山从新疆科古琴山向东南越过北东东向的天山，连库鲁克塔格，穿过北山，接祁连山，在陇西地块两侧分为南北二带。北带过六盘山落入陕西渭河断陷，南带在甘肃东南崛起为西秦岭，两带于陕南会合构成秦岭主干，更向东南，隔南阳断陷，又在鄂豫皖界上崛起为大别山，最后越过苏南和浙北的北东向构造带，落入东海，在台湾以北又升起成为钓鱼岛和赤尾屿。

阿尔泰山－阴山－泰山古地中构造带，在天山－秦岭构造带东北，走向北西，两带类平行。阿尔泰山向东南入蒙古，再向东南又回到中国，形成河套北侧的阴山，由此向东南绵延，隔桑干断陷又在五台山崛起，过河北平原到山东形成泰山。乍看起来，它们的联系有些勉强，但从北西向地质构造发展上的相似性，是可以把它们连缀起来的。

辽河－辽东构造带向东南经辽河流域，越辽东，过鸭绿江到朝鲜；向西北通过内蒙古自治区东北部入蒙古，过蒙古，遥接西伯利亚贝加尔湖西南萨彦岭。这一带，一般可以从斜穿外太构造带比较密集的许多北西向断裂及玄武岩喷出层的北西向分布而认识。

小兴安岭是中国最北的北西向构造带，蔓延于黑龙江西南岸，向西北斜穿大兴安岭，同西伯利亚安加拉地盾西南侧的构造带相遥接。由小兴安岭向东南，跨越兴凯湖，穿过锡霍特山南端，入日本海，遥接日本的若峡湾－伊势湾地带。

上列北西西向地中及古地中构造带之中，除喜马拉雅山脉为最突出的构造带以外，其次就是天山－秦岭－大别山构造带了。它不仅地形上突出，在地质构造发展上，明显地把中国分为南北两个地质区域，而且在当代也是古地中构造带地震活动最强烈的一个地带，但还不能同地中构造带的喜马拉雅构造带的强烈活动性相比。

以上所列的北东向环太及外太构造带与北西向地中及古地中构造带，在中国及其邻区斜交，构成的中国地槽网非常明显；它们交织的网格之中，分布的地块也很清楚。因而，把中国的地质构造格局，看成由地槽网镶嵌起来的波浪状镶嵌构造，可以说是名副其实。

（二）中国斜向构造网上叠加的东西构造带和南北构造带

中国的北东向环太和外太构造带同北西向地中和古地中构造带互相交织所形成的斜向构造网上，可以在这里或那里见到附加于其上的近东西向和近南北向构造带（见图2）。它们随着斜向构造带的交叉部位拐来拐去，形成舒缓波状甚至锯齿状分布。同时，由于它们的存在，一些地带也使北西和北东向构造带出现明显的转折。

构造网中所表现的近东西向构造带，一般比近南北向构造带更清楚一些。

由于中国的大地构造部位处于太平洋壳块、西伯利亚地台和印度地台所形成的"品"字形中间地区，所谓的东西构造带，如天山－阴山构造带，则因靠近西伯利亚地台，从而表现为微向南凸的"弓"形。又因太平洋壳块的影响，使华北地块呈楔形楔入中国内部。一方面，影响天山－阴山构造带，越往东越向东北偏转；另一方面，使昆仑－秦岭构造带，越往东越向东南偏转。至于喜马拉雅构造带，则因印度地台的影响，在云南西部急转向南，形成马来半岛西侧的山脉。但就喜马拉雅山脉来说，它本来就接近东西方向延展，到了滇西北，除急转南下外，从构造上还可看出辗转向东跨越横断山脉、"康滇地轴"和"江南地轴"，接连南岭，由此勉强形成喜马拉雅－南岭东西构造带。

总的来看，横亘中国的三条主要东西向构造带（天山－阴山构造带、昆仑－秦岭构造带、喜马拉雅－南岭构造带），虽说可以看作是纬向，但处处可以发现它们在作锯齿状辗转弯曲。因此可以说，它们都是迁就了中国构造网中近东西向排列的交叉点所构成的东西向构造带，而且各个地段在东西向的接连上，也是有些勉强。

就南北构造带来说，其中或有近南北向的构造地段，但真正表现为南北构造走向的地段就更少了。相当明显的南北向构造带，可以说是贺兰－龙门山构造带，它纵贯中国南北，把中国的大地构造形势从中分开。中国西部的构造走向明显表现为北西西，其中打着北东向断裂构造的烙印；中国东部的构造走向清楚地表现为北北东，其中也有北西向断裂构造。因此，划分中国东西二部的贺兰山－龙门山构造带，也叫作经向构造带。但仔细分析起来就可发现，贺兰山一般走向北北东，六盘山是北北西，龙门山又变为北北东甚至北东。如就贺兰山本身来看，其北段走向北北东，中段走向北北西，南段又是北北东。在这条经向构造带南段的"康滇地轴"，其本身也有锯齿状屈曲。

其他南北构造带中的一些地段，如大兴安岭、太行山、雪峰山等都是一样，表面看是南北走向，细分起来则是锯齿状，或表现为斜列形式。

根据以上对夹在斜向构造网中东西向和南北向的正向构造带零星分布地段的分析，可以认为，中国地质构造的基本特征是以斜向构造带所交织而成的构造网为主。透过这样的斜向构造网，可以在这里或那里的某些地段，看到附加于其上的经向和纬向构造带。而且就在这些地段之中，也往往是由斜向构造辗转交织，或表现为斜向成排的格局。

（三）中国构造网中的地块

从上边所概略谈到的构造带可以清楚地看到，几带北北东到北东东向的环太和外太构造带，同几带北西西向的地中和古地中构造带，在中国交织而成的构造网排列相当整齐。因此，在它们所交织的网目之中，一方面可以看到一排一排北东向排列的地块，另一方面可以看到一排一排北西西向排列的地块，其形状也多为斜方形（见图2）。这种斜方形地块的斜列编排，之所以有这样的规律性，自然与以上所说的环太及外太和地中及古地中构造带，在中国交织所成的斜向构造网格分不开。

夹在北东－南西向环太和外太构造带之间的地块，从东南向西北可看到七排：

Tp_2——南海地块、台西地块、东海地块；

Tp_3——广西地块、湘赣地块、苏北地块及黄海地块；

Tp_4——景谷地块、楚雄地块、四川地块、河淮地块、渤海地块、松花江地块；

Tp_5——稻城地块、若尔盖地块、鄂尔多斯地块、查干诺尔地块、海拉尔地块；

Tp_6——藏北地块、柴达木地块、巴丹吉林地块；

Tp_7——塔里木地块、哈密地块；

Tp_8——昭苏地块、准噶尔地块。

夹在北西－南东向地中和古地中构造带之间的地块，由西南向东北可看到六排：

Tm_2——景谷地块；

Tm_3——南海地块、广西地块、楚雄地块、稻城地块、藏北地块；

Tm_4——台西地块、湘赣地块、四川地块、若尔盖地块、柴达木地块、塔里木地块、昭苏地块；

Tm_5——东海地块、苏北地块、河淮地块、鄂尔多斯地块、巴丹吉林地块、哈密地块、准噶尔地块；

Tm_6——黄海地块、渤海地块、查干诺尔地块；

Tm_7——松花江地块、海拉尔地块。

但是，既有迁就两排斜向构造网相交地带的东西向构造带，如天山－阴山构造带、昆仑－秦岭构造带、喜马拉雅－南岭构造带，还有迁就斜向构造网交叉部位的南北向构造带，如太行山－雪峰山构造带、贺兰山－龙门山构造带等。在它们之间排列的地块，自然也可以按近东西排列或近南北排列，但是就不像斜列成排的那样明显了。

第三章　中国镶嵌构造的波浪发展

前面阐述的中国构造网镶嵌图案，只就目前构造地貌上看出了地壳波浪的表现。还应进一步指出，反映到现在构造地貌上的波浪构造，都是过去地壳波浪运动发展的结果[①]。

中国东部地壳由古地中构造带，如阿尔泰－阴山和天山－秦岭等走向北西西的构造波峰带，分隔了东北、华北、华南等构造波谷带；再由外太构造带，如长白山－雪峰山、大兴安－龙门山等北东向构造波峰带的一些段落，在华北隔开河淮、鄂尔多斯，在华南分离湘赣、四川等地块（见图2）。波峰带所在往往有不同地质时期的地槽体系，它们交织形成了中国构造网。波谷带相交的地方出现一些地块，它们恰好在网目之中。中国构造网不仅在目前的构造地貌上表现为地壳波浪形式，而且在地史中不断进行着天平式的波浪摆动。

下面就以秦岭构造带及其两侧地块的波浪构造发展为例，来说明中国地壳波浪的构造发展；至于其他构造带及其两侧地块的波浪运动，则只作概略分析。

作为天平摆动支点带的秦岭构造带，隔开华北和华南地块，它们自古以来就不断作天平摆动（张伯声，1959）。太古界结晶杂岩，如泰山群、桑干群、登封群等岩系，较多分布于华北各地；元古界结晶片岩，如昆阳群、板溪群等，普遍出现于华南各地。由此可知，华北大部分地区在太古代多有沉陷，华南可能多曾隆起；但到元古代，华南各地大多坳陷，华北多处反而上升。它们好像天平摆动。

如果把元古代华北、华南的构造发展加以对比，可更加清楚地看出，这样的天平摆动确曾发生。王曰伦等（1953）曾对中国北部的震旦亚界有所论述，刘鸿

[①]张伯声，汤锡元，《鄂尔多斯地块及其四周的镶嵌构造与波浪运动》，1975；张伯声，王战，《中国的镶嵌构造与地壳波浪运动》，1974。

允等（1973）曾对中国南方震旦系作了研究，黄汲清等（1974）与中国科学院地质研究所大地构造编图组（1974）又把华南、华北的"震旦"作了对比。综合各家观点，可以分析元古代华南、华北地块的天平摆动，以及由此而引起的秦岭地槽体系的波浪运动。相当普遍地分布于华南各地的昆阳群和板溪群等，都是晋宁运动或它以前褶皱变质的元古代地层。华北地块上，相似时期的滹沱群、嵩山群、粉子山群、长城系等分布，则有很大局限性。由此可以认为，元古代早中期，华北地块不均一上升，华南地块普遍沉陷。此后，华北曾一度沉陷，沉积了蓟县系和青白口系，华南却未见与其相当的层位。到元古代末期或三峡群沉积时期的震旦纪，华北地块经蓟县运动普遍上升，华南地块虽曾经过晋宁运动的褶皱造山，但在夷平以后又行沉陷，这可以从南方普遍分布千米到数千米厚的三峡群，而北方大部分地区缺少这样的震旦系推知。

华北、华南两地块，在蓟县上升运动或晋宁运动前后的天平摆动，不能不引起秦岭地带发展为一系列地背斜、地向斜相结合的地槽体系。所谓的"秦岭地轴"，可能是当时一个地背斜的部位。"地轴"地背斜的快速隆起，不能不在其两侧引起急剧的坳陷，形成两个晚元古代地向斜。南侧地向斜在湖北郧县及武当山地区，其中沉积了郧西群夹火山岩建造；北侧地向斜在陕西洛南及河南栾川地带，其中沉积了宽坪群夹火山岩建造及陶湾群碳酸盐岩建造。因此，宽坪群所在的地向斜，应是晚元古优地向斜；陶湾群所在的地向斜，应是当时的冒地向斜。由于它们之中岩相很不一样，还应设想宽坪、陶湾两个地向斜之间，曾有一个冒地背斜把它们分开，这样就成为一个优地背-地向斜组和一个冒地背-地向斜组。它们的成对结合，构成一个优、冒地背-地向斜偶地槽体系（奥布音，1965）。在"地轴"南侧的武当地块出现郧西群，主要为变质火山岩及陆源碎屑岩建造。因此，晚元古代武当地块也是个优地向斜，武当地块以南可能曾有一个晚元古冒地向斜，但由于后来下部古生界的掩盖而难以看出。由此可见，秦岭的晚元古地槽是由两对优、冒地背-地向斜偶组成的相当复杂的离心发展的双地槽体系。这样复杂的地背-地向斜地壳波浪的形成，同华北、华南两地块反复作天平式波浪摆动应有密切关系（图3a）。

华北、华南两地块在晋宁运动前后的反复起伏波及秦岭，华山以南的熊耳优地向斜发生蓟县上升运动，其他在"秦岭地轴"两侧的晚元古地槽体系都发生晋宁起动，褶皱起来。此后，南北地块起伏是北升南降。地轴以北大多上升，其南侧广泛沉降，沉积了三峡群，逐渐由南向北超覆到秦岭地带（图3b）。

寒武、奥陶纪，南北两地块趋于平衡，"秦岭地轴"南北都有这二时期的地层沉积，但洛南－卢氏一带发生槽状坳陷。1975年，西北大学地质系在这一褶皱带发现了含笔石的奥陶纪地层，它与上元古界的熊耳群、高山河组等，以及寒武系褶皱在一起[①]。这就说明，这个从晚元古代发展起来的地槽造山运动推迟到寒武纪，甚至到奥陶纪，因而是早加里东期褶皱的产物。但是，这一带褶皱涉及的地层，主要是上元古界，只有少量寒武、奥陶系卷了进去，可以说这是个晚元古代－寒武、奥陶纪地槽早加里东褶皱山带。它的褶皱过程则是由于华北、华南两地块在当时作天平摆动所引起（图3c，图3d）。

早加里东运动期间，华北、华南两地块的天平摆动比较激烈。秦岭洛南－卢氏晚元古代－寒武、奥陶纪地槽褶皱造山时期，引起了南秦岭的激烈坳陷，这是较薄的震旦、寒武、奥陶纪地层和较厚的志留纪地层在志留纪末褶皱的，可以叫作震旦－早古生代地槽晚加里东造山带（图3d，图3e）。它的褶皱造山则是由于南北两地块，特别是四川地块对鄂尔多斯地块在泥盆、早石炭纪的回升，虽然后者的下降还没达到沉沦的地步。南秦岭地槽在志留纪激化成为优地槽，志留纪末褶皱造山。这个晚加里东运动导致中秦岭在镇安、柞水一带进一步坳陷，形成一个晚古生代冒地槽。它同南秦岭的优地槽构成一组优、冒地背－地向斜地槽体系。到三叠纪，由于四川和鄂尔多斯两地块的再次反复摆动，褶皱造山（图3e）。中秦岭地槽是在早古生代地层基础上发展起来的晚古生代地槽，卷进褶皱的地层包括全部古生界及部分三叠系。三叠纪时的构造运动，一般称之为"印支运动"。但根据地壳波浪运动来说，一次构造运动往往在一个地区早些，另一个地区晚些，如欧洲的华力西运动，在二叠纪就结束了，而它的余波达到东亚的活动时期，就推迟到三叠纪。如果把这期运动划归阿尔卑斯运动初期，有些勉强；如果单独划分为一个构造旋回，则为时过短，且在东亚往往看到二叠、三叠纪地层平行接触，一起褶皱，难以分出华力西运动。因而，作者同意郭令智等（1961）的意见，把印支运动看作华力西旋回的最后一幕。

---

①万山红，《东秦岭地质新发现》，1975。

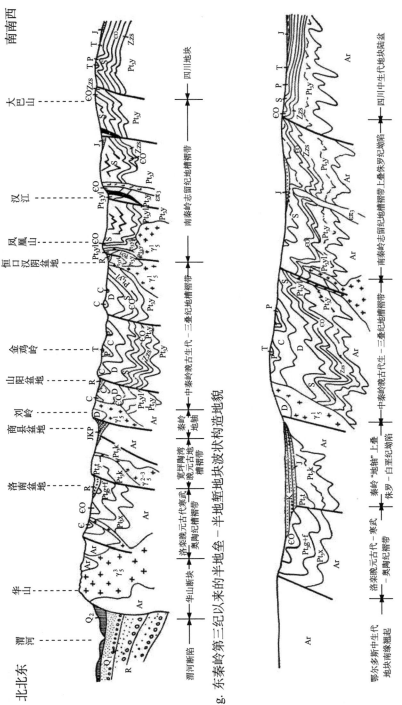

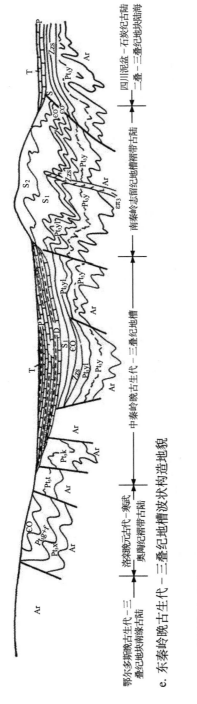
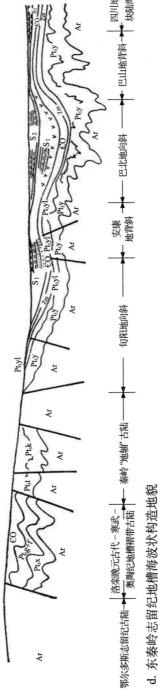
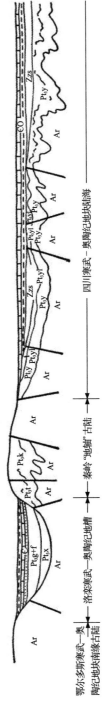

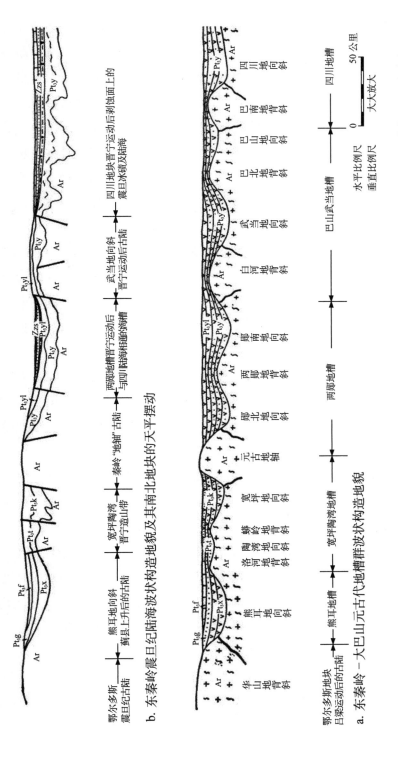

图 3　东秦岭地块波浪构造发展示意图

Pt₃x. 熊耳群; Pt₁y. 郧西群; Pt₁k. 宽坪群; Pt₁yl. 耀岭河群; Pt₁t. 陶湾群; Pt₁g. 高山河组; Pt₁f. 冯家湾组; Zzs. 三峡群。γ. 花岗岩。επ. 正长斑岩

　　夹在华南、华北两地块之间的秦岭构造带，在三叠纪以后的构造运动变了样子，它同中国构造网的其他大多数构造带一样，从地槽型的活动变为断块运动（图3f，图3g）。在侏罗、白垩纪，秦岭南北的四川和鄂尔多斯两地块都成内陆盆地。其中，四川地块的侏罗、白垩纪陆相地层特厚，一般达四五千米，有些地方更厚；鄂尔多斯地块却沉陷较浅，陆相沉积较薄，部分地区也有数千米。两个地块的差异运动，引起秦岭褶皱造山带在夷平以后发生许多断块，形成半地垒－半地堑构造地貌，或盆地山岭构造，也就是块断式的地壳波浪，或地块波浪。在半地堑断陷盆地之中，沉积了侏罗、白垩纪，以及第三纪、第四纪的地层。

　　第三纪以来，鄂尔多斯地块北仰南倾，向秦岭地带俯冲，四川地块南倾北仰，向秦岭仰冲；夹在它们中间的秦岭，作为整块也是北仰南倾，形成一个巨大而复杂的盆地山岭式半地垒山块，在其北侧造成一个巨大而复杂的半地堑渭河断陷盆地。秦岭山块与渭河断陷之间的大断裂，其垂直断距总计在万米以上。这样大的地块波浪，在大陆内部是罕见的。

　　以上把秦岭构造带的波浪发展与其两侧地块波浪状摆动的相互关系、相互影响做了概略分析，可以得出结论，秦岭构造带由反复变迁地位的晚元古、寒武－奥陶、志留、泥盆－三叠四个地槽体系的波浪状构造形成。它同中国构造网其他地段的地壳波浪发展，大同小异。

　　华北地块和东北地块以阴山构造带为支点带，进行天平式摆动的状况与上述相似。东北地块的上下摆动，同华南有类似之处；阴山构造带的水平摆动方向，同秦岭恰恰相反。

　　南岭构造带的构造地貌，不像秦岭、阴山两带那样清楚，但大致以北纬24～26°为界，南北地层的发展不平衡，因而也能得出这一带的南北两地块随地质时代的波状起伏。它自己是构造运动敏感的"支点带"，其水平摆动也能看出。从四川地块和广西地块，以及夹在它们之间的贵州构造带（昆仑－南岭构造带的一段）加以分析，其波状起伏和水平摆动更加清楚。

　　中国东部北北东向外太构造带两侧，地块的相互上下摆动也很明显。就华北地区来说，由东向西排列着鲁东、河淮、山西、鄂尔多斯等地块。以下从它们的

地层来说明其构造发展:

首先, 从华北太古界和元古界结晶杂岩系的分布来看, 华北地块上的太古杂岩分布较广, 元古的滹沱群、嵩山群、粉子山群等, 则局限地分布于太古杂岩之间, 山西和鲁东就是这些结晶片岩零星分布的地带。这种分布关系正好说明, 早中元古代, 河淮平原及鄂尔多斯盆地可能是上升较高的地块, 山西和鲁东曾有元古地槽体系的发生发展。"滹沱群"中有相当一部分同燕山地带的长城系、蓟县系可以对比, 可能是同时异地的相变岩层(王曰伦等, 1953)。蓟县(上升)运动或滹沱群的褶皱运动, 使山西、鲁东隆起成波峰, 河淮、鄂尔多斯相对坳陷成波谷。由此可见, 华北地壳早在元古代就已分裂为不同的地块了。它们只是在寒武到石炭纪这一段时期, 基本上作整体升降, 中新生代又进一步分裂。

寒武海继承了蓟县运动后的局面,并没有完全淹没山西及鲁东元古地槽褶皱带。

到了奥陶纪, 华北各地块发生了微弱的反复波状起伏, 使奥陶海完全淹没了山西地区。此后华北各地更加结合一起, 作整体运动, 一直经过志留、泥盆纪和早石炭世时期, 都是比较稳定上升, 故缺失了这些时期的地层。中石炭海在华北各地昙花一现之后, 华北地块再次升为陆地, 又开始了差异运动, 使此起彼伏的波浪频繁变动, 许多不同阶段洼陷的地带沉积了陆相煤系地层。到三叠纪以后, 通过燕山运动, 华北地壳才发生严重破裂, 形成许多大大小小的地块, 互相错动。目前的地垒－地堑或半地垒－半地堑地块波浪构造地貌, 就是这样发展起来的。最大的地垒或半地垒, 可以说是山西地块; 最大的地堑或半地堑, 则是鄂尔多斯地块及河淮地块。前者开始于三叠纪, 从侏罗纪直到现代, 才是它们大发展的时期。山西这个隆起的波峰上还发生了次一级更次一级的地垒－地堑、半地垒－半地堑地块波浪。例如, 太行山、吕梁山等山块, 就是次一级的半地垒; 汾河断陷、大同断陷等是次一级的半地堑。它们都是由于山西地块的隆起, 才暴露了出来。至于鄂尔多斯盆地及华北平原, 则因表层盖覆, 看不出来。实际上, 它们的基底构造也有这样的地块波浪, 在鄂尔多斯盆地及华北平原的物探、钻探工作中有发现。这样的波状构造很重要, 因为它们形成了许多储油构造。

还应指明, 华北各地块在中新生代的地块波浪运动, 大多是东翘西倾, 河淮地块、山西地块、鄂尔多斯地块都是这样，因而古老地层都在它们的东部暴露，中新生代地层都向它们的西部增厚。因此，可以把山西地块看作最大的半地垒，把鄂尔多斯与河淮地块看作最大的半地堑。这些巨大的半地垒和半地堑地块波浪，以及其中许多次一级、又次一级的半地垒－半地堑地块波浪，好像一系列一个接一个放平，又一端稍微掀起的阶梯形象，因而可以叫作斜阶构造。最大斜阶或半地垒－半地堑的构造规模，见于太行山东侧大断裂。山西地块在太行山翘起，使其东侧的河淮地块构成深槽，其中的中新生界总厚有四五千米，说明太行山剥蚀物质的巨大数量。从而推知，太行山曾经升起的高度也可能是几千米，所以山西与河淮错动的总垂距也应接近万米。这就可以看出，华北地块波浪运动的幅度。

在华南，地块由东到西排列，有台湾、闽浙、湘赣、四川等地块。由雪峰构造带相隔的四川和湘赣两地块，地层发育较全，可以从这些地层看出两地块的反复波动。湖南在早、中元古代隆起，晚元古代深陷，震旦纪以前部分褶起，震旦纪时稍陷；四川在早、中元古代深陷，晚元古代褶皱，震旦纪时同湖南近于平衡。早古生代，湖南及其邻区深陷，志留纪加剧，总沉陷超过 8000 米；四川屡经海侵，但主要沉降期在寒武纪，沉积厚度不及湖南的半数。前泥盆纪地层在湖南有激烈褶皱和浅变质；四川在志留纪末只是升起成陆。湖南作为中泥盆－早三叠世盆地的一部分不断沉降，从晚三叠世上升，以后形成地块波浪，在断陷中接受中新生代沉积；四川盆地缺乏泥盆与石炭系，到二叠、三叠纪才再度沉陷，侏罗、白垩纪成为大型内陆盆地，普遍接受沉积，而且向西逐步加深，到新生代隆起，但仍是东翘西倾。

夹在四川、湘赣之间的雪峰波峰带（包括武陵山带）是个构造敏感的"支点带"。它在川、湘两地块互相上下波动的地质时期，运动更加激烈。早、中元古代，雪峰是武陵 8000 米沉积的来源；晚元古代，武陵褶皱隆起反成供给雪峰万米沉积的山地；震旦纪两处趋于平衡，都有部分隆起、部分洼陷，差异不大；早古生代，武陵带随着四川升起，雪峰带跟着湘赣褶皱；泥盆纪海武陵带浅，雪峰带深；石炭纪武陵成陆，雪峰海更深；二叠纪及早三叠世又趋平衡，全部海侵；中三叠世陆海反转，东成陆，西留海；晚三叠世以后，褶皱断裂运动使全部地区分裂成更多的地块波浪，其表现形式则为半地垒地堑式或盆地山岭式构造。

台湾与闽浙两带，互相起伏的波浪运动也是清楚的。前震旦系到下古生界在福建西部和西北部发育，由西向东，依次变薄变少。此时的台湾是连着福建的一块陆地，为福建西部提供陆源沉积物质；前泥盆褶皱使华南各地隆起，意味着福建滨外在晚古生代的沉陷，最后使广大的二叠海波及台湾；二叠纪后的褶皱运动，又把中生代初期的坳陷带赶到闽浙西部，闽浙地带三叠、侏罗系的发育是自西向东，因而表明台湾地区抬高。但到白垩纪，闽东隆起，波及台湾坳陷。新生代以来，台湾坳陷带逐步向西回移，目前发展到台湾海峡，这就不能不因为波浪运动，又使闽浙东部升高，西部断陷。

中国西部许多构造带及其两侧地块的相对波动，可以进行同样分析。但是，西部构造带不像东部简单，东西构造带明显迁就北西和北东两组扭裂带。这些扭裂带的相交，使整个天山构造带内分成许多斜方块。有的形成块垒，如库鲁克塔格、北山等；有的形成盆堑，如哈密、吐鲁番等。这些不同性质的构造段落所围绕的较大地块，如塔里木盆地，也就随着天山、昆仑山不同段落的扭裂带而形成斜方。这些扭裂构造带伸入盆地，隐没在较新地层之下不同的构造地段，它们隐藏的构造格局，很可能同天山和昆仑山中分割开来的斜方块垒及盆堑相似。夹在天山和阿尔泰山之间的准噶尔地块，有同塔里木地块相似的情况。

西藏地块和印度地台之间的波状起伏，与夹在其间的喜马拉雅构造带的天平摆动，非常明显。西藏地块与塔里木地块、塔里木地块与柴达木地块、柴达木地块与西藏地块之间的波状起伏，以及依次夹在它们之间的西昆仑、阿尔金与东昆仑三个构造的侧向摆动都不待说。

由上可知，目前中国构造地貌的波浪形象是在长期的地史中，由地壳波浪发展而成。而且，地壳波浪运动现在不是停止了，而是继续进行，甚至更烈。地壳波浪随时随地的发展和变迁，既是地壳镶嵌构造的一个主要因素，就成了镶嵌构造的一个重要特点。镶嵌构造观点认为，曾作整体位移的"稳定"地块、岩块之间，自然是剪力集中而发生过错动的带或面。它们不仅有相间的上下运动，而且有反复的左右摆动，表现为波浪状；不仅在空间上有波状形象，而且在时间上有波状变迁。两相结合，地壳中地块和岩块的波浪起伏，必定是随时间的变迁作空间的反复转移。镶嵌构造的这一特点非常重要，在地质构造找矿方面，以至研究地震活动方面，都很重要。

以上所说的地壳波浪，容易使人误会，只理解为是地壳或地块的相对升降运动。其实，地壳波浪运动所表现的形式很复杂。从地壳波浪运动种类来说，基本上分为纵波和横波两种，横波又分为垂向和侧向两种。形象地说来，垂向横波好像蚕行时的弓屈，侧向横波好像蛇行时的蜿蜒，纵波好像蚯蚓的蠕行，其运动方向都是水平的。至于弓屈、蜿蜒，都是由于侧向运动所派生的，只有通过垂向的变化，才能体现侧向的行进。地壳波浪的表现形式，基本就是这三种。

（1）蚕行式地壳波浪运动清楚地表现在剖面上。在地壳中，一带隆起间一带坳陷，一带地背斜间一带地向斜，一带地垒间一带地堑，或一带半地垒间一带半地堑。前边多次提到了，不再多叙。至于较小的褶皱，那就更不用说了，它们的波浪起伏很清楚，是蚕行状弓屈式。地台或较大地块中的台背斜和台向斜，地槽中的地背斜和地向斜，以及由断裂形成的地垒－地堑、半地垒－半地堑，也都是蚕行式的弓屈波浪，不过后者又可以称为地块波浪罢了。

蚕行式的地壳波浪不仅表现在构造横剖面上，纵剖面中也有表现。在豫西，不论按北东向切横剖面，或顺北西向切纵剖面，都可见到蚕行式的地壳波浪或地块波浪。

（2）蛇行式地壳波浪清楚地表现在平面地质图中。构造带不论大小，都在水平方面表现为锯齿状或舒缓波状，说明它们左右转折的蜿蜒摆动。这是从形式上分析的。

不仅在构造形式上可以见到蜿蜒的地壳波浪，构造发展中也有表现。如果把天山－祁连山－秦岭这样一些北西西向构造线结合起来，作为一个构造带的话，就可发现，北西西向天山构造带（与其斜交的北东东向天山构造带不计在内）的博罗霍洛古生代地槽构造发展，即构造迁移方向，主要是从东北向西南；库鲁克塔格地槽迁移，主要是从西南向东北；到祁连山又翻过来，从东北向西南；秦岭地槽迁移，又从西南向东北。这样逐段随时代变迁反复转换方向的构造迁移，清楚地说明，在一个大构造带上的构造发展有侧向摆动，也就是存在着蛇行式蜿蜒摆动的地壳波浪运动。

　　不仅在大构造带中有清楚的蜿蜒状地壳波浪，较小构造体系之中也有明显的表现。例如，许多山字型构造体系的前弧上，往往有不少横断层，它们使前弧构造带分裂为许多小段，互作侧向摆动；最大的构造带，如中间海岭，所谓的"转换断层"，实际上也有左右摆动。许多斜列构造，不论是斜列褶皱或断裂系统，不管规模大小，可以说都是由于构造运动侧向摆动所形成的地壳波浪。

　　（3）蠕行状或冲击式的纵波很多。蠕行冲击波像蚯蚓的行动，它的头部缩短时尾部就伸长，头部延长时尾部就收缩，身体中的细胞，一段压缩，一段伸张。这种波浪运动有如地震的纵波，以及声波和爆炸以后的气体冲击波等。地壳运动不仅有横波，也有冲击式的纵波。

　　不论大小地块，相邻的地块对冲时，在它们互相挤压的集中地带，地壳垂向上变厚，褶皱、冲断、岩石变质，都可使地壳垂向上变厚，也就是横向方面收缩。至于相邻地块本身，则相对稳定，不变厚度。地壳运动纵波的表现形式就是这样。

　　地中海构造带及环太平洋构造带在中国的分带，从每个分带的整体来说，就相当于地壳运动冲击波的挤压收缩带，它们两侧的地块相当于相对伸张带。地槽在中国分布的近等间距性，就说明它们是某种波浪运动。可以设想，地块作侧向和垂向相配合的差异运动时，互相接近的地块，一方面作天平式摆动，另一方面作相对挤压。这个时候，地块中岩矿颗粒和化学分子或原子很少进行密集。但夹于它们之间的地槽构造带，在其地背斜隆起、地向斜坳陷过程中进行弓屈式横向波浪运动的同时，地壳物质就要开始在这里集中，使该带地壳变厚。地槽建造褶皱变质时，岩石发生区域变质，使该带地壳横向上进一步收缩，垂向方面进一步变厚。地块中很少发生物质的密集，而地槽构造带却相对发生物质密集作用，这种变化实际上是地壳中冲击波的表现。

　　花岗片麻岩中的断裂片理带，也有表现为冲击波的。西北大学地质系东秦岭构造体系研究组，在小秦岭的花岗岩或片麻岩中，发现近东西或北西西向宽达数十公尺的片理带，产状陡，向北倾[①]。这些陡倾的片理带，可以代表一些较深的断裂带。而且，同级的断裂片理带大致等间距分布，也是有规律的。这样的构造现象表明，在花岗片麻岩中，曾发生过冲击波形式的波浪运动。

_____

①西北大学地质系东秦岭构造体系研究组，《东秦岭（陕西境内）构造体系及其复合关系》，1977。

第四章 镶嵌构造波浪运动的派生特点

前面阐述了关于中国镶嵌构造的波浪发展这个最重要特点之后，便可以进一步说明由镶嵌构造波浪运动所派生的其他特点：①地块、岩块的稳定性与构造带或面的活动性；②构造带或面在力学性质上的剪错特点；③构造带或面在方向上的共性；④同级构造带或面的近等间距性；⑤地块、岩块在形态和排列上的规律性。

1. 地块、岩块的稳定性与构造带或面的活动性

前已提到，整个地壳是由一级套一级、大大小小的构造带或面分开了的一级套一级、大大小小的地块、岩块，又把它们结合起来的镶嵌构造。它们的运动方式，总是相邻的地壳块体互作整体差异运动或错动，它们之间的构造带或面，就成了相对错动的带或面。因此可说，凡是作整体位移的地壳块体，不分大小，都认为是比较"稳定的"；而相对位移的地壳块体之间不分宽窄的错动带或面，都认为是比较活动的，既不分大小规模，又不分刚柔性质。不像地槽－地台说所认为的那样，只有较大规模、具有一定塑性的地槽褶皱造山带才是"活动带"，夹在它们之间的地台和地块才是克拉通，即"稳定地块"。

2. 构造带或面在力学性质上都有剪错的特点

地质构造带或面是地壳中曾在剪应力集中的地方，发生发展而成的错动带或面，这也不分大小规模。

从一级构造来说，环太与地中两个大圆构造带，之所以形成岛弧－海沟带或类岛弧－海沟带，都是由于相邻壳块的对冲，如大陆壳块向太平洋壳块仰冲，或太平洋壳块对大陆壳块俯冲，以及冈瓦纳壳块向劳亚壳块俯冲，或劳亚壳块对冈瓦纳壳块仰冲。它们形成寰球第一级剪切错动带，在构造地貌上是差异运动最大的构造带。

由较小地块对冲而构成的构造带，可以秦岭为例。就目前的构造地貌来看，好像是秦岭北侧的鄂尔多斯地块对四川地块俯冲，或后者对前者仰冲，因而在秦

岭形成一个北翘南倾的斜阶状盆地山岭构造（见图 3g）。但从地层分析可以证明，鄂尔多斯及四川两地块曾在地质历史时期发生过反复的天平式摆动(张伯声，1959，1962，1965)，及随之而来的秦岭地槽反复迁移和褶皱运动（见图 3a ～图 3f）。由此可见，秦岭是个反复错动的构造带。

断裂带及断层面不用说了，都是由于它们两侧的地块或岩块，曾因剪力作用而发生错动的活动带或活动面。

3. 构造带或面在方向上的共性

地壳中的构造带或面，基本上都是北东或北西向。至于东西和南北向的构造带或面，它们的总走向虽然近于东西和南北，但分段看，则往往走向偏于北东或北西，多是斜向。地中和环太大圆构造带，以及同它们类平行的古地中和外太构造带中很多段落，都是这样。例如，一个外太构造带，大兴安－龙门山构造带，蜿蜒屈曲，或走向北北东，或走向北东，即便在看来是南北走向的太行山地段，其内部的构造线也多走向北北东或北东。又如，昆仑－秦岭东西构造带的走向，总是蜿蜒转折，或走向北西西，甚至北西，或走向北东东，甚至北东。每个大构造带中，只是两段斜向构造带相交叉的部位，才可以出现近东西或近南北的走向。地壳中的许多构造带或面，之所以多表现为蜿蜒屈曲的舒缓波状，甚至呈锯齿状，就是因为这个缘故。

大比例尺地质图中的构造带或面，也出现同样现象。

4. 同级构造带或面往往具有近等间距性

必须注意"同级"的意义：不同级的构造带或面，不能互相比较；也不能只顾数字上的同级，地槽褶皱带与地台或地块中在"数字上"同级的构造带或面，也不能互相对比。

最大的构造带，如地中大圆构造带，大致平分位于地理上南极和北极的两个构造极地；环太大圆构造带，大约平分位于非洲中北部和太平洋中南部的两个构造极地。这是同级构造近等间距的表现。

从图 1b 可以看出，地中构造带与北极构造极地之间，有北半球地台分布带，它与南极构造极地之间是南半球海盆环绕带，两相对应。地中构造带与北半球地台带之间有个坳陷带，它与南半球海盆带之间却是南半球地台分布带，也是两相对应。这也是同级构造近等间距的现象。

图 1a 所表现的环太构造带和其构造极之间的构造分配情况，与上列情况相似，可以在经向上分出地台分布带与海盆环绕带相对应的近等间距现象。

中国的地中及古地中构造带，如阿尔泰－阴山、天山－秦岭、昆仑－南岭之间的距离，大约是 8 ～ 9°；环太及外太构造带，如长白－雪峰、大兴安－龙门山、贺兰－珠穆朗玛之间的距离，大约也是 8 ～ 9°。

局限到秦岭构造带本身，可以分为北秦岭、中秦岭、南秦岭地槽褶带，它们所占的宽度近于等距。按秦岭现代的盆地山岭构造地貌来说，洛南、商县、山阳、汉阴剖面上半地堑盆地之间的距离，颇为近似（见图 3g）。

鄂尔多斯西缘的贺兰构造带，可以分为中间断陷、东部断褶、西部断褶三带，它们的宽度基本相似（图 6）。

西安以东的骊山断块中，也有近等间距的北西向和北东向二组断层，把它分割成大小相似的斜方小块（图 9）。

地块中的次一级构造带，也有近等间距性。例如，鄂尔多斯地块之中，有三个东西向构造带：一在北纬 40°南，二在 37 ～ 38°之间，三在 36°以南（详见第六章）。

5. 地块、岩块在形态和排列上的规律性

构造带或面的方向性，规定了地块和岩块的形状与排列。一般来说，地块和岩块的形状多是类菱形或三角形，其他形状不多。

大陆轮廓多三角形，海盆多类菱形，都同大构造带的走向有关。

中国的地中及古地中构造带与环太及外太构造带交织成网，网格中的地块多为类菱形，个别成三角形。

类菱形地块之内，还套着更小的类菱形地块，如连接大兴安岭－龙门山构造带的山西地块内的五台断块及汾河断陷等。

岩石中的节理、劈理等，把它们分割成无数类菱形的岩块和石块。

地壳中大小构造带或面，既然多是走向北东或北西，在它们交织的网目之中，地块或岩块的排列，自然也是斜向成排。更由于东西向和南北向构造带的附加，使地块又多少排成东西和南北的方向，但其附加，自然是没有两组斜向构造带那么整齐。同时，也由于它们的附加，在某些地带也就歪曲了两组斜向构造带及其间所夹两组斜向地块带的整齐性。这种排列整齐性的歪曲，往往使我们难以在有些地带发现它们分布的规律，因而使构造理论乱了套。

　　总之，在地壳中表现为波浪状互作整体位移的地块和岩块，都是由它们之间的错动带或面镶嵌起来的，好像地壳中曾有过一级套一级或大或小的破伤把那些地块、岩块分裂开来，又被愈合了的伤痕结合起来的样子。地块、岩块之间的活动带，基本上都是剪应力集中的错动带。它们的走向多是北东或北西，正东西或正南北的较少。同级构造带或面，都有大致的等间距性。地块形状多是类菱形，排列多表现为斜行。它们互相间的反复错动和冲击推移，形成的地壳波浪有上下、左右和前后运动的各种表现。由于大构造和小构造都有这些共同特点，可以认为小构造是大构造的缩影。

第五章　中国构造网的地质概况

　　第二章所说的中国构造网，只是从目前的地貌上而言，其组成要素是北北东－北东东向同北西西向构造带交织的网格，以及夹在它们之间由其分割的地块（见图 2）。一般说，这些构造带往往是不同地质时期形成的地槽褶皱带。所谓的地块，则是较早发展的地块中反复迁移的网格构造带所组成的坚硬地块。其实，它们都是在地质历史时期发生、发展的古老地槽褶皱带结合而成，由于后来的剥蚀而铲平的地块，其外围又被较后时期的地槽褶皱带所包围。它们都是更古时期的地槽沉积进行过强烈褶皱变质，又有岩浆的加固，最后结成比较顽固的块体，而包围它们四周的地槽褶皱带不过是较晚形成，还没有剥蚀到平原的构造带罢了。由此可以看出，一个地槽褶皱带在初期形成的地槽时期，其一侧或两侧势必由于比较古老地槽褶皱带的掀起，形成高山，以便作为充填该地槽的沉积物来源。当后期的地槽坳陷被充填到一定厚度时，势必由于较新沉积很厚的松软地层易于流动，为较后一代的地槽褶皱作准备。这一代地槽中沉积的较新地层，可能达到一二万米的厚度。它们在地球自转变速所引起的横压作用影响下，发生强烈褶皱，使地槽的特厚沉积形成褶皱山脉，山脉在剥蚀过程中，还要发生断块，不断升高成为波峰。在断块两侧或一侧曾经剥蚀的地带，所暴露的深层变质岩，到此时不能不相对沉降，加入更早期地槽褶皱带所形成的地块波谷，新一代地槽褶皱隆起所形成的造山带，反而成为新一代的波峰。这种构造上的反复波浪迁移，在地壳发展的历史时期是经常现象，甚至在一个地带就可以看到不同时期波浪构造的重叠变迁。地壳中这样的波浪状构造，到处可以见到。

除了以上所说的斜向构造网及其所分割的地块构造外，还有其他构造因素的叠加，使其复杂化。由这些因素所形成的构造，有东西构造带和南北构造带，以及南北向的扭裂带。

中国地壳内纬向的东西构造带，如天山－阴山、昆仑－秦岭、喜马拉雅－南岭构造带，表现都很清楚；至于经向的南北构造带，如贺兰山－龙门山－"康滇地轴"，表现得就不那么清楚。

在东亚，特别是中国，由剪切斜列构造所形成的近于南北向扭裂带，东部的是华夏构造带，西部的是华西构造带。它们通过纵贯中国中部东亚镜像反映中轴的对立，使中国地槽网在东、西两部的对应关系，非常明显。

一、地中（海）和古地中波峰构造带（Cm）

走向北西的地中及古地中构造带，是中国境内一大构造体系。

1. 喜马拉雅波峰带（$Cm_1 + Cm_2$[①]）

喜马拉雅波峰带是地中构造带的一段，绵亘于西藏南界，主要延伸在北纬 $28 \sim 32°$ 之间。其中段走向近于东西向，在西藏西端走向北西，在它的东端稍向北东，到云南西部顺横断山脉急转向南，总形势成反 S 状。喜马拉雅山的轴部，出露有前寒武纪地槽褶皱带的结晶杂岩系和古生界盖层。其北侧发育有中生代地槽褶皱带，依次向北，顺雅鲁藏布江南侧，有三叠纪地槽褶皱带，顺江及其北侧广大地带，分布的是白垩纪地槽褶皱带。但是，第三纪的地槽拗陷，却在喜马拉雅山脉南侧发展。喜马拉雅山脉南北的坳陷带进行反复迁移，好像翘翘板似的，以喜马拉雅的结晶轴部为支点带，中生代地槽坳陷出现在它的北侧，翘起在其南侧，晚期的新生代第三纪，特别是第四纪坳陷，迁到它的南侧，翘起移到北侧。其迁移的总趋势是随着喜马拉雅山脉轴部的不断上升，北侧中生代地槽逐次由南向北迁移，而南侧新生代地槽却由北向南陆续迁移。第三纪地槽在山脉南坡褶皱起来的同时，把第四纪地槽赶迁到恒河平原。喜马拉雅山脉以北的地槽迁移，又

----

① 冈底斯山－念青唐古拉山构造带在这里作为喜马拉雅构造带的北带一起叙述。

表现为次一级的翘板式运动，沿雅鲁藏布江北侧的冈底斯山脉，有一带石炭－二叠系褶皱带。这一带南边，依次向南见到白垩纪、三叠纪、侏罗纪不同时期的中生代地槽褶皱带。可以说明，三叠纪地槽褶皱隆起时，侏罗纪地槽向南迁移；后来侏罗纪地槽褶皱隆起时，白垩纪地槽反而迁到三叠纪褶皱隆起的北侧。因而，又可把三叠纪褶皱带的部分，看作次一级翘板式运动的轴部。

云南怒江西侧的三角地区，可以说是喜马拉雅山向南急转的构造带，其中也有类似在喜马拉雅主干所见翘板状迁移的构造运动。地壳的翘板状运动，可以认为是很明显的地壳波浪运动的表现。

2. 哀牢山－海南岛波峰带（Cm_2）

哀牢山－海南岛波峰带可以看作是喜马拉雅波峰带的一支。喜马拉雅山脉在抵触横断山脉时，向南辗转弯曲，成为中缅边境和中南半岛的一系列山脉。但在斜切横断山脉南端的地段，有一分支向东南崛起为哀牢山，斜贯云南，过越南北部入南海，遥接海南岛及西沙群岛、中沙群岛，直到菲律宾中南部。

哀牢山的构造发展比较复杂，由于变质作用，使许多地层难以分清。大致可以分出的有元古代、前寒武纪、早古生代、晚古生代褶皱带，以及中生代的盆地，还有中生代的岩浆岩。其构造运动以华力西末期的印支运动最明显。侏罗－白垩纪的中生代盆地，就形成于这个运动的后期。

海南岛的构造线主要是北东向，因而是外太构造带的一段，地层以寒武－奥陶系为主，其中有大块燕山花岗岩侵入。新生代喷出的玄武岩分布于北部边缘。只有一些北西向断裂可以作为北西向构造的显示，向西北遥接哀牢山脉。南海之中的西沙群岛，也可作为哀牢山－海南岛构造带的一部分，以北西西向分列于南海之中。

3. 昆仑山－巴颜喀拉山－南岭波峰带（Cm_3）

这是古地中海构造带的一支，从新疆西昆仑山向东南延伸，到新、藏、青三省（区）边界。昆仑山分为三支，南支是可可西里山，中支是阿尔格山，北支是祁曼塔格山。它们在青海南部的格尔木河同木鲁乌苏河之间形成集束，又向东南撒开为二支：北支向东南绵延于黄河和长江源流之间的是巴颜喀拉山，向东南接邛崃山，为龙门山所阻；南支由可可西里山向东南蜿蜒于大金川与雅砻江之间，到丹巴、康定一带，崛起为大雪山。由邛崃山和大雪山过龙门山带，再以北西的斜向断裂为标志，越过"康滇地轴"北段及乌蒙山以后，过昭通、威宁，顺北盘江及红水河两侧向东南绵延，在湘、桂、粤、赣界上，形成蜿蜒屈曲的南岭，然后斜穿广东东部入南海。

昆仑山－巴颜喀拉山－南岭波峰构造带，基本是以前寒武系为基底的加里东构造带，或以加里东褶皱构造为基底的华力西（包括印支）构造带。

叶尔羌河上游与克里雅河上游之间的北西西向昆仑山地带，是以前寒武系或元古界为基底的加里东和华力西（包括印支）构造带相间的山地，其西南侧有白垩纪断陷带，东北侧为新生代断陷带。

昆仑山中段是以华力西（包括印支）褶皱带为基底、北有白垩纪断陷、中有侏罗纪断陷、南有第三纪断陷的构造带。向东南延伸，受到四川龙门山和川滇之交的横断山阻拦，形成一个青、藏、川、滇四省（区）之间的三角地块，其中广泛分布着褶皱轻变质的三叠系。这个三角地块的边缘地带，出露的多是上部古生界，特别是二叠系，但在龙门山和大雪山等山区，还有较老的石炭、泥盆、志留系，以及更老的寒武－奥陶系。这就说明，它是三叠纪及其以前长期有断断续续海侵的坳陷带，其褶皱运动主要在华力西末期的印支期。这个青、藏、川、滇三角地区褶皱以后，构成了川西三角地块，在其剥蚀面上发生了许多零星的侏罗、白垩和第三纪断陷盆地。

昆仑山－巴颜喀拉山－南岭波峰带由一系列北西向断裂，跨过四川盆地西南角，横越"康滇地轴"北段的大凉山，同北东走向的乌蒙山作 X 交叉，交叉的四角恰好出现四个地块。其中，四川与广西地块南北成对，"江南地轴"与滇东地盾成双。从构造发展上来看，两对对角地块互不相同，各对对角地块则有些相似。北角出现的是以元古界褶皱为基底，古生与中生界缓褶为盖层的四川地块；南角内的广西地块大部分是以元古界褶皱为基底，古生界－三叠系褶皱为盖层，到广西东部则以加里东褶皱为基底的上古生界包括三叠系华力西末（印支期）缓褶的地块。但其东侧外角内的"江南地轴"及其西侧外角内的地层构造，同南北两角内的情况完全不同，它们都有可见的元古界褶皱变质基底，其上盖着震旦到二叠系的缓和褶皱。东西两角不同的情况是云、贵、川三角地区广泛分布有较厚的二叠纪玄武岩层；而川、贵、湘三角地区缺少二叠纪玄武岩层。至于北盘江和红水河一带的地质构造，则是四角的过渡情况，但主要是以元古界变质岩为基础，震且－三叠系缓和褶皱为盖层的构造，只是到了广西东部接到南岭地带有所不同。这里的主要构造运动是早古生代加里东运动，缓和褶皱的泥盆、石炭、二叠、三叠系不整合于其上。接近四川盆地南缘地带，可以见到侏罗纪小盆地，其中的三叠系和侏罗系存在着假整合或整合接触，说明在广西华力西末期的印支运动，向西北逐渐过渡变为燕山运动。

广东、湖南、江西之间的南岭构造发展与广西东部基本相同，在下古生界褶皱变质构造上，有较缓和褶皱的泥盆和石炭、二叠系盖层，其中分散有侏罗、白垩纪的断陷盆地。它们表明，南岭地带有强烈的加里东运动、缓和的华力西末期运动及断块式的燕山运动。

4. 天山－秦岭－大别山波峰带（Cm$_4$）

天山－秦岭－大别山波峰构造带，基本走向北西西。但天山是北西西和北东东两构造带的交叉，从古地中构造带来说，这里只限于其北西西走向的科古琴山及库鲁克塔格。由这里向东南越过北东东向的北山和安西－玉门断陷，又崛起为北西走向的祁连山；祁连山北带绕过陇西地块东北侧，通过黄河上的黑山峡，向东南顺六盘山，到陕西凤翔和岐山落入渭河断陷，过蓝田入秦岭，在河南顺伏牛山，越过南阳断陷，崛起为桐柏山和大别山。祁连山南带经过青海湖南侧，到甘肃南部接西秦岭，过武都和略阳，形成横亘陕南的秦岭及川陕界上的大巴山，过襄樊，与祁连山－秦岭北带会合于桐柏山和大别山，然后越过外太构造带的长白山－雪峰山波峰带，由浙江入东海，遥接钓鱼岛和赤尾屿。因此，这一条波峰带，可以分为天山、祁连山、秦岭、大别山、东海五段。

北西西走向的天山和北东东走向的天山，形成 X 斜交，后者是外太构造带的一段。北西西走向的天山，从温泉向南东东延伸的一段是科古琴山和依连哈比尔尕山等，由艾尔温根山斜穿北东东向的天山，在吐鲁番－哈密断陷西南有比较低缓的库鲁克塔格。这些山带分布的地层，寒武－奥陶系基本上分布于库鲁克塔格，志留系多在科古琴山和依连哈比尔尕山，泥盆系多出露于艾尔温根山东南带，石炭系在西北和东南两段都有不少发现。从北西西向天山的横断面来看，古生界的分布也有相当差异，科古琴山的奥陶系和志留系，由北向南从老变新，泥盆系和石炭系，由南向北从老变新。

在北西西向天山，向东南越过北山和疏勒断谷及阿尔金构造带东北端以后，又掀起为北西西向的祁连山。如以托来南山、疏勒山和大通河这一前震旦和震旦（亚代）地层出露地带作为"祁连地轴"，其两侧地层有显著区别。"地轴"东北侧，依次有寒武、奥陶、志留各系，地层由西南向东北变新；"地轴"西南侧，则有三叠、二叠、石炭、奥陶、寒武各系，地层依次由东北向西南变老。因此，从"地轴"南北侧两带的整体来看，都是南翘北倾的盆地山岭或半地垒－半地堑构造。

甘肃陇西地块南北两侧的地层同上述情况相似，只是陇西地块上的前寒武纪地层分布较宽，而西秦岭覆盖的三叠系较宽较厚，前志留纪地层埋藏更深，难以发现罢了。

陕西秦岭地带的构造情况同祁连山大同小异，但东秦岭中的山块一般是北翘南倾。同陇西地块部位相似的"秦岭地轴"之中，虽在近年以来发现有古生界变质岩的夹层，但仍可考虑这是因褶皱底劈而楔入古老地轴的古生代地层。如果这样的设想不错，则"祁连地轴"就可以通过陇西地块同"秦岭地轴"遥相连接。这样，可以很自然地把北秦岭的晚元古代－寒武－奥陶纪地向斜，同北祁连的早古生代地槽接连起来；又把中秦岭包括全部古生代和部分三叠纪的地槽褶皱带，同南祁连的古生代－三叠纪地槽褶皱带接连起来了。但就祁连和秦岭的地层厚度来衡量，北祁连与北秦岭的震旦（亚代）坳陷秦深祁浅，加里东坳陷却变为祁深秦浅；南祁连与南秦岭的震旦（亚代）坳陷则是西深东浅，加里东坳陷却变为西浅东深；包括印支期在内的海西坳陷，则是早期东深西浅，到后期西深东浅。就陕豫两省秦岭和伏牛山来说，早晚地槽坳陷的发展，其南北也不相同。从震旦（亚代）到早加里东发展的坳陷带发生在北秦岭，晚加里东发展的地槽在南秦岭和大巴山，而华力西（包括印支）地槽发展于中秦岭。南秦岭虽与南祁连相似，有从南向北由老变新的趋势，但在"秦岭地轴"以北，从震旦（亚代）到寒武－奥陶纪，则有从两侧向中部发展的趋势。这是秦岭与祁连稍有不同的地方。

"秦岭地轴"向东南延伸，越过南阳断陷接到大别山。大别山南侧发展的有加里东坳陷褶皱带，北侧有华力西坳陷褶皱带。南侧加里东褶皱带上不整合的有三叠－侏罗系褶皱，北侧华力西褶皱带及其北侧有侏罗－白垩系断陷褶皱。

总之，天山到大别山的整个地带，像前边所说的那样随时随地迁移的坳陷褶皱带，不仅表现在纵剖面上，也表现在横剖面上。这样由坳陷而形成的地槽形成波谷，由坳陷地带堆积地层褶皱隆起又变为波峰的反复变迁，在天山－祁连－秦岭－大别山的发展，不论纵向或横向，都很清楚。至于从大别山越过长白山－雪峰山波峰带的构造，则是由一些北西向断裂所显示，这同天山到祁连山在玉门断陷和阿尔金山东北端的过渡相似。

5. 阿尔泰山－阴山－泰山波峰带（Cm$_5$）

阿尔泰山－阴山－泰山波峰带是中国北部的古地中构造分带。新疆北边国界上的阿尔泰山是以奥陶纪沉积为主的早加里东褶皱带，其西南出现一带泥盆、石炭系的海西褶皱。两带向东南延伸，进入蒙古境内；又在河套以北重新入中国境，以北西向断裂形式，穿过阴山及山西的五台山块（五台山中北西向片理和断裂都相当明显）；过五台山后，没入华北平原；到山东再次掀起成为泰山，形成一束北西向的断块山；更向东南则为北北东向的长白山－雪峰山波峰带所拦截，过此没入黄海。

由阿尔泰山向东南穿阴山，过五台山到泰山这一条北西向构造带，被几条北东向构造带割裂相当严重，但从其断裂方向及片麻理方向分析，可以把它们连接起来。即便在华北平原，它通过的部位也有隐伏的北西西向较大断裂和隐伏隆起，可以把五台山和泰山连缀起来，并使华北平原分为南北两部分，其构造特征和沉积历史存在着明显的差异。

这一断续的构造带，在不同地段的构造发展都不同。有意义的是，由西北的阿尔泰山向东南经过阴山、五台山到泰山的地质构造，依次由古生界、古生界加前寒武系、元古界加太古界、太古界加地台古生界转变而来。大致说来，东南的构造稳定性发展最早，西北发展最晚，但到中新生代，整个构造带都发生了断块运动，而且现在还在发生着。

6. 辽河－辽东波峰带（Cm$_6$）

辽河－辽东波峰带是由朝鲜半岛向西北延伸而来。它在辽东半岛穿过了长白山－雪峰山波峰带，然后顺辽河中上游地带，向西北穿过大兴安岭南端入蒙古，遥接苏联的萨彦岭。

北西西向的辽河－辽东波峰带所通过的中国地区，大多是同北东向构造带互相穿插的部位，看起来都是走向北东的山脉和谷地，但辽河同滦河的分水岭却是北西向；而且在内蒙古阿巴哈纳尔旗同苏尼特左旗之间，成北西向分布着大片的玄武岩喷出层；辽东半岛北部的本溪和上河口之间，也有明显的北西向断裂。这些都说明，这一带有不少北西向构造显示。近年来，海城地震也是沿北西向断裂发生，因此可以作为一条北西向构造带来看待。而且，这一带所处地位，西北可以遥接西伯利亚的萨彦岭，向朝鲜可以遥接其东部的太白山，萨彦岭和太白山都走向北西。这一带的地层分布也趋向北西，如从苏尼特左旗追溯到赤峰，可以追踪一带分布成北西向的志留和泥盆纪变质岩系。这些地层构造都可说明，它们表现了一条北西走向的波峰带。

再者，辽河－辽东波峰带恰好平分着其西南的阴山－五台山－泰山构造带和东北的小兴安岭构造带。根据地壳波浪构造的等间距性，这里必然有一个波峰带通过。

7. 小兴安岭波峰带（Cm_7）

小兴安岭在黑龙江西南岸，走向北西，向东南过兴凯湖到苏联东海滨省，向西北达石勒河口，入西伯利亚，为北东向构造带所拦。在小兴安岭一带，可以发现相当大的北西向断裂，北西西向构造显著，而且这一带分布有广泛的玄武岩喷出层。由于这些构造情况，小兴安岭可以看作一条北西向波峰构造带中的一个段落。

以上所提七条北西西走向的地中及古地中波峰构造带，在它们的西部，基本都表现为北西西向的褶皱断裂带；在它们的东部，绝大多数是北西向断裂带为北北东向的环太褶皱断裂带所横切，只有居中的秦岭和大别山构造带才表现为北西西向褶皱断裂波峰带。其东西分界是由西伯利亚贝加尔湖南端，通过蒙古到中国内蒙古，接着宁夏贺兰山、甘肃六盘山、四川龙门山和四川云南的"康滇地轴"。这条近南北向的构造带，就是东亚镜像反映中轴。这将在后面加以分析。

再者，地中及古地中波峰带在中国的分布，有西部收敛，向东部撒开的趋势。这是由于西部有西伯利亚及印度两地块夹峙，东部有太平洋壳块梗阻而造成的结果。

二、环太（平洋）及外太波峰构造带（Cp）

中国境内，走向北东的构造带是环太及外太构造带，下次依次加以概括说明。

1. 台湾波峰带（Cp_1）

台湾省占据着环太构造带中的一小段。它是中国的最大海岛，地势上东翘西倾，使其西侧下落为平原，东侧掀起成高山。

台湾省地层分布，东老西新。由东向西是在上古生界结晶片岩基础上发展的白垩－第三纪地槽褶皱带，更向西出现的是第四纪坳陷带。如果把台湾与其西侧海峡看作现代的地槽系，台湾本身就成为现代的地背斜，其东侧海沟就是由于大断裂而形成的地槽带背后的海沟地向斜。台湾岛本身同台湾海峡的东部构成一带优地背－地向斜偶，还可能以澎湖列岛及其西侧海峡部分作为冒地背－地向斜偶。这就构成了台湾优地背斜－台西优地向斜和澎湖冒地背斜－澎西冒地向斜，综合成为目前的台湾－台湾海峡地槽系。

台湾－台湾海峡这一新的地槽系，向东北通过以琉球列岛为优地背斜、其西侧海槽为优地向斜的地槽系，接到日本列岛，成为环太构造带的另一段。琉球列岛以西的东海，则可能是个冒地向斜部分，不过比台湾海峡加宽罢了。由台湾及台湾海峡向南，通过巴坦群岛接连菲律宾，则是环太波峰带从台湾的南延地段，而菲律宾同南海的关系与琉球同东海的关系相似。

2. 东南沿海波峰带（Cp$_2$）

东南沿海波峰带是在浙江和福建及部分广东沿海地带掀起，向西俯倾的一带山地。东部沿海地带的地层较古，有震旦到早古生代的褶皱带，其上盖覆的是泥盆到三叠纪的缓褶地层，到侏罗和白垩纪，这一带形成一些断块山和断陷盆地。沿海地带到第三纪和第四纪有更高的掀起，向西北缓倾，构成一系列半地垒－半地堑的波浪状构造地貌。燕山花岗岩及火山岩随着中新生代广泛而严重的断裂运动，有普遍发育。

沿海波峰带由浙江舟山群岛没入东海与黄海之间，通到朝鲜南端。这里有侏罗、白垩纪的岩浆活动，既有花岗岩侵入，又有火山岩喷出。

沿海波峰带还由香港及其以南的万山群岛没入南海，遥接海南岛。这里也有大块燕山花岗岩侵入，并有第三纪和第四纪玄武岩喷出。其古生界基底的岩层分布，北东成带。

3. 长白山－雪峰山波峰带（Cp$_3$）

长白山－雪峰山波峰构造带分布于中国东北、华东、中南及西南，基本上成北北东走向。它被辽河、泰山、大别山等北西向古地中构造带的不同段落，不明显地分为长白山、辽东和山东半岛、苏西－皖南、"江南地轴"和广西与云南之间的波峰构造段。

长白波峰段构造发展是以前寒武结晶杂岩为基底，其上有晚古生代华力西地槽构造带的零星分布，这是由于大量华力西花岗岩侵入体把它分割开来的缘故。

到中新生代，更因东翘西倾的半地垒-半地堑构造，使这一带形成目前的地块波浪。通过许多地块的断裂，岩浆喷出形成大量的火山岩层，更加破坏了这一带华力西地槽的面貌。

北西向辽河-辽东波峰带通过辽东半岛的铁岭、本溪和通化等地，主要是以前寒武系，其次以古生界的寒武和奥陶系为主的分布地区。辽河-辽东波峰带把长白山构造段和辽东-胶东构造段分开。辽东和胶东两半岛构造发展上的基本一致性，使它们遥相接连。它们都是以太古界杂岩和下元古界变质岩为基础，只在辽东半岛的复州湾和金州湾周围，有零星寒武和奥陶系分布。整带广泛地分布有侏罗、白垩系，以及新生代断陷盆地。这一带构造向南南西延伸，直到苏鲁界上。从青岛到连云港一带，对鲁西的泰山地块来说，它们在太古代时期的构造发展，可能是东升西降，到元古代反成西升东降，鲁西在古生代沉陷，鲁东在中生代断陷。它们以郯城-鞍山断裂为支点带，在断裂两侧进行了互相起伏的翘板运动。

就郯庐断裂这一段来说，它在苏北由新沂到泗洪，在皖东从嘉山到庐江，把江苏和安徽都分为东西二部。郯庐断裂西侧，服从华北河淮地块地质构造的发展，以太古界杂岩及下元古界变质岩为基础，其上盖覆华北式缓褶块断的只缺失志留、泥盆系的全部古生界，在合肥地区出现了一块白垩纪坳陷；郯庐断裂东侧，苏北绝大部分为第四系所覆盖，覆盖的可能有华北式的古生界，但在安徽沿江一带华南式的古生界，其中有了志留系及海相的石炭、二叠系。这里所说的长白山-雪峰山构造带地段，完全是在郯城-庐江大断裂以东的地带，包括苏北和皖东的大部分地区。

"江南地轴"从安徽屯溪和江西景德镇地区开始，在鄱阳湖与洞庭湖之间有九岭山，到洞庭湖西南沅江东侧有雪峰山，其西侧有武陵山。雪峰山和武陵山绵亘于湘西、川东、黔东、桂北等地。"江南地轴"主要是以元古界地槽褶皱为基底，它的两侧盖覆震旦系及古生界缓褶地层，并在中新生代发生了半地垒-半地堑断陷盆地。

云南东南的屏边地区出露的上元古界变质岩，只是越南明江地块上元古界变质岩向西北突出的一小段。这一段可以同湘黔川之间武陵山出露的上元古界遥相接连；越南明江地块则同雪峰山的"江南地轴"相遥接。

4. 大兴安岭-龙门山波峰带（Cp_4）

大兴安岭-龙门山波峰构造带，从东北的大兴安岭，以断裂带斜穿阴山，在山西形成其东侧的太行山及西侧的吕梁山,两山之间夹着桑干河及汾河两大断陷。太行山通过山西中条山和河南熊耳山,同陕西华山相遥接,然后斜穿秦岭。吕梁山隔黄河,经渭北的北山,过宝鸡,穿秦岭。它们以半地垒-半地堑的断块形式穿过秦岭,经甘南遥接四川龙门山;然后穿邛崃山和大雪山南端,通过雅砻江和金沙江急转弯的地带,绕过横断山南端,直达洱海;再隔永平断陷,到云南西南龙陵山地,由此过渡到缅甸汤彭山脉。

大兴安岭波峰段以早古生代和晚古生代不同时期的地槽褶皱带为基底,在中新生代形成了半地垒-半地堑地块波浪,其中广泛分布着华力西花岗岩和中新生代火山岩。

大兴安岭波峰段同山西波峰段由阴山隔开,但在阴山之中有一系列北东向断裂及斜列的花岗岩体和河谷,使它们断续地接连起来。

以太行山和吕梁山为骨干所构成的山西地块,是以太古界杂岩为基础的早元古代地槽褶皱带,其上覆盖缓和褶皱的寒武、奥陶、石炭、二叠和三叠系。华力西末期的印支运动,以及中新生代的燕山运动和喜马拉雅运动,使山西地块基本分裂成地垒-地堑式的断块波浪,其东部翘起的是太行山,中带断陷成为桑干河同汾河的谷地,西部翘起为吕梁山。太行山、吕梁山基本都是东翘西倾,但在沁水盆地西侧的霍山一带,有西翘东倾的构造。

吕梁山-(渭河)北山从渭河断陷西端,太行山-中条山从渭河断陷东端,向西南穿过秦岭的表现是两排斜列的不同时期花岗岩体和夹在它们中间斜排的中新生代断陷盆地,如徽成断陷和武都断陷等。汉中盆地则是擦过其南侧的新生代断陷。

穿过秦岭以后,在四川翘起为龙门山波峰段。龙门山是由西北向东南仰冲到四川地块上的褶皱带。它是走向北东、东南翘起向西北俯倾的块断山,其中有寒武、奥陶和志留系的加里东褶皱,其上又发生了泥盆到三叠系的华力西晚期印支褶皱,然后又在中新生代掀起了断块式的波浪构造,把若尔盖地块和四川地块分开。可以说,这里的构造发展有些像大兴安岭,但华力西的花岗岩侵入和中新生代的喷出岩形成过少,不同于大兴安岭;而且大兴安岭的华力西造山运动最后发生在二叠纪,龙门山则发生在三叠纪,也是它们之间的差别。

四川石棉到云南洱海是一带北北东-北东向,以前寒武系变质岩为基底,古生界到三叠系为盖层的缓褶带,局部有第三纪断陷盆地。雅砻江和金沙江的同步屈曲，实际是由这一段北东向构造所决定，因而可以叫作"金沙－雅砻弯曲带"。

金沙－雅砻弯曲带向西南越过北西向的永平中生代断陷盆地，还有一段北东向的保山潞西构造带。这又是以下古生界褶皱为基底，上古生界到三叠系缓褶为盖层，其上局部发育第三纪断陷的北东向构造带。这一构造带形成了萨尔温菱形地块的西北镶边。

中国的外太构造带，以大兴安岭－龙门山波峰带为最突出。总的说，可以分为三大段：太行山－吕梁山所在的山西地段，造山褶皱变质主要在前震旦纪；大兴安岭主要在古生代，而且可以分为加里东和华力西两大构造旋回；四川龙门山和云南保山地带的构造同大兴安岭相似，那里有加里东及华力西造山运动，但华力西运动推迟到印支期。燕山和喜马拉雅运动时期，大兴安岭、山西和川滇三个地段都曾发生了块断，形成了一些地垒－地堑或半地垒－半地堑的构造。

5. 贺兰山－珠穆朗玛波峰带（Cp_5）

贺兰山－珠穆朗玛波峰构造带，其展布较宽，构造也较复杂，只有过细分析，才能察觉到它是一条主要的北东向构造带。

这一北东向构造带所受到的较大干扰，主要是西伯利亚地台和印度地台的相对右行扭动，在它们之间发生了华西剪切带。这条剪切带基本在南北向的地带中，形成了许多斜列的北西向甚至北北西向褶皱断裂，把北东向的构造掩盖了。但在这一带上追踪研究可见，以宁夏为界，由此向东北和西南，构造上的表现很不相同。贺兰山表现为锯齿状，其总走向是北北东；狼山也是锯齿状，但总走向是北东东。两带向东北收敛，以北东向穿过阴山。这一带的北东向构造线很清楚，出露地层是以元古界变质岩为基底，其上有古生界，特别是以泥盆、石炭和二叠系为主的华力西褶皱。华力西运动中有大量花岗岩侵入。侏罗纪以后，尤其是白垩纪和第三纪，由于西伯利亚地台和太平洋壳块的相对错动，这一带也曾发生了不少断裂，很多北东向地垒山块和地堑盆地的形成与此有关。

宁夏贺兰山和狼山向西南，为祁连山构造带所阻。但在祁连山、积石山、巴颜喀拉山、唐古拉山、横断山等山地，斜列的北西－北北西向山脉所构成的南北向华西剪切带中，却发现了以下一些构造地貌：黄河和长江上游出现了几个很不自然的大转弯，如从兰州到达日的黄河反复大折曲，长江上游长距离作北东向延伸的木鲁乌苏河，雅鲁藏布江支流拉萨河由东北向西南的逆流，雅鲁藏布江在藏东南地区的急转弯，先是流向东北，将到波密，忽而转向西南，这一带河流方向的转变，都同北东向构造有关系；这一带还有北东向成排的斜列断陷盆地，以及大约分成三带顺北东向斜列的花岗岩侵入体。它们都暗示穿过华西剪切带北东向构造带的存在。而且，雅鲁藏布江以北的嘉黎、工布江达和以南的洛札等小地块，之所以形成斜方，都同上述成北东向斜穿唐古拉山和喜马拉雅山的大断裂有关。今后的地质调查研究中，在这一带还可能发现更多排成北东向斜列的通过北西向褶皱的断裂群，以及斜列的燕山花岗岩侵入体，作为贺兰山－珠穆朗玛波峰构造带穿过这里的标志。至于这些成北东向斜列的中新生代断裂地堑和燕山花岗岩侵入体，它们所通过的北西向褶皱构造带中的波浪运动，则曾随时随地迁移变化。因而，古生代以来不同系统的地层分布，也是相互间夹的。

总之，贺兰山－珠穆朗玛波峰构造带中，由宁夏分开的西南和东北两段，构造上的表现基本不同。东北段过阴山以后，古生代构造带的走向都偏北东，许多夹于其间的中新生代断陷盆地走向同它们一致，但宁夏西南一带，多是横切华西剪切带斜列的中新生代断陷盆地。至于宁夏贺兰山和狼山构造带，总走向都表现为北东，其中则有反复曲屈成锯齿状的样子。不同地带地层构造的发展，也都有明显的波浪状。

6. 阿尔金－西昆仑波峰带 （Cp₆）

阿尔金－西昆仑波峰带，由于西藏地块的影响，其走向转变为北东东。这一波峰带由蒙古肯特山向西南越过戈壁阿尔泰山，入中国后盘亘于甘肃和新疆界上，成为切断天山－祁连山构造带的北山。北山分为两支：一支由明水、星星峡向南西西延伸为穿塔格，过罗布泊沿塔里木盆地东南的车尔臣河谷地，可能在盆地底部顺河谷西北岸地带，作为埋藏的山脉，到和田以南再突起为铁克里克山，为北西向的西昆仑山所阻；另一支由北山过疏勒河，向南西西延伸，斜切祁连山西北端，到柴达木盆地西北缘，成为阿尔金山，过博斯坦，接北东东向的西昆仑山，然后越过西昆仑及班公湖，入克什米尔。

这一带地质构造发展是在前寒武杂岩的基底上，发生过早古生代加里东和晚古生代华力西两期构造旋回的褶皱造山带，在不同时期不同地带有波浪状构造迁移，一般是从阿尔金山西北侧向东南侧以波浪状逐渐迁移。但到中新生代的构造运动，主要采取块断运动，使这里形成一些半地垒－半地堑或地垒－地堑式的波浪构造地貌。次一级波谷带在阿尔金山西北侧形成一带很长的第四纪断陷；这一波谷带的西北侧，还有埋藏的波峰，作为塔里木盆地地下的边沿。

7. 阔克沙勒岭－博格达山波峰带（Cp_7）

阔克沙勒岭和博格达山是横亘新疆走向北东东的天山地带，它和北西西向天山的科古琴山及库鲁克塔格作 X 交叉。阔克沙勒岭绵延在中苏界上，过腾格里峰，完全入中国境，成为哈尔克山，隔北西西走向的依连哈比尔尕山，接乌鲁木齐东边的博格达山，然后成锯齿状屈曲向东，过巴里坤，越中蒙界上的阿尔泰构造带，又跨过杭爱山，遥接苏联贝加尔湖东南的山地。

这一走向北东东的天山构造带的西南段，在哈尔克山等地是以前寒武系为基底的加里东褶皱带和华力西褶皱带。其东北段的博格达山主要是包括三叠系的华力西末期褶皱带。因此，北东东向的天山在古生代的波浪发展，纵向上来看是从西南向东北的迁移。侏罗纪及其以后的构造变动，使这一带形成地垒－地堑式或半地垒－半地堑式的波浪构造，如哈尔克山是个半地垒，其南侧的库车断陷则是一带复杂的半地堑。天山范围以内的博斯腾断陷和吐鲁番断陷，可以说是天山褶皱带的次级构造，但哈密断陷盆地，实际可看作北东东和北西西构造带所交织的地槽网中的网眼地块。

8. 准噶尔界山波峰带（Cp_8）

北东向的准噶尔界山构造带是中国西北边上的屏障。从古生界－三叠系的构造来看，它是北东向波峰带，由于北西向构造带的交叉，往往在这一带界山之中，发生一些近于东西向的断陷盆地和东西向的山块。但从地层构造来说，它们的走向往往表现为北东东向。古生代地层由东北向西南发展，其东北端出露的有奥陶系和志留系，中部有泥盆系和石炭系，西南部才有二叠系。

准噶尔界山的构造发展，不仅有上述的纵向波浪转移，横向上则有更加清楚的波浪变化。它一般是从西北翘起向东南倾俯，西北带上多为泥盆系，东南带上多为石炭系，而且还有一些中生代断陷盆地及新生代盆地向东南准噶尔山地内部发展，其最东南的玛纳斯湖则是现代湖泊。

以上由台湾的一段环太波峰构造带，向西北排列的外太构造带，由于它们处于太平洋壳块和西伯利亚地台、印度地台之间"品"字排列的空当，太平洋壳块和西伯利亚地台在中国东北的夹峙，与印度地台在西南的梗阻，因而使几条外太构造带，有在东北收敛，向西南撒开的形势。所以，把北东－南西的贺兰山－珠穆朗玛波峰构造带作为中带，其以东的波峰带越向东排走向越偏北北东，它以西的波峰带有越向西排走向越偏北东东的趋势。

三、中国地槽网目中分布的地块 (TmTp)

前面阐述了在中国的地中及古地中构造波峰带和环太及外太构造波峰带的分布。它们的交织构成了中国地槽网，又势必由这样交织的网目中留下构造上比较稳固的地块。这些地块还必定分布成两个方向的波谷带（见图 2）。地块既然都处于地槽网的网目之中，它们就只能是互相隔离的块体，不能像地槽网的网线，在这一段或那一段连续性分布。

环太及一系列外太波峰构造带之间夹着的波谷地块，自然成北东向排列；地中及古地中波峰构造带之间夹着的波谷地块，自然是北西向排列。每一网眼中的地块都有其双重性，它既属于环太和外太各波峰构造带之间的波谷带，又属于地中和古地中波峰构造带之间的波谷带。

夹在地中和一系列古地中波峰构造带之间的地块波谷带，有永平－思茅波谷带 (Tm_2)、藏北－广西波谷带 (Tm_3)、塔里木－四川波谷带 (Tm_4)、准噶尔－河淮波谷带 (Tm_5)、查干诺尔－渤海波谷带 (Tm_6)、海拉尔－松花江波谷带 (Tm_7)。

夹在环太和一系列外太波峰构造带之间的地块波谷带，有东海－南海波谷带 (Tp_2)、黄海－湘桂波谷带 (Tp_3)、松辽－四川波谷带 (Tp_4)、鄂尔多斯－川西波谷带 (Tp_5)、柴达木－西藏波谷带 (Tp_6)、哈密－塔里木波谷带 (Tp_7)、准噶尔－伊犁河波谷带 (Tp_8)。

各个波谷地块，都有既属于环太及外太构造带，又属于地中及古地中构造带的双重性，它们的构造发展也必定有这样的双重性。而且，由于其四周构造带发展时间上的不平衡性，每一对相隔又相邻的网目地块构造发展，很自然难以相同；由于不同侧面的波峰带有不同发展历史，因而一个地块之中不同地带或地区的构造发展也不相同。

原来北东和北西向波峰构造带互相交叉的部位，其上面往往重叠有东西或南北向的波峰构造带。这些东西或南北排列的波峰构造带，由于是上述斜向构造网上发生的后一序次构造，它们必须迁就原生的北西和北东斜向构造带，而在其交叉地带形成东西的纬向构造带或南北的经向构造带。但由于斜向构造带是先期形成，因此这些纬向或经向构造对于它们的迁就，便不能不构成辗转曲折的锯齿状或舒缓波状。例如，近东西向的天山－阴山波峰带、昆仑－秦岭波峰带、南岭波峰带，或近南北向的大兴安岭－雪峰山波峰带和贺兰山－龙门山波峰带等，它们都不是正东西或正南北的构造带。按这些纬向或经向波峰构造带的总走向来看，可以粗略地看成近东西或近南北，但就其中的分段来看，都表现为北东或北西的斜向。它们一段一段地互相转折，就一定形成锯齿状。总之，上述构造带的斜向或正向两种排列方式，斜列者为先成的应属第一代，正向排列者是后生的应属第二代。第二代构造总是迁就第一代构造，这就不能不在许多不同地段形成锯齿状。

所有地块的部位都在波谷带。既然斜向构造带形成在前，东西或南北向构造带形成在后，这些构造网的网目中分布的地块形状，就不能全是斜方形，其他形状，如三角形、五边形、六边形等，都可能形成。但由原始斜向构造带所切成之地块的菱形或斜方形，是可以辨别的。因此可以说，地壳中的地块，基本上都是斜方形，其他形状都是后期改变的。

构造网目中分布的地块构造发展，随着它们四周波峰构造带的发展而发展。现在的波峰，在前一时期则是波谷，地槽可以造山，波谷变成了波峰。它们在地质历史时期是随时随地迁移，好像水上波浪的迁移。因此，目前表现为波谷的地块构造之中的不同地带，都曾在不同地质时期，由于地壳波浪的变迁，经过了地槽褶皱。因而，每个地块之内的构造发展也是相当复杂，并非自古以来就一成不变，它们都是通过不同时期的地槽活动带，由褶皱变质而僵化的块体拼凑而成。

以下把明显出现在中国构造网网目中的地块盆地，由南而北，由东向西，按顺序分别作一些概括说明。

1. 永平－思茅波谷带（Tm_2）

景谷地块（Tm_2Tp_4）

这是一个发育在加里东冒地槽基础之上的北西向晚古生代－中生代盆地。在活动性相当强烈的滇藏加里东－华力西（包括印支）地槽群中，这是一个相对稳定一些的地带。华力西末期（印支）发生轻微褶皱，并接受了来自两侧褶皱山地的侏罗、白垩系磨拉石及红色沉积。北东向的大兴安岭－龙门山构造带，从白垩纪就开始，使它和永平盆地相分离；最新构造运动，又正在把它同思茅东南至老挝丰沙里的中生代盆地分割开。

2. 藏北—广西波谷带 (Tm₃)

广西地块 (Tm₃Tp₃)

广西地块在广西－藏北波谷带和黄海－湘赣波谷带的交会部位。这个地块因受北东向外太构造带斜交的影响，东部分割出一个较小的粤西地块，以下古生界的强烈加里东褶皱浅变质岩为基础，零星分布有上古生界的盖层缓褶，并在其中发生了一些中新生代断陷盆地。

广西地块的基底构造比较复杂，其西部以元古代地槽澄江褶皱为基底，东部以早古生代加里东褶皱为基底。这说明"江南地轴"同越南明江地块通过广西地块西部基底，而其东部则同广东有所联系，是加里东褶皱基底。不同基底之上，覆着上古生界到三叠系盖层，这些盖层曾在华力西末幕的印支期发生宽缓褶皱。这里的三叠系特厚，达数千米。地块之上还有零星分布的第三纪断陷盆地。

广西和粤西之间，有十万大山的燕山断陷褶皱带把它们分开。有趣的是，在中国东北一角的黑龙江东端那丹哈达岭燕山断褶带，同十万大山构造形成两相呼应的关系。西南十万大山的燕山断褶带在长白山－雪峰山构造带以东，东北的那丹哈达岭燕山断褶带却在它西侧，这就使长白山－雪峰山构造带在其南北两端形成互相对扭的情况。

楚雄地块 (Tm₃Tp₄)

近南北向的"康滇地轴"切去了它东部一半以上的面积。"康滇地轴"及其侧边，地层发育较全；褶皱变质的昆阳群之上，有三峡群及全部古生界，并有大片二叠纪玄武岩分布。华力西末幕的印支褶皱以后，其上发生强烈的侏罗、白垩纪内陆坳陷，沉积厚度达 17 000 米，在燕山运动晚期褶皱。新生代与青藏地区一起强烈抬升。

稻城地块 (Tm₃Tp₅)

略。参看后面"若尔盖地块 (Tm₄Tp₅)"一段。

藏北地块 (Tm₃Tp₆)

藏北地块是在昆仑山－可可西里山和喜马拉雅山北麓岗底斯山之间的高原地块。它的南部横贯着一条北西西向晚古生代缓和褶皱山带，其中地层以泥盆、石炭、二叠系为主，向西北接喀喇昆仑山，向东连到唐古拉山。这一带的北侧广泛出露侏罗系缓褶，零星分布有白垩及第三系盆地盖层。晚古生代褶皱带之中，零星分布有花岗岩侵入体；还有不少第四纪盆地，散布在地块的不同部位。总之，藏北地块是以上古生界到三叠系缓和褶皱为基底，侏罗、白垩和下第三系为主的地块。地块南部翘起，向北俯倾。下古生界基本没有暴露，前古生代的褶皱变质地层埋藏相当深。

3. 塔里木－四川波谷带（Tm₄）

台西地块（Tm₄Tp₂）

台西地块包括台湾西部平原、台湾海峡，以及东沙群岛东北方广大滨海地区。它位于台湾中央山脉（台湾波峰带）以西，是东海－南海波谷带的狭窄部位。其基底推测为上古生界结晶片岩，上覆白垩－第三纪褶皱地层，最上为第四纪最新沉积。第三－第四纪沿地块内部断裂有基性喷发岩形成。本地块与中国东部的大部分地块一样，都是东部翘起，向西俯倾。

湘赣地块（Tm₄Tp₃）

湘赣地块西北是雪峰山所在的"江南地轴"构造带，东南邻接东南沿海波峰带，南侧以南岭为屏障。这个地块是断裂严重的波谷地块。其地质发展，一般是以震旦系和下古生界的褶皱变质岩为基底，地块上盖覆有泥盆、石炭、二叠和三叠系的盆地缓褶，在侏罗纪及其以后，受到了严重的次一级断块式波浪运动。

四川地块（Tm₄Tp₄）

四川地块是个相当大的波谷地块，其东南接"江南地轴"的武陵山褶皱带，西邻龙门山波峰构造带，北以秦岭波峰褶皱带为屏，南有贵州高原为界。四川地块东南侧褶皱翘起，向西北侧俯冲到龙门山褶皱带之下。全部基底是元古界褶皱变质岩，上覆震旦系三峡群和只缺少泥盆系－石炭系的古生界到三叠系缓和褶皱，以及侏罗－白垩系非常缓和的褶皱。它们都有从东向西，由老变新的趋势。成都平原则是第四纪断陷盆地。

若尔盖地块（Tm₄Tp₅）

作为三角形的若尔盖地块是一个山间沼泽盆地。它北以昆仑－秦岭波峰带的积石山为界，东南以龙门山为屏。地块基底是褶皱变质的下古生界，其上覆有石炭、二叠到三叠系的浅变质地层。它是一块发育在加里东褶皱变质层之上，包括三叠系的晚华力西缓褶浅变质岩系所形成的地块。白垩、第三纪，有些地方发生过零星的小小断陷盆地。若尔盖地块本是巨大三角形川西三叠纪盆地的东北角。

昆仑－南岭构造带的巴颜喀拉山，在华力西末期（印支）的崛起和新生代的进一步抬高，使川西三叠纪地块分为若尔盖地块和稻城地块，及其他一些更小的褶皱山块。南北向构造带和华西剪切带的切削，使这些地块更进一步分裂和复杂化。

柴达木地块（Tm_4Tp_6）

柴达木地块是夹在东昆仑山、阿尔金山和祁连山之间的三角形盆地。它以前震旦系变质岩及震旦系－下古生界加里东褶皱变质层为基底，上古生界到三叠系的晚华力西褶皱为盖层，其上广泛分布着新生界，特别是上新统和第四系。

塔里木地块（Tm_4Tp_7）

塔里木是中国最大的地块盆地，其基底构造相当复杂。盆地南部边缘出露的是元古界结晶片岩，北部边缘有太古界和下、中元古界结晶杂岩，其上有褶皱变质的震旦亚界和古生界褶皱浅变质盖层。盆地西南有晚古生代地槽褶皱。整个塔里木断陷盆地形成于中新生代，所沉积的中新生代地层有数千米厚。盆地中部有北东东和北西西向两带潜伏的隆起，互相斜交，而且北西向断裂隆起在有些地方还出露于地面。由于两条潜伏构造的交叉，塔里木盆地四角形成了四个相当深的斜方断陷，盆地中部拱起一个潜伏的驼峰，向盆地四周逐渐加深。在盆地四边，如天山、昆仑山及阿尔金山的山麓，发育有很深的中新生代槽形盆地，如库车断陷盆地、喀什断陷盆地、叶城断陷盆地、车尔臣断陷盆地等，都是中新生代断陷的产物。一个地块盆地四周的山势越高，靠近它的地带断陷越深，其中部又发生驼峰隆起，这样一种构造形势相当常见。

昭苏地块（Tm_4Tp_8）

北东向准噶尔－伊犁河波谷带被北西向天山分为准噶尔地块和伊犁地块，伊犁地块又被北东与北西向的次一级构造带从中分割出了伊塞克湖和昭苏两个小地块。它是在哈尔克山前寒武纪褶带以北的华力西优地向斜褶带基础上发展起来的山间小盆地，始于燕山早期，主要沉陷时期在中新世。

4. 准噶尔－河淮波谷带（Tm_5）

苏北地块（Tm_5Tp_3）

苏北地块在长白山－雪峰山波峰带以东，包括黄海西南部一部分滨海，地块内新生界广布。长白山－雪峰山波峰带在地块西部并未构成山脉，而是埋藏甚浅的前寒武系变质岩、部分古生界，以及一些燕山期岩浆岩构成的基岩带。地块在整个古生代与华南广大地区基本一致，华力西末期（印支）整体抬升，结束海相沉积，但南部抬升较高，北部成为大型中新生代内陆盆地。燕山运动使中生代盆地沉积层褶皱，燕山期岩浆岩在南部发育。地块内在燕山褶皱之上的新生界呈被盖式广布，以上新统和第四系为主，西薄东厚。新生界在东部地区普遍发育有滨海相沉积夹层。

河淮地块（Tm_5Tp_4）

河淮地块在准噶尔－河淮波谷带东南段，占冀南、鲁西、豫东、皖北的广大地区，是黄、淮两河所成的冲积平原。地块内以太古界－下元古界结晶杂岩为基础，上覆震旦、寒武、奥陶、石炭、二叠、三叠系等盖层。燕山及喜马拉雅运动中，这个地块进一步分裂，形成一些较晚的次一级中新生代半地垒－半地堑断块盆地。盆地基底一般是东翘西倾，接近太行山的断陷最深，深度可能有四五千米，加上太行山上升的高度，垂向断距可能接近万米。盆地还有北翘南倾的趋势，靠近大别山北麓的中新生代断陷较深。

鄂尔多斯地块（Tm_5Tp_5）

鄂尔多斯地块处于鄂尔多斯－川西波谷带和准噶尔－河淮波谷带的交叉部位，也可以叫作陕甘宁盆地。其构造基底由太古及元古界变质杂岩组成，上覆构造层是缓和褶皱的震旦、寒武、奥陶、石炭、二叠系，以及中新生界各系。总体是东翘西倾，西侧接近贺兰构造带的断陷最深，天环坳陷的古生界、中生界盖层总计在 7 000 米以上。到第三纪，鄂尔多斯盆地有向东南反倾的趋势，但在西北翘起和向东南缓倾的形势下，总体上升，其四周发生断陷，如渭河断陷、河套断陷、天环坳陷和吕梁东侧的汾河断陷等。四周断陷发生发展的同时，鄂尔多斯盆地内还在进行新生界上新统红黏土和第四系黄土沉积。

巴丹吉林地块（Tm_5Tp_6）

巴丹吉林地块是以元古界和古生界，主要是上古生界的华力西褶皱层为基底的地块盆地，上覆地层主要为第三纪和第四纪沉积。这些新生界与华力西褶皱的基底之间，难免有零星的侏罗纪和白垩纪断陷沉积。从弱水和居延海在盆地西侧的分布情况来看，巴丹吉林也很可能是一个东翘西倾的地块，只是这个地块形成的时代在后华力西。

哈密地块（Tm_5Tp_7）

哈密地块从规模来说是较小的，但从它的构造部位来说，却占有一个网眼的位置。它是被北东东向的天山和阿尔金山与北西西向的天山和阿尔泰山分割的斜方地块。其底部是以前泥盆系，主要是元古界变质岩为基础，包括泥盆、石炭和二叠系的地槽褶皱带，上覆中新生代断陷盆地沉积。中新生界在盆地中的分布，略作环状，但总趋势是东南翘起，向西北倾俯。

准噶尔地块（Tm_5Tp_8）

准噶尔地块处于准噶尔–河淮波谷带同准噶尔–塔里木波谷带的交叉部位。西北有准噶尔界山、东北有阿尔泰山、南有天山等波峰构造带，形成四面围限着晚古生代褶皱，二叠纪以后产生的断陷盆地。其基底是古生界褶皱，特别是华力西褶皱带所组成。三叠纪以后，逐渐东翘西倾，中凸周凹，有套环形势。盆地中广泛分布有中新生代地层。盆地总形状似三角形。仔细分析后可以看出，它是由几个斜方地块拼凑起来的较大三角地块。居中的准噶尔地块最大，它的北、东、西角隅，则依次是科克库都克、奇台和艾比三个小的斜方地块，它们的补充与结合，使准噶尔变成一个较大的三角地块。

5. 渤海–查干诺尔波谷带（Tm_6）

渤海地块（Tm_6Tp_4）

渤海地块包括华北平原北部地区，它是以太古界杂岩和下元古界变质岩为基底的地块，上覆震旦亚界和古生界（除志留系和泥盆系）、三叠系缓和褶皱的盖层，以及第三、第四纪沉积。

查干诺尔地块（Tm_6Tp_5）

查干诺尔地块是内蒙古东北的一个地块盆地。其东南部基底主要是志留–泥盆系褶皱地层，并有部分石炭–二叠系褶皱；其西北部则是泥盆、石炭、二叠系褶皱地带，上覆地层主要是第三系和第四系，以及新生代喷出的玄武岩。

渤海–查干诺尔波谷带的特点是，其古生代地层走向多为北东向，如果从地块的排列方向来说，又可大约看出这些盆地地块的排列表现为北西向。从渤海过海峡，可接黄海地块；从查干诺尔地块向西北，可遇到蒙古赛音山达地块。这一带所穿过的区域构造走向，基本都是北东向。其北西向波谷地带，只能从北西向的断裂反映出来，但就目前所作地质图中，这一带的北西向断裂表现得还不够多。以后的调查，可能有更多发现。

6. 松花江–海拉尔波谷带（Tm_7）

松花江地块（Tm_7Tp_4）

松花江地块在松花江中上游地区，夹在大兴安岭、小兴安岭、张广才岭和辽河平原北侧的隆起之间。地块基底以古生界的志留、泥盆、石炭、二叠系华力西地槽褶皱变质岩为主，到侏罗纪，特别是白垩纪和第三纪，形成了一个东南翘起，向西北倾陷的断陷盆地。

海拉尔地块（Tm$_7$Tp$_5$）

海拉尔地块在大兴安岭波峰带以西，是以古生代特别是晚古生代地层褶皱为基础的中新生代断陷盆地，发育了侏罗纪以来的地层。侏罗系在地块盖层中最重要，是一套火山岩和煤系地层。白垩系－第三系为红色沉积，第四系包括风积、冲积等多种类型。地块主要受北北东向构造线控制，但北西向构造的表现，无论在基底或盖层，也都是明显的。

除中国大陆上分布的北东向波谷带与北西向波谷带相交处所出现的较大地块以外，中国的边缘海，如黄海、东海、南海，都是二向波谷带相交部位形成的地块海盆，也都是燕山运动和喜马拉雅运动中，由于环太构造带岛弧－海沟带的形成而发生地槽迁移的过程，才发展起来的现代沿海盆地。它们的构造形势，一般是东翘西倾，同大陆东部的几带断块盆地相似。大陆上波谷地块中的中新生代地层，已发现有许多含油构造，沿岸的海盆地大部分是温带和亚热带大陆架，具有油气形成的极优条件和富集的有利构造。

四、东西构造带或纬向构造带

东西构造带或纬向构造带（李四光，1939，1959，1969）是经过长期、复杂变迁的多次运动或多旋回运动的地带。它在地理分布上，纵向方面往往表现为锯齿状或正弦弯曲状，横向方面表现为相邻地带此上彼下的波浪状。一个纬向构造带，既在纵向和横向方面或平面及剖面上都有弯曲的波浪状构造，就不能不在历史上发生长期复杂变迁地位的多次运动或多旋回运动。所谓多旋回运动，并非是同一地带上的重复，它们总是在一个较宽的地带中，采取波浪状的迁移。因而，一个复杂地槽褶皱带中不同时期的褶皱带，可能表现为交错的互相掩覆，也可能是互相隔离。先期的地槽褶皱，要引起其邻区或有隔离地带的后期地槽坳陷。因此，过去发生的地槽褶皱带反复迁移，构成一个波浪状反复变迁的复杂地槽构造带的多旋回运动。所以，一条绵延很远很宽的复杂地槽褶皱带，横剖面上有波浪起伏，纵剖面上也有波浪起伏，而且还有平面上的波状转折或弯曲。所有东西构造带或纬向构造带，都是这样发展而成。

一个复杂东西构造带的这一部分或那一部分，在它们不同时期的发展中，往往开始形成一个巨型坳陷带，或是地槽或准地槽，到后来又会发生大幅度的紧闭褶皱，以及不同性质的断裂。其实，这是由波谷变为波峰的过程。

连续或不连续延长几千公里的东西复杂构造带，之所以反复转折或弯曲，可以说这是由于迁就了先期形成的斜向构造网近东西向排列的交角。大陆上和海洋底都有这样的情况。这种巨型第一级或第二级反复转折的东西构造带中，难免有次一级、更次一级、又次一级等复杂构造成分。这些比较低级的构造成分与第一、二级的构造方向都相似，它们的起源相同，只是成生的序次不同罢了。

东西构造带往往出现在一定的纬度上，地台或地块中规模较小的东西构造带也有分布。看起来，这些地区分布的较小东西构造带有区域局限性，但如果加以追溯，也可在相邻地块中发现有纬带上相近的同样次一级东西构造带。

大型东西构造带的展布，一般是在中纬度地带。中国境内有三带比较明显，一是天山－阴山构造带，二是昆仑－秦岭构造带，三是喜马拉雅－南岭构造带。

1. 天山－阴山东西构造带

天山－阴山东西构造带中间一段是阴山山脉，向西遥接新疆的天山，向东斜穿辽宁与内蒙古界上的努鲁儿虎山、吉林的龙岗山和长白山。它们的分布大致形成向南略有弯曲的宽广弧形。前已述及，天山构造带由北东东向和北西西向二带山脉斜交组成。甘、新界上，又为北东东向的北山所截，但构造线很快又转为北西西，与祁连山近于平行；内蒙古狼山北端，走向又变为北东；河套以北的阴山本部，构造走向偏于北西；大青山以东的河北燕山、辽宁与内蒙界上努鲁儿虎山、吉林龙岗山和长白山等，构造走向都是北东。但在它们中间断续延伸的是一带偏于北东东或近东西向的前震旦亚代构造层。

阴山－天山东西构造带，既然以近东西向斜穿又迁就一些北东和北西走向的构造，说明它是附加在斜向构造网上的构造带，因而其各个段落的地层构造发展，也是差别很大。作 X 斜交的天山和北东东构造带的构造发展，一般西老东新，其西南地段在中苏交界上，中国境内阔克沙勒岭结合了柯坪山块的地层。柯块在东南，其中褶皱地层是加里东旋回；阔岭在西北，其中褶皱地层属于华力西旋回。过汗腾格里峰，到哈里克山，其构造层北老南新，北带是前寒武褶皱，中带有加里东褶皱，南带有被北西西向褶皱超覆的太古界－元古界杂岩。由哈里克山向东北，被北西西向的天山所截，到北疆又崛起为北东东向及北西西向转折的总走向北西西的博格达山脉，这是一段华力西褶皱带。

另一带北东东走向的构造带是新、甘、宁界上的北山，它在这里斜切了北西西向的天山。它的构造主要是以前寒武系为中轴的华力西褶皱，其上附加侏罗纪、白垩纪和第三纪的断陷盆地。

北西西向的天山，从中苏界上向南东东绵延，主要是科古琴山－库鲁克塔格波峰带。科古琴山及博罗霍洛山是这一带的西北段，其中带是加里东的奥陶－志留构造带，南北两侧为泥盆－石炭的华力西构造带。库鲁克塔格及克孜勒塔格是东南段，其中构造带分布比较复杂。库鲁克塔格主要是前寒武和早加里东构造带，克孜勒塔格则以前寒武及加里东构造为其轴部，南北两侧有华力西构造带。在整体的科古琴山－库鲁克塔格构造带上，发生有侏罗纪和新生代断陷盆地。

新、甘、宁之间北东东向构造带中的地层构造更加复杂，这是因为侏罗、白垩纪和新生代断陷盆地分布很广而且零散，把前寒武纪加里东和华力西构造带分割得较乱，但它们排成北东东的线索还是可以鉴别。弱水西侧属于北山地区的一部分，其东侧则是一个广大的新生代，特别是第四纪盆地，但就四周地层构造来看，其前寒武系及古生界的走向，多同龙首山和北大山一致，向北西西绵延。

内蒙古狼山的石炭及二叠系走向，再次转变为北东，分布于它们上面的中新生代盆地，其延伸走向也略成北东，但河套西北阴山地带的前寒武系和下古生界走向再次转为北西西。由大青山向东，过山西、河北、辽宁等省的阴山构造带，看来它是在东西方向绵延，但其中大部分构造层，如太古界和震旦亚界，零星的寒武、奥陶系，以及侏罗、白垩系火山岩和花岗岩体，走向多为北东。

总之，天山－阴山构造带，只能看作是附加在互相交叉的北西向和北东向构造上、反复转折的近东西向构造带。

2. 昆仑山－秦岭东西构造带

同天山－阴山构造带一样，昆仑山－秦岭构造带也是附加在互相交叉的北西向和北东向构造上的反复转折的近东西向构造带。

秦岭是昆仑山－秦岭东西构造带的中段，基本走向东西，但其总的走向还是偏于北西西。甘肃东南的西秦岭，略微形成南凸的弧形，叫作武都弧。武都弧向东连到北凸的略阳反射弧，向西连到迭部反射弧。由略阳向东有勉县弧，更有大巴山弧，其间也有个反射弧。再向东就是有名的淮阳弧。秦岭之中的反射弧很复杂，叠加在北秦岭的是一个特大的祁吕弧弧顶所在地带。由此可见，秦岭是几个大大小小的弧形构造会合地带，其分段走向有很多变化，不能看作简单的东西构造带，而是迁就了许多主次斜向构造带互相交叉地带所形成的弧形构造集合体。这个集合体中，东西分为三段，南北分为四带。其地质构造发展详见后述（第六章第一节）。

黄河上游 S 形大转弯，就是绕着西倾山和积石山两个弧形构造发展起来的谷地。西倾山和积石山在若尔盖地块的北部缭绕，其构造层主要是上古生界到三叠系。这些地层在此超覆穿过西秦岭与昆仑山，蔓延到青海湖与哈拉湖之间的地带。

北西西向的东昆仑山脉祁曼塔格、阿尔格山、可可西里山和布尔汉布达山，在青海中部绵延，向西盘亘于青、藏、新界上，地层构造是北老南新。北有震旦亚界，其间多花岗岩侵入体；向南东段的布尔汉布达山，有下古生界的加里东褶皱和上古生界到三叠系的晚华力西褶皱，青、藏、新界上则只有上古生界-三叠系的褶皱。整个地带内都有侏罗、白垩、第三纪或第四纪的断陷盆地散布。

西昆仑山脉在新南和藏西北边界两侧绵延，形成南凸的弧形。喀拉萨依-托玛尔之间北东东线以东，西昆仑山走向北东东，其地层构造发展与上述青、藏、新界上的昆仑山相似，是上古生界-三叠系的晚华力西褶皱带。喀拉萨依-托玛尔线以西，西昆仑山大部分走向北西西，甚至北北西。这一带地层构造相当复杂，大概说来，其东北分带是以中、上元古界或前寒武系为基底的早古生代加里东褶皱。西昆仑弧形带南带中的地层构造，则以晚古生代华力西褶皱为主，更南一带是白垩系褶皱和第四纪断陷盆地。在中、上元古界的前寒武褶皱和古生代加里东褶皱带以北，也有很狭窄的晚古生代华力西褶皱带，更北的山麓地带有白垩-第三系褶皱带镶边。这样的构造带分配形式，多少有些像秦岭褶皱带，但也还有相当的区别，不似连接北西西构造带的秦岭和祁连山那样的一致性。

秦岭构造带在陕、豫、鄂交界地区向南东转折，河南西部伏牛山及鄂、豫、皖界上的桐柏山、大别山等构造带形式同秦岭都相似，这就说明秦岭通过伏牛山、桐柏山与大别山一脉相通。所以，如果考虑淮阳山字型构造的话，就应以大别山为其弧顶的主要组成部分，其西北翼通过桐柏山和伏牛山，连接到"秦岭地轴"，甚至包括"地轴"以北的构造地带。因此，仅就西翼看淮阳山字型，它应是一个复合的山字型构造。

如果认为淮阳弧与秦岭东西构造带是两回事，而后者是通过河南西部的熊耳山和嵩山，向东隐伏于河淮平原之下，再经苏北落入黄海，然后遥接日本，这样看也有道理，但究其细部，仍是作北东和北西不断转折的。

秦岭东西构造带不论是隐伏通过华北平原及苏北，落入黄海，直接向东遥接日本，还是通过大别山，过皖南、浙北，落入东海，在东海底转向北东延伸，遥接日本，都在想象之中。但是，日本三岛的南部和中部在北纬 35°左右，确有成北东东向到东西向的趋势，也可以看作是与中国昆仑山－秦岭东西构造带向东遥接的一段。而且，日本的地质构造发展，同秦岭和大别山地带相比，除前寒武纪以外，也还有相似之处。

3. 喜马拉雅－南岭东西构造带

此构造带也是北西西向的地中和古地中构造带同北东向的外太构造带互相交叉地带上叠加的构造带，这种现象在南岭的表现最显著。

由于北北西向的华西剪切带和近南北向的东亚镜像反映中轴，以及北东向的大兴安岭－龙门山构造带、长白山－雪峰山构造带和北西向的哀牢山－海南岛构造带，在西藏东部和云南西部及贵州与广西之间的地带互相交织，把喜马拉雅山脉和南岭完全分开了。但通过贵州与广西之间在构造上斜交的贵州高原，以及藏东南和滇西北的斜交构造，又可把它们遥相连接。

喜马拉雅地中构造带和南岭古地中构造带，原属近于平行的不同北西西向构造带，但喜马拉雅和南岭都是北西西构造带上近于东西走向的地段，而且纬度上多少接近，前者分布在北纬 30°左右，后者在 24°左右，它们通过与不同的北北东向外太构造带斜交部分，在这里构成一带近东西向排列的锯齿状转折构造带。喜马拉雅山脉是一带宽缓的南凸弧形构造，其宽缓弯曲的弧顶近于东西走向。南岭同喜马拉雅山脉的遥相结合，构成一条近东西向构造带。

南岭同喜马拉雅山脉都以前寒武褶皱变质岩为基底，其上覆盖加里东褶皱，但就晚华为西的印支褶皱来说，喜马拉雅山北带则为较宽的燕山褶皱带所掩盖，南岭则有晚华力西缓褶直接覆盖于加里东褶皱变质的早古生代岩层之上，并有零星燕山期断陷和新生代断陷分布。总之，从南岭和喜马拉雅山的构造发展上，还是可以看出它们有某些一致性。

　　总结中国的三条主要东西构造带，即天山－阴山构造带、昆仑山－秦岭构造带和喜马拉雅－南岭构造带的构造形势，它们都是在北北东到北东的外太构造带与北西到北西西的地中或古地中构造带互相交织所成的网格上，叠加的锯齿状构造带，且往往在这一段或那一段被这些斜向构造带所割开。这是由于在这一段或那一段有优势方向的斜向构造阻拦，在这里或那里得不到锯齿状东西构造发展的缘故，很难认为斜向构造带的序次是后于东西构造带。

五、东亚套山字型构造体系

　　东亚套山字型构造体系（张伯声，1965）是由于西伯利亚地台向南楔入太平洋壳块和印度地台之间所形成的巨型复杂构造体系。分析起来，这个构造体系可分为三部分，中间是东亚镜像反映中轴（见图2），东侧有分布于广大地区的华夏和新华夏构造带，西侧有较窄的华西构造带。

　　1. 东亚镜像反映中轴

　　南北构造带比起东西构造带来说，偏离的方向要更多一些。比如，在东亚著名的贺兰山－"康滇地轴"构造带，它可以向北通过蒙古，过西伯利亚贝的加尔湖区，直达阿纳巴尔地盾；向南出云南，蜿蜒于萨尔温江东侧，到马来半岛。这是分割东亚为东西两部的南北构造带。它以东的褶皱构造多走向北东或北北东。这些褶皱构造之上，有许多北西或北西西向的较大断裂。只有阴山、秦岭的褶皱走向近东西或北西西。贺兰山－"康滇地轴"以西的褶皱构造，多走向北西或北西西，甚至北北西。这些褶皱构造之上，有许多北东或北东东大断裂。只有部分天山的北东东及阿尔金山的北东东褶皱比较明显。因此，把这一条近南北向的构造带叫作东亚镜像反映中轴[①]。

　　中国的其他南北向或经向构造带，有大兴安岭－雪峰山构造带及一些较小段落的构造带，它们的走向多偏于北北东。

　　作为华夏扭裂构造带和华西扭裂构造带对称轴的东亚镜像反映中轴，其实是由于华夏构造带中因扭动而斜列的北东向构造，与华西构造带中因扭动而斜列的北西向构造，在它们之间互相交叉的结果。"中轴"的所谓经向，实际是作锯齿状

---

①张伯声，王战，《中国的镶嵌构造与地壳波浪运动》，1974。

转折的走向。它的一些地段走向北西或北北西，另一些地段走向北东或北北东。它们的互相交叉就成了锯齿状转折的南北向构造带，其形成看来是由于西伯利亚地台向南楔入太平洋壳块和印度地台之间的结果。由于西伯利亚地台同太平洋壳块的相对扭动，形成了许多由北东或北北东向斜列构造构成的近南北向的广阔扭裂的华夏构造带及新华夏构造带；还由于西伯利亚地台同印度地台的相对扭动，形成了许多由北西或北北西向斜列构造构成的近南北向的广阔扭裂的华西构造带。华夏与华西两带相反的扭动褶皱，引起它们之间狭窄的互相交叉成锯齿状的南北构造带，构成华夏构造与华西构造的反映中轴。它在中国的地段就是贺兰山－"康滇地轴"构造带。

北过贝加尔到阿纳巴尔地块、南到马来半岛的贺兰山－"康滇地轴"南北构造带，其地质构造发展随地而异，但也有其共同性，最明显的是在近南北方向上作锯齿状转折的构造。阿纳巴尔前寒武纪地块的古老构造线，以北北西走向为主，其中的断裂构造主要有两组，一是北北西，二是北东东。到贝加尔湖两侧的前寒武纪构造带分布，则成北东—南北—北东反复转折的 S 状曲线。从贝加尔地带向南，通过蒙古进入中国宁夏，这一段南北向的构造带上，见到的是几带北西和北东向构造带，互相作锯齿状交叉的地带。这样的构造形式，向南直到甘肃南部。川西北的构造，则为北东向龙门山构造带所截断。到云南，则有北西、北东、南北，甚至少量东西的构造互相交叉。由云南通过缅甸、泰国，到马来半岛，也有北东和北西构造互相交叉而形成的锯齿状南北构造带。因此，这一条南北向构造带，基本都是北东和北西斜向构造带反复交叉而形成的锯齿状构造带。

西伯利亚的贝加尔湖两侧，分布的是前寒武纪贝加尔褶皱基底构造。其南部有早加里东褶皱，分散于这个基底构造之上。它们的走向都随着北东、北西两个方向的构造而转折，形成南北向锯齿状转折带。

从乌兰巴托和巴彦洪戈尔一线向南，直到中国宁夏、甘肃界上的山地，以及腾格里沙漠，这个地带分布的则是以元古界或震旦亚界为基底，包括泥盆、石炭、二叠系的华力西褶皱带。从乌兰巴托到腾格里沙漠，也是一条南北向锯齿状转折带，其西侧晚古生代构造带走向北西，到东侧转向北东。它们互相穿插，形成锯齿状构造。

腾格里沙漠东南,有北祁连山的加里东褶皱带和贺兰山的前震旦亚界构造,以及震旦亚界到三叠系晚华力西褶皱带相交的锐角地带。它向东南楔到宝鸡、陇西一带,然后通过秦岭,过渡到龙门山。这是在元古代褶皱构造基础上,形成的加里东和晚华力西两褶皱带,向东推掩到四川地块上的构造带。

由北东向龙门山向南,连接"康滇地轴"南北的构造带,其构造更加复杂。简单地说,它是以上元古界及震旦系为基底的古生代褶皱带,其中发育的还有中生代断陷盆地。从整体来看,这是南北向构造带,但分段来看,它们也是在北东和北西向辗转变化。

贺兰山–"康滇地轴"构造带,由"地轴"向南跨过北西向的哀牢山和思茅盆地,出国境,接湄公河及萨尔温江之间的锯齿状转折山地,这里也是以前寒武系为基底的古生代褶皱带。直到马来半岛的古生代构造带,仍然表现为北东和北西向的交叉转变。

从西伯利亚到马来半岛的北西与北东向构造,成锯齿状反复交叉,可以说是这条东亚镜像反映中轴带的一种构造特点。由此可以认为,这一近南北向辗转折曲,通过纬度共达50°的经向构造带,只是附加在互相交叉的斜向构造上的锯齿状构造带。它是由于西伯利亚地台向印度地台和太平洋壳块之间穿插而形成的构造带。

2. 华夏构造带和华西构造带

华夏构造带和华西构造带在东亚镜像反映中轴两侧,形成互相对应的构造带,但并非真正的对称。华夏构造带实际是在"中轴"以东的中国东部、蒙古和西伯利亚东部、中南半岛,以及东亚边缘海地带,所表现的许多北东和北北东向斜列构造,排成近于南北向的宽广构造地区;华西构造带则是在"中轴"以西的中国西部、蒙古和西伯利亚西部,以及马来半岛以西地带,所表现的北西和北北西向斜列构造,排成近南北向的构造带。华夏构造带和华西构造带互相对应,但不够对称,因而不能在它们中间形成一带真正的反映中轴。

东亚镜像反映中轴以东的中国东部褶皱构造,不管其被阴山、秦岭、南岭三条东西向构造带分割的东北、华北和华南等地区的构造发展是多么不同(如华北地区是以前古生代褶皱变质为主,古生代及其以后的缓和断裂为辅;而东北和华南的构造则以加里东时期褶皱变质为主，晚华力西的印支为辅），但它们的构造线大多成北北东或北东向，夹在其间的侏罗纪及以后的断陷盆地走向也多成北北东或北东向。黑龙江以北的东西伯利亚地区，除由于维留伊斯克地块和科累马斯克地块盆地的影响，其构造带方向随着盆地边沿而变动之外，它们以东沿海地区的中生代构造带，如科里亚克山、朱格朱尔山、锡霍特山，走向仍都是北东或北北东。

"中轴"以西的中国西部，特别是呈北北西向接近南北延伸的华西构造带，其中的褶皱构造大多数走向北北西或北西。它们的构造发展时期也是随地而异，如滇藏之间横断山的构造以华力西褶皱为主，由横断山辗转向南入缅甸，成为新生代构造带。川西的构造以晚华力西印支褶皱为主，青海东部的昆仑山、甘肃西部的祁连山和北山，以及新疆东部的天山和其东北的阿尔泰山，其构造都很复杂。新疆、蒙古和西伯利亚之间的萨彦岭加里东构造带，向西北隐没在西西伯利亚地坪下边，遥接拜达腊茨湾西南岸和新地岛西南端的北西向古生代构造带。

综合上述东亚镜像反映中轴带和华夏构造带、华西构造带所构成的特大型构造体系，可以说这是一个由东亚镜像反映中轴带贯穿了的套山字型构造。它的北部是以阿纳巴尔地盾向南接贝加尔构造带为脊柱，萨彦岭、阿尔泰山等为西翼，大兴安岭等为东翼，蒙古中部的南北向锯齿状构造带穿透弧顶，在前寒武、加里东、华力西、燕山等不同旋回形成的复合山字型构造；更南巨大而复杂的山字型构造分布于阴山与秦岭之间，是以贺兰山及其西侧为脊柱，祁连山为西翼，吕梁山、太行山为东翼，北秦岭为前弧，从前寒武、加里东、华力西、燕山等不同旋回形成的山字型构造；秦岭与南岭之间的巨大山字型构造，可以设想以龙门山及其西侧和"康滇地轴"为脊柱，巴颜喀拉山所通过的川西印支褶皱带为西翼，"江南地轴"为东翼，哀牢山部分为前弧的复杂山字型构造；过喜马拉雅－南岭构造带向南，在东南亚可以把马来半岛看作脊柱，以爪哇等岛为前弧，菲律宾群岛为东翼，安达曼岛为西翼的很不对称的山字型构造。这种东西两翼，对于脊柱的不对称性发展是不平衡的。它的总形势有些扭转，在蒙古和西伯利亚比较地对称些；进入中国以后，越向南不对称性越显著；直到马来半岛两侧，其不对称性的发展就很强烈了。

第六章 中国构造网中的次级镶嵌构造 及其波浪运动举例

前已提到，波浪状镶嵌构造可以在地壳中分为许多级别。由环太构造带和地中构造带把地壳分为太平洋、劳亚和冈瓦纳三大壳块，又次分为三角形的大陆壳块和斜方形的海洋壳块，大陆壳块如欧亚大陆之中，又分为地台和地槽构造带。中国的构造部位，基本处于环太和地中两大构造带相交的西北隅，它们的分带发展较早，分别叫作外太构造带和古地中构造带。这些构造带的运动，采取波浪形式。它们在北东-南西和北西-南东向上，斜贯中国，交织成网，把中国地壳次分为许多斜方地块。在地槽构造带和斜方地块之中，还可由于更次一级地块波浪的发展，次分为更多基本成斜方的地块，以至又次分、再次分为许多级别的镶嵌构造。而且，还有不同纬向和经向构造带对斜方构造体制的附加，复杂化了简单的斜向镶嵌构造。下面选择少数不同级的地带和地块为例，作较详叙述。

一、秦岭波峰带的次一级波浪状镶嵌构造

（一）秦岭的波浪状镶嵌构造

由中国的大地构造网可以看出，大兴安岭-龙门山构造带，跨过天山-祁连山-秦岭-大别山构造带秦岭地段将其分为三段：①秦岭东段在卢氏-柞水-石泉一线东南；②秦岭中段是大兴安岭-龙门山构造带交叉秦岭的地段，分布在卢氏-柞水-石泉一线和宝鸡-武都一线之间；③秦岭西段在宝鸡-武都一线西北，达到同心-榆中-夏河一线。

秦岭波峰带在北西向与祁连山波峰带紧紧相连接。按其发展，秦岭地段从北到南还可分为四条分带（图4）：①北秦岭晚元古-早古生加里东褶皱波谷带；②"秦岭地轴"前寒武褶皱波峰带；③中秦岭古生-三叠晚华力西（印支）褶皱波谷带；④南秦岭震旦-早古生加里东褶皱波峰带。

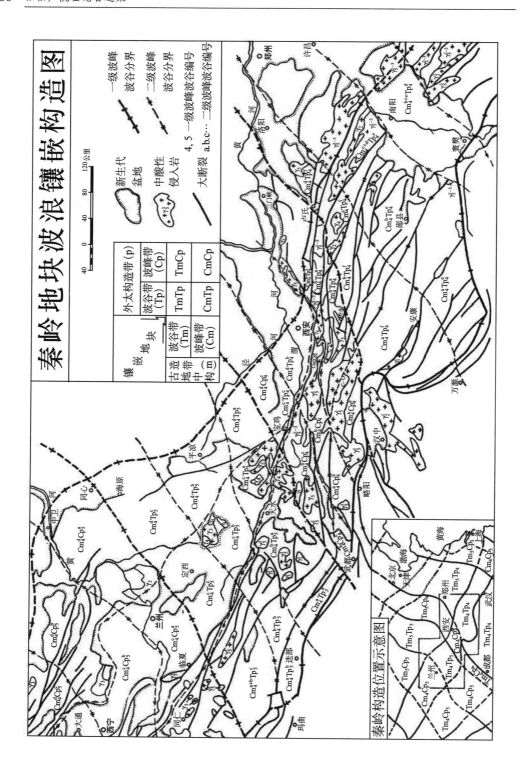

天山－秦岭－大别山波峰带 Cm_4（波峰带）	鄂尔多斯－川西波谷带 Tp_3		大兴安－龙门山波峰带 Cp_3			松花江－四川波谷带 Tp_4	
新生断陷盆地				西安新生断陷盆地 Cm_4^4			南阳新生断陷盆地 $Cm_4^4 Tp_4$
晚元古－早古生加里东褶皱	平凉早古生加里东褶皱山块 $Cm_1^2 Tp_3$	海原早古生加里东褶皱山块 $Cm_1^2 Tp_3$	凤翔早古生早加里东褶皱山块 $Cm_1^2 Cp_3$		洛南晚元古－早古生早加里东褶皱山块 $Cm_1^2 Cp_3$	栾川晚元古－早古生早加里东褶皱山块 $Cm_1^2 Tp_4$	蛇尾前寒武（附加古生）褶皱山块 $Cm_2^2 Tp_4$
前寒武（前震旦）褶皱	通渭前寒武褶皱地块 $Cm_2^2 Tp_3$	定西前寒武褶皱地块 $Cm_2^2 Tp_3$	宝鸡前寒武（附加古生）褶皱山块 $Cm_2^2 Cp_3$	太白山北麓前寒武褶皱山块 Cp_3	商县前震旦（附加古生）褶皱山块 $Cm_2^2 Cp_3$	丹凤古震旦（附加古生）褶皱山块 $Cm_2^2 Tp_4$	郧县晚元古褶皱山块 $Cm_2^2 Tp_4$
古生－三叠晚华力西褶皱	岷县古生－三叠晚华力西褶皱山块 $Cm_3^2 Tp_3$；礼县古生－三叠晚华力西褶皱山块 $Cm_3^2 Tp_3$	合作古生－三叠晚华力西褶皱地块 $Cm^{2\cdot4} Tp_3$	黄牛铺古生－三叠晚华力西褶皱山块 $Cm_3^2 Cp_3$	留凤关古生－三叠晚华力西褶皱山块 Cp_3	柞水晚古生－三叠晚华力西褶皱山块 $Cm_3^2 Cp_3$	镇安晚古生－三叠晚华力西褶皱山块 $Cm_3^2 Tp_4$	
早古生加里东褶皱	白龙江早古生加里东褶皱山块 $Cm_1^2 Tp_3$	迭部早古生加里东褶皱地块 $Cm_1^2 Tp_3$	武都早古生加里东褶皱山块 Cp_3	白水江早古生加里东褶皱山块 Cp_3	留坝早古生加里东褶皱山块 Cp_3	紫阳震旦－早古生加里东褶皱山块 $Cm_1^2 Tp_4$	镇坪震旦－早古生加里东褶皱山块 $Cm_1^2 Tp_4$
	秦岭西段		秦岭中段			秦岭东段	

图 4　秦岭地块波浪镶嵌构造图

1. 秦岭构造分带

（1）北秦岭晚元古－早古生加里东褶皱波谷带（Cm_1^2）：栾川、卢氏、蓝田一带，出露的是震旦亚界和较薄的寒武系及少量的奥陶系，过蓝田向西北落入渭河断陷的深部；凤翔和平凉再次出露，此处寒武、奥陶系有似冒地槽沉积的性质，还多少有些变质；潜过年轻的六盘山褶皱带以后，到北祁连山又形成了震旦－早古生褶皱波谷带。这里不同于北秦岭以震旦亚界为主、下古生界为辅的褶皱构造，北祁连山的下古生界从寒武、奥陶到志留系都是厚度很大，有所变质，前寒武系很少出露。

（2）"秦岭地轴"前寒武褶皱波峰带（Cm_2^2）：此带部分楔入了一些古生界的褶皱。从商南到蓝田，走向北西西；过蓝田落入渭河断陷深部，插过太白山北麓只保留一条窄缕；过宝鸡扩展为陇西地块；在西宁西北又狭缩为"祁连地轴"。它们结合起来，叫作"秦祁地轴"。其中地层以前震旦系为主，震旦褶皱带出现在"祁连地轴"南侧，"秦岭地轴"则出现于其北侧。因而，"秦祁地轴"在构造发展上，震旦亚代似有"扭麻花"的现象。

（3）中秦岭古生－三叠晚华力西（印支）褶皱波谷带（Cm_3^2）：此带在"秦祁地轴"南侧，分布于南阳、宝鸡、临夏一线之南，十堰、徽县、玛曲一线之北的广大地带。早古生代缓和下陷，晚古生代到三叠纪形成地槽坳陷，华力西晚期（印支）运动形成山带。

（4）南秦岭震旦－早古生加里东褶皱波峰带（Cm_4^c）：此带夹在中秦岭古生－三叠晚华力西（印支）褶皱波谷带与四川地块波谷带之间，同"秦岭地轴"以北的北秦岭晚元古－早古生加里东褶皱带相对应。但在南秦岭叫作波峰带，而在北秦岭却说是波谷带。这只是就其两侧构造带的性质比较来说，由于两侧的构造带相对起伏不同，而把它们分别叫作波峰带，或波谷带。

2. 秦岭构造分段

（1）东段：秦岭东段为外太构造带松辽－四川波谷带（Tp_4）的三条分带（Tp_4^d，Tp_4^e，Tp_4^f）所交过。它们交过的地带，分出以下地块：

$Cm_4^{b+c}Tp_4^d$　南阳新生代断陷盆地；

Cm_4^a　Tp_4^e　镇坪震旦－早古生加里东褶皱山块，

Cm_4^b　Tp_4^e　郧县晚元古褶皱山块，

$Cm_4^{c+d}Tp_4^e$　蛇尾前寒武（附加古生）褶皱山块；

Cm_4^a　Tp_4^f　紫阳震旦－早古生加里东褶皱山块，

Cm_4^b　Tp_4^f　镇安古生－三叠晚华力西褶皱山块，

Cm_4^c　Tp_4^f　丹凤前震旦（附加古生）褶皱山块，

Cm_4^d　Tp_4^f　栾川晚元古－早古生早加里东褶皱山块。

（2）中段：秦岭中段是外太波峰的大兴安岭－龙门山构造带（Cp_4）跨过的地段，其三条分带（Cp_4^a，Cp_4^b，Cp_4^c）可将秦岭中段分出以下地块：

Cm_4^a　Cp_4^a　留坝早古生加里东褶皱山块，

Cm_4^b　Cp_4^a　柞水古生－三叠晚华力西褶皱山块，

Cm_4^c　Cp_4^a　商县前震旦（附加古生）褶皱山块，

Cm_4^d　Cp_4^a　洛南晚元古－早古生早加里东褶皱山块；

Cm_4^a　Cp_4^b　白水江早古生加里东褶皱山块，

Cm_4^b　Cp_4^b　留凤关古生－三叠晚华力西褶皱山块，

Cm_4^c　Cp_4^b　太白山北麓元古褶皱山块，

Cm_4^d　Cp_4^b　西安新生代断陷盆地；

Cm_4^a　Cp_4^c　武都早古生加里东褶皱山块，

Cm_2^b　Cp_4^c　黄牛铺古生 – 三叠晚华力西褶皱山块，

Cm_2^c　Cp_4^c　宝鸡前寒武（附加古生）褶皱山块，

Cm_2^d　Cp_4^c　凤翔早古生早加里东褶皱山块。

（3）西段：鄂尔多斯 – 川西波谷带（Tp_5）的三条分带（Tp_5^a，Tp_5^b，Tp_5^c）穿过西秦岭地段，可分出以下地块：

Cm_2^a　Tp_5^a　白龙江早古生加里东褶皱山块，

Cm_2^b　Tp_5^a　礼县古生 – 三叠晚华力西褶皱山块，

Cm_2^c　Tp_5^a　秦安前寒武褶皱山块，

Cm_2^d　Tp_5^a　陇县早古生加里东褶皱山块；

Cm_2^a　Tp_5^b　迭部早古生加里东褶皱山块，

Cm_2^b　Tp_5^b　岷县古生 – 三叠晚华力西褶皱山块，

Cm_2^c　Tp_5^b　通渭前寒武褶皱地块，

Cm_2^d　Tp_5^b　平凉早古生加里东褶皱山块；

$Cm_2^{a+b}Tp_5^c$　合作古生 – 三叠晚华力西褶皱山块，

Cm_2^c　Tp_5^c　定西前寒武褶皱地块，

Cm_2^d　Tp_5^c　海原早古生加里东褶皱山块。

（4）祁连段：祁连山东南段被贺兰山 – 珠穆朗玛波峰带跨过，自南而北可分出以下地块：

$Cm_2^{a+b}Cp_5^a$　同仁晚古生 – 三叠晚华力西褶皱山块，

Cm_2^c　Cp_5^a　兰州前寒武褶皱山块，

Cm_2^d　Cp_5^a　中卫早古生加里东褶皱山块。

它们与西秦岭地段的各地块分带对应相邻接。

就目前构造地貌来看，秦岭的四个分带有其共同特点，它们被外太构造带的大兴安岭 – 龙门山波峰带及其东西两侧的松辽 – 四川波谷带与鄂尔多斯 – 川西波谷带的各分带，分割成许多山块。它们一般是西北部掀起，向东南倾斜，因而构成四排北西西向排列和许多北东向排列的半地垒 – 半地堑式盆地山岭构造地貌，表现为两带互相交叉、起伏相间的地块波浪构造。不论从东北—西南，还是西北—东南方向看，都是这样。

通过秦岭中段的大兴安岭 – 龙门山北北东构造带，穿越秦岭时，由于东西构造带的影响，转成了北东向。它的东南亚带由华山向西南，经柞水、宁陕到洋县，所构成的半地垒－半地堑构造由东北向西南排列，有华山半地垒－洛南半地堑、蟒岭半地垒－商县半地堑、刘岭半地垒－山阳半地堑、牛山半地垒－汉阴半地堑、凤凰山半地垒－岚河口半地堑；但从岚河口和紫阳以南的大巴山向西南，其半地垒－半地堑的构造形势却转成南翘北倾，同秦岭的盆地山岭构造地貌恰成反向。

由大兴安岭－龙门山构造带的中亚带通过秦岭地段，在临潼、柞水到略阳，从东北向西南排列着另一带西北翘起、向东南倾俯的半地垒山块，在其东南各出现一个半地堑构造。但由于这一带的鞍状掀起，其中半地堑构造内的中新生代沉积层或曾沉积又被剥蚀，或根本未曾得到沉积，因而这一带的半地堑盆地构造难以认出。但是，这一带东北端秦岭山麓小山块所形成的骊山半地垒－蓝田半地堑，以及西南端所见到的米仓地垒－汉中地堑，可以说明这一带存在着半地垒－半地堑，或地垒－地堑式的盆地山岭构造。

秦岭中段的构造形势还有一种特点，它从东北向西南有个扭麻花的现象：东北端骊山断块采取的运动是西北翘起，向东南倾俯；而西南米仓地块则是东南侧翘起，向西北倾俯。

秦岭西段分布的是眉县－武都断陷带和千阳－舟曲地块。这一带的地块排列几乎同秦岭中段和东段平行。其中地块的运动同中段相似，也有扭麻花现象：宝鸡、太白之间的地块是西北翘起，向东南倾俯；凤县到武都的一些地块都转换了翘倾方向，它们东南侧翘起，向西北倾俯。这种现象在武都西北顺白龙江延伸的地块，表现得特别明显。

以祁连地轴为界，同西秦岭相似。由秦岭向西北延伸的祁连山构造带形势，其北部地块，如龙首山及北祁连山所包括的走廊南山、大通山等古生代地块，一般都是东北侧翘起，向西南倾斜；青海湖和哈拉湖一带古生界－三叠系所组成的地块，以及两湖南侧地块的构造，则变为南翘北倾；但进入所谓东西构造带的昆仑支脉布尔汗布达山及积石山地带，地块运动又变为北翘南倾。

由上所说可以看出，秦岭－祁连山波峰带以内的次一级波峰波谷地貌，在基本是一系列走向北西西半地垒－半地堑构造的横剖面上，北部地块多表现为北翘南倾，南部地块多是南翘北倾。这样的盆地山岭式大断裂构造，一般是由中新生代继承古生代及其以前不同地质时期褶皱断裂带边缘而形成的波浪状断块构造。

这些北西西向秦岭波峰构造带内各分带发展的同时，有北东向大兴安岭－龙门山和贺兰山－珠穆朗玛两波峰构造带，以及松花江－四川和鄂尔多斯－川西两波谷构造带的斜穿，使秦岭－祁连山波浪状构造带之上，烙印了一系列走向北东的地块波浪。

（二）秦岭的波浪构造发展

前边所谈在秦岭中表现的半地垒－半地堑波浪构造地貌，是地壳过去亿万年波浪构造发展的结果。

以下由近及远，分析现在秦岭构造剖面来阐明其波浪构造发展。构造剖面分析可分为两部分：一是秦岭横剖面，大致从陕西潼关到四川万源；二是秦岭－祁连山纵剖面，分为北秦岭－北祁连、秦祁地轴、中秦岭和南秦岭（包括大巴山）。

1. 秦岭横剖面上的波浪运动

图 3a 至图 3g 表明秦岭东段波浪构造发展全过程的基本情况。图中各剖面大致是沿着陕西潼关到四川万源一线构造剖面的发展顺序，这是依次从图 3g 推导得出的秦岭构造波浪状发展过程。

图 3a 表明秦岭地壳晚元古代由于南北挤压形成的宽缓波峰波谷构造。当挤压到一定程度，一些波峰与波谷之间就要发生深大断裂。从理论上说，它们多是逆断裂，形成地壳在这些断裂带的重叠，使其仰冲侧隆起为轴部地背斜，而其俯冲侧则越压越深，形成坳陷轴部地向斜。

如果把轴部地向斜看作构造内侧，轴部地背斜看作外侧，则由内侧的轴部地向斜更向内侧发展，由于地壳内反作用力的影响，就要形成一带较缓和的次一级内侧远轴地背斜。华山轴部地背斜以北的一定地带，就可能有这样的轴部地向斜和其内侧的远轴地背斜。这一带虽因渭河及三门峡断陷已被埋藏很深而难以辨识，但还可以把中条山地带看作轴部地向斜,而其内侧近轴地背斜可能就在禹门口一带。

华山轴部地背斜向南侧发展，由于地壳内反作用力的影响，也要形成一带缓和的次一级外侧近轴地向斜。更向外发展，又形成一带远轴地背斜和远轴地向斜。例如，华山轴部地背斜以南的熊耳地向斜，就是外侧近轴地向斜，其远轴地背斜及地向斜，则是洛河地背斜和陶湾地向斜。但是，陶湾地向斜和蟒岭地背斜，又可作为元古代"秦岭地轴"地背斜向外（北）侧发展的次一级远轴地背斜和地向斜，其南侧的近轴地向斜就是宽坪地向斜。因此，由华山地背斜向南排和由"地轴"向北排的波浪构造，是两套从轴部地背斜相向发展的近轴地向斜、远轴地背斜和远轴地向斜所组成的两带地槽。

这里所说的地槽，包括地向斜和地背斜两个对立面。不能想象，会存在缺了地背斜的地向斜，或缺了地向斜的地背斜。它们的矛盾统一，才形成了地槽。这里所说的陶湾地向斜，则是两带地槽共同的远轴地向斜。按传统大地构造说，其中的熊耳地向斜和宽坪地向斜有大量火山岩及火山碎屑岩，叫作优地向斜；陶湾地向斜内堆积的主要是碳酸盐岩和一些陆源碎屑岩，叫作冒地向斜。按奥博音（1965）的地槽观点来分析，其中的华山地背斜和熊耳地向斜应是一对优地背－地向斜偶，而洛河地背斜和陶湾地向斜应是一对冒地背－地向斜偶。这一对优、冒地背－地向斜偶，组成了一个地槽带。"地轴"优地背斜和宽坪优地向斜，以及蟒岭冒地背斜和陶湾冒地向斜，是另一对优、冒地背－地向斜偶组成的另一地槽带。

这两带地槽的发展是相同的，但由于它们所占的地带比较狭窄，其中洛河冒地背斜和蟒岭冒地背斜之间夹着的陶湾冒地向斜，就成为这两对优、冒地背－地向斜偶的冒地背－地向斜偶中公共的冒地向斜了。同时，从元古代"秦岭地轴"向两侧发展的两对优、冒地背－地向斜偶，则是相背的。但是，在两郧地背斜以外，没有来得及发生发展一个冒地向斜。因此，这里所说的地槽体系，既有地向斜，又有地背斜，而且地向斜坳陷与地背斜隆起的一深一高也是相称的。一带地向斜坳陷多深，其相邻的地背斜就隆起多高。但是，在轴部优地背－地向斜外侧，是否还会发生冒地背－地向斜偶的完全地槽带，要看当时构造发展范围的大小。

图 3a 表示，华山地背斜与"地轴"地背斜之间，"地轴"地背斜与白河地背斜之间，以及白河地背斜与巴南地背斜之间，曾在元古代发生过相向的两对优、冒地背－地向斜偶所组成的完全或不完全发展的地槽带，分别在它们之内堆积了熊耳群（Pt_3x）、高山河组到冯家湾组（Pt_3g-f）、陶湾群（Pt_3t）、宽坪群（Pt_3k）、郧西群（Pt_3y）和耀岭河群（Pt_3y1）。所以，秦岭地带在晚元古代的一系列地槽构造带，是当时几对地背－地向斜偶所构成的地壳波浪运动发展的结果。

随着地壳的不断运动，秦岭早元古地背斜遭受了长期的风化剥蚀，其被溶解和破碎的物质，被搬运而堆积于邻近的地向斜。当充填到一定程度，地壳的进一步南北向挤压，使其填充很厚而容易流动的松层，在地向斜中发生或强或弱的褶皱变质。当时发生晋宁褶皱运动，即前震旦造山运动，使武当地向斜和宽坪地向斜褶皱成山，熊耳地向斜上升为陆。"秦岭地轴"及其北边的广大地带形成一带宽广隆起，在它以南出现了两郧陆海、武当地块及四川陆海，其中堆积了三峡群，包括南沱冰碛和灯影灰岩等地层。南北相间起伏，表现为更广阔的波峰与波谷构造地貌（见图 3b）。

随着地壳的不断波动，地壳波浪随时随地变迁，到寒武、奥陶纪，"秦岭地轴"宽坪褶皱带所作块断隆起，形成一带波峰，其北侧坳陷为洛栾"海槽"，南侧广泛沉陷为接连四川的寒武、奥陶陆海（见图 3c）。

奥陶纪末的加里东褶皱运动初期，洛栾地带晚元古的熊耳群火山岩建造，以及高山河砂岩到冯家湾碳酸盐岩为基底，与上覆寒武奥陶系"地槽"建造皱褶升起，形成一个相当大的波峰带，并在其南侧发生了志留纪的优、冒地槽偶，包括巴山优地背斜、巴北优地向斜、安康冒地背斜、旬阳冒地向斜（见图 3d）。

巴北优地向斜在晚加里东运动时褶皱起来，使旬阳冒地向斜在晚古生代－三叠纪加速加深坳陷，成为中秦岭冒地槽，向北扩展超覆了"秦岭地轴"，甚至更向北。同时，影响四川地块广泛升起，在泥盆－石炭纪形成古陆，到二叠－三叠纪再度沉为陆海。这一段过程，曾表现了晚古生代到三叠纪秦岭地带的波浪状古地貌（见图 3e）。这是东亚推迟了的华力西运动末幕，即所谓的印支运动。

东亚推迟了的华力西运动末幕，即三叠纪印支运动中，中秦岭冒地向斜褶皱隆起，使"秦岭地轴"、洛栾早加里东褶皱带、南秦岭晚加里东褶皱带，部分发生了侏罗－白垩纪磨拉石坳陷或断陷盆地，由此形成了中生代秦岭的波浪状古构造地貌（见图 3f）。

燕山运动和喜马拉雅运动，使秦岭发生了一系列北仰南倾的断块，地形上表现出一系列北仰南倾的半地垒－半地堑构造，或盆地山岭式构造。这是一种断块式的地壳波浪，也可叫作地块波浪。华山山块北翘南倾，到洛南构成一带第三纪红盆地，黑龙口山块到商县，刘岭山块到山阳，金鸡岭山块到汉阴，凤凰山山块到紫阳等地，连成一带斜列的半地垒－半地堑式波峰波谷相间的地块波浪。只是到了巴山，才转变为南翘北倾的山块（见图 3g）。

以上是对秦岭东段半地垒－半地堑构造地貌发展过程的分析，这也基本适合于秦岭西段，包括祁连山的构造变化。在有些地方或有出入，但一般来说，"秦岭地轴"是被古生代构造复杂化了的古老构造带。"地轴"以北的秦岭是以太古界杂岩为基底的晚元古（震旦亚界）－寒武－奥陶加里东构造带；南秦岭则是以上元古界为基底的震旦－寒武－奥陶－志留加里东构造带；中秦岭则是包括全部古生界及三叠系的华力西末幕（印支）褶皱带。这些地槽构造带曾在地质历史发展的过程中反复迁移，直到印支运动才结束。印支运动以后的构造变化，则明显是地块波浪运动所形成的半地垒－半地堑构造地貌。

2. 秦岭纵剖面上的波浪运动

以下根据秦岭的东西向纵剖面，分析其波浪构造发展的规律。这要从秦岭北带、"秦岭地轴"、中秦岭和南秦岭四带来谈。

（1）秦岭－祁连山北带：这一带基本是在太古杂岩基础上形成的晚元古－寒武、奥陶早加里东褶皱带，祁连山还有志留纪晚加里东成分。其东西两段并非平均发展，一般是晚元古代（震旦亚代）表现中部隆起，而总形势为东翘西倾，北祁连山前寒武系有一套厚达 13 000 米的碳酸盐岩和碎屑岩及含铁质碳酸盐岩建造。东段在洛南、卢氏一带，熊耳群火山岩和上覆碎屑岩、碳酸盐岩等的总厚度可达 8 000 米，寒武－奥陶系也是东薄西厚，表明当时东翘西倾。北秦岭东段寒武－奥陶系的碳酸盐岩和泥质建造厚度不超过 2 000 米，但北祁连寒武系多碎屑岩、硅质岩等，厚度达 8 900 米，而奥陶系碎屑岩、火山岩和碳酸盐岩等建造，厚度达 18 500 米。这说明寒武、奥陶两纪，构成北祁连坳陷很深、北秦岭东段坳陷较浅的东翘西倾早加里东地槽。北祁连构造带内，寒武系是西厚东薄，厚度相差约 300 米；奥陶系也是西厚东薄，差距大约 7 000 米。早加里东运动以后，北祁连还曾在志留纪再度变成地槽坳陷，但北秦岭则处于隆起阶段，缺失志留纪地层，说明这个北带早古生代的总形势仍是东翘西倾。

晚古生代，北秦岭和北祁连的构造运动仍是东翘西倾，但不是地槽型了。北祁连有泥盆、石炭和二叠地台型地层发育，北秦岭东段仅洛南有一带很窄狭的二叠纪煤系，厚度不过 100 ~ 250 米。

如果把玉门、酒泉一带划入北祁连的中新生代断陷，又把汾渭断陷西南部划为北秦岭新生代断陷部分，就可以看出它们在侏罗、白垩纪仍有东翘西倾的运动，酒泉断陷内沉积了数千米厚的煤系和含油层；到第三纪和第四纪反转为西翘东倾，渭河断陷内沉积了 7 000 多米厚的新生界碎屑建造。但北秦岭东段则成为抬高的断陷，洛南新生界厚度只有 400 ～ 500 米。

（2）"秦祁地轴"：这是"祁连地轴"、陇西地块、渭河断陷接近秦岭北麓地带与商县到南阳的"秦岭地轴"结合构造带，构造发展上也有纵向方面的波浪运动。

同陇西地块相比，"祁连地轴"自晋宁褶皱以来直到石炭纪，都处于隆起时期。石炭纪以后，有坳陷沉积，石炭、二叠、三叠、侏罗、白垩系都在"地轴"上有所发现。陇西地块上的石炭、二叠系分布极其零星，但到白垩 - 第三纪，断陷很深，沉积地层厚达 6 000 ～ 7 000 米。一般是越向东断陷越深，沉积越厚。

渭河盆地在新生代断陷，第三系和第四系厚度分别超过 5 000 米和 2 000 米。就时间来说，第四纪占新生代 7 000 万年的很短阶段，只有 300 多万年，而沉积厚度竟达 2 000 米，说明这里的第四纪最新构造运动非常激烈。

"秦岭地轴"基本上是隆起带，但晚古生代曾有海侵，部分古生界以底劈构造楔入古老的杂岩之中。中新生代又成为北仰南俯的山块，在商县 - 商南一带形成半地堑构造。

由以上叙述可知，夹着陇西地块的"秦祁地轴"，早古生代北有北祁连地槽，晚古生代南接中秦岭地槽，都曾部分遭受海侵。侏罗、白垩纪，"地轴"中段即渭河断陷南部隆起；西段"祁连地轴"和陇西地块先是东翘西倾，随后反为西翘东倾；东段"秦岭地轴"也发生过浅断陷。新生代发生了深刻变化：渭河盆地及陇西地块发生深断陷，"秦岭地轴"和"祁连地轴"却相对上升。这是"秦祁地轴"纵向上的波浪构造概况。

（3）中秦岭 - 南祁连构造带：这个构造带主要是晚古生代 - 三叠纪冒地槽褶皱带。它们纵向上的波浪构造发展：早古生代可能是西段仰起，东段沉陷，同"秦祁地轴"以北的北秦岭、北祁连构造运动相反。西段不见早古生代地层，东段则寒武、奥陶、志留系都有发现。寒武系厚 2 000 多米，奥陶系厚 3 000 多米，志留系厚 2 000 多米，都是由东向西变薄，中段特薄，西段消失。晚古生代 - 三叠纪，中秦岭的波浪运动与北秦岭和北祁连的波浪运动合拍，显示东翘西倾。这时中秦岭 - 南祁连构造带全带沉陷，且西段下沉大于东段，形成以中部为支点的东翘西倾波浪运动，这在地层沉积的连续性和厚度上都有反映。例如，西段泥盆系碳酸盐岩、复理石、碎屑岩、含煤建造等厚度超过 6 000 米，二叠系灰岩和碎屑岩及含煤建造有 1 000 ～ 4 000 米，海陆交替的三叠系灰岩和碎屑岩，礼县一带厚度超过 3 500 米，碌曲、成县约 8 000 米；东段泥盆系薄得多，一般 3 000～4 000 米，最厚 6 000 米，石炭系不超过 3 000 米，二叠系才 1 000 米左右，三叠系仅 800 余米。这就说明，中秦岭波浪运动，有缓和的反复翘倾。整个中秦岭地带的地层，在华力西末的印支运动褶皱起来。

中秦岭 - 南祁连构造带在中新生代发生了块断运动。北东向徽成断陷横切了这一带。北西西向商县、山阳、汉阴等断陷盆地作北东向斜列，斜贯中秦岭东段。西段也有类似的斜列断陷构造，但不那么明显。由于北东 - 南西向断裂的分割，中秦岭构造带被分为一系列山块。这些山块往往有西北仰起、向东南俯倾的姿势，形成一系列地块波浪。

（4）南秦岭构造带：这一带也是由于大兴安岭 - 龙门山构造带的斜穿，被分为西、中、东三段。西段在武都以西白龙江中上游地带，中段在武都与石泉之间，东段在石泉、安康、房县一带，包括大巴山和武当山地区。它们基本是以郧西群为基础、在加里东运动褶皱起来的前泥盆构造带。其东西两段以中段为支点，进行过翘倾的不平衡运动。

南秦岭西段处于武都以西，沿白龙江流域有志留系复背斜构造，其两侧的不整合上覆层形成泥盆、石炭系复向斜构造。这里的志留系碳酸盐岩和泥质岩建造内夹有大量火山岩及火山屑碎岩，总厚 12 000 多米；分布于南北两侧的上古生界都相当厚，南侧更厚，总计有 6 000 米。

南秦岭中段出露的寒武、奥陶系很少，志留系在略阳以西的白水江已较西段减薄，厚 6 000～7 000 米，再向东到洋县才剩 800 米。褒河以东的广大范围，基本为石炭系出露地区。

南秦岭东段在郧西群浅变质岩基础上的晚加里东褶皱岩层，有震旦系的三峡群及寒武系厚约 500 米，奥陶系厚约 1 000 米，志留系数千米。寒武、奥陶两系都是一些碳酸盐岩及砂、泥质岩建造。志留纪这里加速坳陷，沉积中才夹有火山岩及火山碎屑岩，厚度 2 000 多米，如果补加褶皱变质后剥蚀掉的部分，其厚度就大得多了。褶皱变质的志留系上覆地层不多见，仅在石泉与镇巴之间可见到一些泥盆、石炭系不整合于褶皱变质的志留系及更老地层之上。

从上述南秦岭西、中、东三段地层沉积特征可以说明，南秦岭构造带在寒武、奥陶纪的表现是西翘东倾，同"秦祁地轴"以北的北秦岭和北祁连构造运动恰好相反。到了志留纪则变为东翘西倾，又同"地轴"以北构造运动多少有了一致性。这一带晚古生代仍是东翘西倾。早古生代南秦岭中段有隆起的形势，到晚古生代，其中段反而发生鞍陷。

南秦岭构造带在中新生代服从中国构造的一般规律，发生了一些块断山及断陷盆地，多是半地垒－半地堑式波浪构造，或翘倾断块式盆地山岭构造。分段来看，武都以西的白龙江谷地是个断陷盆地，康县以北是个块断山，略阳以北出现一系列半地垒－半地堑构造，安康、汉阴以南也有明显的半地垒－半地堑构造，但其倾向向北，同西段相反，说明有扭麻花现象。扭麻花构造也是波浪运动的一种形式。

至于勉、略、宁三角地区，则是大兴安岭－龙门山构造带斜穿秦岭的西南夹角地区，其构造发展同秦岭有明显区别。构造线方向，在武都、略阳以南，截然由近东西向或北西西向变成了北东向或北东东向，形似扇状向西南撒开。不论古生代的地槽褶带或中新生代的断块构造，都是这样。这就说明，三角地区是龙门山构造带的一部分，不能划入秦岭构造带。

总之，从南北向横剖面和东西向纵剖面来看，秦岭构造的发展都是波浪状。

横剖面上，北秦岭、"秦岭地轴"、中秦岭和南秦岭，元古代、古生代到三叠纪的构造发展，一般是地槽反复迁移的构造波浪式。太古代"地轴"带形成，元古代"地轴"两侧地槽带发生变迁，到震旦纪（三峡群沉积时期）北秦岭翘起，南秦岭海侵。寒武、奥陶纪是北秦岭坳槽，早加里东运动时褶皱。南秦岭和中秦岭在寒武、奥陶纪海侵以后，继续沉陷。南秦岭志留纪优地向斜，在晚加里东运动期发生了褶皱。中秦岭从早古生代到三叠纪都是冒地槽坳陷，直到三叠纪末期的华力西运动（印支运动）才褶皱起来。到中新生代，整个秦岭构造带开始形成半地垒－半地堑的波浪构造地貌。

纵剖面上，北秦岭和北祁连、"秦岭地轴"、中秦岭和南秦岭，都在不同时期，或东翘西倾，或西翘东倾，或中段隆起，或中段坳陷，或成翘倾山块，在隆起侧成山岭，俯倾侧成断陷盆地。因此，秦祁构造带纵向上的发展也采取波浪式。

秦岭由于横向上和纵向上都有波浪起伏的隆坳或垒堑变化，不能不形成目前纵横分带又分块的地块镶嵌式波浪构造地貌。

二、鄂尔多斯地块及其四周的波浪状镶嵌构造

为了讨论上的连续，以下选择秦岭构造带北侧的鄂尔多斯地块，对其镶嵌构造及波浪发展进行讨论。

（一）地块及其邻区的波浪状构造地貌

鄂尔多斯地块及其四周的构造形象，不仅平面上表现为纵横交错，形成许多菱形或三角形地块斜列成排，而且剖面上这些纵横斜列的地块，还往往作一排间一排的一起一伏波浪形式。它们在平面上也表现反复扭曲，左右摆动，有似蛇行蜿蜒的波浪状。

鄂尔多斯地块及其邻区，从南到北构造地貌所表现的波浪形势非常明显。秦岭地带北翘南倾，其北断落万米以上，形成渭河断陷盆地，基底断块也多北翘南倾。断陷北山又翘起形成鄂尔多斯地块的南缘，反作南翘北倾。由此向北，地块逐渐下陷，在北纬 37 ～ 38°地带又行凸起。在此以北稍作洼陷，然后再度掀起，接近河套，断壁抬高，形成乌兰格尔长垣，再向北即为河套断陷，其基底断块则多为南翘北倾，与渭河断陷基底构造相反。阴山构造带也是南翘北倾，也正好与秦岭相反。这样一个构造地貌剖面（图 5），表现为多少对称的波状起伏。

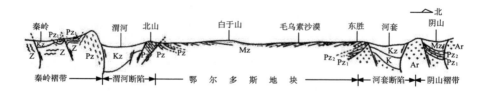

图 5　鄂尔多斯地块南北向构造地貌剖面示意图

地块东西向剖面上，由西向东，先是贺兰山本部及六盘山地带向东上冲，形成隆起的构造带，其东侧形成基底西倾的银川断陷。再向东桌子山、马家滩、平凉复背斜带又向东上冲隆起，其东即为天环坳陷。由于贺兰－六盘构造带向东仰冲，鄂尔多斯地块向西俯冲，使天环坳陷形成一带西翼较陡且有冲断、东翼平缓的大向斜。其东仰西倾的斜坡构造上，可能在“子午岭经向构造带”以西稍变平缓，形成一些南北成排的鼻褶带及构造阶地。由此向东，仍是缓和掀起、越过黄河，直达吕梁山东麓的汾河及桑干河断陷。由断陷向东，又是一带东翘西倾的构造带，即著名的太行山，向东仰冲在河淮地块之上。

　　由上可知，地块东西向构造剖面与大约对称的从秦岭到阴山南北向构造剖面不同，它是由一些东翘西倾的地块构成的不对称波状构造地貌（图6）。

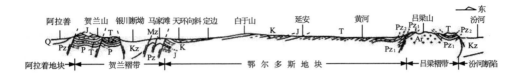

图6　鄂尔多斯地块东西向构造地貌剖面示意图

　　从平面上来看，鄂尔多斯地块波状构造地貌是很有意义的。地块中部以高程1 800余米的白于山地区作为中心隆起，众多河流在此略作放射状流向。地块中心隆起的四周为一类环状洼陷地带，然后由渭北隆起、吕梁山、乌兰格尔长垣，以及桌子山、马家滩、平凉复背斜带隆起组成了地块四周的翘起带。其外又有一圈断断续续的新生代断陷盆地，如渭河断陷、河套断陷和银川断陷等。断陷盆地环带之外，则是贺兰山本部及阴山、秦岭、太行山等翘起构造带。这种套环状波状起伏，在区域重力图上表现得也很清楚。这样一个一环套一环的套圈波状构造地貌，对于一个较大的地块来说是很典型的。以沁水盆地为中心的山西地块，以及以腾格里沙漠为中心的阿拉善地块构造面貌，都可以分析出这样套圈状波浪形势。

　　波浪状构造地貌不仅在较大构造范围内有明显表现，在次一级、又次一级构造带中更加清楚。拿贺兰山构造带来说，其次一级构造带的西分带是东翘西倾的贺兰山本部、牛首山和罗山复背斜带；中分带是银川断陷、韦州和石沟驿复向斜带；东分带是桌子山、马家滩、平凉复背斜带，而马家滩构造带则是东分带的一个分段，这一分段中又可分为再次一级的构造单元。贺兰山构造带整体是西翘东倾，它的三个分带基本是东翘西倾，其中更次一级的构造单元也多东翘西倾。贺兰山构造带的总构造形势是北仰南俯，东分带也是北仰南俯，马家滩分段也是北仰南俯，马家滩分段中的更次一级构造单元也多北仰南俯。这样的构造形势，使贺兰山构造带在东西向形成斜阶断块构造，南北向也表现斜阶断块构造。因而，不论从南北或东西方向看，贺兰山构造带都有一级套一级、大大小小的斜阶断块，形成了不同级的波状构造地貌。贺兰山是这样，阴山、秦岭和吕梁山也是这样，不过在方向上有它们各自的特点罢了。

（二）鄂尔多斯地块本身的波浪状镶嵌构造

鄂尔多斯地块是中国地槽网中镶嵌着的一个较稳定地块（见图2）。这个地块北以河套断陷与阴山地槽褶皱带相分，南隔渭河断陷与秦岭地槽褶皱带相望，东连前古生代吕梁地槽褶皱带，并以冲断冲到汾河断陷之上，西以贺兰山地槽褶带与阿拉善地块为界。

鄂尔多斯地块的形态为阴山、秦岭、贺兰山、吕梁山构造带所决定。阴山、秦岭是北西西向古地中构造带中的分段，吕梁山、贺兰山则是北北东向外太构造带的分段。秦岭、阴山的走向虽然近东西，吕梁山与贺兰山虽说近南北，但对它们的内部构造进行分析可以看到，阴山和吕梁山中透露着以北东向为主、北西向为次的构造，秦岭构造则以北西西向为主、北东向为次，贺兰山构造带南部（接六盘山）转以北北西向为主、北北东向为次。由于这些构造方向的影响，鄂尔多斯地块的轮廓就变成具有锯齿状边界的盾牌形了。

阴山和吕梁山构造带内的构造线，从北东斜向深入鄂尔多斯地块之内，使其东部广阔地区的构造走向以北东为主、北西为次。秦岭和贺兰山、六盘山构造带的主构造线，也深入地延伸到鄂尔多斯地块西部和它的西边，使这一带构造走向以北西和北北西为主。贺兰山构造带与地块的界限，在桌子山、马家滩、沙井子以东的大断裂地带。这条大断裂西侧为贺兰山构造带冲断隆起的东带，大断裂东侧即为鄂尔多斯地块西部深深下沉的天环坳陷。其中沉积中生代地层的构造，有北北西向雁行排列特点，反映着贺兰山带折向六盘山的优势构造线，向天环坳陷带内延伸。坳陷以东是鄂尔多斯地块的主部，其盖层一般走向北北东，深入基底则变为北东，应是吕梁山优势构造线向这里的延伸。这样以天环坳陷中北北西向为优势的构造走向，与地块主部以北东向为优势的构造走向互相交织，又使地块基底分割为许多类菱形的次一级地块。

还有一种不能忽视的构造现象，是在地块之内显示的东西向与南北向构造。

东西向构造除在地块南北边缘极为显著外，其内部最明显的一带出现在北纬37～38°之间，北距阴山和南到秦岭的间距近似。此构造带向西向东延伸都很远。地块中部沿此带有一东西走向的白于山作为分水岭，使无定河许多源流的支流向北流，延河及洛河源流的支流向南流。从中国地质图中可以清楚看出，38°纬向构造带向西越过贺兰山构造带，在北纬 38°以北走向北北东、以南走向北北西的大转折部位，通过中卫、古浪、大柴旦一带近东西向山岭进入柴达木地块，黄河和祁连山的大转弯都在这一带。此带由鄂尔多斯地块中部向东，在吴堡以北越过黄河的较大弯曲，跨越吕梁山的关帝山，掠过沁水盆地北缘，在井陉过太行山，进入华北平原内其物探资料上仍然显示很明显。

北纬 38°构造带在鄂尔多斯地块内部的构造显示也很清楚。它在吴堡、绥德及其以西地带有几条长达数十公里的近东西向断层，物探资料也证明，沿此带有一系列向西倾俯的鼻褶构造。从 38°构造带南北两侧地层厚度变化来看，可以认为它是一条构造运动的枢纽：其北侧基底以深变质岩为主，以南则以浅变质岩为主；下古生界残余在其北侧较薄，甚至局部地区完全缺失，其南侧则较厚；上古生界与此相反，是北厚南薄；三叠－侏罗系在其北侧多河流相且厚度较小，南侧却多湖相而厚度较大；白垩系南北相似；新生界又变为北薄南厚。这都说明，此构造枢纽带两侧，古生代以来不断发生天平式翘倾摆动或反复的地块波浪运动。

鄂尔多斯地块中的纬向构造带不仅上述一条，在北纬 35 ～ 36°和 39 ～ 40°两地带，也有纬向构造带显示，但比不上 38°构造带那样清楚。

至于经向构造带，在鄂尔多斯地块中的表现也很清楚。它们的表现是打在北东和北西斜向构造上的烙印。地块东侧与吕梁山接壤处，有许多经向褶皱、断裂和陡倾斜带，西部的天环坳陷本身就是个经向构造带。地块内部还发育着一些南北向近等间距的构造台阶及南北成排的鼻褶构造。构造地貌上显示为子午岭，它是洛河和泾河的分水岭。还应考虑延河上游、洛河及环河中游的南北向河谷，它们之所以在这个地带发育，也不是偶然的。物探资料解释，地块南部基底大致在东经 108°有一南北向分界，其东侧主要由深变质岩组成，西侧则以浅变质岩为主。而且，古生界有自地块东西两侧向地块中部地区变薄或尖灭的现象。因此，对地块中的经向构造带应加注意，它可能对盖层的沉积岩相和厚度有所控制。

鄂尔多斯地块东部广阔地区以北东向构造为主，西部天环坳陷以北北西向构造为主，西南部以北西向构造为主，再罩上纬向构造和经向构造的分布，不可避免地使鄂尔多斯地块基底被分割为纵、横、斜列成排的类菱形或三角形地块，但由于盖层，特别是中生代盖层既厚且松，深部断裂构造往往不能上达，难以出露于表层，只是在构造运动比较激烈的地带，才有较大的冲断及褶皱透露地表。这些冲断及褶皱地块，一般都是一侧翘起、另一侧倾伏，形成地块波浪。如果揭去沉积盖层，鄂尔多斯地块的构造形式，可能就是地块东侧山西吕梁山、太行山和地块西侧贺兰山、六盘山及北侧阴山、南侧秦岭等构造带在其邻区的翻版，而且某些反映基底结构的物探资料确已显示出了这些特点。因此，鄂尔多斯地块本身，也表现为波浪状镶嵌构造的格式。

（三）鄂尔多斯地块四周的波浪状镶嵌构造

1. 汾渭断陷

汾渭断陷以新月状围绕鄂尔多斯地块的东南侧。它是在北西西向渭河复背斜和北北东向汾河复背斜互相交叉复合、接近于其轴部地带发生了断落的一个新月形大地堑。新生代以前，它是介于秦岭构造带与鄂尔多斯盆地之间，又介于沁水盆地与鄂尔多斯盆地之间两条地背隆互相斜交的地带，新生代以来逐步断陷为复式巨大地堑。它在秦岭和霍山同鄂尔多斯地块的关系，可以说中生代是两条波峰互相斜交的地带，到新生代由于波峰的断陷，才构成了一个新月形波谷。

汾渭断陷四周出露的地层很复杂。断陷南侧出露有太古界太华群和元古界宽坪群，以及不同时代的花岗岩体；北侧地层大部分是寒武奥陶系灰岩和泥质岩，还有石炭二叠纪煤系。北侧东端沿黄河有一点太古界杂岩，西端有零星的震旦亚界硅质灰岩和寒武奥陶系厚层泥灰质岩石。由此可以推知，渭河基底的南部也应是太古和元古界变质岩与新老不同时期的花岗岩；北部主要应分布着寒武奥陶系和石炭二叠纪煤系。至于汾河断陷的基底，在汾河下游的临汾断陷、河津断陷、运城断陷等基底，东南侧不同段落有中条山西北麓和霍山西麓的太古界杂岩。沁水盆地西北隅和吕梁山之间的榆次断陷，顺东北方向削去沁水盆地一角，切断了自太古界到三叠系的大部分。太原以北的忻县断陷和朔县断陷都作北东向斜列，切过太古界和元古界及其他地层，同汾河上的各段斜列断陷排列成行，纵贯山西中部。

通过钻探和物探，汾渭断陷的盖覆层大部分是第三系和第四系。

由以上情况可以看出，汾渭断陷是北北东向汾河断陷与北西西方向渭河断陷的复合构造，它们是在两带古生代复背斜波峰上断落的新生代波谷。这个复合大型地堑所在的大地构造部位，处于大兴安岭－龙门山波峰带同天山－秦岭波峰带互相交叉的西北隅。因而，这个新月形地堑东南侧外围的构造部位较高，西北内侧的构造部位较低；秦岭、中条山和霍山山麓出露的地层古老，靠近吕梁山和渭河北山山麓地层较新。这样的构造形势，可以同西伯利亚的贝加尔湖地区相比。贝加尔湖盆也是一个同样方向的新月形断陷盆地。围绕贝加尔湖东南侧和西南端，出现一弯较宽的前寒武构造带，但在这个新月盆地西北内侧，出露地层是一带狭窄的前寒武系，向西北则是一带寒武奥陶褶皱断裂带，更向西北排列是比较宽缓的中生代盆地。这个贝加尔断陷同汾渭断陷的区别，只是到现在还缺乏出口，没有把湖水排出罢了。因此，汾渭断陷同贝加尔湖盆构造发展上很相似。这样的对比是重要的，下文还要提到。

从构造上还可看出，汾河断陷不是单一大背斜轴断落的地堑盆地，而是一连串北东向小断陷成斜列状联合起来所形成的一带北北东向复合断陷盆地；渭河地堑也不是一个单一构造，而是一带斜列北西向断陷联合而成的北西西向复合断陷盆地。两带斜列断陷盆地，在渭河断陷东部互相结合，连成一个新月形汾渭断陷的整体。这在构造上并不是特殊的，前已述及，贝加尔湖的构造也是这样。汾渭断陷和贝加尔断陷的基底构造及其附近构造形势很相似，它们都是由北北东向和北西西向两组断陷地块拼凑起来的统一断陷，只是发展时期上稍有差别：汾渭断陷稍早一些，到更新世中后期（Q_2—Q_3），黄河凿开出口，排泄了汾渭古湖，而贝加尔湖盆到现在还没有得到出口罢了。

总之，汾渭断陷盆地实际是顺着汾河和渭河两带斜交地背隆一些偏离轴部的两组斜列断陷带，复合而成的新月形构造复杂的地堑，它们隆起时是相交的两带地背斜，断陷后就成了统一的大型复合地堑。它的基底上，由于互相邻接的地块一侧翘起、另一侧倾俯，造成的不对称式地块波浪很明显。

2. 河套断陷

河套断陷在鄂尔多斯地块西北，同其西南的汾渭断陷相对应。它围绕着河套的弯曲而弯曲，分布在河套地区西北隅，其形势同汾渭断陷相似，但方向相反。汾渭断陷处于天山－祁连山－秦岭波峰同大兴安岭－龙门山波峰两构造带互相斜交的西北隅，而河套断陷却在阿尔泰山－阴山－泰山波峰同贺兰山－珠穆朗玛波峰两构造带互相斜交的东南角。它们分布的对应形势，还可以在其他方面进行对比。构造地位上，河套断陷同汾渭断陷，桌子山同吕梁山，狼山同中条山，阴山同秦岭，在发展上都是互相对应的。而且，秦岭以内的构造带是北老南新，阴山内的构造带是南老北新。如果不从地壳构造发展的波浪形势来看问题，就很难用其他设想来解释这样的对应关系。

河套断陷的基底一般是向北倾斜，北深南浅；而渭河断陷是南深北浅，一般向南倾斜。河套基底的岩层是北老南新；渭河基底的岩层则是南老北新。

从断裂构造来比较，河套断陷的基底断裂，可以根据其北侧阴山构造来分析。阴山山脉内的大青山构造多是左行斜列断层，它们向河套松散层以下延伸，也应是左行斜列；但渭河断陷的基底断裂用同样理由判断，它们在渭河松散层以下，应是随着地表出露的形势作右行斜列。这样在构造上的对应性，又从物探方面得到证明。

从以上所列举的河套断陷同渭河断陷在构造上的对称关系来看，它们这样的构造特点，只能用地壳波浪运动来解释。

3. 贺兰山及山西的构造

鄂尔多斯地块东西两侧的构造形势，不同于其南北两侧的对称发展，而是呈现一边倒。西侧贺兰山构造带是依次由贺兰山到马家滩向东冲的一系列逆断构造带；东侧吕梁山构造带和太行山构造带也是依次由西向东冲的逆断构造带。它们都像是由西向东推进的波浪。

鄂尔多斯地块西侧的贺兰山构造带，从南北纵向来说，北起磴口，南至平凉，由桌子山经贺兰山、牛首山到罗山，构成一条蛇行屈曲状构造带。北段桌子山的构造走向北北西；中段贺兰山的构造走向北北东；南段牛首山和罗山的构造走向又变成北北西。它们辗转反复成"弓"字形，可以说是水平方向上的波浪转折。

就贺兰山东西剖面来看，垂向上的波浪构造可由图 6 加以说明。贺兰山西侧的阿拉善地块向东推掩，构成一系列迭瓦构造，掩盖鄂尔多斯地块的西缘。由于这样的重叠下压，使这里形成深达 7 000 米的天环坳陷。贺兰山构造带西、中、东三个亚带之中出露的地层，一般是西新东老，逆断层西侧较老地层推掩在东侧较新地层之上，一带一带地向东推掩，直到天环坳陷上边。在整个大推掩山块之中，还套着不同级别的次一级、又次一级推掩断层。

鄂尔多斯地块东侧同山西地块之间的形势与西侧多少相似。尔多斯地块向东推动，在山西地块西侧推掩上去，形成大型迭瓦构造，吕梁山及其南北的山块作斜列状向桑干河－汾河断块推掩，而后者又向五台山和太行山推掩。不同的是吕梁山和太行山两带，以及它们之间桑干河－汾河断陷的规模，比起贺兰山与牛首山、桌子山之间所夹银川断陷的规模大得多。而且，山西到古生代已发展成地块性质，所占地带比较贺兰山晚期构造带宽得多；山西古生和中生代坳陷，由于早已形成地块，就比贺兰山准地槽坳陷浅得多了。但是，吕梁山岔上群及五台山滹沱群，则是元古地槽褶皱变质岩层，那里的元古界则比贺兰山厚得多。鄂尔多斯地块东西两侧的构造形势虽说有些相似，但发展历史有先后不同，也说明了地壳构造发展的波浪状。

（四）鄂尔多斯地块及其四周波浪状构造的发展

鄂尔多斯地块及其四周地带目前表现的波浪状构造地貌，并非一开始就是这样的形象，而是经过长期的地质过程发展而来。其发展过程也都是波浪状的。

鄂尔多斯地块及其邻区的波浪状构造发展，从南北方面来说，要包括秦岭和阴山两大构造带，加以综合分析才能说明白。

由古到今，鄂尔多斯地块南北方面的构造发展如下：

鄂尔多斯地块及其南北两侧，元古代的波浪运动是从地块向外侧发展。秦岭北部的"秦岭地轴"以北，是以华山地带为地背斜，商洛地带为地向斜，构成元古代到寒武奥陶纪的统一地槽体系。其中自北而南，有崤华优地背斜、熊耳优地向斜、陶湾冒地向斜、宽坪优地向斜、"地轴"优地背斜，以及分隔优地向斜与冒地向斜，但为地层构造遮掩的两个冒地背斜。由这些地背斜与地向斜组合的地槽体系，形成一带完整的地壳波浪。在距今8亿年左右，熊耳优地向斜进行了华北蓟县运动式的造陆变化，宽坪与陶湾地向斜进行了华南晋宁运动式的造山变化。到寒武奥陶纪，熊耳优地向斜再度坳陷，早加里东运动褶皱成山。熊耳优地向斜很可能通过渭河断陷，向西北同祁连山有构造上的联系。在秦岭和祁连山地带的构造讨论中，对于它们的联系曾作了阐明。

再看阴山构造带。太古界桑干群及下元古界五台群广泛分布于大青山、乌拉山等地。下元古界马家店群分布在大青山不整合于五台群之上；中元古界查尔泰群分布在乌拉山及固阳等地。它们是太古界上发展起来的元古地槽褶皱带，其位置虽同燕山相距不远，却采取了晋宁运动形式，而不曾采取蓟县运动形式。这就不能不在它的北侧，从白云鄂博到商都地带，发展成一个早古生代地槽，沉积了白云鄂博群（内蒙古地质工作者定为寒武至奥陶系）。震旦亚界什那干群的分布，则夹在元古代与早古生代两褶皱带之间，作为过渡。由此可见，阴山在元古代与古生代时期的波浪状构造迁移是由南而北，与秦岭的构造迁移相反，都是逐渐远离鄂尔多斯地块。

至于地块内部则可以考虑，秦岭北坡及阴山南坡的太古界隆起以内，难免有早、中元古代地槽带发育，因为吕梁山岔上群在山西由北北东向地块内部延伸是可能的。但从岔上群在吕梁山分布的局限性来看，地块内部沉积盖层之下的基底似乎应以太古界为主。这就说明，地块自很早以来就基本作整块运动了。

鄂尔多斯地块及阴山、秦岭地带，古生代的波浪构造运动情况与前古生代不同。当时鄂尔多斯已经形成稳定的地块，而秦岭与阴山及阴山以北广阔地带都曾是古生代地槽带。阴山地带是蒙古古生代地槽体系的地背斜波峰带。所谓"秦岭地轴"以北地带，则是秦岭古生代地槽的地背斜波峰带。它们都是地槽体系中的正性活动带，不应看作地壳中的较稳定地区。崤华地背斜分隔了秦岭古生代地向斜与鄂尔多斯地块，地块是个反复升降和反复翘倾的地区，而秦岭古生代地向斜却是激烈波动坳陷的地带。依自然辩证关系，激烈波动坳陷地带旁侧，必有激烈波动隆起地带，这就是一个地槽体系的另一方面。不能想象，一个地向斜旁侧不存在这样一个地背斜，而且坳陷越深的地向斜旁边，地背斜隆起也越高。同样，激烈波动上升的阴山地背斜隆起，当时分隔了鄂尔多斯地块与蒙古地向斜。总之，秦岭地向斜波谷、崤华地背斜波峰、鄂尔多斯地块波谷、阴山地背斜波峰及蒙古地向斜波谷，构成了当时鄂尔多斯地块及其南北两侧反复起伏的波浪构造地貌。

地块南北两侧地槽体系的地背斜与地向斜波动，不能不引起地块上的波动，这种波动或是升降或是翘倾。鄂尔多斯地块古生代的大升大降：寒武奥陶纪波动下沉，沉积了下古生界；志留泥盆纪波动上升，地块完全进入剥蚀时期；石炭二叠纪又是一次波动下沉，沉积了上古生界。这不仅是空间上，而且是时间上的波浪运动。

至于鄂尔多斯地块古生代南北方向上的翘倾运动，也是很明显的。由于地块南北两侧秦岭及阴山构造带波浪运动空间和时间上的不平衡性，势必影响地块本身以北纬 38°纬向构造带作为中轴，而进行反复翘倾的翘板状运动，在地块内部形成波浪状古构造地貌。从古生代地层厚度比较来看，北部下古生界较薄，有些地区全部缺失，其南侧厚度则较大。这可以作两种解释：早古生代地块北部翘起较高，或是早古生代时地块平衡沉陷，南北地层厚度相近，只是奥陶纪之后，地块发生了北仰南俯的变化，使北部下古生界残留厚度较薄于地块南部。到晚古生代，翘倾方向与上述相反，北部沉积较南部厚。到三叠侏罗纪，其沉积地层却又南厚北薄，说明地块翘倾又一次颠倒。白垩纪鄂尔多斯地块南北两部的岩相厚度多有近似，是南北翘板运动的相对平衡时期。从整个鄂尔多斯地块与秦岭、阴山的关系来说，前者是后两个波峰带之间的波谷，这个波谷在中生代的反复翘倾，只能看作大波谷带中的二级波浪。

鄂尔多斯波谷与秦岭、阴山波峰在中生代的构造形势，可以从地层的分布特征说明。当时还不存在渭河断陷与河套断陷，它们很可能是两个宽缓的地背隆侧翼。由地块南北两个地背隆流向盆地的河流，挟带大量泥、沙、砾石，堆积在鄂尔多斯盆地之内。洛河砂岩、宜君砾岩，以及三叠、侏罗系中夹有大量结晶岩砾石和长石砂粒，只能说明其来源是当时盆地四周的地背隆波峰带。因此可以认为，中生代时渭河断陷地带实际曾是鄂尔多斯中生代盆地南侧的广阔斜坡，其上有由南向北奔流的河水。只是到了白垩纪末燕山运动末幕，由于地壳波浪运动的激化，才在广阔的地背隆北翼上开始发生渭河断陷。河套断陷在阴山以南的发展情况与上相似，仅是方向相反而已。

中生代鄂尔多斯地块作宽缓坳曲、反复翘倾的时候，阴山在华力西褶皱运动及秦岭在印支褶皱运动以后，发生了断裂活动，形成一些中生代断陷，有些断陷则成为中生代煤盆地。配合这些断陷的波谷，自然在其旁侧翘起为断块波峰。所以，秦岭和阴山两地槽构造带中，不仅发生过强烈褶皱的地向斜，而且曾与这些地向斜伴生的地背斜一起发生强烈的断裂运动，形成次一级的地块波浪。

中新生代鄂尔多斯及其邻区的构造发展，从南北方向来说，秦岭与阴山两大构造带都在中新生代作断块山隆起成为波峰，渭河断陷及河套断陷同时都断落成为波谷，鄂尔多斯地块本身则先洼陷后升高。它对秦岭、阴山来说是个波谷，对渭河断陷及河套断陷来说则是波峰。在地块内部，渭河断陷北山和河套断陷南侧乌兰格尔长垣，都翘起成为波峰。北山以北的新洼陷大约在平凉到富县一带，与北纬38°以北毛乌素沙漠以南地带都是波谷。此两波谷之间，就是所谓的38°纬向构造带，它是个波峰带。这是地块目前表现的构造地貌。

从秦岭太白山顶向南倾 12～14° 的第三纪初期夷平面来说，新生代秦岭的掀起接近 4 000 米。如果把已剥蚀的山脊重新用渭河断陷中部分沉积物垒到应有高度，秦岭在这一带的掀起就远远超过 4 000 米了。渭河断陷新生代断落的深度，就目前的钻探与物探地层资料来看，厚达 7 000 米以上。由此可知，秦岭与渭河断陷的落差很可能在 12 000 米以上。秦岭是北翘南倾的半地垒－半地堑式波浪状断块山，渭河断陷则是北仰南俯深埋的半地垒－半地堑式波浪状断块盆地。其断落与北山的仰起相差，随地而异，地震资料表明一般为 2 000 米左右。这都说明，从新生代以来，鄂尔多斯地块以南许多断块互相错动的规模巨大。

阴山与河套断陷的错动规模虽然不似秦岭与渭河断陷之大，但落差也可达几千米。

至于鄂尔多斯地块内部新生代的波浪运动，则以隆坳非常缓和的地壳弯曲为主，如不仔细进行分析，往往认为它们是一块刚体，只作整体运动，但对地块内部新生代地层分布情况稍加注意便可看出，其运动是采取宽缓弯曲的波浪形式。地块南部，西起平凉，东到富县，北达吴旗，许多河谷中广泛分布有第三系，超覆于中生代地层之上；而渭河断陷北山地带出露的为古老地层，在地块北部毛乌素沙漠白垩系之上，也见不到第三系。因此可以认为，地块南部广大地区，第三纪曾发生宽缓弯曲，洼陷成为波谷，其南侧隆起为北山波峰，北侧隆起为毛乌素波峰。所说的 38° 构造带，恰好展布在这个波谷与毛乌素波峰之间。地块南部的洼陷持续到第四纪早、中期，使黄土层超覆于第三系之上，成为广大的黄土高原。但是，因地块新生代运动的总趋势是西北仰起、东南倾俯，终于使这个洼陷中更新世以后充填满盈，通过泾、洛两河在北山之开口，泻入渭河断陷，并切割黄土高原，使其改造成为当前的塬、墚、峁地貌。如果说现在地块上的河道就是因袭第三纪古河道，黄土层是堆积在第三纪原有丘陵地形之上，因而堆积成为现在的塬、墚、峁黄土地貌，从上下地层关系和构造地貌发展上说，都难以接受。

地块南缘，即北山波峰带以南的波谷是渭河断陷。这个断陷从第三纪以来，以斜阶形式逐渐断落，其中断块多呈北翘南倾的姿态，越是偏南，断落越深。从时间上说，越是地质近期，断速也越快。新生界最厚的部位接近秦岭，这样就不能不引起秦岭波峰带的急剧翘起，而且翘起最快的时期也应与断落最快的时期一致，是在上新世以后的第四纪。

　　毛乌素波峰向北逐渐抬高，北缘形成出露古老地层的乌兰格尔长垣，并且北侧与河套之间发生明显断裂，南升北落，形成南翘北倾的河套断陷波谷。河套以北崛起阴山，形成阴山波峰带。这样的构造形势，同渭河断陷与其两侧波峰的关系相似，不过方向相反，规模较小罢了。

　　以上从鄂尔多斯地块上波状构造地貌说起，依次由太古代、元古代到古生代、中生代和新生代的构造发展，不难看出，不论什么时期的构造变化，都是波浪发展形式。一般说，从元古代到古生代，围绕地块构造的发展是离心的，中生代是向心的，新生代又是离心的。

　　其次，谈谈鄂尔多斯地块东西方向的波状构造变化。

　　回朔到太古代，鄂尔多斯地块作为太古地槽坳陷带的部分是可想而知的，因为组成其基底的地层多是深变质岩石。

　　早、中元古代，鄂尔多斯及其东西两侧地区，地壳运动的不平衡性很大，山西构造带就是此时发展起来的。太行山与五台山出露的五台群、滹沱群，吕梁山出露的岔上群，以及中条山出露的中条群，均为元古代结晶片岩系。它们都是比震旦亚代较早或少部分同期的元古代地槽沉积变质岩系。这就说明，山西在元古代是一些以太古界杂岩组成的元古地背斜与地向斜相间的地槽体系，应该说是元古地槽晋宁构造带。山西元古地槽体系从东北向西南延伸到鄂尔多斯地块，为寒武奥陶系及其以上地层所覆盖。但是，考虑到作为整体运动的鄂尔多斯地块，不像山西构造带那样支离破碎，其伸入基底的元古地槽褶皱带不会太远，所以设想鄂尔多斯地块基底大部由太古界杂岩组成是有理论根据的。因此可以认为，鄂尔多斯地块太古代时大部是个坳陷区，而元古代是个隆起地块。

　　震旦亚代，鄂尔多斯地块及其东西两侧的构造带是联合在一起进行着缓曲式波浪运动，此时地块中部隆起，而四周边缘则呈环状沉陷，并在贺兰山构造带已初步形成了南北向的坳陷。

　　鄂尔多斯地块和山西构造带的寒武奥陶系，其厚度和岩相较稳定，为地台型浅海相碳酸盐岩建造，厚度一般小于千米。除地块中部存在着明显的隆起外，大体是厚度有规律地由东向西缓慢增加，到贺兰构造带厚度突然增大。贺兰山南部和牛首山、罗山等南北一线以西，厚度可达3 000余米，更向西南至同心、海原一带，已进入早古生代的祁连地槽区，厚度更加增大。岩相也相应由鄂尔多斯本部的地台型碳酸盐岩建造，至贺兰构造带变为类复理式的过渡相沉积，再向西南即完全变为典型的地槽相沉积了。凡此都显示了寒武奥陶纪时，地壳波浪运动在本区已是一个东仰西俯的地块，并在其西侧的贺兰构造带，形成一个近南北向的深坳陷和急倾斜带。

鄂尔多斯地块和山西构造带的晚古生代构造地貌较为平坦。海陆交互相的石炭系广泛分布，但很薄，一般在200米以内，岩相和厚度均较稳定。这说明寒武奥陶纪后，鄂尔多斯地块和山西构造带经受了志留泥盆纪与早石炭世的长期剥蚀，形成广大的准平原，地形已很平坦。稍一降落，整个地区就沦为浅海；稍一抬高，都变成陆地。这里二叠系虽较厚，但其岩相和厚度却很稳定。当时的地壳波浪运动是以大型平缓弯曲为主，鄂尔多斯地块中部南北一线，即现今大约子午岭一带，晚古生代已是一个相对隆起区，上古生界有由东西两面向隆起区变薄和尖灭的趋势。

中生代时，贺兰构造带继承了古生代的构造特点，一直处于较深的坳陷，并以波浪状向东迁移。马家滩断褶带是其东带中的一段，这里的波浪状迁移极为明显。其西侧石沟驿一带曾是三叠纪坳陷，三叠系厚达3 000余米。印支运动使它缓褶隆起，把侏罗纪坳陷向东赶，使之迁移到马家滩断褶带东部，侏罗系在于家梁厚度可达1 400米。早期燕山运动又使这个侏罗纪坳陷断褶隆起，把白垩纪坳陷更向东推入天环坳陷，其中白垩系厚达1 500米以上。这样的波浪状坳陷构造带迁移很典型，一浪推一浪地向前迁移。这同水面上波浪运动的形势没有什么区别，只不过所用时间很长罢了。自燕山断褶运动之后，构造发展的主要形势是贺兰构造带以迭瓦状向东冲掩，造成斜阶状或半地垒-半地堑的波状构造地貌。

中生代贺兰构造带的向东上冲，压迫鄂尔多斯地块西俯东仰，向东翘起成为斜坡，因而地层发育是越新的越向西偏移，且沉积越厚，这同贺兰构造带的发展方向恰好相反。地块的东翘上冲，先在山西中部沁水产生三叠纪盆地，然后在静乐-宁武形成侏罗纪坳陷，后又在大同出现白垩纪盆地。这三个盆地的长轴走向都是北北东，互作雁行排列。这些盆地都在吕梁山以东。吕梁山与鄂尔多斯地块中生代联结在一起，共同东冲，自然要在山西中部构成一个坳陷地带。更由于鄂尔多斯地块与河淮地块的左行扭动，势必发生一些北东向斜列坳陷。坳陷之所以由南向北迁移，有待解释，但构造发展的波状迁移不容忽视。不仅山西构造带中部坳陷带是左行雁行排列，其东部太行山及西部吕梁山两隆起带的斜列构造线也是如此。它们的构造迁移自然也是由南而北，只是由于缺乏中生代盖层不能鉴别。这些因基底褶皱而形成的斜列坳陷与隆起发展到第三纪难以进一步挠曲时，才在各个坳陷与隆起边界上发生激烈的断裂运动，构成了一些同样斜列的断陷盆地，表现为目前大体上不对称的斜阶状构造地貌。

贺兰构造带向东上冲，在其中带形成的银川断陷，鄂尔多斯地块向东上冲，在吕梁山东侧形成的汾河断陷，都是第三纪以来发生的事情。这些半地堑式断陷，自然是继中生代构造而发展起来的。

贺兰山两侧，鄂尔多斯地块与阿拉善地块的构造发展是反复波状起伏。第三纪时，鄂尔多斯地块普遍升起，只是在洼陷南部才有不厚的沉积；阿拉善地块有不少地方曾断陷很深，沉积了 3 000 余米的地层。中生代鄂尔多斯地块和阿拉善地块的起伏运动与第三纪相反。阿拉善地块以上升为主，中生界分布零星且不厚；鄂尔多斯地块则普遍洼陷，特别在其西缘形成了很深的坳陷带，从三叠系到白垩系总厚超过 6 000 米。石炭二叠纪，鄂尔多斯地块上沉积的是地台型盖层，阿拉善地块中则有二叠地槽坳陷，沉积厚度 5 000～6 000 米。志留泥盆纪是两地块起伏的平衡时期，都曾上升成为古陆。早元古代及震旦亚代，阿拉善地块曾有两期地槽坳陷，沉积总厚近万米。鄂尔多斯地块之上，从震旦亚代到奥陶纪只有地台型盖层沉积，至于早元古代，则可能有从山西构造带延伸而来的地槽尾巴。从鄂尔多斯地块与其两侧构造带的波状构造发展对照来看，早元古代时期很可能就已成为完整的地块，其两侧构造带发生地槽坳陷时，应是一个统一的上升地区，作为地槽沉积的陆源。

贺兰构造带是鄂尔多斯地块与阿拉善地块之间的枢纽带，也可以说是过渡带。由于阿拉善地块长期以来向鄂尔多斯地块之上仰冲，使得贺兰构造带自震旦亚代开始就形成了一个近于北北东向的深坳陷，并使鄂尔多斯地块以后基本成为东仰西俯的斜坡构造面貌。地壳构造波浪的发展，在这里是反复推波逐浪的形势。阿拉善地块北部的早元古代、震旦亚代、二叠纪三个地槽褶带，逐期由东南向西北迁移。自震旦亚代开始坳陷的贺兰构造带，主要以地壳缓曲的波浪运动，在古生代进一步发展，激化于中生代，燕山运动时表现为断褶相结合的构造运动（贺兰构造带即主要形成于此时）；到新生代后，才以断裂为主，把本区变成了目前的地块波浪式构造地貌。

由上述可知，鄂尔多斯地块与其东西两侧的阿拉善地块和山西构造带，从已知地质史以来，就进行着波浪起伏及构造迁移的波状运动，到新生代才形成目前的斜阶断块波状构造地貌。

综合以上所阐明的鄂尔多斯地块及其四周波浪状构造运动，其南北向进行的地壳波浪，引起地块两侧东西向构造带的发展；东西向进行的地壳波浪，导致地块两侧南北向构造带的发展。但是，这些构造带只是表面上的南北向或东西向。实质上，南北向构造带之中，分布着北东到北北东向，或北西到北北西向的斜列构造带；东西向构造带之中，分布着北东到北东东向，或北西到北西西向的斜列构造带。两东西向构造带形成向东张口的喇叭形，两南北向构造带形成向西南张口的喇叭形。两个喇叭形互相交织的网眼之中，出现鄂尔多斯地块。地块四周构造带的波状构造发展，使鄂尔多斯地块波状构造地貌形成不连续的环状。地块及其四周构造带中的次一级和又次一级波状构造，必须跟随这样的大形势依次发展，如贺兰构造带之分为西、中、东三带，东带之分为桌子山、马家滩、沙井子、平凉等段，马家滩断褶带更分为五个背斜带及南北二段，每个背斜带又可分为更多的背斜和向斜等更次一级构造，都同上述波浪运动发展分不开。

三、鄂尔多斯地块与秦岭构造带的再次一级波浪状构造举例

（一）陕西陇县西北地区的波浪状镶嵌构造

陕西陇县西北地质构造问题，曾经车福鑫[①]调查研究。这个地区处于六盘山构造带的东南端，是秦岭－祁连山古地中构造带同贺兰山－康滇地轴南北构造带的交叉地区，也是秦岭构造带和鄂尔多斯地块之间的过渡带。

"秦祁地轴"北侧的北秦岭和北祁连地带是一条震旦亚界－下古生界构造带，曾以陇县地区为支点，北秦岭和北祁连为二臂，发生过不对称的纵向反复翘倾波浪运动。贺兰山－康滇地轴南北构造带上，也曾以陇县地区作为一个支点，发生过纵向波浪起伏。

从小范围来说，陇县地块及其东北的鄂尔多斯地块和西南的固关地块，在长期地质历史中，横向上也曾发生过多次反复的波浪运动（图7，图8）。

---

①车福鑫，《陕西陇县西北地区地质构造及其发展》，1965。

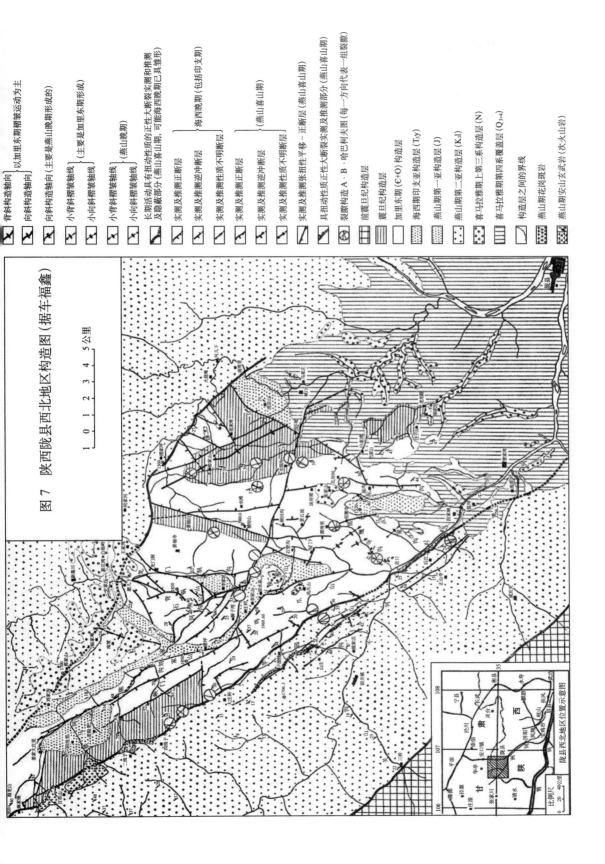

图 7 陕西陇县西北地区构造图（据车福鑫）

背斜构造轴向	以加里东期褶皱运动为主
向斜构造轴向	
向斜构造轴向	（主要是燕山晚期形成的）
小背斜褶皱轴线	
小背斜褶皱轴线	（主要是加里东期形成）
小向斜褶皱轴线	（燕山晚期）
小向斜褶皱轴线	
长期活动具有自动性质的正性大断裂实测和推测	及隐蔽部分（燕山喜山期，可能海西晚期已具雏形）
实测及推测正断层	
实测及推测逆冲断层	海西晚期（包括印支期）
实测及推测性质不明断层	
实测及推测正断层	
实测及推测逆冲断层	（燕山喜山期）
实测及推测性质不明断层	
实测及推测张扭性平移－正断层	（燕山喜山期）
具自动性质正性大断裂实测及推测部分	（燕山喜山期，每一方向代表一组裂隙）
裂隙构造 A、B	哈巴阿夫图层
前震旦纪构造层	
震旦纪构造层	
加里东期（∈+O）构造层	
海西期印支亚构造层（T_1y）	
燕山期第一亚构造层（J）	
燕山期第二亚构造层（K_1l）	
喜马拉雅期上第三系构造层（N）	
喜马拉雅期第四系覆盖层（Q_{3+4}）	
构造层之间的界线	
燕山期花岗斑岩残岩	
燕山期安山玄武岩（次火山岩）	

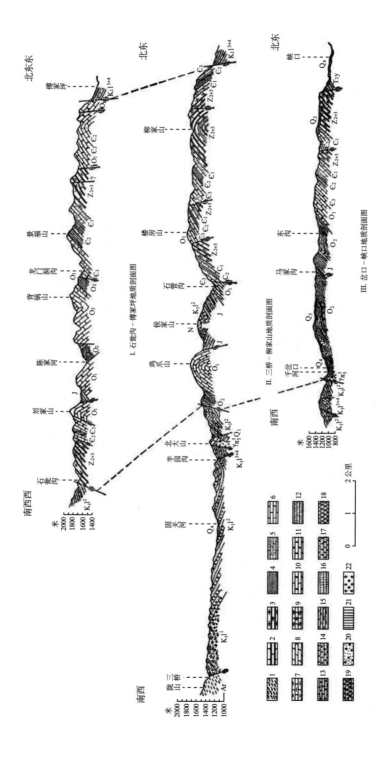

I. 石窑沟-傅家坪地质剖面图

II. 三桥-柳家山地质剖面图

III. 岔口-峡口地质剖面图

1. 片麻岩; 2. 硅质灰岩; 3. 含燧石条带灰岩; 4. 页岩; 5. 含磷碎屑岩; 6. 石灰岩; 7. 鲕状灰岩; 8. 泥灰岩; 9. 砾状石灰岩; 10. 白云质灰岩; 11. 白云岩; 12. 石英岩状石英砂岩; 13. 凝灰岩、层凝灰岩; 14. 硬砂岩; 15. 泥质砂岩; 16. 砂岩; 17. 砂砾岩; 18. 砾岩; 19. 角砾岩; 20. 砂砾石层; 21. 黄土类沉积物; 22. 燕山晚期花岗斑岩

图 8 陕西陇县西北地区地质剖面图

　　陇县西北的北祁连构造带，同其东南穿过渭河断陷西部到北秦岭构造带，所出露的同时期震旦亚界－下古生界岩相和厚度很不相同。陇县西北地区出露的震旦亚界有石英砂岩和硅质灰岩等，可见厚度只有1 000余米；寒武系红色页岩、鲕状灰岩、燧石白云岩等，总厚800余米；奥陶系白云灰岩、凝灰岩、页岩、石英岩、砾状灰岩等，总厚度有1 700余米。但是，北祁连山的震旦亚界及其下伏元古界，主要是碳酸盐岩和碎屑岩建造，总厚有13 000余米；这一带寒武系多碎屑岩和硅质岩，厚8 900余米，奥陶系碎屑岩、火山岩和碳酸盐岩建造，总厚有18 500余米。陇县东南的北秦岭，震旦亚界底部有数千米厚的火山岩，上部为2 000余米厚的碎屑岩和硅质灰岩等，上覆的寒武系（和部分奥陶系）只有600多米。早加里东运动使北祁连地带发生褶皱，陇县地区也发生褶皱，北秦岭地带则上升。这是一段长时期的不平衡翘倾和褶皱运动。北祁连寒武－奥陶褶皱构造上不整合的志留系，又是很厚的地槽型沉积，但陇县地区和北秦岭都没见到，显示晚加里东旋回的又一次反复翘倾。晚古生代，北祁连有泥盆系砾岩及石炭系灰岩等沉积，北秦岭仅有一线二叠纪煤系出露，而陇县地区只见一点三叠系。这就说明，在华力西旋回，这一带又发生了不平衡的反复起伏。

　　侏罗纪陇县三角地块一度有微弱沉降，其上形成零星盆地沉积；白垩纪又发生新的波浪激动，使陇县地块快速隆起，只能在侏罗纪盆地中沉积很少的白垩系，而地块两侧快速沉陷，堆积了很厚的白垩系。喜马拉雅旋回的陇山运动，使六盘山白垩系和下第三系褶皱造山，波及渭河地堑的断陷。纵观河西走廊、六盘山和渭河断陷的沉积情况：河西走廊沉积有侏罗系和白垩系；六盘山主要沉积是白垩系和下第三系；渭河断陷沉积了第三系和第四系。这样，纵向上由西北向东南的波状迁移，同前中生代相反，可以说是纵向波浪运动的颠倒。

　　只就陇县地区来说，可以在这里看到明显的横向波浪运动。陇县地块内出露的震旦亚界较北祁连和北秦岭都薄得多，或可说明当时是坳陷较浅的地区，蓟县上升运动以后，直到早寒武世才有沉积。这里的下寒武统南厚北薄，中寒武统北厚南薄，上寒武统又是南厚北薄，说明寒武纪陇县地块中构造波浪有明显的反复变化。早奥陶世，坳陷带更向南侧迁移，靠近"秦岭地轴"沉积了相当厚的硅质白云灰岩；中奥陶世，这里的沉积分为南北两带，南带沉积以火山碎屑岩及砂岩和页岩为主，厚度较大，约800米，北带沉积以黑色页岩为主，厚度不足200米。这里局部地区保留下来大于325米的上奥陶统生物灰岩，是晚奥陶世时北秦岭到北祁连东翘西倾波状起伏在陇县一带的反映。寒武奥陶系有一些缓和的短轴褶皱，反映了早加里东运动。

从奥陶纪末到二叠纪，陇县地区处于隆起状态，直到后来，才有一些三叠系沉积，但因陇县地块作地垒式升起，难以在地垒上沉积。

侏罗纪陇县地块停滞上升或略微沉陷，使鄂尔多斯地块与三叠系平行不整合或整合接触的侏罗系，突出向西南以不整合关系盖覆于陇县地块之上。

到白垩纪，陇县地区的波浪运动激化，使"秦岭地轴"在这里快速上升，固关地块深深断陷，陇县断块压扭上升，鄂尔多斯地块继续断陷，因而，在陇县断块东北和西南两侧沉积了很厚的白垩系。喜马拉雅旋回的陇山运动，使六盘山的白垩－下第三系褶皱起来。陇县地块的再度断陷，使上第三系以微不整合关系盖覆于侏罗－白垩系的缓和褶皱构造之上。

上第三系在陇县地块西北部褶皱的寒武、奥陶系上的零星存在，以及它和第四系在地块东南部震旦亚界上的普遍盖覆，而在地块东北和西南两侧褶皱的白垩系上的普遍缺乏，说明了陇县地块的再度沉陷，及其两侧地块的褶皱隆起。

以上对于陇县地区构造发展的概述，清楚地说明了陇县地块及其两侧地块长时期的反复起伏，反映了这里的地块波浪运动，一期又一期地进行着来回反复的迁移。

（二）陕西骊山断块的波浪状镶嵌构造

陕西骊山断块比较详细的调查研究是潘侊作的[①]。他在 100 多平方公里的山块中进行了大量工作，测绘了较大比例尺的地质图（图 9）。

骊山是秦岭北麓的断块山，崛起于第三系和第四系组成的阶地上，向东北遥接华山，向西北隔六盘山遥望祁连山北麓的北大山。可以说，骊山是天山－秦岭构造带和大兴安岭－龙门山构造带斜交地区在秦岭北麓的一个小小断块山。

天山－秦岭和大兴安岭－龙门山两构造带次一级、又次一级波峰与波谷相间的构造，在骊山互相穿插，形成一处构造交织的复杂断块。以捉蒋亭－官沟北西西向断层为界，同其北边北东东向坡房村－赵家坡断层，构成一个向西尖灭的楔形断块；又在捉蒋亭－官沟断层南边出现北东东向王家坪－任家湾断层，两个断层之间构成一块向东尖灭的楔状断块。这两个相对的楔状断块东、西两侧，还发

---

①潘侊，《陕西骊山的几个地质问题》，1966。

图 例

第四系　Q　黄土和冲积层

第三系　R　上部为砂岩、泥岩互层
　　　　　　下部为长石砂岩

元古界　Pt　绢云石英岩、上部夹千枚岩

太
古
界
（
太
华
群
）
上部　Ar^{3-3}　片麻岩石英岩夹石墨片岩
　　　Ar^{3-2}　灰白色灰黄色浅粒岩夹灰白
　　　　　　　色石英岩薄层（标准层）
　　　Ar^{3-1}　片麻岩石英片岩
中部　Ar^2　黑斜片麻岩组
下部　Ar^1　角闪片麻岩组（未见底）
未分　Ar　浅粒岩片麻岩等

海西－燕山期　混合岩

燕山期　γ_5^3　花岗石
　　　　$\gamma_5^{?}$　斑状花岗石

高阳期　ξ_{r5}^3　云煌岩及煌斑岩脉
　　　　N_1　变基性岩（斜长角闪片麻岩）

实测推测断层

［据潘佚、略加简化］

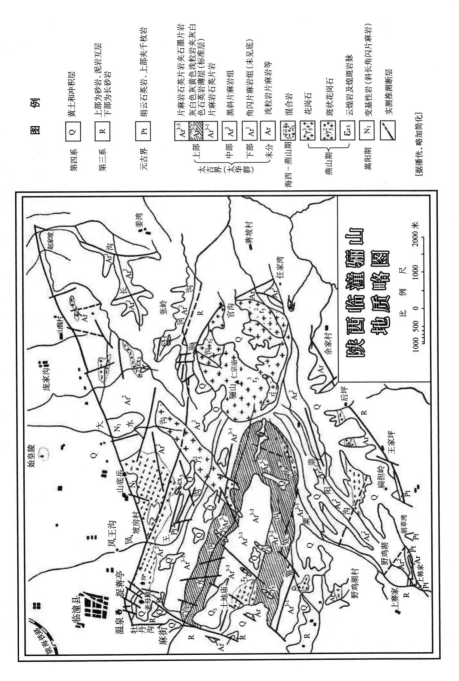

陕西临潼骊山
地质略图

比　例　尺

1000 500　0　　1000　　2000 米

图 9　陕西临潼骊山地质略图

生发展了北北东向的断裂群，使骊山断块的总形状成为斜方。两个主断块之中，还有次一级、又次一级等北西西和北东东向断裂，把它们分为次一级、又次一级等斜方断块；甚至有北东和北西向的节理，把它们更次分为斜方岩块。它们使骊山中的较大河谷和小小沟壑，以及岩石纹理都呈这样分布。

骊山山块里，也有近南北向或东西向断裂，但占次要地位。由于这两组断裂的影响，又使骊山某些部分形成或大或小的三角断块或岩块。

以上所说骊山断块由不同规模的断层，甚至节理所分割的一级套一级的小断块以至节理碎块形成，一般是侏罗纪以来发生发展的一级套一级的地块波浪形成的构造。这样的判断是根据秦岭区域构造较近地史时期的发展而言。而且骊山断块的突起，很可能是从燕山期的酸性侵入体，特别是那个较大块仁宗庙花岗岩的上侵开始。

虽然在骊山没有发现古生代地层，因此难以肯定这里有加里东和华力西运动，但从秦岭的整体来看，可以推断这里也有加里东或华力西运动的影响。在这两期旋回中，由于这里多有正性运动所引起的长期波峰隆起，难以形成古生界到三叠系的沉积。至于骊山断块的形成，则是燕山运动及喜马拉雅运动的产物。

追溯骊山断块在前寒武纪的构造发展，它也明显地表现为波浪式。从图9可以看出其前寒武纪或前震旦纪的构造发展，表明这里有嵩阳运动和蓟县运动。

一方面，太古界太华群系的片麻岩系褶皱构造比较复杂，形成一带复背斜，但到骊山一带，只能看到这一复背斜中的次一级复向斜构造。其南北两翼的次一级复背斜构造，都因它们在轴部附近发生过斜向断层，只能看到两个半边的复背斜，使骊山形成一个被斜切的不完整复向斜，而在骊山断块西北和东南两侧陷落成为渭河地堑中的次一级地堑。

另一方面，骊山复向斜南北两侧，一在凤凰沟上游，一在扁担岭南侧，还可以发现两带很狭窄的元古界石英岩和绢云石英岩，以其底部砾岩不整合于太华群之上。它们分别向北和向南陡倾，显然是在太古代复向斜构造之上，重叠地形成了一个元古代背斜构造。根据洛南出露的震旦亚界判断，这层石英岩可以跟它对比。因而，这层石英岩很可能也是在蓟县运动隆起，而它的褶皱可能属于早加里东，或更靠后。

再从骊山断块四周的新生代构造来看，由于这个断块的掀起是北翘南倾，四周断裂发展也不平衡，只能在骊山北侧较高山坡上发现一些第三系，其北麓出露的多是第四纪黄土和红土层，但其东、南、西三侧，特别是骊山西麓和南麓出露的第三系较全，从老到新都有发现。而且，骊山西侧断层附近的第三系陡倾向西，更向西逐渐平缓，说明有断层牵引的影响。至于第四系红土与黄土层，不仅围绕骊山四周盖覆着第三系，还在山顶上的小断陷部分有所分布。凡此都说明，在新生代，特别是第四纪 300 多万年内，渭河断陷内的骊山断块差异上升非常激烈。

由上可知，骊山断块在渭河断陷波谷之中的上升运动，可以看作较大波谷中的又次一级波峰，而且是北东向大兴安岭-龙门山和北西西向天山-秦岭两大波峰带互相交叉地区，再次一级波谷中的波峰地块，其本身还有更小、更次的地块波浪构造，明显表现在山顶上边。

总之，通过以上又次一级、再次一级等秦岭构造带中的分带和鄂尔多斯地块中的小块，以及它们之间形成的陇县地块与骊山地块镶嵌构造和波浪运动的叙述，可以明显地看出，在世界与中国的地壳构造和波浪运动之中，都有再次一级、更次一级等镶嵌构造和波浪运动，把较大地台和地块分为更小、更更小等级的地块，把较大构造带分为更小、更更小等级的构造带，而且还可在更小、更更小地块之中，由断裂、节理等构造分割成更小、更更小的地块以至节理石块，也可在更小、更更小的构造带之中，由断裂、节理等构造分割成更小、更更小等级的地块和断块、节理块等。这种更小、更更小的构造形象，可以从许多小区域构造报告中明白看出，此处不多赘述。

第七章 中国镶嵌构造图案形成的机制

"认识有待于深化，认识的感性阶段有待于发展到理性阶段"（《实践论》，《毛泽东选集》第一卷，267 页）。因而，需要进一步分析中国地块波浪构造网形成的机制。地壳的构造运动表现为垂直运动及水平运动。它们是互相联系，互相影响，辩证发展的。

地壳只是地球的一小部分，它的运动必须服从地球的运动。地球运动主要有两种形式: 自转与脉动。这两种运动形式是统一的。地球自转速度的变化主要决定于地球体积的变化。地球自转速度变快说明地球体积收缩, 变慢说明体积膨胀。地球体积的这种收缩与膨胀交替进行, 就是所谓脉动。但从地球的整体发展来看, 总的趋势是以收缩为主。在球体收缩时, 收缩到最小体积的趋势应为四面体, 因而要发生四个收缩中心。地球的四个收缩中心是太平洋中部、北冰洋、印度洋和南大西洋。地球上的这些地方, 表现为最明显的洼陷。它们的对极是四个最明显的隆起, 即非洲地台、南极地台、加拿大地台和西伯利亚地台。在互相对应的洼陷和隆起之间, 形成一系列似平行的构造活动带; 而在接近大圆的位置, 形成最宏伟的构造活动带 (见图 1a ~图 1d)。这样, 地球上就有四个波浪系统互相交织。其中, 太平洋－非洲波系和北冰洋－南极洲波系表现明显。环太平洋构造活动带和地中海构造活动带, 就分别属于这两个波系的大圆活动带。另外两个波系的大圆活动带, 不如上述两个那样清楚 (张伯声, 1965)。为什么四个大圆活动带只有两个表现明显呢? 这可以用地球自转速度的变化所引起的经向和纬向压力来解释。这两个大圆, 一个近于经向, 一个近于纬向。地球自转速度的变化, 直接加剧了它们的活动程度[①]。

地球自转时产生离心力, 其垂向分力为重力抵消, 切向分力又分为二, 即经向分力与纬向分力。这些分力随着地球转速的周期变化, 激发地壳运动。当地球自转速度变快时, 由于惰性的关系, 使地壳低纬度壳段在经向上相对向高纬度推挤, 在纬向上由东向西推挤; 自转速度变慢时, 则恰恰相反。不论哪个方向的推挤, 开始阶段都要发生北东和北西向的共轭状扭裂带, 形成全球性的扭裂网络 (张文佑等, 1963)。进一步的经向挤压, 造成地壳的东西向波峰波谷带; 进一步的纬向挤压, 造成地壳的南北向波峰波谷带。由于原始形成的斜向共轭状扭裂构造的先存条件, 更进一步发展的褶皱断裂带, 不论是东西带或者南北带, 都 "追踪" 或利用这些斜向扭裂带, 表现为蛇行蜿蜒的舒缓波状, 甚或成锯齿状。不仅像昆仑－秦岭等大构造带是这样, 一级套一级的中小构造带或结构面也是这样。这样一来, 由它们分割的一级套一级、大大小小的壳块、地台、地块以至小小的岩块, 都表现为斜方块或三角块。

作为中国大地构造骨架的地中及古地中构造带和环太及外太构造带, 以及由它们分割的地块在中国分布的规律性, 表明这是在一定的地应力场中发生发展而来的。

[①]张伯声, 王战, 《中国的镶嵌构造与地壳波浪运动》, 1974。

前已提到，中国大地构造位置正好在太平洋壳块和西伯利亚地台、印度地台作"品"字排列的空当。太平洋壳块最大，跨着两个半球的部分；印度地台跨着北回归线的低纬度地带；西伯利亚地台在北半球的中高纬地带。地球自转所引起的离心力的水平分力，使三者作差异运动，因而在中国部分造成三者对挤的应力场，形成了现在的构造图案。

地球自转所引起的离心力的经向分力，使西伯利亚地台向南运动较快，压力较大，印度地台向南运动较慢，中国西部在它们之间受到相对挤压。天山构造带及其两侧地块的波动，之所以表现出对称性，就是由于处在这二地台对挤中间部位的缘故；又因二地台所处经度并不完全一致，它们的对扭使中国西部在 93 ～ 103°之间，形成一个明显的剪切带。在这一剪切带中，北西或北北西向构造线特别发育，以致破坏或打乱了北东向构造带及其与北西向构造带交织成的斜向构造网间的地块。

太平洋壳块中的经向分力，基本上南北抵消，相对稳定，但对于向南运动较快的西伯利亚地台来说，两者就必然发生相对扭动，在中国东部形成北北东及北东向剪切带；又因印度地台的东北角向中国地壳部分楔入，外太构造带就在中国西部撒开，成为北东或北东东向。

大陆与海洋地壳在地幔上黏着的牢固程度不同。大陆壳以下的低速层薄以至没有，海洋壳以下的低速层厚。壳下阻力以低速层为转移，低速层薄阻力大，低速层厚阻力小。就地壳的纬向运动来说，地球转速周期变快时，太平洋壳块因惰性及壳下低速层阻力小而运动落后，向亚洲大陆推挤，越在低纬地带向西推挤越强。太平洋壳块在中国南部表现出比中国北部更加明显的向西推挤。中国地壳部分被推向西运动，华北地块与华南地块就作为两个楔子，不平衡地向中国西部楔入，在东北与华北之间，以及华北与华南之间形成两带右行扭动，向西作不平衡推挤，而华南地块向西推挤更强一些，因此使古地中构造带在中国西部收敛，东部撒开。外太构造带在秦岭之南的部分都一致向西成弧形凸进，也由此得到说明。

总之，从地质的古代以来，西伯利亚地台就向南楔入太平洋壳块与印度地台之间。中国东部的左行扭动，导致北东和北北东向构造线；西部的右行扭动，导致北西和北北西构造线。两者相结合，在中国中部形成一个近南北向的挤压带（镜像反映中轴），把中国构造图形分为东西两部。贺兰山－龙门山这条挤压带以东，地应力场主要是南北对扭，其次是东西挤压，分裂出来的斜方地块基本是北北东向延伸的 S 型。这条挤压带以西，地应力场主要是南北挤压，其次是南北对扭，分裂出来的斜方地块一般是北西西向延伸的反 S 型。太平洋壳块在低纬地带相对向西运动，顺东西构造带如阴山、秦岭等两侧的右行扭动，造成一系列的帚状构造；而在印度地台东北喜马拉雅构造带东北侧的左行扭动，造成一个与上述相反的巨大帚状构造。

中国大地构造这种格局的形成，既然是远自元古代以来，在基本变化不大的地应力场中发生发展的结果，就意味着地球自转轴虽有烛头状摆动，但基本不变，因而赤道与两极的位置也基本不变。各处地块的运动，方向上必须符合一定的扭动和挤压关系。它们的相对地位，只能按一定的扭动和挤压方向作一定的变迁。很难设想，它们能够在地幔之上无限制地漂移，无规律地碰撞。大陆壳块在相对的侧向运动中，是漂而不远，移而不乱。这就是我们同板块构造说者的基本分歧。

第八章　用镶嵌构造观点为我国的社会主义建设事业服务

一、波浪状镶嵌构造与矿产的关系

1. 不同系统地壳波浪的交织对成矿的控制

两个系统地壳波浪的交织，使我国地壳的不同段落显示出三种基本的地质特征，并且与之相应地发育着不同的矿产资源[1]。

(1) 波谷带与波谷带相交，一般形成较深洼陷。地史时期中，较多地表现为海盆地或内陆盆地，因之是沉积矿产发育的场所。例如，含油盆地均处于这种地段，这种地段的边部多有煤田。

(2) 波峰带与波峰带相交，一般形成较高隆起。地史时期中，较多地表现为隆起剥蚀区，古老岩系和岩浆岩广泛出露。这种地段普遍发育着与变质岩系有关

①张伯声，王战，《中国的镶嵌构造与地壳波浪运动》，1974。

的矿床和岩浆矿床（包括伟晶岩矿床）。由于地壳较深层物质在这里被揭露，加之这里应力较集中，断裂十分发育，为更深层矿液向上活动开辟了方便之门，所以，这种地段的矿产资源是极为丰富的。在此种地段沉积矿产，只限于其边缘范围或其中的坳陷部分。

（3）波峰带与波谷带相交地段，地史环境复杂多样，内生、外生成矿作用相互交错，形成各种各样的矿产资源，尤以各种与内生、外生成矿作用同时有关的矿床为多，如热液型及接触交代型的多金属矿床，以及沉积变质矿床等。从矿产的成因类型看，这种地段最丰富多彩；从金属矿化的普遍性和规模看，有些地带逊于第（2）种类型地段，但希望仍是大的。

以上是大的波峰、波谷带相互交织所表现出来的总的情况与矿产资源分布的一般关系。同时还应注意到，每一波峰或波谷带中又有次一级的波谷与波峰，它们交织后又表现出不同的情况。例如，长江中下游地带，属于大别与雪峰这两个波峰带相交地段，这就决定了其矿产的丰富性；又因为这里是雪峰波峰带中的一个次一级波谷带，显示出第（3）种类型地段的一些特征，从而表现出矿产类型的多彩性。

2. 波浪的等间距性与矿产的等间距性

波浪运动的一种特点是波浪的等间距性，表现在构造上的波浪运动自然也有其等间距性。不同构造引起建造环境的改变，形成不同的造矿条件，产生不同类型的矿产，所以"构造控矿"这个结论是肯定的。因此，在找矿工作中，矿产分布的成带性和等间距性必须得到应有重视[1]。但还必须注意：①地壳是固体，不同刚性、柔性的固体物质，在地壳中的分布很不平衡，这会影响地壳波浪的幅度和波长，因而地壳波浪只能有近等间距性，甚至在有地块阻碍的地方，其等间距性会发生很大变化。②地壳波浪的规模有大小不同的许多级别，在分析等间距问题时，必须注意同级构造的等间距性。例如，在中国的一级构造网，地槽带或地块带的等间距以千百公里计，地块内的等间距以几十公里计，地槽带内以十几公里计，更次一级、又次一级等等构造等间距可以公尺计。因而，只能在同级构造波浪中，而不能在不同级的构造波浪中去找等间距。

构造带的交叉部位不论地区大小，多是与岩浆岩有关的多金属矿生成的有利

①张伯声，《地壳的镶嵌构造与地质学的基本理论》，1975。

地方。比如，在太行山构造带向南西转折与秦岭构造带相交叉的地区，多金属矿是重要的；同样，龙门山构造带向北转折与秦岭构造带相交叉的地区是勉（县）略（阳）宁（强）三角地区，也有不少多金属矿的形成。从镶嵌构造说的地壳波浪运动观点来看，太行山与龙门山两个构造带是遥相连接的同一个波峰带，只因强大的秦岭波峰带的隔开而难以明显看出。但是，我们可以从东秦岭东北部（小秦岭）到勉略宁三角地区，看到一系列北东向断裂及斜列的花岗岩体，把它们联缀起来。小秦岭北东向的断裂带很发达，大一级断裂带有较大的近等间距现象，小一级断裂带有较小的近等间距现象。这可能对于在那里找多金属矿有重要意义。我们也曾在小秦岭东潼峪金矿区，见到一些不同走向的等间距矿脉互相交叉的情况。十分有意义的是在一个老矿洞口外石壁上，有古矿工刻下的宋代年号，说明900多年前，我们的古矿工就在那里开发金矿了。重要的意义还不在这里，而在于那里可以看到一些老洞子的开口，往往是不同走向矿脉的交叉点。更重要的是，一条隐伏矿脉与出露矿脉的交叉点上有个老洞口，这个口外并没有发现那个隐伏矿脉的迹象。由此可以说明，我们伟大祖国开发矿业的古矿工，早已发现了这样一个按照近等间距与交叉点找矿的规律了，因此可以使我们进一步理解毛泽东同志所说的"群众是真正的英雄"，以及"实践出真知"是马克思主义的真理。

无产阶级文化大革命以来，我国各地，特别是江西、内蒙、河南、东北等处，在运用构造等间距性进行找矿方面，都有相当好的成效。对于这个问题，我们在今后的研究工作中，还要进一步地加以探讨。

必须指出，在一个较小范围的地区内进行找矿或进行地震地质与工程地质调查时，除应了解这一地区所处的大地构造背景和基本地质构造性质外，更应通过野外细心观察，鉴定大量结构面的性质，综合分析出该地的地应力场状况，从而找出地质构造的规律性，以指导生产实践。大地构造背景与小范围地质构造是密切相联系的。例如，通过大地构造背景分析所得出秦岭南北侧地块作右行扭动的看法，在秦岭地区野外工作中，可以得到证实。这也就解释了为什么这个东西构造带中，一系列北西西走向的结构面并不完全是压性，而是带有明显的扭性，甚至东秦岭一带具张扭性（右行扭动所形成的帚状构造）的问题。通过这样的工作和分析，以及大小范围相结合去看问题，便能更加深入地认识一个地区的地质构造特征，从而运用摸索到的规律性去指导生产实践。

二、波浪状镶嵌构造与地震的关系

用地壳波浪系统作为预报地震的地质构造背景，也是可以探索的[①]。因为从古到今，地震震中基本是在一定的构造带内（或沿其边部）反复转移。这是在今后研究波浪运动及镶嵌构造问题时，也要进一步注意的。

（一）中国地震带活动的形势

从图10可以看出，两组斜向构造带同两组斜向地震带大体符合，决不是偶然的，而只能说明中国地质历史时期构造网，同现代构造运动形势大致相符合的情况。当然，构造网从发生发展到现在，比较全面且有文字记载的人类历史时期的地震纪录，为时较短，现代构造运动及地震周期变动的纪录还很不全面，现代地震的分布难以完全符合构造带的分布，只能说大致符合。但这样的大致符合已经可以认为，地壳构造带的发展历史和现代地震带分布是一致的，从而说明地球自转轴的方位，自古以来并无很大变化。

中国地震震中，往往沿着中国地质构造带作跳动式迁移。下面可以选一些北东向、北西向、东西向和南北向构造带上地震震中的变迁加以分析[②]。

（1）地震震中在北东－南西向构造带上跳动式迁移及其发震平静与活动相间的周期性：中国北东－南西向构造带和地震带既相符合，也稍有偏离。例如，华北及东北各地的地震带，基本符合于大兴安岭－龙门山构造带，但华北太行山以东及阴山以南的地震带，却偏离了太行山，逐渐通过斜列的北东向构造带，向东北过渤海，过渡到长白山构造带。它同较古的构造带不很一致，又有相合的情况。这条地震带从太行山西侧及汾河断陷向西南，抵触秦岭东西构造带，突然减弱；由东北向西南斜穿秦岭，到甘肃武都地区，重新显示活动；到四川松潘地区，又比较活动；通过康定、泸定、冕宁、西昌等处，进入云南的地震活动地区，由此过渡到腾冲和潞西，然后出国境。

由太行山－龙门山地震带向东排，首先是长白山－雪峰山地震带，它由辽东半岛向西南延伸，越渤海海峡，经山东半岛，向南南西，斜切大别山东南端。这一带地震比较活动，近年来的营口地震、唐山地震都出现在这个地带；而过大别山向南西西延伸，到南南西走向的雪峰山地带，强震较少出现。

①西北大学地质系中国区域地质研究组，《地震同地壳的波浪状镶嵌构造的关系研探——兼论陕西地震趋势》，1976。　②地震资料主要依据中央地震工作小组办公室：中国地震目录，1971。

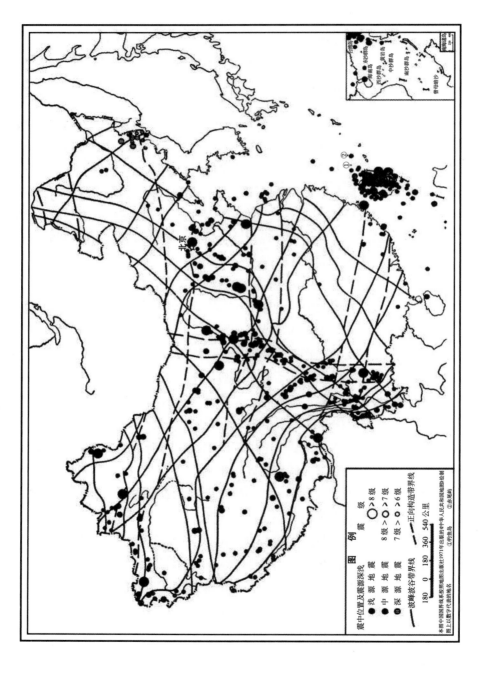

图 10　中国强震震中分布与波浪状镶嵌构造关系图

东南沿海地震带的地震活动，主要分布在福建及广东东部沿海地带。

台湾地震带在台湾和台湾东侧的海沟带，这是环太地震带中的一段。

由太行山－龙门山地震带向西排的贺兰山－珠穆朗玛地震带的分布面比较广阔。其地震活动主要是它同北西向地震带的交叉地区比较活跃。它同北西向构造带相交叉于祁连山东南端的陇西地块，昆仑山东端的西倾山和巴颜喀拉山，并穿过唐古拉山、念青唐古拉山，一直交到喜马拉雅山脉东段，其中包括珠穆朗玛峰。

再向西北的地震带则是阿尔金山及昆仑山脉中段。更向西北的北东向地震带是天山东段博格多山脉，向西南延伸到中苏边界的阔克沙勒岭。这些地震带基本符合在中国分布的北东－南西向构造带。

地震震中在上述北东－南西向地震带上的跳动非常明显。以太行山－龙门山地震带为例，就可以说明它们的跳动规律。表2说明这一带的震中跳动情况。其跳动规律是间歇与发展相间。在历史年代里，由于地震纪录不全面，只能大致看到其长期间歇和发展时期的韵律性。20世纪，由于我国地震纪录较详细，就可以看出其较短时期的韵律性。

这一带地震的集中部位首先是云南，其次是河北北部、山西北部和中部，以及四川西部，偶尔落脚于陕西关中地区。这一带六级以上强震分布：云南45.71%，四川18.01%，河北12.86%，东北10.95%，山西7.62%，陕西2.26%，其他2.09%。

（2）地震震中在北西－南东构造带上跳动式迁移及其发震平静与活动相间的周期性：中国北西－南东向天山－秦岭－东海地震带上的震中迁移，也有其规律性。从北西走向的天山支脉，经祁连山和六盘山，进入渭河断陷和秦岭，然后斜穿秦岭，经南阳盆地、大别山，过渡到苏南、浙北，入于东海。这一构造带上的地震大约分为南北两带。北带分布于北西向天山、祁连山、六盘山的东北麓；南带顺着这些山脉的西南麓延伸。到陕西后，北带经渭河地堑，由蓝田穿秦岭，过渡到河南南阳盆地之北部，向东南延伸于大别山北麓，更向东南入东海；南带从陕南汉中、安康，到湖北、皖南，展布于大别山南麓，由浙江南部进入东海。

阿尔泰－阴山－泰山地震带在天山－大别山地震带之东北，由新疆阿尔泰山向东南出国境，经过蒙古境内阿尔泰山和戈壁阿尔泰山，然后再入中国，斜穿内蒙古阴山，进入山西北部及华北平原，到山东泰山地区，再向东南，入于黄海。

天山－大别山地震带之西南，依次排列有东昆仑地震带、西昆仑－哀牢地震带，以及喜马拉雅地震带。东昆仑地震带主要包括可可西里山脉和巴颜喀拉山脉，东南延伸经大雪山到四川盆地西南边缘（峨边、马边一带），然后越过贵州中部和广西东部，经粤西南而入南海。这一带往西北延伸，似乎穿过塔里木盆地（由民丰到巴楚），经喀什往西北出国境。西昆仑－哀牢地震带西起帕米尔，由昆仑山脉西段穿西藏中部，经唐古拉山脉，斜穿横断山脉，再经哀牢山出国境到越南。喜马拉雅地震带处于我国西南边境，它在我国境内主要表现为山脉北侧雅鲁藏布江大断裂的活动，该带在东段（察隅附近）急转南下，出国经缅甸，再经云南西部（腾冲一带），而后又出国境。它是地中地震带上的一段。

表2　通过陕西的北东－南西向地震带活动情况

地震活动时间（公元）	云南、四川、甘肃		陕　西		山西、河北、辽宁		备　注
	震级	次数	震级	次数	震级	次数	
777～814	6～7	1	6	1	6	1	河　北
1022～1068					6～6.75	3	山　西
					7.25	1	
1290～1337					6～6.75	5	山　西
					8	1	
1481～1588	6～6.75	8	6.5～6.75	2	6～6.75	5	
			7	1			
	7.5	1	8	1			
1618～1630	6～6.25	3			6～6.5	3	河北、山西
					7	1	
1652～1695	7.5	1			6～6.75	2	河北、山西
					7	1	
	6～6.75	4			8	2	
1830～1850	6	2			7.5	1	河　北
	7.5	1					
	8	1					
1876～1888	6～6.75	4			6	1	河　北
	7.5	1			7.5	1	
1917～1925	6～6.5	6			6.25～6.5	2	
	7～7.25	2			7.25～7.5	2	
1929～1952	6～6.75	29			6.25～6.5	8	
	7～7.5	4			7.25	2	
1966～1976	6～6.9	15			6～6.8	6	
	7.1～7.9	3			7.2～7.7	4	

　　根据中国构造网，我国东北松辽盆地的东北边缘（小兴安岭）和西南边缘，应各有一条北西－南东向地震带，但目前表现不明显。而由京、津、唐、张到渤海、胶东北、黄海，地震较频繁，似乎构成一条北西－南东向地震带。

　　中国地震在北西－南东向地震带上的活动规律，可用天山－祁连－秦岭地震带为例加以说明。一般说，这个地震带的活动在陕西以西比较强烈，以东相当减弱，因而陕西是个过渡区。从它的周期性来说，也介于二者之间。在 3000 年人类历史的地震记录中，只有明代出现过 7 ~ 8 级地震。这以前 2000 多年，还没有如此高震级的地震；这以后也可能还有相当长的时期，才能有这样强烈的地震。这个过渡地区以西地震强度高，以东强度低，自然有其地质构造上波浪发展的原因。作为北东－南西向的长白－太行－龙门山强震带，在陕西关中地段把北西－南东向地震带截然划分为两个不同的地震活动地段：西北比较活动，东南比较稳定。3000 年的历史记录中，关中地区只有 6 次 6 级以上地震，而其中 15 ~ 16 世纪集中于关中东部地区就发生了 4 次。陕西以东的河南南阳、安徽巢县及霍山、湖北麻城等广大地带，历史上只有少数 6 级以上地震，没有出现过 7 级以上地震。多数 6 级和少数 7 ~ 8 级地震，多发生在陕西以西的祁连山南北及新疆天山南北各地，分两带反复跳动。其北西－南东向跳动情况，以陕西关中地区为一明显界限，列于表 3。

　　这个带上 6 级以上的强震分布是：

新疆天山	31.88%	
甘肃祁连山	34.80%	西北　84.06%
宁夏六盘山	10.13%	
青海祁连山	7.25%	
陕西秦岭南北		10.14%
鄂豫皖大别山等地		5.80%

　　由此可见，这一地震带 6 级以上地震，在新、甘、宁、青四省（区）的分布占绝对优势，而陕西是个过渡地区，到河南、湖北、安徽、江苏等省，强震则很少。这样也就可以明显地看出，这一地震带上震中从西北向东南的跳动，主要限于西北地区，历史上跳动通过陕西的强震不多。这是和北东－南西向地震带稍有不同的地方。

表 3　通过陕西的北西－南东向地震带活动情况

地震活动时间（公元）	新、甘、宁、青		陕　西		豫、鄂、皖、苏、浙		备　注
	震级	次数	震级	次数	震级	次数	
734～793	6	1	6～6.5	2			
	7	1					
1125	7	1					
1306～1352	6.5	1					
	7	1					
1487～1585	6.25	1	6.5～6.75	2	6	1	
			7	1			
	7.25	1	8	1			
1622～1654	6	3			6	2	
	7～7.5	2					
1704～1718	7.5	2	6	1			
1812	7 或 8	1					
1879～1888	6～6.25	3					
	7.5	1					
1902～1914	6.5～6.75	3					
	7.5～8	2					
1917～1927	6～6.75	14			6.25	1	安　徽
	7～7.25	3					
	8～8.5	2					
1932～1938	6～6.75	6			6	1	湖　北
	7.5	2					
1943～1949	6～6.5	6					新　疆
	7～7.25	3					
1955～1969	6～6.8	18					新　疆
	7	3					

（3）昆仑－秦岭东西构造带上地震震中的分布有同北西－南东向天山－秦岭构造带相似的情况：该带历史上 4 级以上地震的分布，新疆昆仑山地带 24.52%，青海昆仑山地带 18.86%，甘肃西秦岭地带 24.41%，陕西东秦岭地带 13.20%，晋、豫、鲁、苏东西带附近 17.01%。

由此看来，优势地震带仍然在陕西以西，陕西是个过渡地区，山西、河南、江苏、山东各省，在这个地带的地震较少。

(4) 南北地震带上辗转跳动迁移的地震：从"康滇地轴"经四川龙门山地带，再由甘肃武都向北通过天水、庄浪、静宁，以及六盘山，到宁夏贺兰山，基本是一条近南北向的地震带。这一带地震也有辗转跳动迁移的趋势。还应指出，这一条"康滇地轴"－贺兰山南北地震带和昆仑－秦岭东西地震带，把中国东南部（除环太地震带上的台湾，以及接近环太带的闽、粤沿海强震地带以外）这一广大的弱震区，同其他各地强震地区分开。至于东北广大地区，在阴山东西构造带以北，也同上述东南广大地区相似，形成一个地震稳定地区。这样，为华北地震活动地块所分隔的东北地块及华南地块，在地震活动性质上的相似性，恰恰如同它们在地史和构造发展上有相似性一样。

从以上情况看，可将中国地震带划分为 6 个等级。第一等是台湾特别强震带和东北深源地震带，这是与环太构造带活动直接有关的地震带。台湾一向是中国构造和地震最活动的地带，最近几十年来的地震活动，不论频度或强度，以至震源深度，都很明显。跟环太构造带接近的地震带，在吉林和黑龙江东部出现，这是中国震源最深的地震带。第二等强震带在云南和藏东南地区，这是喜马拉雅构造带在中国急转弯的地带。第三等是一般强震带，像围绕渤海的辽宁、河北、山东，山西汾河断陷，四川西部地区，甘肃河西走廊，青海祁连山及昆仑山地带，新疆天山、阿尔泰山及昆仑山地带，以及西藏大部地区，闽粤沿海地区。第四等是中强地震带，像陕西秦岭两侧的地带。这个地带处于我国大陆内部两条最明显的斜向地震带交叉地区，其地震强度不是加强，而是大大减弱了。下面还将针对这一特殊地带的情况作进一步探讨。第五等是较弱地震带，如大别山及周围地区。第六等地区则是以上提到的构造带和地震带所分割地块内部，如塔里木、鄂尔多斯、四川、松花江等地块，以及河淮地块南部，江南地轴及其东南的浙、赣、湘、桂等地区。这是地震活动微弱，几乎没有强震发生的地区。

（二）对陕西地震活动规律的初步认识

前已述及，太行山－龙门山这一北东－南西向地震带、天山－秦岭－大别山这一北西－南东向地震带，以及昆仑－秦岭东西向地震带，在陕西关中和陕南地区相交叉，但其地震不论频度或强度，却不像一般地震带交叉地区那样强烈。这是因为不同方向地应力在关中和秦岭地区的互相干扰，即不同地壳波浪的干涉，地震强度因而大大减低的缘故。从1976年的情况看，陕西弱震频度及烈度与过去相比虽有升级，但与其位于同一地震带上的相邻地段，如山西汾河流域及四川龙门山地区相比，只是小巫见大巫罢了（表4）。

表4　通过陕西的北东－南西向地震带 1976 年一、二、三季度活动情况

地　　区	频度（大小震合计）	强度（7级以上地震）
河北唐山、京津地区	（三级以上）3700 次	2 次
山西太原地区	750 次	0 次
陕西关中地区	34 次	0 次
四川松潘地区	千次以上	2 次
云南西部	近 30000 次	2 次

表5说明，陕西关中地区在人类历史时期，只在明代83年间（1487～1569）有7～8级的地震，看来这里7～8级地震的大周期有超过3000年的可能性。从表5还可以看出，6级左右强震在关中地区的周期是700年左右，而那些强震发生时期，往往是北东向和北西向地震活动互相交叉的时期。70多年来北西－南东向地震带和北东－南西向地震带活动的基本交替情况：1900年以前相当长时期到1940年，地震活动在北西－南东向的天山－秦岭－大别山构造带上反复跳动，主要是关中西北的六盘山、祁连山和天山地带发震；1940年以后，地震活动在北东－南西向太行山－龙门山构造带上反复跳动，甚至从京津一带跨过渤海，过渡到长白山构造带。近十余年来，我国地壳活动性随着全球地壳活动性的加剧而加剧。特别是1970年以来，地震活动表现得十分活跃。但中国地震震中跳动迁移的方向并没有改变，仍然主要表现为北东－南西向的反复跳动，只是在邻近地中构造带的西藏到云南一些地段，有时出现北西－南东向的跳动情况。从图11可以清楚地看出，1965年以来，我国强震震中分布主要在环太构造带和各条外太构造带上。另外，也可以十分明显地看到，与陕西处于同一条北东－南西向地震带上的云南、四川、山西、河北等省，都发生过几次强震，独独陕西是个空白。

表 5　中国地震在陕西北东—南西、北西—南东和东西向上的变迁关系

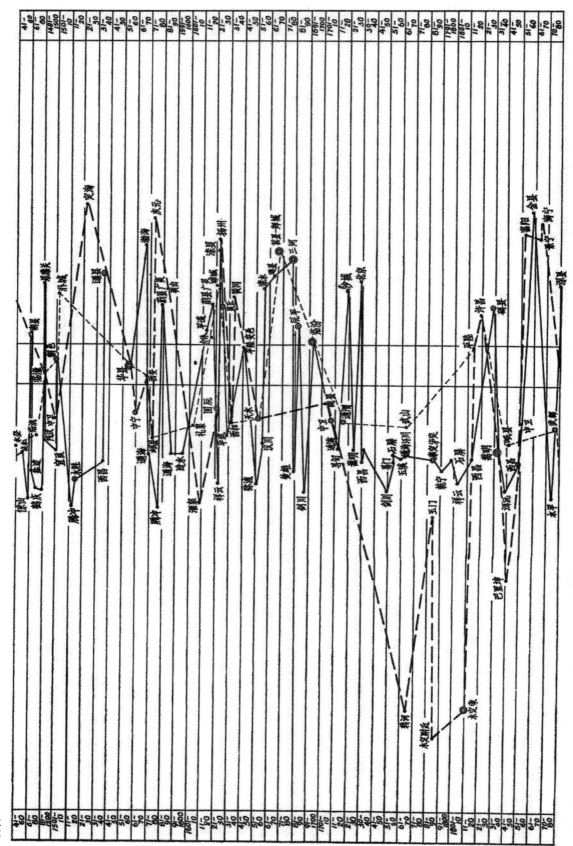

续表

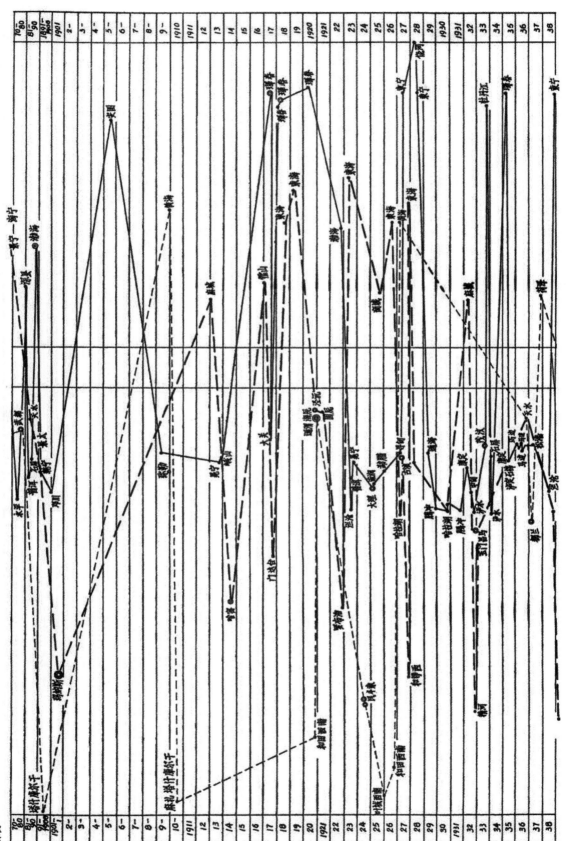

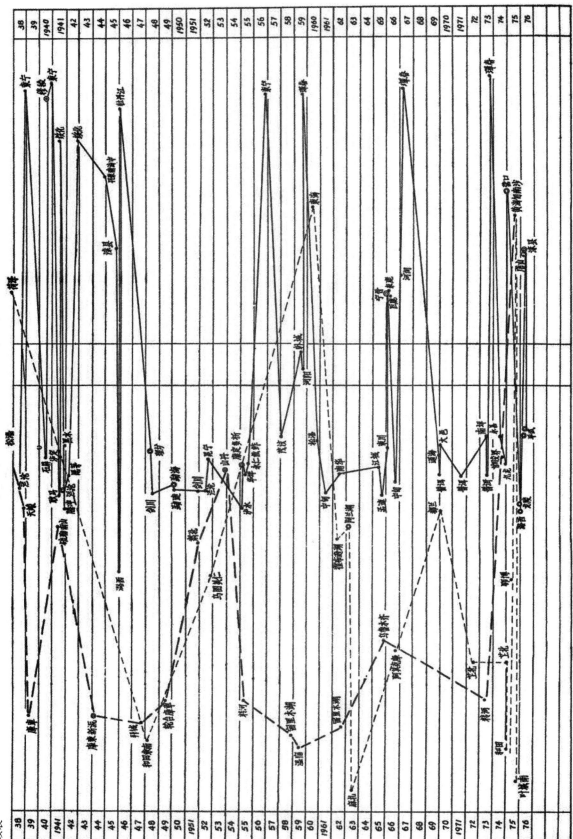

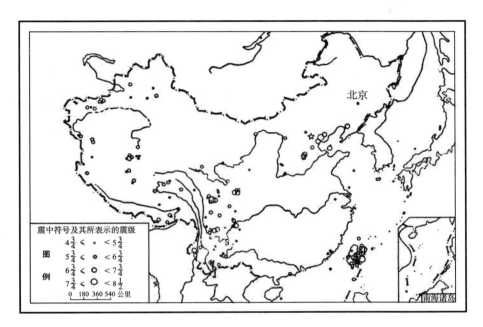

震中符号及其所表示的震级

中国国界线系按照地图出版社 1971 年出版的《中华人民共和国地图》绘制

图 11　公元 1965 年以来我国强震震中分布图

陕西地震频度较小，这已为历史纪录说明了。然而频度较小，并不等于不发大震。1487～1569 年这 83 年中，就曾发生了 11 次 4.75 级以上的强震，特别是其中包括了朝邑 1 次 7 级地震和华县 1 次 8 级地震，曾给人类带来巨大的灾害。为了探索像这样虽然很少发生，而一旦发生时将给人民带来严重灾害的大地震，在陕西发震时的背景条件，我们把 1487～1969 年全国所发生的 ≥4.75 级地震震中表示在平面图上（图 12）；为了寻求陕西发震时与发震前全国地震活动状况的差异，从 1487 年又向前扩展了 86 年。从图 12 可以看出，在陕西地壳处于较强烈活动的时期（1487～1569），也正是北东向地震带和北西向地震带同时活动（或频繁交替）的时候。但在这以前的 86 年里，却主要表现为一系列北东向地震带的活动，而北西向地震带的活动极不明显。

同理，我们又选择了公元 600～880 年这一时期（图 13），且由此向前作了适当延展（406～599）。600～880 这 280 年，也可以算是陕西历史上发震的一次"小高潮"。由图 13 所得结果与图 12 竟然如此相似：600～880 年，也正是两组斜向地震带同时活动（或频繁交替）时期；而此以前一段时期（406～599），则是单向（北西向）活动时期。

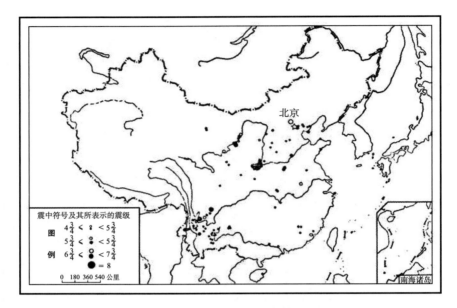

中国国界线系按照地图出版社 1971 年出版的《中华人民共和国地图》绘制
（1401 ～ 1486 年发生的地震用空心圆表示，1487 ～ 1569 年发生的地震用实心圆表示）

图 12 公元 1401 ～ 1569 年我国强震震中分布图

中国国界线系按照地图出版社 1971 年出版的《中华人民共和国地图》绘制
（406 ～ 599 年发生的地震用空心圆表示，600 ～ 880 年发生的地震用实心圆表示）

图 13 公园 406 ～ 880 年我国强震震中分布图

通过分析陕西全部历史地震纪录，以及其历史上地震的两次活跃期，可以得到这样的初步认识：

（1）中国大陆内部交织的北东向和北西向这两组斜向地震带，特别是通过陕西或邻近陕西的那些带，在只有一组方向活动而另一组方向基本不活动的时候，陕西地区很少发生较强地震。

（2）当以上两组斜向地震带同时活动（或频繁交替活动）的时候，也就正是陕西有可能发生较强地震的时候。

如果上述认识能够反映一些客观实际的话，也就可以认为，尽管当前全球地壳处于相对活动时期，我国1976年连续发生了多次7级以上强震，并且陕西和这些7级以上强震的震中又正好处于同一个地震带上，1976年陕西地区的弱震频度数倍于往年，但强震（7级和7级以上）震中仍然不至于在陕西发生。

为了及时而准确地对陕西地震发出预报，专业和业余地震工作者应该密切注视全国范围内的地震活动。一旦发现天山－秦岭北西－南东向地震带与正在活动的太行山－龙门山北东－南西向地震带同时活动起来，或者二者在进行频繁交替活动，那么在陕西地区发生较大地震也就有了可能，就应该全力以赴地做好防震抗震的动员和准备工作，更广泛而深入地搞好各项微观和宏观的观测工作，为及时发布短期和临震预报提供准确的依据，以战胜地震灾害，保卫社会主义革命和建设的胜利成果。

结束语

中国地壳镶嵌构造波浪运动的论述，可以初步总结如下：

（1）地壳的镶嵌构造波浪运动形成原因，可以从地内物质运动和地壳构造运动两方面来探索。根据地质力学理论，地壳构造运动的主要原因归于地球自转。任何一个天体总是永恒地不停息地在运动，其运动形式不外自转和公转。"坐地日行八万里"，这是毛主席描述地球自转运动速度的著名诗句。地球上一切物体都在"坐地日行八万里"，这是由于地球的自转。至于地球围绕太阳的公转，太阳带着它的行星、行星的卫星，还有它的慧星在银河系中的运转，以及这个银河系在宇宙太空中的运转，都还不包括在内。但对于地壳构造来说，它的自转则是一个重要原因。地球以这样高速自转，就不能不在其内部和外圈永恒地发生着不断的演变。但是，越向地内，重力所引起的垂直运动越起作用。

地道"厚德载物"，天道"自强不息"，这是我国 3 000 多年前朴素的哲学总结。地球是个相当大的实体，自然是"厚德载物"，但它也是天体之一，因此也是"自强不息"地不断运转。

由于地球同太阳的适中距离和由它吸引的外表有适当厚度的水圈与大气圈围裹，由地内爆发出来的挥发成分逃逸太空的不多，在运行路线中所遭遇的物质又被地球吸收，因此，地球的体积越来越增长，地内的压力越来越大，地球上的大气圈和水圈越来越厚，成分越来越繁多，对地壳所起的地质作用就越来越复杂。

地球内外的物质，特别是地壳物质，由于地球自转，时快时慢，就要发生水平运动，引起固体波浪，随时随地，变化起伏。升起的波峰地带不断风化剥蚀，沉陷的波谷接受沉积。地壳波浪不断转移，剥蚀沉积经常变换地带。当深深埋藏波谷中的物质堆积到一定厚度，难以承受横压之时，就要褶皱变质，较深部分可以发生花岗岩化，更深部位由于过度热化变成岩浆，这种变动又可变为波峰的补充。地壳之中就这样随时随地起伏变化，剥蚀、沉积、褶皱、变质、花岗岩化，甚至岩石的再熔、再凝，演变成为一部越来越复杂的地质历史。

（2）地壳波浪的发展并非漫无规律，这主要在于地球自转具有一定的方向性。地球围绕着通过南北极的地轴自西而东，自转不息，但有时快时慢的变化。这样自转所产生的离心力，使地壳物质从两极向赤道推移。它们向赤道推挤时，势必在固体的地壳之中发生两组斜向断裂，一组走向北东，另一组走向北西，它们交叉形成斜向网格。同时，地球自西向东的快速转动，使地壳由西向东推挤，这样的运动也要使地壳之中发生北东和北西向两组断裂。由南北向推动或东西向推动所形成的斜交断裂，或互相斜交，或互相重叠，都要使地壳中产生斜向的网状构造。

地球自转速度，可以由于内因或外因而发生变化。自转变快时，地壳可以由于惯性，暂时向两极运动；变慢时，地壳又由于惯性，用强大的推力向赤道猛速推进。同样，从东西方向的运动来说，地球自转速度变快时，地壳有向西回挤的趋势；变慢时，则有向东推挤的情况。但是，不论是南北向或东西向反复的倒退或推进，由于地壳是固体，阻力很大，其中的水平运动往往形成轩然大波，大波浪中还要套着小波浪。地壳中最先形成的破裂，总是斜向的。一定地带也可在斜向构造带上叠加，形成东西向或南北向正向构造带，但最多的则是迁就那些斜向构造的交叉地带，形成锯齿状构造带，其综合走向可以表现为近东西或南北。地壳波浪在某些地段，也可形成东西向或南北向排列。北东向或北西向地壳波浪之所以特别明显，而东西向或南北向地壳波浪多只能有局部的表现，就是由于它们发生发展的序次及物质，在不同方向上应变难易的关系。我国地槽网之所以在斜向方面特别明显，正向方面也有些显示，就是因为这种缘故。

（3）地壳中构造网不仅从大区域小比例尺的地质图中可以看出，在许多不同级大比例尺的地质图中也可以明白看出。这本小册从环球性的构造带说起，然后叙述了中国的构造网，以及秦岭和鄂尔多斯地块的构造形势，甚至夹在鄂尔多斯地块和秦岭构造带之间的临潼骊山及陇县地块的构造。它们都是一级套一级的斜向构造带，夹着一级套一级斜排的斜方地块。因此，这里所说的波浪状镶嵌构造，是许多不同级的斜向构造带夹着不同级地块的镶嵌构造网。它可以从几千公里长的断裂褶皱带通过许多不同级别，直到几公尺、几公寸甚至更短的节理，镶嵌着千百公里长宽的地块，以至几公寸、几公分长宽的节理石块。

（4）地壳中不同级的斜方地块、岩块和石块，又往往由于南北向或东西向断裂、节理等不同级别构造带或构造面的切割，变为三角形、五角形或六角形块体，互作上下或左右、前后的推动。因此，地块互作上下的摆动，主要是由于地壳横推所派生的波浪状运动。

（5）地壳在南北向或东西向的不均衡推挤，势必发生一些类弧形构造。这些类弧形构造带，并不像是原来形成的东西构造带，后来向南或北进行弯转的弧形；也不像是原来形成的南北构造带，向东或西弯转的弧形，却往往像挂着的布幕上的弧形构造，只是由于在中部略微下垂而发生非常弯曲的弧形。这种弧形一形成就很弯曲，实非先形成较平直的褶皱，然后再由它们向一个方向前进而形成弧度很大的弯曲。

（6）地壳中不同的东西排地块，往往由于斜向构造网的关系，南北方向难以对应，它们在不同纬度上的不平衡水平运动，势必使北半球中高纬度地块有向较低纬度地块之间推动的趋势，难免在后者之间形成一系列弧套弧的构造。例如，西伯利亚地台在太平洋壳块与印度地台之间的推挤，在中国东部形成一系列的华夏及新华夏斜列构造带，西部形成一系列的华西斜列构造带。前一带形成北东向和北北东向斜列的近南北成排的构造带，后一带形成北西向和北北西向斜列的近南北成排的构造带。它们在东亚的互相交叉，颇似弧套弧的构造。因而，中国东部构造多北东或北北东向褶皱及附于其上的北西向断裂，西部构造多北西或北北西向褶皱及附加于其上的北东向断裂。

（7）地壳构造既表现为波浪状，其所形成的构造带势必有似等间距性。不同级的构造带不能相比较，同级构造带和同级地块排列的似等间距性很清楚，但也有因地位差异发生例外的情况。

（8）地壳波浪的发生和发展，同地球自转轴的位置变化有关。但是，自从地球有地质变化以来，其自转轴似乎只有一些纺缍式的摆动，难以有特殊的物理条件，使它作很大摆动。因而，在地壳构造网的配置上，从古到今，看不出非常紊乱的情况。古地磁不时的调头变化，有必要从另一些方面找出原因，很难认为是由于地轴两极互相调转所引起的现象。

（9）地壳的地质构造发展，可以说是从地球运行中吸收外来物质，增长到一定大小时，形成了大气圈和水圈才开始的。在此以后，地壳才有明显的波浪状构造变化，以及剥蚀与沉积的分异。波峰与波谷不断转移地带，剥蚀与沉积也不断转移地带。但是，地壳中保留的则是曾经部分剥蚀的沉积地层，其中包括火山沉积、海底喷出层等，变质岩和花岗岩化的岩层，以及沉积分异物质的再熔岩浆侵入体。它们在地壳中的排列都有一定方向，一般多服从于斜向网状构造带和附加于它们之上的近东西及近南北构造带。斜向及正向构造带的发展，多是由于地壳水平运动的剪切式运动。地块之间水平错动所发生的两组斜交断裂，基本是垂直的，把地壳切割成平铺的斜方块，近南北向或东西向水平挤压所发生的两组断裂，形成垂直方向的斜交，在它们的横断面上成斜方地块或岩块。由于地壳波浪运动在横向上、平面上，以及斜向上推移的时时转变，看来很乱，但却能作出有规律的分析。

（10）地壳的波浪运动虽说是永恒的，但由于地球体积在外来物质积累过程中逐渐地长大，地壳以外大气圈和水圈的不断增厚，更由于太阳光热不断照射等自然现象的不断变化，地壳物质不断因分异和同化而发生量变及质变。因而，地壳成分在不同地质时期多有显著的不同，不同时期不同地带所形成的矿产也有显著变化，如前寒武纪的铁矿、古生代的煤矿、中新生代的油矿等，在地面上分地带的形成很显著。其他矿产也有其生成的时期和地带，都可以说，它们是在不同地质时期，不同气候条件，不同构造地带，由于不同情况的分异与同化而发生发展的。不论什么矿在地壳中的积累，可以说只有个别（如铬矿等）可能是岩浆的分异产物，其他金属矿和非金属矿都很难说不是由于沉积的分异，变质矿床也多是沉积分异后积累成矿的质变，即便是同各种中酸性和酸性岩浆岩有关的矿床，也不能无视它们原来是在地面上沉积分异的结果。月球上没有发现偏酸性的岩浆岩，很能说明在没有大气圈和水圈的月球上，没有沉积分异作用。

（11）地震是地壳断裂运动的结果，也是一种波浪运动形式。地壳中不同构造地带，往往由于地壳水平推挤，积累起非常大的应力，一个方向挤压，另一个方向张弛，在压力或张力积累到超过地壳这一地带或那一地带的抵抗力时，就要使这里或那里的地壳忽然破裂，发生地震。因而，大构造断裂带，如环太构造带和地中构造带，所发生的地震震级之大和频率之繁是最突出的地带。世界上百分之八九十各种强度的地震，以及深源地震、中深地震，都在这两个大构造带集中。由于大洋地壳较薄，环太构造带和地中构造带由于地球自转发生强大对挤之时，海洋中部的海洋中脊相对隆起，由于张裂，也有比较多的地震，但都是一些较浅较弱的地震。

我国适在环太构造带和地中构造带交叉的西北隅，又是几条外太构造带和古地中构造带互相交叉的地区，地震强度和频度自然也比较强烈而频繁。但由于不同地带不同地质构造的特点，它们在历史时期发生地震的强度和频度也不相同。分析每个地区的发震历史，可以推测它发生强震的周期性；结合对不同方向构造带地震活动状况的分析，可以对某一地区的地震危险程度做出估计而加以预防。

这本小册对于全球构造，特别是中国地质构造，用了波浪状镶嵌构造论点来分析，同许多学派的构造理论既有某些共同的地方，但和它们的差异也十分明显。本文对中国地质构造作了某些具体的分析，所得出的肤浅结论，还望同志们提出批评，以便今后改进，使它更加接近于中国地质构造发展的客观实际。

参考文献

〔1〕 C. Lyell. Principles of Geology. 1830, Vol. I. 徐韦曼据 1873 年第 11 版译. 地质学原理（第 1 册）. 科学出版社，1959

〔2〕 A. Wegener. Die Entstehung der Kontinente und Ozeane. 3. Aufl. Braunchweig: F. Vieweg & Sohn. 1922（The Origin of the Continents and Oceans—English Translation. 1924. New York: Dutton.）

〔3〕 E. Haarmann. Die Osziliationstheorie; Eine Erklarung der Krustenbewegungen von Erder und Mond. Stuttgart: F. Enke. 1930

〔4〕 W. H. Bucher. The Deformation of the Earth's Crust. Princeton: Princeton Univ. Press. 1933

〔5〕 R. W. van Bemmelen. 1935, The Undation Theory of the Development of the Earth's Crust. Int. Geol. Cong. 16th, Washington, 1933. Vol. 2.

〔6〕 A. W. Grabau. 1936, Oscillation or Pulsation. Int. Geol. Cong. 16th, Washington, 1933. Report, Vol. 1.

〔7〕 J. S. Lee. Geology of China. Murby, London. 1939

〔8〕 李四光. 地质力学之基础与方法. 中华书局，1945

〔9〕 J. H. F. Umbgrove. The Pulse of the Earth. sec. ed., The Hague, Martinus Nijhoff. 1947

〔10〕 王曰伦等（五台队）. 五台山五台纪地层的新见. 地质学报，1953 年第 32 卷第 4 期

〔11〕 В. В. Белоусов. Основные вопроы геотектоники. Гоегеолтехиздат СССР. 1954

〔12〕 B. B. Brock. Structural Masoics and Related Concepts. Trans. & Proc. Geol. Soc. S. Af. 1954, Vol. LIX.

〔13〕 李四光. 东西复杂构造带和南北构造带. 地质力学丛刊（1）. 地质出版社，1959

〔14〕 李四光. 地质力学概论. 科学出版社，1973

〔15〕 张伯声. 从陕西大地构造单位的划分提出一种有关大地构造发展的看法. 西北大学学报（自然科学版），1959 年第 2 期

〔16〕 L. G. Weeks. Geologic Architcture of Circum-pacific. A. A. P. G. Bull., 1959, Vol. 43, No. 2

〔17〕 А. В. Пейве. Разломы и их роль в строении и развитии земной коры. Междун. Геол. Конг. 1960, XXI Сов. Геол., Проблема 18, Москва.

〔18〕 В. Е. Хайн. Основные тины тектонических структур, особенности и причны их развития. Междун. Геол. Конг. 1960, XXI Сесся. Док. Сов. Геол. Проблема 18, Москва.

〔19〕 Ю. М. Шейнман. Великие обновления в тектонической истории Земли. Междун. Геол. Конг. 1960, XXI, Сесся, Док. Сов. Геол., Проблема 18, Москва.

〔20〕 郭令智等. 中国地质学. 人民教育出版社，1961

〔21〕 V. V. Beloussov et al. Island Arcs in the Development of the Earth's Structure（Especially in the Region of Japan and the Sea of Okhotsk）. Jour. Geol., 1961, 69, 6

〔22〕 张伯声. 镶嵌的地壳. 地质学报, 1962 年第 42 卷第 3 期

〔23〕 张文佑等. 现阶段地壳构造分区及其成因的初步探讨. 地质科学, 1963 年第 2 期

〔24〕 李四光. 在第一届全国构造地质学术会议开幕会上的讲话. 中国地质学会会刊, 1965 年第 3 期

〔25〕 张伯声. 从镶嵌构造观点说明中国大地构造的基本特征. 见: 中国大地构造问题. 科学出版社, 1965

〔26〕 J. Aubouin. Geosynclines. Elsevier Pub. Co. London. 1965

〔27〕 A. Holmes. Principles of Physical Geology. Nelson, London, 1965, 2nd.

〔28〕 F. J. Vine. Spreading of the Ocean Floor: New Evidence. Science, 1966, 154

〔29〕 J. T. Wilson. Stutic or Mobile earth: The Gurrent Scientific Revolution. Proc. Am. Philos. Soc., 1968, 112

〔30〕 李四光. 地壳构造与地壳运动. 见: 天文、地质、古生物——资料摘要 (初稿). 科学出版社, 1972

〔31〕 V. V. Beloussov. Against the Hypothesis of Ocean-floor Spreading: Tectonophysics, 1970, V. 9, No. 6

〔32〕 刘鸿允等. 中国南方的震旦系. 地质科学, 1973 年第 2 期

〔33〕 中国科学院地质研究所大地构造编图组. 中国大地构造基本特征及其发展的初步探讨. 地质科学, 1974 年第 1 期

〔34〕 黄汲清等. 对中国大地构造若等特点的新认识. 地质学报, 1974 年第 1 期

镶嵌构造波浪运动说[①]

张伯声　王　战

　　镶嵌构造波浪运动说（简称镶嵌说）是近 20 年来在我国发展起来的一种地壳构造运动假说。最早阐明的问题是，相邻二地块在不同地质历史时期以它们之间的活动带为支点带，互作天平式的摆动，与此同时相应地引起支点带本身作激烈的波状构造运动[1]。在此基础上，提出了整个地壳是由不同级别激烈运动的活动条带与不同级别相对稳定的地壳块体相结合，而形成的一级套一级的镶嵌构造。同时，把相邻二地块的天平式摆动在空间上扩大来看，引伸出地块波浪的概念[2]。后来，又指出了地球表面存在四个地壳波浪系统，并用基于地球膨胀与收缩相结合而以收缩为主的脉动说，与"四面体理论"来说明地壳波浪状镶嵌构造形成的机制[3]。70 年代以来，汲取了地质力学的某些分析方法，并把地球脉动所引起的地球自转速度变更，对地壳波浪状镶嵌构造格局的形成和影响，作了统一考虑[4]。自此以后，越来越明确地提出了以斜向构造为主交织而成的地壳波浪状镶嵌构造网。

一、地壳构造的波浪状镶嵌概况

　　全球地壳构造最显著的现象是存在着两个最宏伟的构造带，即环太（平洋）构造带和地中（海）构造带。这是两大岛弧－海沟系，是众所周知的在整个地壳构造上差异最大的地带，也是当今火山和地震活动最强烈、最频繁的地带。这两大构造带把整个地壳分为太平洋、劳亚和冈瓦纳三大壳块[2, 4]（图 1）。三大壳块

---

①本文收录于科学出版社 1982 年出版的《构造地质学进展》。

之内还由次一级、再次一级等构造带分为地台、地块，以至更小的地壳块体；二大构造带内也可以由次一级、再次一级等构造带，以至断层、节理等分为一级套一级的构造活动带，在它们之中又分布着大大小小的地块、山块、岩块等。因此，整个地壳构造就是由一级套一级、大大小小的构造带或面，所分割的一级套一级、大大小小的地块和岩块，又把它们结合起来的构造，就好像破伤了的地壳又被愈和了的伤痕结合起来的形象。这样既破裂又被结合起来的地壳构造，叫作地壳的镶嵌构造[2]。由于它们无论在地史发展或当代构造地貌上都表现为波浪状，所以又叫波浪状镶嵌构造（图2）。图1中显示两大构造带（Ⅰ，Ⅱ），把整个地壳分为三大壳块（A，B，C）。

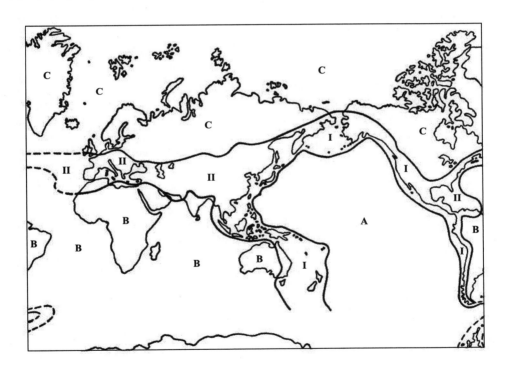

Ⅰ. 环太平洋构造带；　Ⅱ. 地中海构造带；　A. 太平洋壳块；　B. 冈瓦纳壳块；　C. 劳亚壳块

图1　地壳的第一级镶嵌构造示意图

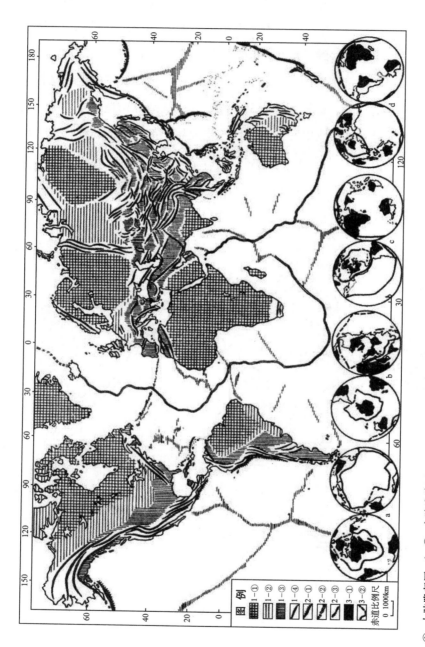

1－①. 大陆隆起区；1－②. 大陆浅陷区；1－③. 大陆深陷带及山间地块；1－④. 大陆山系；2－①. 海沟；2－②. 大洋中脊；2－③. 大洋中隆；
3－①. 附图内的隆起区；3－②. 附图内的大圆构造带及环绕隆起的明显大圆构造小圆构造带
a. 太平洋－欧非波浪系统；b. 北冰洋－南极洲波浪系统；c. 北美洲－印度洋波浪系统；d. 西伯利亚－南大西洋波浪系统

图 2　地壳的波浪状镶嵌构造与地壳波浪系统

二、中国地壳的波浪状镶嵌构造

中国的大地构造位置恰好处于地中构造带和环太构造带在东亚交叉的西北隅，或者说是位于太平洋壳块和西伯利亚地台、印度地台三者作"品"字形排列的空当。由于地中构造带和环太构造带的一些类平行分带（古地中构造带和外太构造带）在中国交织成网，形成中国构造网，网格中镶嵌着中国各地块。

（一）中国地壳的斜向波浪状构造格局

中国地壳的构造形式，基本是斜向交叉的网格状（图3）。地中与古地中构造带，以及环太与外太构造带，多是自元古到现代不同时期的地槽褶皱造山带，夹在这些造山带之间的是地块沉陷带。由此而形成的构造地貌，就像两大系统的巨大波浪：褶皱断裂隆起带是波峰，地块沉陷带是波谷。两个方面的波峰与波谷相交织，形成各种不同性质的构造地段。

先看环太及外太构造带。它们由东向西在中国的顺序排列是：

Cp_1——台湾构造带　　　　　　　　　〔环太构造带〕
Cp_2——东南沿海构造带 ⎫
Cp_3——长白山 - 雪峰山构造带 ⎪
Cp_4——大兴安岭 - 龙门山构造带 ⎪
Cp_5——贺兰山 - 珠穆朗玛构造带 ⎬〔外太构造带〕
Cp_6——阿尔金山 - 西昆仑构造带 ⎪
Cp_7——阔克沙勒岭 - 博格达山构造带 ⎪
Cp_8——准噶尔界山构造带 ⎭

外太构造带中，最突出的是大兴安岭 - 龙门山构造带。它非常明显地把中国地质构造划分为东西二部，东侧三条构造带走向多偏北北东，西侧外太构造带走向都偏北东到北东东。就目前的构造活动性来看，它在中国大陆内部是最明显的。

再看斜贯中国、走向北西 - 南东的地中及古地中构造带。它们是：

Cp_1——喜马拉雅构造带 ⎫〔地中构造带〕
Cp_2——哀牢山 - 海南岛构造带 ⎭
Cp_3——昆仑山 - 巴额喀拉山 - 南岭构造带 ⎫
Cp_4——天山 - 秦山 - 大别山构造带 ⎪
Cp_5——阿尔金山 - 阴山 - 泰山构造带 ⎬〔古地中构造带〕
Cp_6——辽河 - 辽东构造带 ⎪
CP_7——小兴安岭构造带 ⎭

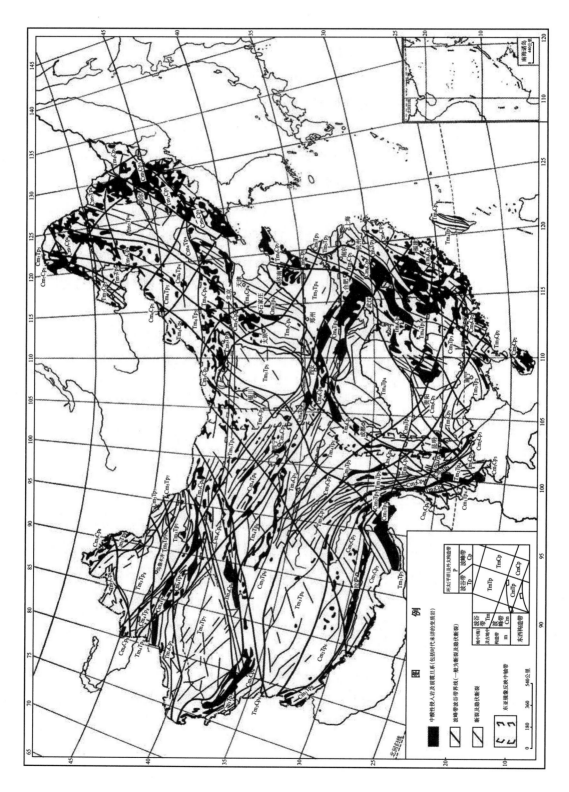

图 3　中国的波浪状镶嵌构造格局

在古地中构造带中，以天山－秦岭－大别山构造带最为突出。它不仅在目前的构造活动性上是突出的，而且在地质构造发展上，显然把中国分为南北两区。

（二）中国斜向构造网上叠加的东西构造带和南北构造带

中国斜向构造网上，可以在这里或那里见到附加于其上的近东西向和近南北向构造带。它们随着斜向构造带的交叉部位拐来拐去，形成舒缓波状甚至锯齿状分布。同时，由于它们的存在，一些地带也使北西向和北东向构造带出现明显的转折。

中国构造网中所表现的近东西向构造带，一般比近南北向构造带更清楚一些。这些东西构造带，早经李四光教授予以说明[5、6]。"镶嵌构造波浪运动"说大体上沿袭了这些东西构造带的划分，即天山－阴山东西构造带，昆仑－秦岭东西构造带，喜马拉雅－南岭东西构造带（李四光认为，南岭构造带西延经云南鹤庆一带后出国境，而对喜马拉雅构造带另有归属），以及黑龙江省北部所表现出的东西向构造（见图3）。关于我国的南北向构造带，我们认为没有很明晰而又连续者，它们只在一定的地段表现较明显，如太行山、贺兰山等，但仔细分析，它们又都是北东和北西两组构造的复合。故图3对南北构造带不予标出，而只是大致地划出了一个近南北向的"东亚镜像反映中轴带"。它是"东亚套山字型构造体系"[3]的重要组成部分。

"东亚套山字型构造体系"是一个复杂的巨型构造体系。它包括三大部分，即中部大体呈南北向的"东亚镜像反映中轴带"，以及在"中轴"以东主要呈北北东向斜列的"华夏构造"和"中轴"以西主要呈北西西向斜列的"华西构造"。"中轴带"其实正是因扭动而斜列的北东向华夏构造和因扭动而斜列的北西向华西构造，呈麦穗状交叉的结果。它的所谓经向，实际是作锯齿状转折。

（三）中国构造网中的地块

前已述及，两组斜向地壳波浪的各构造波峰带之间，都夹着地块波谷带。两组波谷带交织，形成构造网眼，分布着的是中国各地块（见图3）。

从环太及外太构造波浪方面看去，有七排地块，由东南向西北依次为：

Tp_2——南海地块、台西地块（Tm_4Tp_2）、东海地块；

Tp_3——广西地块（Tm_3Tp_3）、湘赣地块（Tm_4Tp_3）、苏北地块（Tm_5Tp_3）、黄海地块；

Tp$_4$——景谷地块（Tmp$_2$Tp$_4$）、楚雄地块（Tm$_3$Tp$_4$）、四川地块（Tm$_4$Tp$_4$）、河淮地块（Tm$_5$Tp$_4$）、渤海地块（Tm$_6$Tp$_4$）、松花江地块（Tm$_7$Tp$_4$）；

Tp$_5$——稻城地块（Tm$_3$Tp$_5$）、若尔盖地块（Tm$_4$Tp$_5$）、鄂尔多斯地块（Tm$_5$Tp$_5$）、查干诺尔地块（Tm$_6$Tp$_5$）、海拉尔地块（Tm$_7$Tp$_5$）；

Tp$_6$——藏北地块（Tm$_3$Tp$_6$）、柴达木地块（Tm$_4$Tp$_6$）、巴丹吉林地块（Tm$_5$Tp$_6$）；

Tp$_7$——塔里木地块（Tm$_4$Tp$_7$）、哈密地块（Tm$_5$Tp$_7$）；

Tp$_8$——昭苏地块（Tm$_4$Tp$_8$）、准噶尔地块（Tm$_5$Tp$_8$）。

若从地中及古地中构造波浪方面看去，上述地块又可由西南向东北归成另外六排，即 Tm$_2$，Tm$_3$，Tm$_4$，Tm$_5$，Tm$_6$，Tm$_7$六排地块波谷带（地块名从略，可参看前段及图3）。

此外，既有迁就二排斜向构造网相交地带的东西构造带和南北构造带，在它们之间排列的地块，自然也可有按近东西或近南北成排的现象，但其成排性就不像斜排的那样明显了。

三、波浪状镶嵌构造的特点

（1）镶嵌地块的波浪发展。这是一个最根本的特点。相邻二地块在不同地质历史时期，都以它们之间的活动带为支点带，互作天平式摆动，并相应地引起支点带本身与之同时做激烈的波状运动。这种现象在一级套一级、大小不同的各级地块及其所夹的各级构造带内都有所发现[2]。天平式摆动现象的普遍存在，导致了地壳波浪运动的观念[4]。相邻地块起伏相间的空间展布，自然表现为地块波浪。作为支点带的活动地槽系所表现出来的优、冒地背-地向斜偶[7, 8]，是更直观的地壳波浪。

上述地壳（地块）波浪，容易使人误解为只是地壳或地块的相对升降运动。其实，地壳波浪所表现的形式很复杂。中国地壳中的各级地块，在它们所夹构造活动带两侧，既进行着此起彼伏、又进行着或推或拉、还进行着一左一右的运动。一般说来，波浪运动根据质点运动情况与波浪传播方向的关系，基本可分为两大类，即纵波和横波。就地壳波浪运动而言，纵波和横波都存在。横波又可分为垂向和侧向两种。形象地说，纵波型地壳波浪好像蚯蚓的蠕行，一疏一密、推拉相间地进行波动，可叫"蠕行波"；起伏相间的垂向横波型地壳波浪，好像蚕行时的弓屈，可叫"蚕行波"；左右摆动的侧向横波，好像蛇行时的蜿蜒，在水平方向弯来弯去，可叫"蛇行波"。此为地壳波浪的三种基本形式。这三种形式中，无论哪一种，即无论质点作垂向运动、侧向运动或顺向运动，波浪的传播基本都是沿水平方向前进。目前，中国构造地貌的波浪形象，是长期地史中由地壳波浪发展而成。地壳波浪随时随地的发展和变迁，既是形成地壳镶嵌构造的一个主要因素，也就成了镶嵌构造的一个最重要特点。由它又派生出下述其他各特点（限于篇幅，下面只列出提纲，详见文献[8]）。

（2）地块、岩块的相对稳定性与构造带或面的活动性。

（3）构造带或面在力学性质上都有剪错的特征。

（4）构造带或面在方向上以斜向为主，正向构造带也受斜向制约。

（5）同级构造带或面具有近等间距性。

（6）分散在构造带或面之间的大小地块和岩块，形态上多为斜方形和三角形，几个方向上都排列成排。

四、波浪状镶嵌构造的形成机制

地壳的运动必须服从地球整体的运动。地球整体的运动主要是自转与脉动。这两种运动形式是统一的。地球自转速度的变化，主要决定于地球体积的变化。地球自转速度变快，说明地球体积收缩；变慢，则说明体积膨胀。地球体积的这种收缩与膨胀交替进行，就是所谓脉动。但从地球整个发展来看，总的趋势是以收缩为主。球体收缩时，收缩到最小体积的趋势应为四面体[9, 10]，因而要发生四个收缩中心。地球的四个收缩中心是太平洋中部、北冰洋、印度洋和南大西洋。地球上的这些地方，表现为最明显的洼陷。它们的对极是四个最明显的隆起，即非洲地台、南极地台、加拿大地台和西伯利亚地台。在相互对应的洼陷和隆起之间，形成一系列似平行的构造活动带；接近大圆的位置，形成最宏伟的构造活动带（见图2附图a，b，c，d）。这样，地球上就有四个波浪系统互相交织。其中，太平洋－非洲波系和北冰洋－南极洲波系表现明显。环太平洋构造活动带和地中海构造活动带，就分别属于这两个波系的大圆构造活动带。另外两个波系的大圆构造活动带，不如前两个那样清楚。这可能是因为，前两个大圆一个近于经向，一个近于纬向，地球自转速度的变化，直接加剧了它们的活动程度[4]。

地球在自转时产生离心力，其垂向分力为重力抵消，切向分力又分为二，即经向分力与纬向分力。这些分力随着地球转速的周期变化，激发地壳运动。因为地壳物质运动的惰性关系，当地球自转速度变快时，由于经向分力对球体本身的作用，造成中低纬度壳段向高纬度推挤；同理，纬向分力可以造成中低纬度壳段由东向西推挤。地球自转速度变慢时，情况则恰恰相反。地球自转速度稳定下来的时期，地壳运动也就稳定下来了，地壳运动的周期性就是由此而来的。不论哪个方向的推挤，开始阶段都要发生北东向和北西向的共轭状扭裂带，形成全球性的斜向扭裂网络[11, 12]，因而造成斜排的断块。进一步的经向挤压，造成地壳的东西向波峰波谷带；进一步的纬向挤压，造成地壳的南北向波峰波谷带。由于原始形成的斜向共轭状扭裂构造的先在条件，进一步发展的褶皱断裂带，不论是东西带或南北带，都要"追踪"或利用这些斜向扭裂带，表现为蛇行蜿蜒的舒缓波状，甚或成锯齿状。

　　作为中国大地构造骨架的地中及古地中构造带和环太及外太构造带，以及由它们分割的地块在中国分布的规律性，表明这是在一定的地应力场中发生发展而来的。从地质古代以来，西伯利亚地台就向南楔入太平洋壳块与印度地台之间。在中国东部的左行扭动，导致北东和北北东构造线；在西部的右行扭动，导致北西和北西西构造线。二者相结合，在中国中部形成一个近南北向的挤压带（镜像反映中轴），把中国构造图形分为东西两部。这条近南北向的挤压带以东，地应力场主要是南北对扭，其次是近东西挤压，分裂出来的斜方地块基本是北北东向延伸的S形。这条近南北向的挤压带以西，地应力场主要是近南北挤压，其次是南北对扭，分裂出来的斜方地块一般是北西西向延伸的反S形。太平洋壳块在低纬地带相对向西运动，顺东西构造带如阴山、秦岭等两侧的右行扭动，造成一系列帚状构造；而印度地台东北的喜马拉雅构造带东北侧的左行扭动，造成一个与上述相反的巨大帚状构造。

　　地壳波浪状镶嵌构造格局的形成，是远自元古代以来，基本变化不大的地应力场中发生发展的结果，地球自转轴虽有烛头状摆动，但变化不大，因而赤道与两极的位置也变化不大。各处地块的运动，在方向上必须符合一定的扭动和挤压关系。它们的相对地位，只能按一定的扭动和挤压方向作一定变迁。很难设想，它们能够在地幔之上无限制地漂移，无规律地冲撞。各级地壳地块在相对的侧向运动中，看来都是漂而不远、移而不乱。

五、镶嵌构造波浪运动理论与生产实践

"镶嵌构造波浪运动"理论还只是一个极其初步的尚待发展和反复验证的地壳运动假说,它的实践意义也只是刚刚显露出来。但由于波浪运动是物质运动的一种通性,因而仅仅从当前刚显示出来的苗头,也可以看出它在实践中被应用的前途是广阔的。

(1)地壳波浪的等间距性引起矿产分布的等间距性。不同级别的地壳波浪对地层发育、岩浆活动、变质作用和矿产生成都起着控制作用。一级地壳波浪控制大的成矿区和成矿带,二、三级波浪控制矿区和矿田。各级矿带都有等间距分布的规律。在我国,矿产的等间距分布,大多与两组斜向的一级套一级的地壳波浪相一致。

(2)两个波系的各级波浪相互交织,对矿产有明显的控制作用。两组一级波浪相交织,显示出三种基本地质特征,相应地发育着不同成因类型的矿产:①波谷带与波谷带相交,形成构造网眼,是含油气盆地所在的地块,其边部多有煤田;②波峰带与波峰带相交,形成更高隆起,构造作用强烈,岩浆活动和变质作用发育,古老岩系也常常在这些地段裸露,多内生矿产及变质矿产;③波峰带与波谷带相交的部位,地史环境复杂多样,内生、外生矿产都有发育,一般看来,在外生矿产中对成煤尤为有利。地块内次一级构造波浪的交织,决定着油气田的具体部位。构造带内次一级活动带的交叉网点,是生成内生金属矿产最有利的部位。正向构造带与斜向波峰带的交汇处,也对内生矿产十分有利。此外,地壳波浪的演化历史与成矿史,也是紧密相联系的。

(3)历史地震的强震震中,基本在两组斜向构造带内周期地、交互地作跳动式迁移。一段时期内,强震以沿北东向构造带活动为主;到另一时期,则以北西向为主。这可能是因为不同系统的地壳波浪,各自具有自己的传播方向与活动周期之故。构造交叉部位,一般是地震活跃部位,无论哪个方向的构造带活动,都会引起强震。但也有某些构造交叉部位,却表现出异乎寻常的情况,一个方向构造带的活动不足以导致发生强震,必待两个系统的构造带同时活动才能引起[①]。这

---

① 张伯声、王战,《从镶嵌构造波浪运动的观点探讨陕西地震活动的规律》,1978 年"全国地震地质与地壳深部构造会议"交流资料。

也许是地壳波浪的一种干涉现象。大致呈南北向贯穿我国大陆内部的"东亚镜像反映中轴带"，由于是两组地壳波浪复合的结果，因此，无论哪个系统的地壳波浪传递到这个带上，都会发生强震。

镶嵌构造波浪运动说，目前还只是一种萌芽性的地壳运动假说，在它面前有很多问题需要去解决。望广大地质工作者和其他地学研究者及爱好者给予批评指正。

本文图件由刘映枢、王月华协助清绘，谨致谢忱。

参考文献

〔1〕张伯声. 从陕西构造单位的划分提出一种有关大地构造发展的看法. 西北大学学报（自然科学版），1959 年第 2 期

〔2〕张伯声. 镶嵌的地壳. 地质学报，1962 年第 42 卷第 3 期

〔3〕张伯声. 从镶嵌构造观点说明中国大地构造的基本特征. 见：中国大地构造问题. 科学出版社，1965

〔4〕张伯声，王战. 中国的镶嵌构造与地壳波浪运动. 西北大学学报（自然科学版），1974 年第 1 期

〔5〕李四光. 中国的构造轮廓及其动力学解释. 见：区域地质构造分析. 科学出版社，1974

〔6〕J. S. Lee. Geology of China. Murby, London. 1939

〔7〕J. Aubouin. Geosynelines. Elsevier Pub. Co. London. 1965

〔8〕张伯声，王战. 中国镶嵌地块的波浪构造. 见：国际交流地质学术论文集（1）. 地质出版社，1978

〔9〕W. H. Bucher. The deformation of the earth's crust. Princeton Univ. Press. 1933

〔10〕W. G. Woolnough. Distribution of oceans and continents—a Suggestion. Bult. A. A. P. G., 1946, 30, 1981

〔11〕J. H. F. Umbgrove. The pulse of the earth. sec. ed. The Hague, Martinus Nijhoff. 1947

〔12〕张文佑，孙广忠. 现阶段地壳构造分区及其成因的初步探讨. 地质科学，1963 年第 2 期

地壳的一级波浪状镶嵌构造[①]

张伯声   周廷梅

　　以前，我们探讨的重点放在中国地壳的波浪状镶嵌构造上，但中国地壳的波浪状镶嵌构造，只是全球性地壳波浪状镶嵌构造的一个很小组成部分。普遍性寓于特殊性之中，探讨中国地壳的波浪状镶嵌构造，有助于认识全球性地壳波浪状镶嵌构造的特征；而探讨全球性地壳波浪状镶嵌构造，无疑又有助于我们加深对中国地壳波浪状镶嵌构造的认识。

　　1962 年，张伯声认为，地壳中有不同系统及不同规模的构造带与断裂，把它分为一级套一级、排列有序、大大小小的地块，又把它镶嵌起来，如破伤了的地壳又被愈合了，有似伤痕缝合起来的样子，称之为"镶嵌的地壳"。1965 年，他进一步认为，不同级的镶嵌地壳，表现为不同于流动波的"块状波浪"，并指出全球存在着四大地壳波系，由此提出了"镶嵌地块的波浪构造"。1974 年，张伯声与王战分析了这种构造的发展过程，认为地块波浪主要进行的是侧向传递；汲取了地质力学的一些分析方法，认为就其产生机制来说，地球自转速度的变更是一个重要因素；并进一步分析了地壳的一级波系，指出太平洋－非洲波系和北冰洋－南极洲波系是地壳两个最明显的主要波系，一个近于经向，一个近于纬向，使其得以表现明显的机制，可以用地质力学观点来解释。本文就以这两个主要波系为基础，对地壳一级波浪状镶嵌构造的基本特征及其形成机制问题，作些具体的探讨。

---

①本文 1981 年发表于《西安地质学院学报》第 2 期。1982 年收入张伯声主编的《地壳波浪与镶嵌构造研究》时，部分文字略有改动。今即据此。

一、地壳一级波浪状镶嵌构造的特征

地球表面 70% 的面积为海洋所复盖。过去的地质工作主要在陆地上进行，对面积占 70% 的海洋底地质情况知道得很少。讨论全球性地质构造，也只是总结了几个大陆上的地质情况，认识上难免片面。第二次世界大战以后，情况大为改观。海洋地质和地球物理资料不断公诸于世，面目为之一新，对全球性地质构造的认识突飞猛进。其重要标志是 60 年代中后期，提出了以上地幔对流－海洋扩张与俯冲－大陆飘移为中心内容，理论上很完整而且系统的板块构造学，或新全球构造学，资料新颖，观点鲜明，令人倾倒。但也有不少人对板块构造学说，特别是它的动力学问题——上地幔对流说，从根本上发生怀疑（如杰弗里斯、梅耶霍夫、别洛乌索夫等）。

板块构造学的上地幔对流说确实可疑。说实在的，对上地幔对流我们知道得不多，而对大气对流至少还知道一些。自然，上地幔对流和大气对流不同，但都是对流，都是物体的流动，其物理过程似乎还应该有些共同之处，不妨作个比较或许还有些意思。作为大气对流，主要是因为赤道低压，气流上升；副热带高压，气流下降……从而引起大气对流或称大气环流。也就是说，上升流与低压带相联系，下降流与压高带相联系。如果上地幔对流说是正确的，大洋中脊为上升流，那么大洋中脊应为重力负异常（低压带）才比较合理；深海沟为下降流，应为重力正异常（自由空气校正）才比较合理。但是，根据人造地球卫星和地面重力测量所得重力异常分布图（Kaula，1969）刚好相反，大洋中脊为重力正异常，深海沟为重力负异常。所以，大洋中脊为上升流，深海沟为下降流的上地幔对流，似乎不太可能发生，即使偶然发生了，也不可能持久。这是上地幔对流说遇到的困难之一。而这样的困难早年均衡论者早已遇到过，即为什么重力正异常区地壳不下降反而上升，重力负异常区地壳不上升反而下降。两种观点时间上先后相差近百年，而遇到的困难却是一模一样，不可克服。也就是说，重力正异常区地壳上升，重力负异常区地壳下降，这样一个地壳运动的基本事实，早年的均衡说解释不了，当今的上地幔对流说也难解释。这就说明，将上地幔对流作为地壳运动的驱动力似乎不妥。那么，地壳运动的驱动力究竟是什么呢？为了说明形成机制，我们最好是从大洋中脊和深海沟的展布规律谈起。

地壳波浪状镶嵌构造说认为，地壳的基本构造运动是地壳波浪运动，其基本表现则是波峰和波谷。波峰和波谷都可以分为一级、次一级、再次一级等。地壳波浪状镶嵌构造的次级、再次级构造一般还比较容易辨认，而一级波峰波谷因不能直接窥其全貌，往往不易认识，只有通过细致分析才能识别。还是板块构造学提供的新资料，帮助我们对于地壳一级波峰－波谷及其在地壳上的展布规律，认识得更加清楚。大洋中脊可以认为就是地壳波浪状镶嵌构造的一级波峰带，深海沟及其某些具有巨厚堆积物的地槽带（不是全部），可以认为就是地壳的一级波谷带。地壳的一级波峰－波谷带成对出现，现在看来主要有两对，即环太波谷带和环欧非波峰带，特提斯波谷带和环南极洲洋脊波峰带。

（一）环太平洋波谷带和环欧非波峰带

环太平洋波谷带主要由环太平洋深海沟组成。自东向西，有南美洲西部的秘鲁－智利海沟，往北有中美洲海沟、阿留申海沟，由此向南逐渐转为千岛海沟、日本伊豆－小笠原海沟、马里亚纳海沟、琉球海沟、菲律宾海沟、新赫布里底海沟、克马德克－汤加海沟等。它们基本上环太平洋呈带状分布，称环太平洋波谷带。

环欧非波峰带主要由大洋中脊组成。西有北北东向的大西洋中脊，沿大西洋中部向南延伸，在南大西洋转向东，过非洲南部海域进入西印度洋，然后转向北东，过卡尔斯堡洋脊（可能包括马尔代夫）越特提斯带，过西西伯利亚低地（？）、北冰洋中脊，再转向西与大西洋中脊相接。基本上绕欧洲和非洲一周，称环欧非波峰带。

环太平洋波谷带和环欧非波峰带，构成两个基本封闭的活动带，它们组成一峰一谷成对构造带。构造上有两个极点，环太平洋波谷带的极点位于太平洋中部，环欧非波峰带的极点位于非洲中北部。因此，张伯声把它们结合起来，称为太平洋－非洲波系（图1b）。

（二）特提斯波谷带和环南极洲洋脊波峰带

特提斯波谷带是指西自欧非之间的地中海波谷。它向南东东过印度恒河平原，再转向南南东经安达曼海沟，又基本上向东过印尼圣他海沟，再向北又转向东过斐济群岛，横过太平洋中部，走向北东东，过墨西哥入加勒比海，同地中海遥相对应。基本上在热带和北温带成锯齿状绕地球一周，这就是特提斯波谷带。

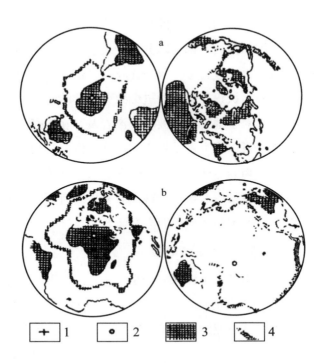

a. 北冰洋 – 南极洲波浪系统　b. 太平洋 – 非洲波浪系统

1. 地理极；2. 地质极；3. 隆起波峰带；4. 海沟、海槽、波谷带

图 1　地壳波浪系统示意图

　　环南极洲洋脊波峰带，地处南极洲外围海域，由大洋中脊组成。东起南太平洋洋脊，向西进入中印度洋中脊，向西北行在卡尔斯堡与环欧非波峰带复合，折向西南绕过非洲南部海域，进入南大西洋，绕过南美洲继续向西，又与南太平洋洋脊相接。基本上环南极洲分布，称为环南极洲洋脊波峰带。

　　特提斯波谷带和环南极洲洋脊波峰带（实际上特提斯波谷带以南还可分出以非澳南美为代表的波峰带，更向南形成南大洋北部波谷带，在其南分布的是环南极洲洋脊波峰带）也有两个对极，一个位于北冰洋，另一个位于南极洲。张伯声因此也把它们结合起来，称为北冰洋 – 南极洲波系（图 1a）。

　　在这里，我们固然提到了板块构造学近年来的意见，但事实上，地壳一级波峰 – 波谷带的展布特征，却与板块构造学的看法有很大矛盾。这就导致了对于地壳构造形成机制的相当大分歧。

二、地壳一级波峰－波谷带的形成机制

地壳一级波系主要有两个，一是北冰洋－南极洲波系，二是太平洋－非洲波系。这两个波系的展布特征，对探讨地壳一级波峰－波谷带的形成机制，具有决定性意义。

北冰洋－南极洲波系的两个构造极点，同地理上的北极和南极基本一致；特提斯波谷带与环南极洲洋脊波峰带的展布方向，也同地理上的纬向大体一致，虽然越近赤道越有曲折，暂且可以称它们为近纬向波系。太平洋－非洲波系的两个构造极点，一个位于太平洋中部，另一个位于非洲中北部。环绕这两个构造极点的两个大圆构造带，即环太平洋波谷带与环欧非波峰带，其大部分同地理上的经线多少有些平行，暂且称它们为近经向波系。由于地理经纬度是根据地球自转轴来划分，所以作为地壳一级构造带之近纬向波系和近经向波系的形成机制，不妨用李四光倡导的地球自转速度变更来解释，而不必借助板块构造学说所提出却无法证实的上地幔对流理论。

由于地球自转速度变更而对地壳产生侧向力的问题，李四光早有精辟的分析，可以从略。现在的问题是，从地球自转速度的变更，对地壳一级波峰－波谷带的形成过程和机制需要作进一步探讨。

地壳波浪状镶嵌构造说认为，探讨地壳一级波峰－波谷带的形成过程和机制，应该从地壳波浪的波形变化说起。地壳波浪是在两种不同介质表面上传播的一种"重力波"，因为它只存在于地壳表面附近，也可以叫"表面波"。重力波的种类很多，如海浪、水波、沙波等，还有地层剖面中的波痕，实际上也属这种波。只有介质的运动，这些波才得以形成。这些波的波形，则可以作为鉴定介质运动方式的一种重要标志，如波痕的对称性可以用来鉴定介质运动方向。对称波痕代表静水（但也有动荡）波痕，而不对称波痕则代表流水波痕，陡坡所指方向代表水流方向，这都是地质工作者所熟知的。波的波长和振幅似乎更为重要，因为它们直接同能量有关。

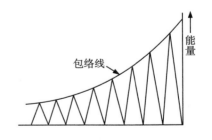

图 2　能量曲线示意图

如果波长一定而振幅变化，其包络线是能量大小的直接指标。如图 2 所示，振幅增大说明能量增高，振幅减小则能量降低。所以，同一级地壳波浪的振幅在空间或

时间上的变化情况，可以用来确定能量的空间分布和时间上的变化情况。可见，分析地壳波浪的波形变化，有着极为重要的意义。构造地质学中某些最困难、最复杂、也是最基本的问题，可望通过分析地壳波浪的波形变化规律得到解释。从地球自转速度变更到地壳一级波峰－波谷带的形成机制问题，就可以通过分析地壳波浪的波形变化而得到启示。

（一）环太平洋波谷带和特提斯波谷带的形成机制与过程

因为它们有很大的共同性，可以合在一起讨论。

（1）地球自转给地壳侧向力的传递或能量的传播，不是直接的，而是以地壳波浪的波动来传播。地壳发生弯曲说明地壳波浪形成，每一个波都可以看作独立的波源，当后浪推前浪时，能量就不断向前传播。一般说来，这种波都是非对称波，前坡较陡后坡较缓，陡坡方向指示波的传播方向。在传播过程中，陡坡愈来愈陡，进而可以产生向后方倾斜的断裂带（多半是改造利用了既存断裂带），形成地壳波浪前锋的锋面。这样的锋面可以不止一个，这里讨论的是地壳一级构造带上的锋面。就环太平洋一级构造带来说，它的前锋锋面习称贝尼奥夫带，它是由海洋向大陆倾斜的。从波形来看，陡坡指向海洋，说明其推动力应该是从大陆推向海洋。这种巨大的锋面是一个不连续面，在不连续面上地壳波浪不再按正常情况继续向前传播。但后浪推前浪，后方的能量不断传来，锋面上不再向前传播，又不能作反向传播，所以整个波峰－波谷系就会在锋面上整体向洋方推移，使波振幅愈来愈大，到锋面附近达到最大。其主要表现有二：一是构造地貌反差愈来愈大，在锋面附近达到最大，或形成岛弧－海沟系，或形成强大的褶皱山系；二是重力异常值起伏愈来愈大，到锋面附近达到最大，如现代岛弧和珠峰地区都达到高值重力正异常值（自由空气校正值）。前面已经说过，同级波的振幅增大，标志着能量的增高。这里地壳波浪的振幅愈来愈大，能量曲线愈升愈高（见图2），说明地壳能量大量积累和增高，到锋面附近达最大值，成为地壳的高能带。由于锋面上方有高值重力正异常存在，锋面下方（即海洋一方）均衡下降，形成深海沟和高值重力负异常带。从而地壳一级波谷带形成，也就是地壳一级高能带的形成。

环太平洋构造带和特提斯构造带则是地壳一级高能带，是最显著的全球性一级构造带，也是构造地貌反差最大的褶皱断裂带，是海沟－岛弧带或类岛弧－海沟带，也是寰球最活动的火山带和震级最高、频率最频繁的地震带。因为它最显著的特征是深海沟或地槽带，所以称作地壳一级波谷带。它是本身又有次级的、成双成对的波峰波谷系组成的复杂构造带。

（2）环太平洋构造带和特提斯构造带，作为规模宏大的地壳一级波谷带，其形成决不是一蹴而就，而是在漫长地质历史时代里逐步发生发展而成的。就以环太平洋波谷带来说，其发展早期一级波谷带就可能在现代环太平洋海沟带的外围地区。根据研究表明，北美基瓦丁群火山岩（27.5亿年）已同岛弧系有显著的亲缘关系（Engel，1964），暗示着北美洲早在太古代时期可能已有地壳一级波谷带存在。而古生代及其以后时期，南北美洲西部地槽系逐步向太平洋方向迁移的特征，更是具体说明南北美洲地壳一级波谷带从太平洋外围亦步亦趋地向现代深海沟带迁移，至新生代才迁移到现代深海沟的位置上，这说明大陆曾向海洋推进；澳洲地壳一级波谷带的迁移情况同南北美洲十分相似，也是从外围逐步向太平洋方向迁移，新生代后才达到现代深海沟带；亚洲东部地区情况比较复杂，但北北东向的太平洋构造带似乎早在太古代就已存在，并在以后不同地质时代里，不同程度地控制本区地质构造史的发展。近年来，在我国东南沿海地区发现海西褶皱带，其西为加里东褶皱带，其东则是日本和我国台湾省的中新生代褶皱带，也说明西太平洋波谷带从外围逐步向现代海沟带迁移的现象。可见，环太平洋一级波谷带具有悠久的历史，虽然不同地质历史时期在地理位置上有过较大的迁移，但以太平洋中部为构造极点的环太平洋活动构造带这一基本构造格局并没有改变。相似的情况在特提斯带也可以看到，特别是欧洲部分较为明显。早古生代地槽处在北欧地台南缘，晚古生代向南迁移形成莱因海西地槽，中生代特提斯地槽在晚古生代地槽南侧形成，第三纪在现代地中海形成新的坳陷，这都说明地中海构造带从北向南的构造迁移。亚洲和北美洲的情况比较复杂，但地壳波浪的波谷带不断向南迁移的总趋势还是不难看出来。尽管地槽带发生过较大的迁移，而以北冰洋－南极洲为构造极点的活动构造带这一基本构造格局也并没有多大改变。

（3）地壳一级波谷带的形成不是一蹴而就，还表现为古生代及其以前地壳一级活动带的展布比较散乱，经过漫长地质时期的发展而逐步归于一统。例如，古生代强烈活动的欧洲威尔士－格兰扁地槽，欧亚界山上的乌拉尔地槽，我国境内的天山地槽、兴安岭地槽、昆仑地槽、秦岭祁连地槽，乃至北美的阿帕拉契亚地槽等，在中生代以来都因特提斯地槽一级波谷带的南迁，以及环太平洋构造带外迁的影响，而先后退出地质历史舞台。那么，这些中新生代以来退出地质历史舞台的古生代活动带，是不是就在地壳上消失了呢？不是的。它们在中新生代时期仍以次一级的波峰－波谷带继续存在和活动，有时活动还很强烈，如我国境内的古生代天山地槽、兴安岭地槽、昆仑地槽、秦岭地槽等。但在中新生代时期，它们已经不属地壳一级活动带，而属于地壳二级波峰－波谷带。

（二）环南极洲洋脊波峰带和环欧非波峰带的形成机制

它们也有一定的共同性，可放在一起讨论。还是让我们先从地壳波浪的波形变化特征谈起。环南极洲洋脊波峰带的形成机制，自然也同地球自转速度变更有关。在南半球，地球自转给地壳侧向力的作用方向和北半球不同，它指向北。地壳弯曲，地壳波浪形成，每个波都可以作为独立波源看待。后浪推前浪时，在南半球，波的能量从南向北传播。但南半球地壳波浪波形的变化平缓，对称性较高，从南向北一浪高于一浪的变化也不显著，表明在南半球范围内地壳没有很高的能量积累。以平缓的波形越过赤道，或在赤道附近（如印尼），直接与特提斯波谷带相接，形成南北半球统一的波峰－波谷带。也就是说，特提斯地槽系是北半球地壳波浪向南传播与南半球地壳波浪向北传播，在同一锋面上仰冲和俯冲的共同作用下，造成的地壳高能带。这样一来，北冰洋－南极洲波系就出现一种很奇特的现象。北半球地壳波浪振幅大，能量积累多，尤其是前锋附近地壳一级高能带，地壳极度不稳定，地壳运动方式属地槽型；而南半球地壳波浪波形平缓，能量积累不多，地壳比较稳定，地壳运动方式属地台型。大体上以特提斯地中海带为界，其南地壳运动为地台型，其北为地槽型，形成了"南台北槽"的构造格局。

北冰洋－南极洲波系这种南台北槽的奇特现象，是什么时候开始出现的呢？这一点对探讨地壳运动动力学问题也是至关重要，所以我们必须对这个问题作些说明。

太古界岩层在以特提斯带为界的南北半球均有出露，但特点各不相同。南非、西澳和印度的太古界（35 亿～ 26 亿年）是一套具有独特结构特征和极低变质度（绿纤石－葡萄石相）的绿岩系；而欧亚大陆北部地区，即特提斯带以北地区，如苏格兰高地、波罗的、乌克兰、阿纳巴尔、阿尔丹及我国华北地区，多为角闪岩、麻粒岩及混合岩等，是经过高度变质和超变质作用的太古界杂岩系。两相对照，虽然同属太古界，但形成的构造环境极为不同。这就给我们暗示，北冰洋－南极洲波系南台北槽的构造格局，可能是从太古代就已初具规模了。在中晚元古代基本定型，历经古生代及中新生代到如今，在这个漫长的地质历史时期里，这种南台北槽的基本构造格局似乎没有很大改变。只有（中）新生代以来，在特提斯地槽造山作用的同时，作为对极的环南极洲一级波峰带脊部附近，张裂作用趋于明显。

环欧非波峰裂谷带的形成机制，同环南极洲波峰带相似，但有可能更直接地依赖于对极环太平洋岛弧－海沟带在中新生代时期的剧烈活动。正是由于环太平洋岛弧－海沟带的强烈活动，在其对极环欧非波峰带所属之大西洋中脊和西印度洋洋脊等地，形成一系列裂谷带。

总之，全球性大地构造格局的形成是在远自太古代以来，基本变化不大的全球性统一地应力场中发生发展的结果。这就意味着地球自转轴虽有烛头状摆动，但摆动程度不大，因而赤道和两极的位置也基本变化不大。各处地块的运动只按一定方式作相对迁移，不能设想它们能够在地幔上飘来飘去，乱碰乱撞。大陆壳块是飘而不远，移而不乱，在相对的侧向运动中，它们的位移不像大陆飘移及板块说者认为的那样漫无限制。这就是我们同板块构造说者的不同看法。在主要论点上，分歧是基本的，共同之处不多。

三、两点讨论

地球自转速度的变更，不断地推动地壳波浪的波动。早自太古代以来的漫长地质历史时期中，地壳波浪经历了长期的发生、发展和演变，逐步形成了两个主要波系，即北冰洋－南极洲波系和太平洋－非洲波系，成为全球性地质构造的主要特征。地壳每个地区的区域构造特征和发展过程有很大差别，但究其原因又无不与这两个主要波系的发生、发展过程有成生联系。今举两个实例略加说明。

（一）中国地处环太平洋构造带与特提斯构造带的复合部位

西伯利亚地块向南，太平洋地块向西或北西西，印度次大陆向北东，构成三面地块压迫态势，致使北西西向的特提斯带和北东向的环太平洋带次级波峰－波谷带在中国境内交织成网。它们在过去既为纵横交错的地槽坳陷所分割，到目前又为地槽褶皱带所结合，而且不论在地块或地槽褶皱带之中，都有次一级、更次一级的褶皱带或错动带，再分割、再结合一级套一级的大小地块或岩块，这就勾画了中国地壳波浪状镶嵌构造的基本格局，这是其一。其二，中国地壳波浪状镶嵌格局，不是中生代以后才有，而是有更悠久的历史。中国境内，古生代以来的地槽与地台，具有交织成网和多期活动的特征。经最近研究表明，前寒武纪杂岩皆属非稳定型，具有多期变形、多期变质和多期岩浆活动的特征，而且不同变形阶段的褶皱断裂走向也各不相同乃至直交。虽然工作还只是初步的，但足以说明中国区域大地构造特征，同太古代就初具规模的地壳一级波浪状构造带——特提斯构造带与环太平洋构造带的交互作用分不开。

（二）东非裂谷的形成机制似乎也同地壳两个主要波系有成生联系

东非裂谷地处地壳两个主要波系的一级波峰带，即环欧非波峰带和环南极洲洋脊波峰带的复合部位。环欧非波峰带和环南极洲洋脊波峰带的真正复合部位，位于西印度洋的卡尔斯堡洋脊。走向近南北的卡尔斯堡洋脊向南分为两支：向西南延伸的一支为西南印度洋洋脊；向东南延伸的一支为中印度洋中脊。卡尔斯堡洋脊向北也分为两支：向西北延伸的一支进入红海，继而呈斜列分布，有死海－约旦河裂谷、来因裂谷和奥斯陆裂谷；向东北方向延伸的一支也呈斜列式，包括卡尔斯堡、马尔代夫和西西伯利亚低地（?）。这两支构成了一巨大的 X 型裂谷系。卡尔斯堡洋脊东西两侧呈镜像对称分布的，还有东侧的东经 90°洋脊和西侧的东非裂谷系（图3）。这个巨大的西印度洋 X 型裂谷系的形成，无疑就是地壳的两个主要波系，即北冰洋－南极洲波系和太平洋－非洲波系一级波峰带交互作用的结果。而两个主要波系本身的形成与地球自转速度变更有关，所以南北向的主压应力较大完全可以理解。著名的东非裂谷，不过是巨大的西印度洋 X 型裂谷系一个组成部分而已。

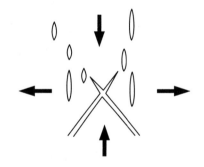

图3　巨大的西印度洋裂谷系示意图

参考文献

〔1〕张伯声. 镶嵌的地壳. 地质学报，1962 年第 3 期

〔2〕张伯声. 从镶嵌构造观点说明中国大地构造的基本特征. 见：中国大地构造问题. 科学出版社，1965

〔3〕张伯声，王战. 中国的镶嵌构造与地壳波浪运动. 西北大学学报，1974 年第 1 期

〔4〕张伯声等. 中国镶嵌地块的波浪构造. 见：国际交流地质学术论文集（1）. 地质出版社，1978

〔5〕 张伯声. 中国地壳的波浪状镶嵌构造. 科学出版社，1980

〔6〕 李四光. 东西复杂构造带和南北构造带. 见：地质力学丛刊第 1 号. 地质出版社，1959

〔7〕 李四光. 地制力学概论. 科学出版社，1973

〔8〕 黄汲清等. 对中国大地构造若干特点的新认识. 地质学报，1974 年第 1 期

〔9〕 陈国达. 中国大地构造简述. 地质科学，1975 年第 3 期

〔10〕 马杏垣等. 河南嵩山区前寒武纪构造变形史及古构造型式. 见：国际交流地质学术论文集
（1）. 地质出版社，1978

〔11〕 张秋生. 东秦岭多期变质作用和变形史. 长春地质学院院报，1977 年第 3 期

〔12〕 赵宗溥. 华北断块区结晶基底的形成与演化. 见：华北断块区的形成与发展. 科学出版社，
1980

天山东南端卡瓦布拉克塔格－东库鲁克塔格的地壳波浪编织构造①

张伯声　吴文奎

　　卡瓦布拉克塔格－东库鲁克塔格位于新疆天山东南段，在吐鲁番、鄯善以南及罗布泊洼地以北地区。长期以来，国内外地质工作者对该区曾进行过广泛的地质矿产调查研究。在李四光教授倡导的天山－阴山纬向构造带内，近年来发现有西域系及阿尔金系等扭动构造体系的斜接复合[1, 2]②。张文佑教授从断块学说出发，论述了 X 型剪切断裂体系在我国东部、北部包括新疆地区的存在[3]。黄汲清教授所划分的天山地槽系及塔里地木台，也在进一步研究中[4, 5, 6]③。作者根据"镶嵌构造波浪运动"学说，阐明过北西西向天山－秦岭构造带与北东东向阿尔金构造带的交叉，以及塔里木、吐鲁番－哈密等盆地的菱形或类菱形地块构造轮廓及其地块波浪运动特征[7, 8, 9]。现在结合多年的野外实践④，以及兄弟单位取得的新成果，进一步探讨该区地壳波浪运动及其形成的编织构造特征。我们在此对于许多单位和同志的大力协助表示感谢，并希望读者批评指正。

一、天山东南端地区的山块地质

　　天山东南端属于北西向古地中（海）构造带天山－秦岭－大别山波峰带的天

---

①本文收录于陕西科学技术出版社 1982 年出版的《地壳波浪与镶嵌构造研究》一书。
②新疆区调大队，新疆构造体系图，1981 年；徐新，新疆区调，1978 年第 4 期。
③陈哲夫，梁云海，新疆地质，1980 年第 1 期。
④高振家，吴文奎等及吴文奎，吴乃元等，阿奇山－牙曼苏一带 1∶20 万地质报告，1960 年，1962～1963 年；吴文奎，新疆区测，1963 年第 5～6 期；吴文奎，胡树荣等及吴文奎，王务严等，阿奇山幅、巴勒衮布拉克幅 1∶20 万地质图及说明书，1965 年。

山地段与外太（平洋）阿尔金山分带的交叉地区。至于天山地带，则因准噶尔界山、阔克沙勒-博格达及阿尔金-西昆仑等波峰带，被分成五段，其中卡瓦布拉克塔格-东库鲁克塔格是天山东南段的库鲁克塔格-南天山段，它由于外太构造带塔里木-哈密波谷带的两条分带，以及其中次级和更次级等构造带的交织，更可分成若干次一级地块（图1[①]，表1）。兹将各山块地质现况略述于下：

其一，库鲁克塔格-却勒塔格山块。研究区西北部的库鲁克塔格-却勒塔格山块位于库鲁克塔格东南端，以帕尔岗塔格山麓断陷盆地，与其东南的阿尔特梅什布拉克-阿拉塔格断陷地带隔开。库鲁克塔格-却勒塔格山块（简称库却山块）可依次分为三小块，其中却勒塔格山块在库却山块东北，兴地山块在其西南，乌勇布拉克盆地处于中间部位。

库却山块东北的却勒塔格次级山块走向北西西，其地层分布，由东北到西南，依次为中晚元古亚界、泥盆系，以及泥盆系之中外露的志留系。库却地块中间的乌勇布拉克盆地是个新生代盆地，其南侧突起的有克孜勒塔格，其中分布的地层主要是石炭系，并有泥盆系及志留系的外露层。这一构造地区西南侧和东南端，出露的是中酸性侵入岩。库鲁克塔格山块在库却地块西南侧，其中分布的主要是早元古及中晚元古的岩层，并有中酸性侵入岩。

其二，研究地区的中带是阿尔特梅什布拉克-阿拉塔格中间地块，它分为东北与西南二区。其西南的东库鲁克塔格山块，其实不是库鲁克塔格向东南的绵延部分，而是阿尔金山地带西北侧坳陷带经过罗布泊洼地，向东北翘起的山块，所以它的地层构造走向，大多数呈北东东向。这个中间地块的东北大片山地，则是却勒塔格山块向东南跨过帕尔岗塔格的山前断裂盆地，而隆起山块从构造格局上来看，它和东库鲁克塔格山块一同排列在阿尔金构造带的东北部，只是与阿尔金山被河西走廊西端的断陷构造隔开了，使它们隔着这个断陷，遥遥相望。所以，在此处把这一带看作是阿尔金山构造向东北延的一部分。

其三，穷塔格山块是穷塔格西北断裂陷落所形成的坳陷带东南断块山块，又是阿尔金山带在其东北隔着河西走廊西端而隆起的小山块。

---

①本图按新疆区调队区测成果改编。

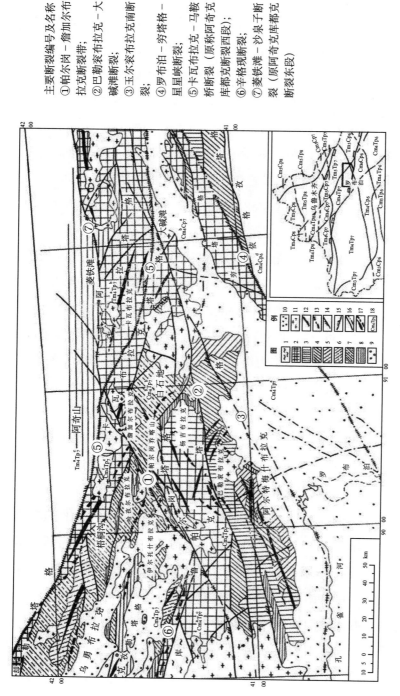

主要断裂编号及名称
①帕尔岗－詹加尔布拉克断裂带；
②巴勒裂布拉克－大碱滩断裂；
③玉尔泵布拉克南断裂；
④罗布泊－劳塔格－星星峡断裂；
⑤卡瓦布拉克－马鞍桥断裂（原称阿奇克库都克断裂西段）；
⑥辛格滩现断裂；
⑦菱铁滩－沙泉子断裂（原阿奇克库都克断裂东段）；

图例
1. 下元古界；2. 中、上元古界；3. 震旦系；4. 寒武－奥陶系；5. 志留－泥盆系（东库鲁克塔格）；6. 志留系（南天山）；7. 泥盆系（南天山）；8. 石炭系；9. 中、下侏罗系；10. 新生界；11. 中酸性侵入岩；12. 波峰波谷界线；13. 波峰波谷分带界限；14. 北东向左旋压扭性断裂；15. 北西向右旋压扭性断裂；16. 断层（实测、推测）；17. 褶皱轴（背斜、向斜）；18. 褶皱地块、山块符号

图 1　卡瓦布拉克塔格－东库鲁克塔格构造略图

表1　卡瓦布拉克塔格－东库鲁克塔格构造表

古地中(海)构造带 ＼ 外太(平洋)构造带		哈密－塔里木波谷带 Tp_7			阿尔金－西昆仑波峰带 Cp_6
		博斯腾湖－吐鲁番波谷分带	东库鲁克塔格－尖山子波峰分带		北山分带
准噶尔－河淮波谷带 Tm_5	北天山波谷分带	阿奇山华力西褶皱山块 Tm_1^b Tp_7^b			
	中天山波峰分带	却勒塔格前寒武－华力西褶皱山块 Cm_4^b Tp_7^b	卡瓦布拉克前寒武－华力西褶皱山块 Tm_1^b Tp_7^b		
天山－祁连山－秦岭波峰带 Cm_4	南天山波谷分带	乌勇布拉克华力西褶皱山块 Cm_4^b Tp_7^b	白石地华力西褶皱山块 Cm_4^b Tp_7^b	穷塔格华力西褶皱山块 Cm_4^b Tp_7^b	依格孜塔格前寒武－古生褶皱山块 Cm_4^b Cp_6^d
	库鲁克塔格波峰分带	兴地前寒武－古生褶皱山块 Cm_4^b Tp_7^b	东库鲁克塔格前寒武－古生褶皱山块 Cm_4^b Tp_7^b	孔雀河－罗布泊坳陷 Cm_4^b Tp_7^b	

其四，依格孜塔格山块是阿尔金山带在其西北部的一个山块，北东东与北西西构造都有一定的表现。

总之，北西向天山东南端与隔着河西走廊西端断陷的北东东向阿尔金山构造带，在东库鲁克塔格东南端相交，而在这个地区形成了我国西部地区的一个网结，即库鲁克塔格与阿尔金山构造网结。这个网结的构造格局相当复杂，过去的地质论述方面有些不同看法，多是由于这个网结的扰乱。现在，这里的构造研究还是不够深入，仍难以"快刀斩乱麻"的手法来处理这个问题。但是，这里的地层和构造发展，同我国各地的一般情况相似，多是以三叠中晚期为界。它在古生代及其以前，多以北西西向地槽坳陷及其褶皱为主，到晚三叠以后，多以盆地沉积及北东东向构造断裂为主，并切割较早形成的北西西向构造，组成各种断裂镶嵌构造。

二、卡瓦布拉克塔格－东库鲁克塔格地块波浪的构造发展

卡瓦布拉克塔格－东库鲁克塔格北西西向与北东东向构造相互交织的斜向镶嵌构造地貌，是该区地块波浪运动发展的目前状态。为了研究其长期的构造发展，我们首先要考虑北西向及北东向构造的地块波浪运动过程，然后再来研究这两个方向波浪系统相互交织的"构造编织"作用。

（一）北西西构造带的地块波浪运动

北西西向构造带的地块波浪运动很清楚。北西西向构造带从东北而西南可分为：北天山波谷分带的阿奇山山块；中天山波峰分带的却勒塔格与卡瓦布拉克山块；南天山波谷分带的乌勇布拉克、白石地与穷塔格山块；库鲁克塔格波峰分带的兴地、东库鲁克塔格山块与孔雀河－罗布泊坳陷，以及依格孜塔格山块。它们在地史时期内，互作天平摆动式波浪运动。

这里的太古及早元古演化情况研究不够，还摸不清。从现有库鲁克塔格及中天山两个波峰分带的苗头看来，这二区的沉积相似，厚度相仿，其发展状况是南北基本平衡。后来，普遍沉积了中、晚元古地层；到古生代再次掀起了波浪运动，中新生代成为断块波浪。

长城－蓟县时期，库鲁克塔格与中天山的不同波峰分带都开始北倾南仰，蓟县纪晚期、青白口纪初期之间的穷塔格变动[1]，中天山及穷塔格一带一度隆起剥蚀。后来，青白口系在帕尔岗塔格南北一致，沉积又趋平衡。巴勒衮布拉克（可能相当中条期）运动时[1]，天山与塔里木有可能发生同期的波浪运动，陆续形成南疆的统一地块，并在此时发生总体隆起。

震旦时期，古南北疆地块又分解成若干次级波峰、波谷带，再次进行摆动。库鲁克塔格分带明显沉降，早震旦世海相冰积及晚震旦大陆冰川的堆积[10]，总厚度可达 5 000 米左右。但天山东段冰川绝迹，多受剥蚀。虽然经过早震旦世内发生的库鲁克塔格运动第一幕玉尔衮布拉克变动[1]，早震旦晚期与晚震旦初期的第二幕阿勒通达坂变动[1]，以及晚震旦晚期、早寒武初期的第三幕帕尔岗塔格变动[1]，也都未能改变这一南坳北隆的局面。

---

①这些变动的名称，均因该地区表现明显而建议命名。

早寒武世，库鲁克塔格海侵较广，东天山古陆崇岭密布，多海湾（如卡瓦布拉克海湾），仍然南凹北凸。这样的古地貌特征一直持续到中奥陶世晚期与晚奥陶世之间，该期加里东运动（卡瓦布拉克变动[①]）使中天山卡瓦布拉克古海湾与华北地块大部地区一同升起，天山东段几乎全部成陆。晚奥陶世库鲁克塔格与天山东段呈北陆南海的隆洼地貌。晚奥陶世晚期、早志留世之间的阿尔特梅什布拉克上升[①]，使下志留统土什布拉克组与上奥陶统之间形成假整合。以该幕运动为契机，库鲁克塔格地区与南天山分带东段转化为南翘北倾。

早志留世时，转而南海北陆。至中、晚志留世，南天山海槽主要呈北西西向延伸，北有北天山古陆，该古陆南缘滨海一带，可能有中天山古岛链星散分布。库鲁克塔格此时已褶皱成陆。该区总体地貌是南北隆而中部坳。

整个华力西期，改变了过去长期北陆南海、南降北升的总体古地貌特征。

泥盆纪，整个天山海槽可分为南、中、北三个分带。当时，以中天山波峰分带为构造支点带，隔开南、北天山海槽（波谷分带），使其分属印度－太平洋及北极－太平洋两大生物区系[②]，南、北天山作为天平两盘而上下摆动（图2）。早、中泥盆世，天山海槽北优南冒之势明显。晚泥盆世，均显出海退迹象，反而北隆南坳。库鲁克塔格分带在早泥盆世隆起成陆，到中泥盆世这里缓缓下沉，晚泥盆世时呈深深陷落的断陷槽地，表现为北跌南起。

到晚泥盆世晚期与早石炭世之间的早华力西运动，该区一度褶皱隆起。维宪时期海侵扩展，海水波及中天山，以中天山列岛为构造支点带，南、北天山分带仍作天平摆动。此时自北而南有成对出现的优地向斜－优地背斜－冒地向斜－冒地背斜，南与地台型海盆毗邻，总体呈隆洼成对的南隆北坳构造地貌。早石炭世晚期、中石炭世间的中华力西运动以来，除北天山仍为海槽外，大部分地区海水相继退出，有北海南陆之势。早二叠世晚期、晚二叠世间的晚华力西运动，天山结束地槽阶段，进入断块山活动阶段。

侏罗纪，乌勇布拉克、依尔托布什布拉克及罗布泊北缘，形成北西西向坳陷盆地，与周围继续上拱的块断山块形成更次一级隆洼相间的盆地－山岭状波浪构造，其波长可达35千米左右。

---

①这些变动的名称，均因该地区表现明显而建议命名。
②曾亚参，肖世禄，新疆区调，1979年第2期。

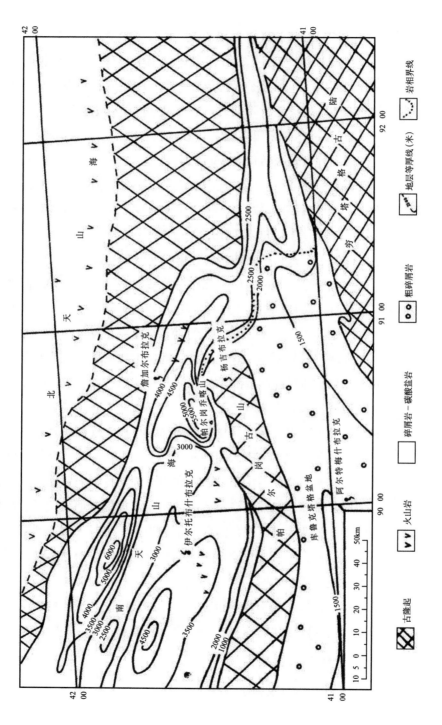

图 2　泥盆纪古地理图

到新生代，本区以南的孔雀河－罗布泊坳陷与其以北的吐鲁番－哈密坳陷南北呼应，呈现盆地－山岭地貌。其升降幅度向北增大：罗布泊坳陷浅（海拔 700 米左右），库鲁克塔格－阿拉塔格隆起低（夷平面为 1500 米的低山－丘陵地貌），吐鲁番－哈密坳陷深（海平面下 154 米），博格达塔格－哈尔里克塔格隆起高（海拔 3000 ～ 4000 米以上中高山地形），这一级波浪的波长达到 350 千米。

（二）北东东向构造带的地块波浪运动

北东东向构造带的地块波浪，同样很显著。它们在博斯腾湖－吐鲁番波谷分带的库却山块与东库鲁克塔格－尖山子波峰分带的东库鲁克塔格－卡瓦布拉克塔格山块、穷塔格山块、孔雀河－罗布泊坳陷及依格孜塔格山块之间进行。

长城纪，库却山块沉积较薄，表现西倾东仰；到蓟县纪，东南的穷塔格稍抬。东翘西倾局势一直持续到青白口纪。早震旦世，穷塔格山块可能升起，再次东凸西凹；至晚震旦世，沉积东薄西厚。

早寒武世，北东东向延伸的穷塔格古岛，隔开卡瓦布拉克海湾与库鲁克塔格海。前者因天山古陆而受阻于詹加尔布拉克以西，略显西北隆东南洼。中寒武世至晚奥陶世，其古地理面貌与早寒武世大同小异。早志留世，东西二区大致平衡。中、晚志留世，沉积只限于乌勇布拉克山块之内，反成西坳东隆之势。

泥盆纪沉积中心分别在梧桐沟及帕尔岗塔格北坡一带，沉积厚度东西相似，火山活动则西强于东。早石炭世以来，东西再趋平衡。早二叠世末结束海槽发育时期，进入断块山活动阶段。

侏罗纪、第三纪及第四纪，一般来说，西部坳陷较多于东部，大约形成西落东抬之势。孔雀河－罗布泊一带第三纪－第四纪坳陷，从而使东库鲁克塔格－尖山子波峰分带分为阿尔特梅什布拉克－阿拉塔格山块与孔雀河－罗布泊坳陷，形成隆洼相对的更次一级波峰、波谷带。

（三）北东向及北西向构造带的"构造编织"作用

"构造编织"作用是两个或两个以上方向的构造带互相交叉，在其内部划分出的各级山块，地史时期内，相互干涉，起伏相间，好像网绳编织时经纬线的交织作用。我们所说的"经纬线"实际上是指构造的经纬，称之为"构造经线"与"构造纬线"，其方向可以是正向（近东西、南北方向），但更多是斜向。天山东南端一带的库鲁克塔格与阿尔金山网结，就是经过"构造编织"作用而形成。这里的北西向构造分带可以作为构造纬线看待，而北东向构造分带就是构造经线。

"构造编织"作用大致有两种形式：其一是地史上地块、山块的天平摆动，隆洼的迁移，以及沉积中心的变迁等；其二则为构造的叠加。下面我们先从地史的演化谈起：

早元古时期，这里的构造研究不很清楚，其"构造编织"可能在更高一级范围内进行。例如，北西西向天山－祁连山为构造纬线，阿尔金作构造经线，此时的天山、祁连山双双坳下，分别沉积有兴地塔格群及北大河群，相当于编织时凹下的纬线；阿尔金山带东北段北山－敦煌山块的敦煌群，则可能缺失早元古晚期的沉积，而表现为该晚期的隆起，这是经纬线交织的凸起部分，敦煌山块两侧（阿尔金山块及马鬃山山块）可能是经线凹下的山块。到中、晚元古时期，敦煌山块则沉陷较浅（图 3a）。

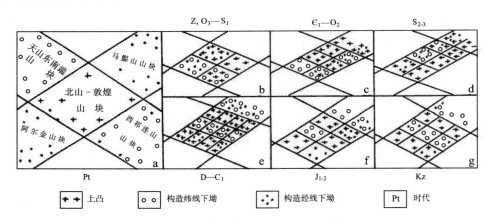

b ～ g 所示地区为卡瓦布拉克塔格－东库鲁克塔格

图 3　天山东南端"构造编织"作用示意图

到震旦纪，天山东南端构造经纬的研究，比较有点眉目，北西向构造纬线南坳北隆，北东向构造经线西厚东薄，西坳东仰（图 3b）。早寒武－中奥陶世，构造纬线方向因卡瓦布拉克海湾及库鲁克塔格海的存在，大致可见四条纬线，即北、中、南天山及库鲁克塔格，出现陆—海—陆—海的隆洼交变局面；从北东向经线上看，却是东凹西凸（图 3c）。到晚奥陶－早志留世，这里的古地理恢复为南海北陆，东起西落（图 3b）。中、晚志留世，构造纬线上出现乌勇布拉克海湾，南北为陆，中间为海，北东向经线上则东抬西坳（图 3d）。到泥盆纪及石炭纪，这里四对构造经纬分明，自北而南为洼－隆－坳－凸，即优－背－冒－背－台，自西而东为翘－倾－仰－凹，"构造编织"最为典型（图 3e）。中、新生代本区虽已全部成陆，但构造经纬愈分愈细。其中，北东向构造经线尤其明显，造成我国西北地区一条强大的北东东向阿尔金山构造带，斜切北西西向天山－祁连山构造带，形成北山－敦煌网结（图 3f，图 3g）。

下面我们谈一下"构造编织"作用的另一种形式——叠加褶皱。J·G·兰姆赛（Ramsay，1967）曾列举过各种形式的叠加褶皱图案。根据构造编织的含义，早期形成的褶皱地层，为方向上或多或少有差异的晚期褶皱所叠加而复杂化。形象地说，这些褶皱的叠加类似于构造"织网"，代表两种或两种以上构造波所形成的"构造编织"图案。

研究区内，库鲁克塔格分带在五台运动期构成北西西－近东西向褶皱。后来发生的青白口纪晚期、震旦纪初期之间的巴勒衮布拉克运动（相当中条运动或塔里木运动），大致形成北西西向褶皱，北东东向构造只是在较老褶轴的起伏、排列上，微露痕迹。震旦纪时期发生的库鲁克塔格运动三个幕次，并未严重改变构造应力场的方向。早加里东运动卡瓦布拉克幕（中奥陶晚期）的褶皱轴方向更偏于北西，构成一定的叠加及构造编织，但这种编织并不很明显。中、晚志留世晚期与早泥盆世之间，晚加里东运动阿尔特梅什布拉克幕造成的北东东向褶皱，明显地"编织"于北西西向褶皱之上。早华力西运动在本区又编织上北西向褶皱，中华力西运动则是近东西向褶皱的构造编织。燕山运动再偏北西西向。喜马拉雅运动的坳陷因地而异，或为北西西向，或为北东东向，菱形"构造编织"图案终于完成。

三、波浪状编织构造的形成机制

卡瓦布拉克塔格－东库鲁克塔格地区波浪状镶嵌构造网的形成，决定于它所处的构造地位。中国位于太平洋、劳亚及冈瓦纳三大壳块相对运动的空当。在较大范围上，中国受制于太平洋壳块、印度地台及西伯利亚地台的品字地块扭压之中。它们长期互相挤压、对扭，形成中国特有的复杂镶嵌构造特征。天山东端的构造恰好反映它们三块的相对扭挤，在不同时期形成波浪状编织构造。

　　在中国，我们可以观察到以上三大块在近东西向太平洋－欧非二块的相对运动，近南北向南极洲－北冰洋的相对运动，引起了它们之间的西伯利亚地块向南、印度地块向北，加上太平洋壳块向西的运动，其效应使中国地块内的地壳形成斜向波浪运动，它们的对挤引起中国地壳波浪状镶嵌构造网的分布。其中，南北向的东亚镜像反映中轴把中国构造网划分为近于对称的东西两个部分。东部类菱形构造的长轴方向，通常是北北东向；西部类菱形构造的长轴方向，表现为北西西向。位于中国西北的卡瓦布拉克塔格－东库鲁克塔格斜向构造网长轴，近于东西向。

　　造成这种构造现象的因素是多方面的。地球收缩与膨胀交替的脉动作用，通过壳块的振荡，激发起地壳波浪向周围传播。在传播过程中，由于能量的消耗，或其他系统地壳波浪的干涉，就会逐渐减弱，有时还会产生不同波浪系统的联合。环太平洋构造带及特提斯构造带，在中国从内带向外带（即由南向北和由东向西的地质构造）由强转弱，是逐步减弱的例子；东亚镜像反映中轴，则是二种构造波互相干涉的例子。应该指出，不同系统地壳波浪传播的强弱转化及互相干涉的例子，也存在于地球其他许多地区和各个发展阶段。由此，也可解释地槽迁移、构造等间距，以及构造干涉等构造现象。

　　太平洋－欧非波浪系统从日本列岛－台湾－菲律宾一线，向中国大陆内部逐渐推进，加上西伯利亚－南大西洋波浪系统由西北向东南的传播，以及西伯利亚地台与太平洋壳块的南北向左行对扭效应，西伯利亚地台与印度地台的右行对扭运动，便形成了中国强大的北东－北北东向华夏构造和中国西部的华西构造[9]。在中国西部，由于北冰洋－南极洲波系的地中海波浪系统由印度传播相当强烈，中国西部地壳波浪的传播方向便发生弧形向北、向东运动。太平洋波浪运动向西北，逐渐通过东亚镜像反映中轴以后，转向北北西。这两种地壳波在东天山的会合和互相交叉，中国西部就形成强大的北西－北西西向地壳构造波及北东东向外太构造波的相错扭动。由它们在天山东端引起的构造交叉，明显地说明这种情况。

　　塔里木地块及其周边构造镶嵌地块典型的几何菱形轮廓，应是地球南北向切向分力在地壳中早期形成的X扭裂带，经过长期挤压作用，以及南部印度地台的抵制，挤压应力所对应的北东－北西向扭断裂夹角逐渐增大，最后转化为指向北东东向与北西西向扭断裂钝角夹角，因此，塔里木菱形地块长轴方向便近东西向延伸。天山东端的较小地块并不例外，其长轴也近东西向延伸。喜马拉雅运动以来，塔里木地块与包括本区在内的周边构造带，沿着早在晚元古－古生代时期就已形成的北东东向与北西西向构造，发生鲜明对照的剧烈波浪状坳陷与隆起成对的运动作用，从而形成斜方形的塔里木及其周边次级地块近东西走向的菱形构造轮廓，也就成为中国西部最好的典范。

天山东南端的卡瓦布拉克塔格－东库鲁克塔格及其邻区地块波浪运动的大致过程，简单说来，就是这样。

四、小结

天山东南端卡瓦布拉克塔格－东库鲁克塔格地壳波浪运动特征可以综述如下：

(1) 这里的北西西向天山与北东东向阿尔金山（包括其外围构造）相互斜交，组成塔里木菱形地块东部的锐角夹角，并且在东库鲁克塔格（及其邻区北山－敦煌）一带，形成中国西部的一个构造网结。

(2) 本区在长期地壳波浪运动演化中，形成北西向与北东向排列的若干褶皱山块与坳陷，即北东向排列的四大山块：①库鲁克塔格－却勒塔格；②阿尔特梅什布拉克－阿拉塔格；③穷塔格（包括孔雀河－罗布泊坳陷）；④依格孜塔格等褶皱山块。本区作北西向排列的四大山块：①阿奇山；②却勒塔格－卡瓦布拉克；③乌勇布拉克－白石地－穷塔格；④兴地－东库鲁克塔格－依格孜塔格等褶皱山块。它们互相交织，构成斜向波浪状镶嵌构造网。

(3) 各山块在地史时期中，一方面各按北西西向及北东东向分别作天平摆动；另一方面各构造带均起着构造经纬线作用，互作"构造编织"。

(4) 天山东南端斜向波浪状镶嵌构造的形成，既是西伯利亚地台、印度地台及太平洋壳块互相扭压，在中国西部所产生的构造效应，又是外太（平洋）与地中（海）两大构造波在这一地区交叉传播的结果。塔里木菱形地块北东东向与北西西向 X 扭断裂钝角夹角，指向南北挤压应力方向的原因，则是地球南北向的切向分力，长期作用于早期形成 X 扭断裂带的结果。

参考文献

〔1〕 李四光. 地质力学概论. 科学出版社，1975

〔2〕 中国地质科学院亚洲地质图编图组. 亚洲地质发展和构造轮廓. 见：国际交流地质学术论文集（1）. 地质出版社，1978

〔3〕 张文佑，钟嘉猷. 中国断裂构造体系的发展. 见：国际交流地质学术论文集（1）. 地质出版社，1978

〔4〕 任纪舜等. 中国大地构造及其演化. 科学出版社，1980

〔5〕 胡冰等. 新疆大地构造的几个问题. 地质学报，1964 年第 44 卷第 2 期

〔6〕 新疆地质局编写组. 中国天山地质构造特征. 见：国际交流地质学术论文集（1）. 地质出版社，1978

〔7〕 张伯声，王战. 中国的镶嵌构造与地壳波浪运动. 西北大学学报，1974 年第 1 期

〔8〕 张伯声，吴文奎. 新疆地壳的波浪状镶嵌构造. 西北大学学报，1975 年第 3 期

〔9〕 张伯声. 中国地壳的波浪状镶嵌构造. 科学出版社，1980

〔10〕 高振家等. 新疆库鲁克塔格震旦系和冰川沉积. 见：中国的震旦亚界. 天津科学技术出版社，1980

"东亚镜像反映中轴"对甘肃南部及其邻区的构造和矿产分布的控制①

张伯声 李 威

一、引言

中国区域构造中的"东亚镜像反映中轴"是张伯声（1965）提出的东亚套山字型体系中，贯穿三个"山字型"构造的共同轴。它是贯通我国地槽网的轴线构造，在中部形成近南北向构造带，把中国地质分为分列在"中轴"②东西两侧的华夏系和华西系两部分。华夏系和华西系构造均由剪切作用形成的斜列交叉构造构成，似乎是以"中轴"为对称轴的两带互相反映的扭裂带。甘肃南部正是"东亚镜像反映中轴"通过的地带。

本文旨在阐明"东亚镜像反映中轴"在甘南地带及其东西两侧的波浪状镶嵌构造与矿产的关系。它涉及东经101°00′～104°00′，北纬34°45′～32°32′之间的广大地区，面积大约75 000平方千米。依据《中国地壳的波浪状镶嵌构造图》（张伯声，1975）的划分，本区大部分处于外太（平洋）构造带的大兴安岭－龙门山波峰带与古地中（海）的天山－祁连－秦岭波峰带在西秦岭相交叉地区，即西秦岭古生－三叠晚华力西（即印支）褶皱波谷带、南秦岭震旦－下古生加里东褶皱波峰带和龙门山波峰带摩天岭构造带分段的会合区。它们构成了一幅绚丽多彩的波浪状镶嵌构造图案（图1）。

①本文收录于陕西科学技术出版社1982年出版的《地壳波浪与镶嵌构造研究》一书。
②东亚镜像反映中轴，以下简称"中轴"。

图 1　"东亚镜像反映中轴"甘南段区域构造略图

二、地层及侵入岩

区内分布有各时代的地层，而以古生界最为发育，中生界次之。由于跨越秦岭、大巴山、摩天岭及若尔盖等广大地区，地层分属较多，各分区处在不同的地质构造部位，沉积建造多样性及其构造复杂性是本区的特点。

中、新生界多有发现。三叠系多为海相地层，侏罗系、白垩系、第三系主要为断陷盆地内的类磨拉石建造；第四系沉积类型复杂，以砂砾石层及黄土分布最广，武都及松潘的谷地尚有冰川沉积。古生界广为分布，二叠系有部分陆相，古生界其余各系多为轻变质海相，志留系、泥盆系为类复理石和碳酸盐岩建造。震旦系分布在勉略（勉县、略阳）地区，上部为碳酸盐岩，下部以碎屑岩为主。前震旦系碧口群上部为绢云母片岩、千枚岩夹透镜状大理岩、砂质灰岩及细碧岩、细碧凝灰岩、石英角斑岩等；下部为变集块角砾细碧岩、细碧岩、凝灰质片岩等。在过去不同时期，囿于不同地段上覆地层的时代不同，不同单位对于碧口群的时代各有不同意见。有人定为前泥盆纪，或前志留纪，有人认为属早古生代，最近有人又称其为前寒武纪。其实，这些都是由于该地层褶皱楔入古老岩系之中所拟定的误称。但是，勉县地区震旦系陡山沱组大范围内不整合地覆盖于碧口群之上，故本文暂称其为前震旦系碧口群。当然，这是可以进一步商榷的。

区内侵入岩的时代相当齐全，它们同构造的关系十分密切。岩性以酸性、中酸性、中性岩为主，基性、超基性岩较少。以徽成断陷盆地为界，可把该区大致分为南北两条构造岩带。北带包括黄牛铺、秦岭梁、八卦山、糜署岭、温泉、毛香坝、郭家庄、教场峡及间井等处岩体，它们主要是印支、燕山期岩浆活动的产物；南带包括红庙子、马家坝、迷坝、阳坝、鹰嘴山及双猫山一带和勉县东南隅关帝庙等处的花岗岩体，岩浆岩多是早元古代末期、加里东期、海西期、印支期岩浆活动的产物。从岩浆活动强度来说，南带较北带弱，北带岩浆岩多属钙碱性系列，仅秦岭峡为接近钙碱性系列的偏碱性岩石。南带岩浆岩多属钙碱性系列的偏碱性岩石。从绝大多数侵入岩侵位深度（2～6千米）、围岩变质相和岩体与围岩的构造关系分析，本区岩浆岩应属浅带范畴。

三、构造特征

本区构造以盆地－山岭式波浪构造为特征。北西向华西构造带跟北东向华夏构造带在本区交叉，形成了北起漳县、天水，南到文县、白水的近南北向延伸构造带，这就是"东亚镜像反映中轴"的一段。"中轴"以东，以华夏构造带为主，华西式构造穿行其间；"中轴"以西，以华西构造带为主，华夏式构造穿行其间。因此，在平面上组成了本区由镶嵌而结合的波浪状构造图案。其中褶皱构造与断裂构造混杂，但为了方便，把它们分两个部分叙述。

（一）褶皱构造

"中轴"东侧构造以华夏式褶皱为主，断裂次之，且断裂以压扭性为主，它们组成复杂褶皱断裂带。

前震旦系碧口群的复式褶皱构造是均匀紧密状。由于晚加里东构造运动的不均衡发展，加之"中轴"地带的隆起，使"中轴"附近的志留系褶皱轴向北东与北西或南东与南西倾俯，并伴随着轴线走向上的转折。晚华力西构造运动使上古生界到三叠系的褶皱构造更加不均衡。泥盆系褶皱形态、轴向变化较大；三叠系海陆交互碎屑岩及灰岩的总厚度因地而异。这说明晚古生代到三叠纪的晚海西（印支）运动，使这里褶皱轴发生反复翘倾的波浪运动。从剖面上来看，褶皱复杂且呈缕状分布，褶皱开阔平缓地段往往被挤压较紧密的褶皱地带相间隔，表示这里印支运动采取了冲击波的形式。到中、新生代的断块运动，本区形成了一系列半地垒－半地堑的盆地山岭式波浪状构造地貌。这两种构造形式复杂化了本区的构造格局，改变了其构造地貌（图 2）。

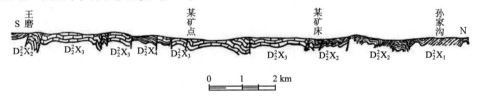

D²₂X—中泥盆统西汉水群吴家山亚组；D²₂X₁—孙家沟碎屑岩亚段；D²₂X₂—含矿碎屑岩亚段；
D²₂X₃—大柳坝碳酸盐岩亚段，D²₂X₄—石门沟碎屑岩亚段

图 2 甘南某矿田波浪状构造剖面示意图
（示冲击波传递形式和断块构造运动对构造的复杂化）

"中轴"以西褶皱构造，则以华西式为主。沿白龙江分布着由志留系组成的复背斜构造，其南北两侧又有北西向的向斜、背斜构造相间排列。它们褶皱线比较稳定，呈北西向，并大致向北西倾俯，显示了长期以来构造应力场基本变化不大

和褶皱构造发展时期较长的特点。

中、新生代形成一些断块山及断陷盆地。断块山一般是西北仰起，向东南倾俯。这些断块构造一级套一级，其北缘有一系列褶皱紧密带，是成矿的良好地段。西成、凤县等地的大中型铅锌矿床无不赋存在这些类似的构造地段。由此看来，从"波浪状镶嵌构造"的角度出发研究矿田构造，对于扩大矿田的找矿前景一定很有利。

（二）断裂构造

本区的断裂构造仍可以分为华夏系及华西系。

1. 华夏系断裂带

华夏系－新华夏系断裂的裂隙带，主要出现在"中轴"东侧，多为一系列北东或北北东向斜列的压扭性断裂或裂隙构造。

华夏系构造在本区内十分发育，主要是一系列相互平行的北东向断裂或裂隙带，组成了半地垒－半地堑式波浪构造地貌，控制着区内山脉、水系的展布。它们大致以 30～50 千米的间隔，作近等间距分布。华夏系断裂往往伴随有许多分支断裂，其锐角指向东北，向西南撒开。华夏构造在这里是一个具有多次活动的古老构造带，从元古代起就控制着本区火山构造的发育。华夏构造在以后历次构造旋回中均有活动，直到喜山期仍有断裂活动，切割了燕山期的花岗岩体。本区华夏构造从西向东，有郑集寨－罗坝－慇班断裂带、白杨树－茨坝－瓜嘴断裂带、晁峪－西和－南峪断裂带、太阳寺－江洛－铁坝断裂带、唐芷－甘泉－雄黄山断裂带、凤县－长坝－白马断裂带、留坝－略阳－横丹断裂带、燕子砭－白水断裂带。

经航空照片、卫星相片解译及野外观察可以发现，新夏华断裂带是走向 N20°～30°E 的断裂组合，并且以平行密集或略呈斜列的断裂组合形式出现，一般是以东盘北移的左行错动为主。它有东强西弱，北部明显南部陷蔽，以 50～80 千米间隔似等间距分布的特点，并有与褶皱格局相似的往东北收敛向西南撒开的趋势。因受早期北东向和北西向构造的牵制，新华夏断裂的连续性受到很大干扰。另外，在武都以西的"中轴"地段内，由于受到新华夏构造南北力偶的影响和若尔盖地块的阻挡，派生出一组北北西向（N20°～30°W）断裂带。它们规模不大，较长者 80 千米，是一些与新华夏构造相对应的右行压扭性断裂带。

新华夏断裂由西向东可分五带，即武山－慇班断裂带、郑集寨－角弓－斜坡断裂带、李子园－黄渚关－三河口断裂带、草凉驿－凤县－大滩断裂带以及崖湾－南星断裂带。这些断裂带在区域上以高裂隙系统断续排列，长达 200 千米，宽度最大达 10 千米，尽管断距不清楚，但对区域矿产分布却有显著的控制作用。

2. 华西系断裂带

华西系断裂带分布在"中轴"及其西部，其中多为北西向斜列压扭性断裂。"中轴"以西，该系断裂比较显著；"中轴"以东，该系断裂则被北东向华夏系断裂所限制，往往呈分散状态或向南弯曲。该系断裂入字型分支的锐角，往往指向北西，表现为右行压扭性断裂带。它们大致以 30～50 千米的间隔，作近等间距分布。华西断裂带发生于早古生代，燕山期有所复活。

华西断裂带从东北往西南，有草凉驿－河口断裂带、李子园－池坝断裂带、鸳鸯镇－麻沿河－谈家庄断裂带、成县－观音寺断裂带、岷县－大安镇断裂带、宕昌－贾家河－铜钱断裂带、舟曲－汉王－赵钱坝断裂带、武坪－干沟坝－枫相院断裂带、双河－文县－碧口断裂带。

（三）"东亚镜像反映中轴"近南北构造带

"东亚镜像反映中轴"其实是华夏构造和华西构造交叉的地带，假像地构成近南北向，就其本质来看，带内构造多是北东向和北西向交叉。以下谈一谈"中轴"间北东向和北西向构造的结合。

甘南"中轴"近南北向构造带是它在中国构造带的一段，东西展布范围在东经 104°30′～105°30′之间，南北向断裂往往表现为北东向和北西向锯齿状转折。其中，老爷庙－武都－李子坪断裂、枫相院－望子关－马家湾断裂，就是这样两条在本区很大范围内形成巨大转折带的锯齿状断裂，看上去就成为一条近南北向的构造了，所以说它给我们的是一种假象。这两条锯齿状断裂之间，恰是裂隙构造密集发育区，给成矿作用提供了十分良好的构造空间。

（四）东西向断裂带

区内东西向断裂带并不十分发育，而且这里也难发现完整而连续的东西向构造带。它迁就、斜接、联合了北东和北西向断裂带，平面上呈波状转折或弯曲延伸，大体表现为东西展布。本区北部有碹子坝－下洮坪－高镇庄－太白牙断裂；南部有汉王－康县断裂。因此，本区近东西向断裂带，仍然是两个斜向断裂带相交叉地带所表现的假象。

（五）古火山构造

碧口－勉县间碧口群火山岩系分布地区有较多的古火山遗迹。据航空照片解译及野外调查证实，东经106°以西，火山构造形成较早，火山锥体由细碧岩和集块状细碧岩等组成，其直径为 1 ～ 2 千米；东经106°以东，火山构造形成较晚，往往由中酸性火山岩、火山碎屑岩组成中间略低的环状高地。上述古火山构造多出现在北东向与北西向断裂的交叉部位。从成矿意义来说，晚期火山构造的热液是火山晚期成矿的物质来源。

从全区来看，新华夏北北东向断裂带向南穿入北东向与北西向构造带相交叉的地区。由于构造带的这种交叉，使本区应力分布复杂化，南部地区应力分散，北部地区应力集中，造成北部断裂明显发育，南部断裂受到抑制而呈分散状态。新华夏断裂一方面与北东向断裂发生斜接，另一方面又与北西向华西断裂带一些类平行断裂也交织成网。这样就形成了甘肃南部包括"中轴"在内的断裂构造网，并控制着本区矿产的分布。

四、矿产分布规律

波浪运动控制着本区的构造发展，对沉积环境分析是重塑地质发展的首要条件，至于先期沉积地层，又是地质构造发展的主要依据，沉积作用与构造条件相结合，才是矿产形成的基础。本区大规模成矿作用与区内大构造波浪运动，有着直接关系。成矿作用的物质来源是含矿地层沉积建造及其岩浆活动的叠加作用。沉积环境随着构造带的分布，也是成带状，在构造沉积带中形成的矿床，自然也要成带分布，这是地质发展的必然趋势。以下拟就甘南地区成矿带及其配置，进行简单的分析：

（一）区域成矿带

甘南成矿带与陕南部分成矿带，在有些地带难以截然分开，所以，涉及陕南成矿带时，合并简述。

1. 摩天岭铜金成矿带

由图3可以看出，在碧口群火山岩系展布的范围内，从北向南有铜官山－平河坝铜矿亚带、阳坝－白皂铜矿亚带、燕子砭－白水铜金矿亚带。

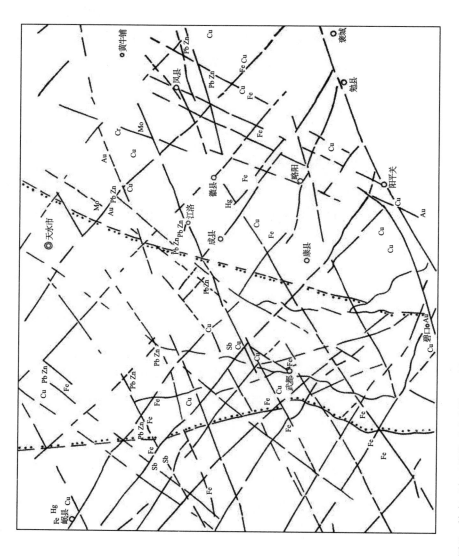

图 3　甘南"东亚镜像反映中轴"区域矿产分布规律图（Fe、Cu、Au……为矿种代号，其他图例与图 1 相同）

2. 临江－岸门口铁锰成矿带

此成矿带分布于临江、岸门口及略阳西南侧一带，长约110千米，宽5～20千米。这一成矿带是碧口群上亚群展布的区域，其岩性为绢云母片岩、千枚岩夹灰岩及大理岩、细碧岩、细碧凝灰岩、石英角斑岩等。该带中有铀、钒、金、重晶石和含锰褐铁矿。

3. 文县－康县铁锰磷成矿带

此成矿带在三河口组展布的范围内，三河口组不整合地覆盖于志留系－下泥盆统之上。下部以厚层碳酸盐岩为主，上部为碎屑岩夹铁矿层。它们属于三角洲相及浅海－海湾相，铁锰矿床多赋存于海退碎屑岩中。

4. 迭部－安化铁成矿带

该成矿带隔着白龙江复背斜的中泥盆统北部成矿带，与文县－康县铁锰磷成矿带相对应。铁矿赋存于不整合接触面上。不整合面以上是泥灰岩与砂岩互层组成的含矿岩系；不整合面以下是灰岩夹页岩的下岩系。

5. 大峪－武都－白水江铁铜钒铀磷锑汞成矿带

该带长达300千米，分布面积达2500平方千米，为中、上志留统展布区域。含碳硅质岩、含碳灰岩及含碳板岩是重要的含矿岩层。其中广泛发育着沉积式、淋滤式褐铁矿床。

中、上志留统向北推覆，逆掩在中泥盆统古道岭地层之上，其下盘岩层中往往赋存着汞矿床。

6. 宕昌－崖湾锑成矿带

锑矿主要赋存于下三叠统及中三叠统的砂岩及页岩中。围岩蚀变主要为碳酸盐岩萤石化等。

7. 梅川－雷家坝－凤县铁铜铅锌成矿带

含矿地层为中、上泥盆统的西汉水群。以西和－礼县断陷盆地为界，其西为菱铁矿、铅锌矿带；其东为西成铅锌矿田，往东毗连凤县峰崖、铅铜山铜铅锌成矿带。

8. 漳县－天水铁成矿带

漳县－天水铁成矿带处于本区北部，其含锰磁铁石英岩是前寒武系皋兰群中的沉积变质矿床。

（二）断裂构造网所控制的矿床

上述各矿带都处于甘南"中轴"区域内，两组斜向断裂带交叉所形成的构造网，控制着上述矿带的形成和展布。本区成矿构造波浪运动中，矿带所提供的成矿物质，在有利于交代沉积的岩层中得到容矿、储矿的构造空间。下述各点，就是在一些矿带中，矿产受构造网制约，有成矿意义的地区。

1. 新华夏断裂带复合部位对矿床、矿田的控制

新华夏北北东向断裂带与北东和北西向断裂带的复合部位，控制着矿床、矿田的生成。

（1）草凉驿－凤县－大滩断裂带，斜接北东向凤县－长坝－白马断裂带的部位，形成了八房山、铅铜山、峰崖多金属矿田。

（2）草凉驿－凤县－大滩断裂带，向南与岷县－大桥－大安镇断裂带复合，有利于红土石含铜黄铁矿床、二里坝铜矿床的集结，同时也为附近火山作用提供了有利的地质构造环境。

（3）草凉驿－凤县－大安镇断裂带，南端穿行复合了燕子砭－白水大断裂，控制着燕子砭金矿点、马蜂窝金矿点和刘家坪铜矿床。

（4）李子园－黄渚关－三河口断裂带与李子园－马道驿断裂带交叉处，构成了李子园一带金、铜、铅、锌、钼多金属矿的聚集。

（5）李子园－黄渚关－三河口断裂带与北西向黄渚关断裂复合地段，决定了一个较大型铅锌矿田的位置。

2. 华夏断裂带与华西断裂带复合部位对矿产的控制

华夏北东向断裂带与华西北西向断裂带的复合部位，控制了矿产的生成。

（1）太阳寺－贾家河－铁坝断裂带与永红－安化断裂带复合处，控制着安化银厂沟多金属矿及崖湾锑矿床的分布。这一地段从构造部位来看，是一个有远景的找矿地区。

（2）新寺镇－岷县断裂带与岷县－大桥－大安镇断裂带的交会部位，有数个铅锌矿的聚集区。

3. "中轴"区对矿产的控制作用

"中轴"地段内的断裂带，彼此呈麦穗状交叉或作锯齿状转折，总体上呈近南

北向的断裂十分发育。这就为成矿热液的运移提供了良好空间，是一个成矿的有利地带。从北往南，矿产聚集成群成带，如在滩家镇一带、白家河－白关、洛峪－页水河、安化－两水、三河口、文县－石坊、碧口等地区。尤其是燕子砭－白水断裂带，在碧口南侧交接了双河－文县断裂带，东侧又有经向的枫香院－望子关断裂贯穿，使这里形成了大山里铜矿、渭沟金矿、维尔沟金矿、何家湾金矿等，是一个很有前途的成矿地段。

最后值得提出的是，区内斜向断裂构造网明显地控制着各种矿产的分布，其突出特点就是矿产的等间距与构造交叉点的控矿规律。关于这一点，张伯声(1974)从波浪状镶嵌构造的观点，在理论上作了更加明确的论述，并得出了构造控矿的明确结论。近年来，全国各地的找矿实例，也进一步证实了这种矿产的成带性、等间距性，以及交叉点对矿产的控制性。这符合地质构造中的波浪运动规律。所以，本区矿产分布所体现出的矿产成带性、等间距性和交叉点控矿性，不过是客观存在的又一实例。我们深信，在今后找矿工作中，运用波浪状镶嵌构造的观点，会取得更多更大的成效。同时，波浪状镶嵌构造学说将会在找矿实践中不断前进。

参考文献

〔1〕张伯声，王战. 中国的镶嵌构造与地壳波浪运动. 西北大学学报，1974 年第 1 期

〔2〕张伯声. 中国地壳的波浪状镶嵌构造. 科学出版社，1980

〔3〕 А. Баддингтон. Формирование Гранитных Тел. 1963

"汾渭地堑" 的发展及其地震活动性[①]

张伯声　王　战

　　"汾渭地堑" 的形成与演化，在中国地学界争论已久。20 世纪 50 年代后期到 60 年代初，作者之一的张伯声在讨论黄河河道发育[1, 2]，以及陕西水系的发展[3] 时，曾涉及 "汾渭地堑" 的问题。70 年代以来，随着石油地质勘探和地震地质研究工作的进展，原来一些推断已为事实所证明或日趋明朗化。但是，对于某些现象和资料的解释，却由于不同学者指导思想的差异而各有不同，这就直接影响到对 "汾渭地堑" 地质构造特征的认识及地震活动规律的探索。作者本着 "百花齐放、百家争鸣" 的精神，在原来看法的基础上，结合各方面新取得的实际资料和对关中地区地震地质研究的成果，应用 "地壳的波浪状镶嵌构造" 理论，对 "汾渭地堑" 的形成、演化及其在地震活动方面的特征，通过本文作进一步的探讨。

一、"汾渭地堑" 的波浪状镶嵌构造背景

　　中国的地质构造图景，明显地表现为北东和北西两个方向构造的交织，形成斜方网格状的中国构造网[4]。这样的构造网的形成，是自元古代以来两个方向的地壳波浪，即环太（平洋）地壳波浪同地中（海）地壳波浪，相互交织发展的结果。中国大陆内部的任一地区，都具有构造上的双重性，即既隶属于环太地壳波浪系统，又隶属于地中地壳波浪系统。这种构造上的双重性，表现为每一地区的地史发展，都受到上述两个地壳波浪系统的制约。

　　"汾渭地堑" 处于环太地壳波浪系统中的一条外太构造带（北北东向的大兴安岭－太行山－龙门山构造带）内，是新生代时这一地壳波峰构造带内部产生的断

---

①本文收录于陕西科学技术出版社 1982 年出版的《地壳波浪与镶嵌构造研究》一书。

陷。另一方面，"汾渭地堑"的形成、发展和地震活动性，又受到地中地壳波浪系统中的两条古地中构造带（北西西向的天山－祁秦－大别山构造带和北西向的阿尔泰－阴山－泰山构造带），以及其间地块波谷带（北西向的准噶尔－河淮波谷带）的控制。环太地壳波浪的活动，决定"汾渭地堑"在构造上有其统一性，而地中地壳波浪的活动，却使"汾渭地堑"内部在地质构造发展及其活动性方面，又有其分段差异性（图1）。

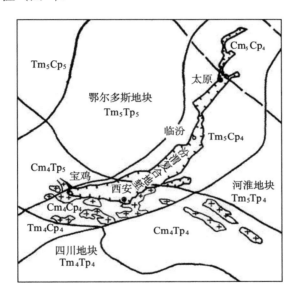

图示北北东向太行－龙门山构造带与北西西向天山－秦岭构造带斜向交织同"汾渭地堑"的关系。虚线为阴山－泰山构造带界限

图1　"汾渭地堑"的波浪状镶嵌构造背景

二、"汾渭地堑"的萌生

由前述构造背景所决定，"汾渭地堑"的萌生可归因于环太和地中两组地壳波浪交替活动的结果。

古地中地壳波浪至少从晚元古代以来，就形成了北西西向的秦岭构造带。这一复杂构造带在鄂尔多斯地块与四川地块之间，起着天平式摆动的"支点带"作用[5]。秦岭构造带内及与其相邻接的南北二地块边缘，在地史时期的每次天平式摆动过程中，都是垂向剪切应力[4]集中部位。这些地带，早已形成了一系列北西西向的基底断裂。秦岭构造带本身及其南北二地块与之相邻的地带，自元古代以来坳陷部位的历次横向波浪状摆动[6]，都受到这些北西向基底断裂的控制。而到了中生代燕山期，大陆内部地壳演化进入了一个新的阶段。由于大陆地壳的厚度增大、硬化程度提高，这些基底断裂大都陆续切穿地壳，充分暴露于地表。所以，我国大陆内部从中生代燕山期开始，地壳波浪运动的形式也有变化，从原来隆坳挠折多具柔性褶皱的地壳波浪，逐步转化为多具脆性断裂的地块波浪[7]。秦岭构造带中段北侧，由于受古地中地壳波浪的影响，侏罗、白垩纪时也出现了一组基本与构造带本身平行的北西西向断裂。它们是基底断裂向上切穿了地表，基本也具有垂向剪切断裂性质。这些切穿地表的垂向剪切断裂活动，造成从鄂尔多斯盆地南缘向南到秦岭山地，呈现出级级升高的阶梯地貌。

当燕山期的环太地壳波浪传播到固化程度较高的华北地区时，该区的中、东部主要表现为深部岩层花岗岩化，进一步岩浆化并上侵成为一系列北北东向排列的燕山期花岗岩体。这种作用在太行－龙门山构造带与天山－祁秦构造带相交叉的秦岭部分，表现得尤其清楚。从华山到宁陕，排列着一带北东东向大大小小的花岗岩体[6]。由于这些岩体的形成和侵位，过多地消耗了环太地壳波浪继续向西北方向传播的能量。也正因为如此，才使燕山运动晚期北西向的褶皱和断裂活动，能够通过六盘山东南端明显穿过"东亚镜像反映中轴带"[8]，并在宝鸡西北地区表现得相当活跃[9]。

正是上述新生代以前这两个方向的地壳波浪，在秦岭地区的交叉活动状况，使"汾渭地堑"的萌生和演化具备了前提条件。

到了早第三纪，环太地壳波浪在大兴安－太行－龙门山构造带中段的活动，表现得十分激烈。它造成这一构造带从山西中部到秦岭中、东段北侧这一段落的强烈穹起，随之在穹起的顶部出现一系列大致平行穹起轴的北东向张性裂缝。这些张性裂缝的规模不大、断裂不深。但是，由于环太地壳波浪向亚洲大陆的传播，在华北所遇到的阻力要比华南大得多，从而造成华北和华南地壳沿着北西西向的秦岭－大别山构造带发生强烈的右行扭动[8]。这样的右行扭动，在华北中、南部都有很大影响，从而使前述那些张裂缝向中和面以下延伸，并在平面上被改造得十分类似于"多字型"断裂系。不过，与典型"多字型"断裂系不同的是，这些断裂在前述穹起作用所造成的中和面以上具张扭性质，中和面以下具压扭性质。每一裂面从上到下不但性质不同，而且产状也发生变化。然而，只此一组断裂并不能形成地堑盆地，因为断裂深部的压扭性质难以造成地壳下落。但就在这时，本来已存在于秦岭构造带北缘和鄂尔多斯地块南缘一系列前新生代形成的北西西向垂向剪切断裂，却由于环太地壳波浪的到来而具有了张扭性质。前述北东向类"多字型"断裂系南部的一些断裂，斜切这些北西西向的平行张扭性断裂束，于是就在秦岭北侧，从眉县以东到三门峡形成北西西向的张扭性断裂和北东向的压扭性断裂这两组大体共轭的 X 型断裂网络。大约在始新世以后，地中地壳波系在这里的活动逐步加强，致使前述 X 型断裂网络中这两组断裂，有互换性质的趋势，即北西西向的断裂从张扭性再次向压扭性转化，北东向的断裂从压扭性也再次向张扭性转化。正是这两组断裂都发生性质转化的时候，在它们密集交织的秦岭北麓地带，就十分自然地发生地壳陷落，形成大体呈北西西向（或蜿蜒作东西向）延伸的早第三纪渭河地堑盆地（图 2）。而前述类"多字型"断裂系的中、北段，在早第三纪之初，其下部具强烈压扭——距秦岭带越远，压性越强，扭性越弱。始新世以后，地中地壳波系的活动性在这里并不显著，因为随着远离秦岭带向东北方向去，其增强的情况必然愈来愈不明显。因此，它们尚不能形成断陷盆地，但这却为渭河地堑此后发展成为"汾渭地堑"，构成了先在的背景条件。

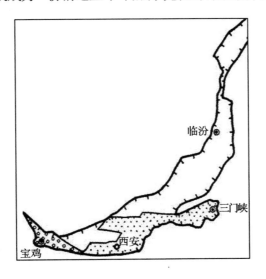

图示早第三纪渭河地堑沉积盆地的规模（黑点部分）；晚第三纪至第四纪更新世，"汾渭地堑"即已扩大至现今范围；小圈部分示白垩纪北西向断陷沉积

图 2 "汾渭地堑"的萌芽

总之，早第三纪时期，应是"汾渭地堑"的萌生时期或雏形阶段。它的出现是由于环太和地中两个地壳波系交替活动造成的。

三、"汾渭地堑"的形成与演化

"汾渭地堑"大体上形成于晚第三纪－第四纪更新世早期。

从早第三纪晚期的渐新世到晚第三纪，地中地壳波系的活动十分活跃。它表现为喜马拉雅地向斜坳陷带的褶皱隆起，并进一步造成青藏高原的强烈上隆。当这一组地壳波浪传播到秦岭地带时，使秦岭山地进一步抬升，并在其中形成一系列半地垒－半地堑式构造。早第三纪已经形成的渭河地堑，也由于秦岭北麓北西西向断裂南北两侧的差异运动，而造成向南倾的趋势。当地中地壳波浪穿过秦岭传播到晋中南地区时，使前述北东向类"多字型"断裂系的下部，由压扭性转变为张扭性。这一转变造成汾河流域的地壳分段陷落，逐步形成汾河地堑。汾河地堑在发展壮大的过程中，终于同渭河地堑在晋西南和关中平原东北角连接起来，于是形成了"汾渭地堑"（见图2）。由此可见，汾河地区由环太地壳波浪先期造就的两个系列北东向断裂，在地中地壳波浪作用下所发生的断裂面下部性质的转变，是"汾渭地堑"最终形成的关键。

这两个受着环太和地中地壳波系交替活动不同程度制约、先后在不同地史阶段分期形成的地堑相结合，形成了一个新月形的"复合地堑"。更新世早期到中期，它曾可能表现为酷似现今贝加尔湖那样的深度极大、向东南凸出的新月形湖泊。不过，贝加尔湖由于沉积物的供应量与陷落幅度相差悬殊，至今尚依旧存在；而与之同步形成的"汾渭湖"却早已销形敛迹，只有靠地学工作者来恢复它在地质历史时期的真面目了。

"汾渭湖"的快速消亡，不能不归因于黄河所携带巨量泥砂的急剧充填。更新世期间，"汾渭地堑"西北侧鄂尔多斯地块翘倾方向不断发生顺时针的转变：更新世早期，地块表现为东南翘起、向西北俯倾；到更新世中期，地块渐次转变为南翘北倾、西南翘东北倾和西北翘东南倾。婴年黄河也随着鄂尔多斯地块的翘倾变动而逐渐成长，注入的盆地由宁夏盆地依次迁移到后套、前套、陕北盆地，并终于在更新世中期之末或晚期之初，突破陕北盆地东南缘的低山，而到达早已形成了的新月形汾渭盆地。黄河携带来的极其充裕的泥砂物质，在更新世晚期已基本填满汾渭盆地，并在豫西三门峡附近切穿"地堑"的东南端而向东注入华北及河淮盆地[2]。鄂尔多斯地块在更新世所作的上述按一定方向倾斜转换的翘倾运动，是一种"吊筛式运动"。类似运动在中国构造网中的大小地块都有不同程度的表现。而鄂尔多斯地块在更新世的"吊筛式运动"，表现为顺时针倾斜变换，可以说明在此期间，环太地壳波浪在该地区向西北方向的传播为主，并有向东北方向传播的地中地壳波浪叠加其上。

全新世以来，鄂尔多斯地块表现为北翘南倾，说明它仍在继续着更新世期间所作的按顺时针变换倾斜方向的"吊筛式运动"；但由于地中地壳波系对这里的干涉逐步增强，使这种"吊筛式运动"有逐渐被整个秦岭山带、渭河地堑和鄂尔多斯地块缓慢抬升所代替的趋势。

据汪品先、王乃文等对"汾渭地堑"内有孔虫层位的研究[10]，说明在上新世末 - 早更新世和全新世，华北地区至少有两次海侵漫入"汾渭地堑"中的低凹部分。但这些对于"汾渭地堑"的形成和构造演化过程的恢复并无影响。

四、"汾渭地堑"在人类历史时期的地震活动性

一个地区的地震活动性与当地的地质构造关系密切。"汾渭地堑"也不例外。但由于所持构造观点不同，人们对于"汾渭地堑"地震活动性的看法也就有着很大差别。作者认为，用地壳的波浪状镶嵌构造观点，来说明这样的关系似乎更容易些。下面概略说明"汾渭地堑"地震活动与地质构造的相互关系。

根据历史地震记录作出的震中分布图，都明显地显示出"汾渭地堑"内曾有多次大地震发生，空间上构成"汾渭地震带"。其中，1556 年 1 月 23 日发生的华县 8 级大地震，由于所造成的后果惨重而特别引人注目。因而，多数人认为"汾渭地震带"是一条强震带。作者则认为，对于这一复合地堑的不同段落，要区别看待，不能一概而论。作者曾对渭河地堑区的地震活动性进行过探讨[11]，综合考虑地震强度和频度，如果把中国各地区的地震活动性分成六个等级的话，汾河地堑部分可列为第三等，而渭河地堑部分只能排到第四等。二者活动性的差异，受环太和地中两个地壳波系活动程度和交替关系的制约。在一段时期里，全国范围内出现的较大地震震中呈北东向带状排列，被认为是环太地壳波浪的活动；反之，较大地震震中呈北西向排列，则被认为是地中地壳波浪的活动。用这样的看法来

分析，发现一段时期内只要仅有一个系统的地壳波浪传来，都不足以在渭河地堑区引起强震；而必待两个系统的波浪同时传来，或当它们进行频繁交替时，这里才具有发生强震的可能性。本文通过对"汾渭地堑"形成机制和发展过程的探讨，可以更清楚地说明这里地震活动性同两组地壳波浪的关系。

当只有环太地壳波浪传来时，控制汾河地堑生成和演化的北东向断裂具压扭性质，通常不易发生大震，仅在断裂端部有时可发生中强地震；而控制渭河地堑生成和演化的北西西向几条主导断裂虽有张扭趋势，但因其每条均延伸甚远，而且它们南北两侧的地壳进行着一系列右行平移扭动，这样虽可导致地形变、地下水，甚至地温、地电等的异常，但地应力却不易在某一点上高度集中，所以很少出现大震。尽管如此，还是可以导致"地堑"内出现一系列的中、小地震，以及偶尔的强震。其分布似有规律，大致密集于九条类平行的北西 45～50°断裂附近。自"地堑"西南端（宝鸡）至东北端（灵石），这九条类平行的震中密集带依次为：①陇县－岐山－眉县；②乾县－兴平－长安；③淳化－高陵－临潼；④铜川－华县；⑤白水－朝邑－风陵渡，⑥河津－万荣－平陆；⑦新绛－绛县；⑧蒲县－临汾；⑨汾西－洪洞。这些北西 45～50°断裂的排列有近等间距性（在⑤和⑥之间具有 2 倍的间距，似乎仍应有一个带，可能因崤山和中条山的遮挡而不明显），其活动性有自西南向东北逐带渐次增强趋势。第①带因接近"东亚镜像反映中轴带"，故较第②带活动性略强。上述这种在"汾渭地堑"内从西南向东北地震活动性逐渐强烈的趋势，如再向东北数去，将临汾盆地以北的介休－榆次盆地包括在内（那里又有两条北西向小震带），就表现得更为清晰。从 1965 年到 1976 年，我国境内发震情况主要表现为环太带的活动（图 3）[11]，而且于 1976 年出现了高潮。于是，我们就以 1976 年为例，来分析"汾渭地堑"内的地震活动（图4），其结果与上述看法一致。

当只有地中地壳波浪传来时，渭河地堑内的一系列北西向和北西西向断裂，应处于左行压扭状态，比环太波系传来时将会更平静些；而在此时具有张扭性的汾河地堑内一系列北东向断裂，可能会出现周期性的中小地震，在端、拐部位会偶有大震出现。

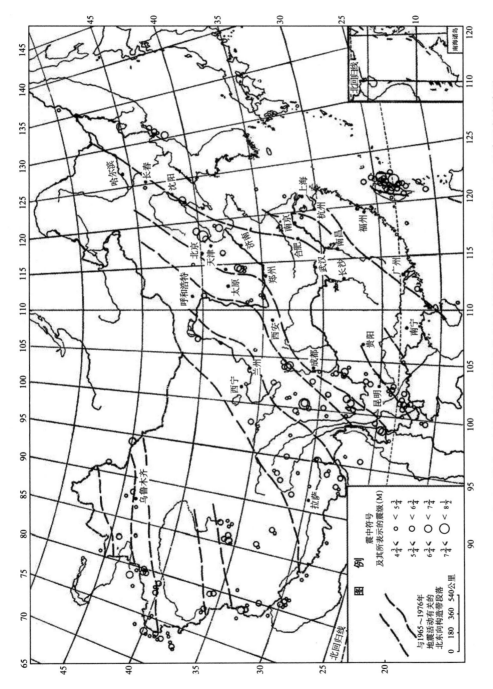

图 3　1965～1976 年我国境内及边境附近强震震中分布图（地震资料主要据文献〔12〕及陕西省地震局）

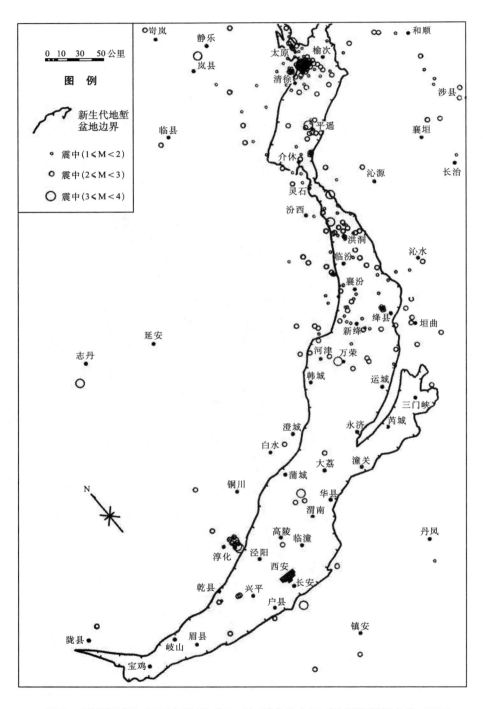

图 4 "汾渭地堑" 1976 年地震 (M≥1) 震中分布图 (地震资料据文献〔13〕)

　　环太与地中地壳波系，都有自己的活动周期。根据作者对大兴安－太行－龙门山构造带和天山－秦岭－大别山构造带两侧历史地震资料的分析，前者每活跃40～50年，而后相对平静120～150年，后者每活跃20～30年，而后相对平静110～140年。也就是说，前者的活动周期约为180年，后者约为150年[14]。这是它们各自表现出来的较大周期。在较大周期内，还包含着较小的、更小的周期。两个波系各自依据自己固有的周期性来到"汾渭地堑"，其较大周期同时到来的机会不多。在渭河地堑区，它们相遇的周期表现为650～800年，这正是关中历史地震活动所表现出来700年左右的周期性[11, 14]。两个地壳波系的同时到来或频繁交替，使"地堑"内北东向和北西向两组断裂面不断改变各自的性质。这样，既不容易使应力沿着某个断裂面分散，又容易使断裂发展扩大。所以这种情况下，"地堑"内地震活动性便迅速增强。在汾河地堑区，由于地中波系传来时应力较易集中，所以这里的地震活动周期要比渭河地堑区小。汾河流域勿须待到两个波系同时活动，只要它们的活动期比较接近，就可触发较大地震。

　　对地表近于正交方向展布的两组地壳断裂活动性质的周期性互换问题，已为J. H. Tatsch 所注意到[15, 16]。他提出了一个"地球构造圈模式"，用三个互相正交的环球性"活动楔体带"来解释这种现象，但对于次一级、再次一级的断裂性质及其活动性的周期性互换问题则有所忽略。作者认为，这类现象是普遍的，但不是简单的周期变化或重复，而是既很复杂又有一定规律可寻。这些情况只有应用几个系统地壳波浪的传播、交替和叠加、干涉来解释，似乎才更为确当。

　　以上用地壳波浪运动观点对"汾渭地堑"的形成、演化和地震活动性的探讨，极其粗略和初步，主要是为了找寻当地地壳活动的性质及其同地震活动的关系。疏漏之处，望同志们指教。

参考文献

〔1〕张伯声. 从黄土线说明黄河河道的发育. 科学通报，1956年第3期

〔2〕张伯声. 陕北盆地的黄土及山陕间黄河河道发育的商榷. 中国第四纪研究，1958年第1期

〔3〕Chang Bosheng. The Analysis of the Development of the Drainage Systems of Shensi in Relation to the New Tectonic Movements. Scientia Sinica. 1962, Vol. XI, No. 3

〔4〕张伯声，王　战. 中国地壳的波浪运动及其起因与效应. 见：国际交流地质学术论文集（1）构造地质　地质力学. 地质出版社，1980

〔5〕 张伯声. 从陕西大地构造单位的划分提出一种有关大地构造发展的看法. 西北大学学报,
　　　 1959 年第 2 期

〔6〕 张伯声. 中国地壳的波浪状镶嵌构造. 科学出版社, 1980

〔7〕 张伯声. 镶嵌的地壳。地质学报, 1962 年第 3 期

〔8〕 张伯声, 王 战. 中国的镶嵌构造与地壳波浪运动. 西北大学学报, 1974 年第 1 期

〔9〕 车福鑫. 陕西陇县西北地区地质构造及其发展. 高等学校自然科学学报, 1965 年第 4 期

〔10〕 汪晶先等. 汾渭盆地新生代有孔虫的发现及其意义. 地质论评, 1982 年第 2 期

〔11〕 张伯声, 王 战. 地震同地壳波浪状镶嵌构造关系初探——着重探讨陕西地震活动的规
　　　 律. 西北大学学报, 1980 年第 1 期

〔12〕 中央地震工作小组办公室. 中国地震目录（三、四册）. 科学出版社, 1971

〔13〕 国家地震局分析预报中心. 中国东部地震目录〔1970 ～ 1979 (M ≥ 1)〕. 地震出版社, 1980

〔14〕 张伯声, 王 战. 地壳的波浪状镶嵌构造与地震. 西北地震学报, 1980 年第 2 期

〔15〕 J. H. Tatsch. The Earth's Tectonosphere: Its Past Development and Present Behavior, 2nd ed.
　　　 Tatsch Associates, Sudbury, Massachusetts. U. S. A. 1977

〔16〕 J. H. Tatsch. Earthquakes: Cause, Prediction, and Control. Tastsch Associates, Sudbury,
　　　 Massachusetts, U. S. A. 1977

从地球演化的波浪性提出一种前寒武时代划分方案[①]

张伯声　王　战

【提要】 本文通过对一个比较规整的前寒武时代划分建议方案的阐述，表达了作者所认为的地球发展演化波浪性的观点。作者充分注意到了地球在演化过程中所表现出来的大约 10 亿年和 2 亿年的旋回性，并将它们作为前寒武时代划分的主要标尺。

一、缘　起

随着同位素年龄地层学研究的广泛开展和不断深入，四十年代来，地球年龄已从曾被认为的"20 多亿年"（至多不超过 40 亿年）[1, 2]增加到了目前被公认的大约 46 亿年[3, 4, 5]。其中，生物地层学和岩石地层学研究得甚为详细的是最新 6 亿年的地史记录，即寒武系及其以上层位。这对于恢复最新只占地史 1/8 的历史面貌起了重大作用。地球这一小段历史，已被地史学家命名为显生宙，并早有了代、纪、世、期的级级次分。但对于漫长的大约 40 亿年地史，则常以"前寒武纪"一词以蔽之（后来又称之为"隐生宙"）。纵使专门从事前寒武纪地层工作的学者，也被半个多世纪以来的前寒武纪＝太古代＋元古代的框框所限。而且，太古代、元古代的界限究竟应该划在何处，也不无分歧。近年来，国际前寒武研究者已普遍感到，40 亿年划分为两个代同 6 亿年划分成三个代的地质时代表，使用起来是多么的不协调。经国际地科联前寒武地层分会于 1979 年 9 月作出，由该分会主席 H·L·詹姆斯发表的将前寒武时期划分为太古宙和元古宙的建议方案[6]，正是为适应这种普遍的情绪和需要而提出的（表 1）。

[①] 本文 1983 年发表于《西安地质学院学报》第 1 期。

表 1　詹姆斯提出的前寒武时期划分建议方案

宙	代	年代界限（百万年）
元古宙	元古代 III	约 570
	元古代 II	900
	元古代 I	1600
太古宙		2500

他同时提到，会上有人建议在太古宙内进一步划分出 29 亿年和 35 亿年两个时间界限。

对漫长的前寒武地质时期作进一步划分是当今地质界一大潮流。这不但是地质研究工作的迫切需要，而且从前寒武地质学研究的现状看，已经有了作较详划分的可能。因此，本文作者热情地拥护国际前寒武地层分会这一新的动议，但尚感该建议有进一步完善的必要。作者可以列出较多的理由，将"宙"划分得更短一点，以同寒武纪至今大约 6 亿年的显生宙比较起来能够更相称一些。由于作者从事地壳构造与地壳运动研究的专业特点，认定我们居住的行星的发展演化是波浪式的。这种波浪性表现为地壳形成与改造的相对稳定发展时期同激烈活动时期交替出现，即在时间坐标上表现出波浪性，亦即一级套一级的旋回性或周期性，并由此而导至地壳的波浪状镶嵌构造。应用地球发展的波浪性来划分地史阶段是相当恰当的，它大体符合目前科学界已取得的研究成果。基于此，作者在本文中将一个极其规律的简明前寒武纪时代划分表展现在诸位面前。

二、方　案

地球发展演化和地壳运动在时间坐标上所显示出来的一级套一级的波浪性，是地层和地史时代划分的前提。另一方面，各级地层界面在空间上又有起伏，即时间上各处有稍许的前后差异，这是地壳波浪在空间上传播的结果，也是地层建造与改造这两个方面相互对立斗争发展的必然。因而，要划出全球统一的时间表或框框去套各处的地层实际，会遇到很多困难。但是，局部的地壳波浪取决于地球整体的波浪式脉动，这种脉动是地壳本身统一的运动。正是它使地球的整个演化过程具有波浪性及周期性，所以，基本适应全球范围的大致时间界限是可以划出的。作者综合近十年来国际国内前寒武研究工作的进展，提出如下前寒武时代划分的建议方案，供国内地质界同行讨论（表2）。

表2 作者提出的前寒武时期划分建议方案

宙	代	纪	界限年龄（百万年）
隐生宙	荣生代	震旦纪 徐淮（辽南）纪	600 800 1000
	蕴生代	青白口纪 蓟县纪 罗庄纪	1200 1400
元古宙	始生代	南口纪 长城纪	1600 1800 2000
	原生代	郭家寨（东焦）纪 东冶纪 豆村纪	2200 2400
太古宙	初生代	五台纪？	2600 2800 3000
	疑生代		3200 3400
冥古宙	溟生代		3600 3800
	无生代	？	4000
		？	4600

其实，认为前寒武时期应划分为四个宙，并非作者的创见。1976年，著名前寒武研究者 P·克劳德已将前寒武时期从老到新依次划分为冥古宙、太古宙、元植宙和古植宙[7, 8]，而同寒武纪以来的显生宙相并列，远较以前用漫长的"隐生宙"同显生宙相匹配要协调得多。但克劳德的"宙"不具有等时性，其长短悬殊仍达近3倍，而作者则由于一直注意研究地球演化与地壳运动的波浪性，因此对地史发展阶段的等时性问题特别敏感，于是提出了本方案。

三、优 点

不难看出，作者抛出的上述方案，显然已经克服了现今沿用方案的笼统和混乱。就是同国际地科联前寒武地层分会已作出的临时划分建议相比，本方案也具有如下的优越性：

（1）地球发展历史一级时间单位（宙）的等时性及其所反映的重大地史变革的客观性。

46 亿、36 亿、26 亿、16 亿、6 亿年，这是几个极其有规律的年代数字，它们代表着地球发展史上各大演化阶段之间的时间界限。地球发展演化的历史，据目前所知，每 10 亿年左右经历一次较明显的突变。地球形成于距今 46 亿年的看法，如前所述，十多年来已被科学界所公认，而对于距今 36 亿年这个时限的意义，也开始引起了学者们越来越多的兴趣。大约在这一时间，是否有过什么重大"事件"发生，已出现较多的猜测。无论如何，零星发现 36 亿年以前的岩石同新于 36 亿年的岩石，有着重大差异则是肯定的。在 36 亿年之前，推测地球表面具有一个较稀薄的大气圈，以及起初还没有、到后来才只有断续而微薄的水圈状况，决定了这时的外动力地质作用还不可能多么显著，因而基本还没有花岗质地壳圈层，只是到了后期（38 亿～36 亿年）才有了较零星的"准花岗质"岩层出现。

到了 36 亿年至 26 亿年这一时期，一是出现了海洋化学岩沉积层，如占优势的硅铁沉积，以及碳酸盐沉积等；二是出现了斜长岩的第一次峰值；三是有了以富钠为特征的最古老"花岗岩"（其实主要是英云闪长岩质）[①]；四是藻类和其他低级生物与环境作用而形成的综合沉积体叠层石出现。

对于把 26 亿年作为地史年代的界限，更是勿庸置疑。因为目前使用的太古代与元古代界限，便是 25 亿～26 亿年的年龄数字分开的。作者根据同位素年龄地层学的新进展，认为采用 26 亿年作为太古和元古的界限比较合适。在此以前，有比以后多得多的基性和超基性岩石分布，绿岩建造和碧玉铁质岩建造在地层中占据优势；而在此以后，基性火山岩分布的范围和规模都突然减小，陆源碎屑沉积开始具有较成熟的分选作用，白云岩取代了碧玉铁质岩的优势，一些古老地块上已开始出现较原始的盖层。地球上发现的富钾花岗岩年龄，都不超过 26 亿年[⑼]，标志着此时的原始大陆地壳，经过了反复多次的表生地球化学作用而大大增厚。从生物遗迹方面来看，26 亿年之前的叠层石至今尚未分离出藻体，而在晚于 26 亿年的叠层石中，却可以分离出大量单细胞藻类有机体。

16 亿年左右是目前人们习惯性划分早、中元古代的界限。在 16 亿年之后，较大规模的地台盖层沉积开始出现。在 16 亿年至 6 亿年这 10 亿年间，硅质白云岩取代了较纯净的白云岩在沉积层中的优势地位。生物界也有了进一步的发展，由

---

①安三元. 火成岩组合. 地质参考资料（29），河南省地质局科技情报室及河南省地质局，地质科研所编印

多种菌藻类生物参与作用而形成的叠层石和核形石的形态属、种数量猛增，到后期出现的伊迪卡拉动物群，标志着漫长的前寒武地史时期在最后阶段生物界出现的空前繁荣局面。斜长岩的第二次峰值出现在 16 亿年这个界限之后，恐怕也应认为是地球演化中的另一件大事。

6 亿年以来的显生宙，同 6 亿年以前的显著区别，则是众所周知的事，勿需多言。但岩浆岩中花岗岩的优势地位和化学（或生物化学）岩中石灰岩的优势地位，都是前所未有、值得一提的。

总之，把 10 亿年的时间长度，作为一个地史单位是可行的。关于这些宙的名称，作者主张不要割断历史，充分尊重和利用前人创立并流行的名称，只是随着地质科学的进展，对其含义加以限制或进行一些必要的订定罢了。作者在方案中依次把它们称为冥古宙、太古宙、元古宙、隐生宙和显生宙。

（2）地壳在发展过程中强烈表现出来的 2 亿年左右的周期性，在方案中得到了如实体现。

我国近 20 年来对晚前寒武地层的划分和对比工作愈来愈确切地表明，2 亿年左右的周期性明显存在。把前寒武时期的纪划为 2 亿年左右，符合已知的事实和习惯，而要想把它们划得像显生宙的纪那样只有几千万年，却是十分困难的。作者以我国前寒武研究较详的几处典型剖面为依据，认为这些纪各占 2 亿年左右。

根据发育完好、研究也较详细的蓟县剖面，从长城系底界到青白口系顶界，目前公认为 19.5 ± 0.5 亿年到 8.5 ± 0.5 亿年[10]，因而把长城系底界说成 20 亿年左右，是不难接受的。而青白口系的顶界，却可能要比 8.5 亿年甚或 9 亿年更老一些。因为①在井儿峪组中有 9.77 亿年的数据[11]，虽属个别，但不能不引起重视；②笔者从镶嵌地块的波浪式发展规律出发，认为华北和华南都缺失的地层，可以在郯庐断裂附近及其以东地区被发现。70 年代以来，我国一些前寒武工作者，对于辽南、山东和苏皖两省北部前寒武地层的研究[12, 13, 14]作出了贡献。这些地方广泛发育的一整套地层，下与青白口系、上与震旦系均有少部分重复，实可信赖。而不重复的部分层理、旋回分明，化石丰富，厚达数千米，远非几千万年可以形成。所以，将青白口系的顶界定为 10 亿年左右，而在 10 亿~8 亿年这段时期建立一个新纪[11]（可称"辽南纪"，或"徐淮纪"，亦或"蓬莱纪"）看来是符合实际情况的。

再看滹沱超群[15]。经过山西和河北地质局同志们多年来的辛勤工作，弄清了滹沱超群位于长城系之下，长城系的下限即其上限，约 20 亿年；而其下限即五台系的上限，可能达 26 亿年；其内部又可次分为豆村、东冶和郭家寨（或东焦）三个旋回。作者认为，将豆村群、东冶群和郭家寨（或东焦）群叫作三个系，相应的三个纪各自占据 2 亿年左右的时间，看来也是合适的。

对于 26 亿年前的五台群、阜平群乃至迁西群，究竟它们分别应代表一个系或几个系，尚有较多疑问。它们在地史年表上的确切位置，也有待前寒武研究者的进一步努力。

作者将前寒武时期的纪定为 2 亿年左右的客观性，还可以从显生宙构造旋回的划分得到印证。加里东构造旋回为 6 亿 − 4 亿 = 2 亿年；海西 − 印支构造旋回为 4 亿 − 1.95 亿 = 2.05 亿年（作者从来不把印支旋回作为一个独立的旋回，而认为它是海西旋回的延续）；燕山 − 喜马拉雅构造旋回迄今已 1.95 亿年，这一旋回已接近但尚未最终结束。

看来地壳在运动变化的发展过程中，表现出 2 亿年的旋回性是异常明显的。在对前寒武地层和时代进行划分时，应对这一特性引起足够注意。

（3）方案将宙二分为一长一短的代，反映了地球演化史中各大旋回从量变到质变的过程。

每宙的 10 亿年中，前 6 亿年体现出地壳在新阶段中的稳步发展，后 4 亿年则发展演化较为显著，且包含了较多的不稳定因素，孕育着新发展阶段的到来。

在地球成为太阳系一颗行星之后所经历的第一个大的演化阶段——冥古宙，前 6 亿年大约是没有生命的，故称无生代。在 38 亿年的古老变质砾岩中发现少量有机碳（占被测定砾岩中含碳总量的 20%）[16]，说明没有 1 亿～ 2 亿年碳、氢、氧等元素之间的复杂作用过程，是难以达到的。所以，我们将 40 亿～ 36 亿年这 4 亿年划为一个代，属于生命的萌芽时期。不但当前我们对这 4 亿年了解太少，估计今后相当一段时期内，也不可能了解得太多，故可叫做滇生代。

36 亿～ 26 亿年的太古宙，前 6 亿年超基性和基性岩十分普遍，基性岩中大规模的斜长岩组合主要出现在 30 亿年之前；后 4 亿年多绿岩建造和富钠花岗岩建造相间排列，可能代表着原始陆壳的逐渐形成。虽然前 6 亿年已出现很原始的菌藻化石，并有叠层石在沉积地层中出现，但对它们的研究还很不清楚，暂称疑生代。到后 4 亿年，作为菌藻等生物遗体和遗迹组合的大化石——叠层石，已经相当普遍，可称初生代。

26 亿～ 16 亿年的元古宙，前 6 亿年的沉积环境还不够稳定，如滹沱超群所代表的沉积环境多属原始地槽型沉积；而后 4 亿年则开始出现较为稳定的沉积环境，如长城系和南口系所代表的原始地台型沉积。

16 亿～ 6 亿年的隐生宙（作者认为没有必要下令取消人们熟知的"隐生宙"这个名称，但应把它限制在合适的时限里），前 6 亿年是低等海生生物稳步发展繁盛的时期；后 4 亿年则由于海陆一度急剧变迁和气候等自然条件的突变，从而促使生物迅猛发展，后期出现了伊迪卡拉动物群，为向显生宙过渡打下了物种演化的雄厚基础。因此，把后 4 亿年叫"荣生代"也是名副其实的。

四、启　示

作者认为，对前寒武时代进行划分，既要从已知的地质事实和同位素年龄数据出发，又要不拘泥于局部剖面和同位素数字。方案既要着眼于对地球演化和地壳运动规律性的认识，又要能够在今后地层研究工作中起到一定的指导作用，并适应地质学一段时间内的发展。总之，时代划分方案既要立足于最新地质研究成果，又要体现出一些规律性和预见性，这样才能充分发挥方案的积极作用。

从上述思想出发，作者根据地球演化和地壳运动的波浪性，提出了本文的建议方案。这一方案难免有许多不恰当之处。但作者深信，由物质运动、发展的波浪性所决定的地球和地壳发展阶段的周期性及其多级性，则应是地史时代划分的重要依据。因此，尽管断代的研究详略各异，而且一般说来越老要越粗疏些，从而对于地球发展早期可以暂为空白，可以打问号，但地质历史的时间表格总应该是一幅比较规则的图形。作者并无极力推行本文方案的奢望，只是期待着能有一张比较规则的地史时代表诞生。

参考文献

〔1〕王鸿祯. 地史学教程. 地质出版社，1956

〔2〕J. T. Wilson. The Origin of Continents and Precambrian History. Trans. Roy. Soc. Canada, Ser. 3, Sec. 4, 43, 1949

〔3〕中国科学院贵阳地球化学研究所编译. 简明地球化学手册. 科学出版社，1977

〔4〕G. J. H. McCall (Edited by). The Archean: Search for the Beginning. P. 5, Dowden, Hutchinson & Ross, Inc., Stroudsourg, Pennsylvania. 1977

〔5〕J. H. Tatsch. The Earth's Tectonosphere: Its Past Development and Present Behavior. 2nd ed. binding（beginning）of the book. Tastch Associates, Sudbury, Massachusetts.

〔6〕H. L. Jeam. Episodes, 1979, No. 4. 陈辉亮译. 前寒武纪的划分——国际地科联前寒武纪地层分会第五次会议. 地质科技动态, 1980 年第 8 期

〔7〕P. Cloud. Major Features of Crustal Evolution. Geol. Soc. S. Afr., Alex L. du Toit Mem. Lect. Ser. 14, 1976

〔8〕马杏垣, 肖庆辉. 国外前寒武纪构造研究的现状和趋势. 见: 构造地质学进展. 科学出版社, 1982

〔9〕王鸿祯, 刘本培. 地史学教程. 地质出版社, 1980

〔10〕贵阳地球化学研究所（钟富道执笔）. 从燕山地区震旦地层同位素年龄论中国震旦地质年表. 中国科学, 1977 年第 2 期

〔11〕王曰伦等. 中国上前寒武系的划分和对比. 见: 中国震旦亚界. 天津科学科术出版社, 1980

〔12〕常绍泉. 辽东半岛南部晚前寒武纪地层的划分与对比. 见: 中国震旦亚界. 天津科学技术出版社, 1980

〔13〕杨清和等. 苏皖北部震旦亚界的划分和对比. 见: 中国震旦亚界. 天津科学技术出版社, 1980

〔14〕徐学思. 徐淮、胶辽震旦亚界的统一划分及郯庐断裂的平移. 中国地质科学院天津地质矿产研究所所刊第 3 号, 1981

〔15〕王启超等. 太行－五台区震旦亚界及其与滹沱超群的关系. 见: 中国震旦亚界. 天津科学技术出版社, 1980

〔16〕王家枢译. 在古老（38 亿年）的沉积岩中发现生物成因的碳. 地质科技动态, 1981 年第 3 期. 摘译自苏联《文摘杂志·地质学分册》, 1980. 原文载于 Naturwiss Rdsch, 1979, 32, No. 12（德文）

波浪状镶嵌构造同中国能源资源分布的关系[①]

张伯声　王　战

【摘要】 本文旨在阐明中国油（气）藏、煤藏、放射性元素矿产和地热储这四种能源的分布，同地壳波浪状镶嵌构造的密切关系。文章首先论述了中国第一级波浪状镶嵌构造[②]同能源资源的一般性关系；接着重点举例讨论了中国第二级波浪状镶嵌构造同能源资源的关系；最后强调了在应用波浪镶嵌理论寻找能源资源或其他矿产资源时，应予以足够注意的几个问题。

物质的运动都取波浪形式，地壳的运动也不例外。地壳波浪运动的结果，形成地壳的波浪状镶嵌构造[1]。地壳进行波浪运动的过程中，在一定地史时期和地壳波浪的一定部位，形成特有的矿产资源。能源资源也是同样，它们同地壳的波浪状镶嵌构造密切相关。无论人类社会在目前阶段与之至为攸关的石油、天然气和煤炭，还是今后将会越来越显其重要的放射性元素和地下热能，都无不受着波浪状镶嵌构造的控制。而且，约略地说，这几种能源资源在总体上的展布是均匀的，它们恰恰分别分布于地壳波浪状镶嵌构造几种不同性质的单元中或单元之间的特定部位。这是由这四种能源资源的不同性质和不同成因所决定了的。

本文试图以中国地壳部分所表现出来的一些情况为例，来说明油（气）、煤、放射性元素和地热资源的形成与分布，同地壳波浪状镶嵌构造格局的辩证关系。此外，特有的复杂地貌形态使中国具有丰富的水力资源，而这种复杂地貌更是取决于中国地壳各镶嵌块体在晚近地质时期的波浪运动。但水力资源还涉及气候、植被和水文等诸多因素，并非只从地质构造条件的探讨可以了然，故在此不予讨论。

---

①本文 1983 年发表于《西安矿业学院学报》第 2 期。
②此处所谓"第一级"镶嵌构造及本文下述"第二级""第三级"镶嵌构造是在中国地壳部分内的一种相对称谓，如从全球地壳的波浪状镶嵌构造看，则须降级使用。

一、中国第一级波浪状镶嵌构造同能源资源的关系

中国地壳的波浪状镶嵌构造，至少（也是最主要的）反映出两个方向的地壳波浪，即环太（平洋）及外太系统的地壳波浪和地中（海）及古地中系统的地壳波浪[1, 2]。在中国地壳部分，前者主要表现为北北东向或北东向，后者主要表现为北西西向或北西向。二者各表现为一系列相间起伏的造山波峰带和地块波谷带。两个系统的地壳波浪，在中国呈现出斜方网状的交织，形成中国构造网[3]。两个方向波峰、波谷的交织，使构造网上任何部位都具有构造的双重性，即既属于环太及外太地壳波浪系统的某一波峰带（Cp）或波谷带（Tp），又属于地中及古地中地壳波浪系统的某一波峰带（Cm）或波谷带（Tm）。这样，中国地壳波浪状镶嵌构造的第一级构造，便可简单地归为三大类型：

Ⅰ. 波谷带与波谷带相交，形成更深洼陷，即构造网的网眼部位，表现为中国构造网内第一级的镶嵌地块（TmTp）。

Ⅱ. 波峰带与波峰带相交，形成更高隆起，即构造网的网结部位，表现为受两个方向构造线控制的复杂隆起山块（CmCp）。

Ⅲ. 波峰带与波谷带相交，形成适当程度的隆起或坳陷，即构造网的网线部位，表现为以一个方向构造线占优势的构造带（CmTp 或 TmCp）。

这三种类型的镶嵌构造单元中，分别储藏着三种不同的能源资源。

第Ⅰ类镶嵌地块中，表生沉积作用占据优势地位。自古生代以来，特别是中、新生代以来，它们基本表现为半封闭或封闭的边缘海盆地或大陆河湖盆地，是生成和储藏石油与天然气的良好场所。因此，这些地块大都是含油气盆地（图1）。

第Ⅱ类复杂山块，由于是两个方向波峰的叠加，在显生宙地史时期中较长期地表现为剥蚀状态，原来已被埋藏到地下一定深度的较老地层裸露地表；同时，这里又是两个方向波密带[2]的叠加部位，岩层长期交替地受到来自两个方向的强烈挤压，使这些地方岩石的深变质作用及混合岩化、花岗岩化，乃至岩浆化作用显著，常常出现排列有序的花岗岩侵入体，以及伟晶岩脉等。放射性元素在这里具有较大的丰度[4, 5]。

第Ⅲ类构造带中，包括它们与相邻镶嵌地块毗连的一些地带，在地史发展中多表现为隆起与沉陷不断交替出现，从而有利于形成各种类型的煤藏[6, 7]（图2）。

这三类地壳镶嵌块体，一般均以在地史时期中长期活动，并不断转换活动性质与活动方向的大型深断裂或隐伏基底断裂为分界。沿着这些断裂，有大量地下热水或热气的天然露头可供利用[8]（图3）。不少地热异常区，直接或间接地同这些断裂的布局及活动状况有关。

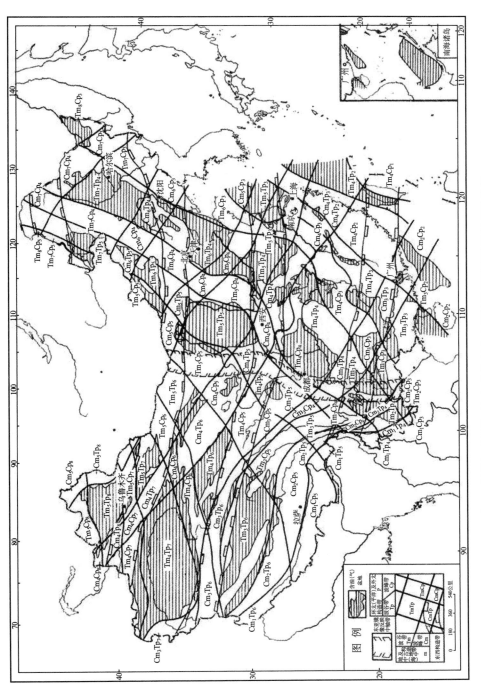

图 1　中国主要含油（气）盆地的分布同波浪状镶嵌构造格局的关系

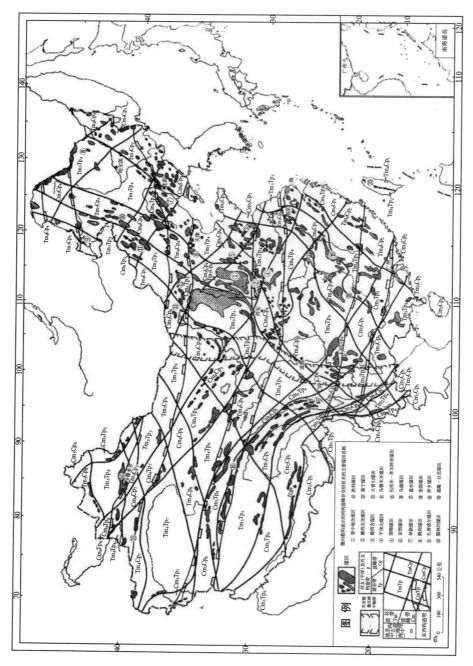

图 2 中国主要煤田的分布同波浪状镶嵌构造格局的关系

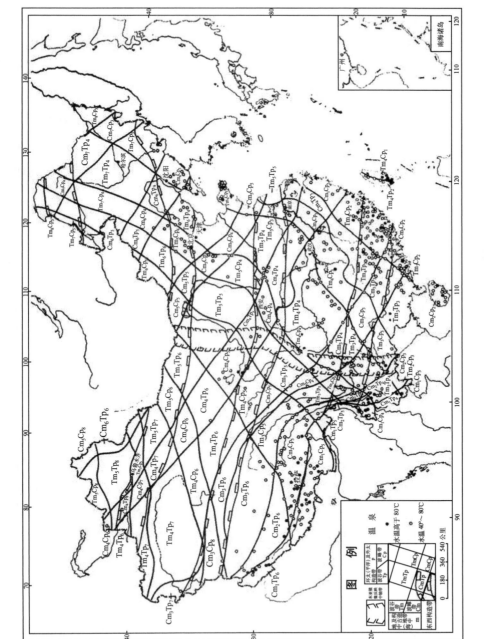

图 3　中国主要温泉的分布同波浪状镶嵌构造网的关系

由于地壳物质的不均一性、隆起和坳陷程度的差异，以及自然环境各种因素的制约，上述三种镶嵌地块类型及它们之间的部位，同四种能源资源的关系只能是一个粗略的规律。加之主要追踪迁就斜向交叉的网结而附加于中国构造网之上的几条东西向构造带和东亚镜像反映中轴带[1,3]，对斜向交叉的构造网格的干扰，更是部分地改变了这一规律。东西向构造带切割了一些斜方形的地块盆地，使之成为三角形（如柴达木地块、准噶尔地块），被切去部分一般不再具有地块盆地的资源。东亚镜像反映中轴经过之处，使那里的地块盆地遭受严重破坏（如若尔盖地块、楚雄地块），并使本来以一个方向为主的构造带受到强烈干扰。因此，大凡镜像反映中轴通过的地区，由于不同系统地壳波浪的叠加，而引起既强且频的地壳运动，对于油（气）和煤的生成与储藏都是不利的。

二、中国第二级波浪状镶嵌构造同能源资源的关系

上述第一级波浪状镶嵌构造单元内，可以同样地在两个斜向上分出次一级的波峰带和波谷带。这两个方向的次一级地壳波浪的交织，把每个第一级镶嵌构造单元又分成两个斜向上都成排的第二级镶嵌构造单元。它们在地史时期相互起伏、推拉、错动的一般性和特殊性，同矿产资源，因而也同能源资源的分布，有着更具体、更直接的关系。

（一）地块盆地内第二级镶嵌构造同油气的关系

一般说来，在第一级镶嵌地块盆地中，最有利的生油部位是两个方向次一级地壳波谷带相交后形成的小地块盆地。这里是洼陷中的凹陷（"洼中凹"）。不言而喻，这些地方一般有连续的或多次的或强烈的沉陷，既可在较长时期内持续保持水盆地的自然地理环境，又可有较快速的堆积速度，这样就对水生生物连续而大量繁殖和成油有机物质的保存很有利。例如，包括渤海以西和以南平原区在内的渤海地块（Tm_6Tp_4）中，主要生油凹陷都处于这种第二级的构造网眼中[9,10]。这些凹陷地块多是直接受两组斜向断裂控制的新生代断陷盆地。近年来，关于两组斜向断裂相交织，在华北平原区形成的许多斜方小地块相间起伏、间互有利生油的研究，已越来越引起了石油地质界的注意，故不作赘述。

本文在此另以四川地块（Tm_4Tp_4）为例，来说明镶嵌地块内第二级波峰带和波谷带对油气的控制。

　　四川地块边缘和内部，同样受北东向和北西向这两组地壳波浪的控制。地块周边为四个波峰带所围限，形成一个斜方形。其西南侧和东北侧分别是昆仑－南岭波峰带（Cm_3）和天山－秦岭－大别山波峰带（Cm_4），东南侧和西北侧分别是长白山－雪峰山波峰带（Cp_3）和大兴安岭－龙门山波峰带（Cp_4）。地块同四周的波峰带当然都是以大断裂为界。但由于这些断裂的活动时断时续，加之一些时期水体向波峰带上的超覆，使它们在一些地方的表现似乎不够十分清楚。相对看来，较为清楚一些的是龙门山东侧大断裂带。这是由于地块在当代作整体的东翘西倾，龙门山波峰带也作东翘西倾，因而使龙门山前具有地块边部最大差异运动，后又由于压扭作用导致部分山体向川西平原推覆的结果。即便如此，要用线状符号准确地将它表示出来，也是困难的。表现不够清楚的是地块西南侧的基底大断裂，许多盖层在这里似乎都还是连续的，但二叠纪中期的高原玄武岩流却以这条断裂为界。当代地震活动的频度，也可说明这条断裂的存在和继续活动。

　　四川地块内，从东南往西北可划分出五条呈北东－南西向延展的带。统观相邻各带自元古代末至今的相对隆坳状况，可依次称之为：①武陵山波峰带；②黔北－鄂西波谷带；③川东南波峰带；④自贡－万源波谷带；⑤峨嵋－汉南波峰带。自西南往东北排，也可以依次划出四个不很明显的北西－南东向延展的带：ⓐ沱江波谷带；ⓑ涪江波峰带；ⓒ川东北波谷带；ⓓ南大巴山波峰带。以上两组地壳波浪，在地块内部呈网状交织，形成了 20 个斜方形二级镶嵌地块。

　　新生代之前，地块东南边缘的武陵山带和东北边缘的南大巴山带，分别同两个一级波峰带相邻接，构造活动强烈，基本无含油建造；同武陵山带相毗邻的黔北－鄂西波谷带，也由于褶皱和断裂比较发育，以及中生代末期以来连同武陵山带一起所作的大幅度抬升和剥蚀，除在一些小背斜部位尚有一点找气的可能性[10]之外，大部分地带找油气已无希望。但也正因为上述三带晚近地质时期抬升过于强烈，致使它们在地块东北角的交织处，发生了较大的江汉新生代断陷，形成了第三系油藏。

　　四川地块中，除去上述三个次一级的分带之后，剩余部分就是通常所谓的"四川含油气盆地"了。北东向的③④⑤带同北西向的ⓐⓑⓒ带相交织后，所形成的 9 个二级镶嵌地块（i～ix），是盆地内的基本构造单元（表1）。其中，i 的北半部（汉南山块）已被秦岭东西向构造带割去，只剩下三角形的旺苍小地块；巴中小地块（viii）的北部也受些影响。此外，南岭东西向构造带也对泸州小地块（v）的南部有影响。

表1　四川含油气盆地二级镶嵌地块表

分析四川盆地所包含的这9个小地块，从元古代末的震旦纪以来，它们在每个地史时期的沉陷或上升都不均一，其沉陷中心随时代而变迁。各时代的抬升方位和沉陷中心大致是：

早震旦世——盆地整体上升为陆，而西南方抬起更高，沉陷中心在vii, viii的外侧；

晚震旦世——盆地东部微微翘起，沉陷中心在i，ii的边部和iii；

早寒武世——盆地东南部微翘，i，ii沉陷较深；

中、晚寒武世——盆地西北方翘起，v以及vii边部沉降；

早奥陶世——西北方翘起，西部（iii）抬升为陆，v以及vi沉陷；

中、晚奥陶世——西部翘起，iii继续保持为陆地环境，vi微陷；

早志留世——西南方翘起，陆地由iii扩大到ii，iv，ix的一部分地区，沉降中心在vii；

中、晚志留世——西南方进一步翘起，陆地继续扩大，沉陷中心在vi；

早泥盆世——整体上升成陆，东南方抬起更高，沉降中心在ii的外侧；

中、晚泥盆世——基本保持了早泥盆世的古地理面貌，海水偶尔漫及iii及i，

ii 的边部;

　　石炭纪——基本保持泥盆纪的状况,但翘起方向从东南转为南偏西方向,盆地内部(如 vi)偶有海侵;

　　早二叠世栖霞期——东北方微翘,ii 为沉降中心,iv,v 也坳陷较显著;

　　早二叠世茅口期——北方微翘,iii 以及 iv 沉降;

　　晚二叠世——西南方抬升,盆地西南外侧主要是高原玄武岩流分布的地区,iii,iv,v 边部沉积物中夹有火山凝灰物质,vii 为盆地的沉降中心;

　　早三叠世飞仙关期——西偏南方向略有抬高,沉降中心在 i;

　　早三叠世嘉陵江期——抬起方向由西南方略向北移,沉降中心却相对由 i 略向南移到 ix 的北部;

　　中三叠世——南部翘起,v 抬升为陆,ii,iii 西部沉陷剧烈,viii 和 ix 的北部也有较明显坳陷;

　　晚三叠世——东南部微微翘起成陆地沼泽,西部和北部时有海水漫及,沉降中心在 ii 和 ii ～ iii 边部;

　　早、中侏罗世——四川盆地完全脱离海侵,变为内陆湖盆,西北部翘起,沉降中心在 vii 和 vi,晚期沉降中心转移到 viii;

　　晚侏罗世——西南部略显翘起,vi,viii,vii 以及 ii 的边部沉降;

　　早白垩世——东南部翘起,沉降中心在 ii 以及 viii;

　　晚白垩世——东部翘起,沉降中心在 iii 以及 v;

　　第三纪——东部翘起,沉降中心在 iii;

　　第四纪——东南翘起,沉降中心在 iii 以及 ii。

　　从上述抬升方位和沉降中心转移的情况可以看到,沉陷中心所在的部位和抬升方位总是基本处于盆地边缘两相对立的部分。它们在地史发展中,大体表现出沿盆地周边作逆时针旋转迁移的规律性。但经仔细分析之后却可发现,在这大体作逆时针迁移沉陷的地史长河中,也还存在着沉陷中心多次作较短暂顺时针迁移的情况。这些一反常态作顺时针迁移的时期是寒武纪,中、晚志留世,石炭纪,早三叠世,早、中侏罗世。新生代以来,也显现出一些作顺时针迁移的趋势。

　　有趣的是,四川地块在作一侧沉陷、另一侧抬升的旋转迁移过程中,处于地块中央部位的南充小地块(ix),除了早三叠世后期(嘉陵江期)沉降中心曾迁到其北部这一例外，再无作过盆地的沉降中心，而总是处于中间过渡状态。从地史长期的总和上看，ix 是属于四川盆地中心微微抬升的部位。这也符合一级镶嵌地块盆地的一般特点，如塔里木、柴达木、鄂尔多斯等地块，都是四周沉陷，中央微升。

四川地块盆地一边沉陷、一边抬升现象沿周边作有规律（逆时针或顺时针）迁移的情况，几乎是所有中国构造网网眼中地块盆地的共同特征，即在地史发展中作"吊筛式摆动"[11]。这类"吊筛式摆动"是一个镶嵌地块以其四周的构造带为支点带，同四个相邻镶嵌地块作"天平式摆动"，在该地块本身所表现出来的综合效应。其动力来源，仍应归结于两个系统的地壳波浪；其迁移方向（即逆时针或顺时针）的变更，可能是由于两个系统的地壳波浪，在该地块上优势地位的变化而引起。对于这种现象确切的形成机制，很值得今后作进一步的研讨。

通过上述分析可以认为，南充小地块（ix）虽然在大部分地史时期都不是盆地内的沉陷中心，但却与各时期的沉陷中心都相邻近，多有统一的沉积层相联系，因而在盆地内具有较完全、较均衡的地层层系；又因居于盆地中心略略隆起的部位，也有利于各生油层位中的石油物质向该区运移；且由于距地块周边的构造带都较远，断裂构造不发育，这也有利于石油的保存；加之地块受两个方向的波系影响，不断发生翘倾、张压及扭动等现象，形成多种形式的储油构造群。其他 8 个小地块，由于不断交替方向的构造力频繁起作用，在中生界及其更老层系中，一般气多油少，都是很有远景的含气区；只是巴中小地块（viii）由于加里东期业已基本形成的巴山弧的保护作用，受力较小，仍有较好油藏的可能；除此之外，在 ii，iii 部位，值得注意的应是新生界的油藏。

在一级波峰带上或跨单元出现的新生代中小型盆地（如下辽河、南阳、珠江口、茂名等），其规模大体也与二级镶嵌地块相当，要注意分析它们中生代末以来，由于一边翘起、一边俯倾而造成的不均一沉陷，以及由于这种翘倾运动而派生出来的次级构造现象。

（二）构造带（CmTp 或 TmCp）内及其他单元内二级镶嵌构造同煤藏的关系

一般来说，构造带内的煤藏处于次一级凹陷之中。至于是在两个次一级的波谷相交织所成的凹陷中，还是在一峰一谷相交成的挠褶山块中，则视不同情况而定。

现以大兴安岭－龙门山波峰带（Cp_4），在阴山和秦岭两个东西向构造带之间的段落（山西构造带）为例（图 4），作一简要说明。

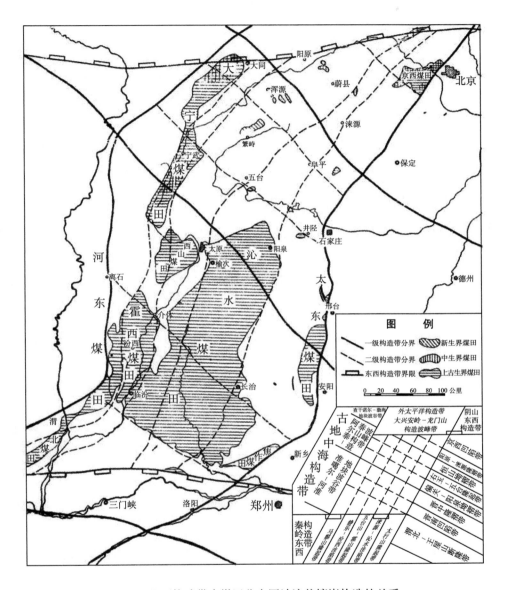

图4　山西构造带内煤田分布同波浪状镶嵌构造的关系

北北东向山西构造带同北西向阿尔泰－泰山波峰带（Cm_5）相交的部分，构成晋东北（恒山、五台山一带）复杂山块（Cm_5Cp_4）；剩下的是晋中南及渭北地带（Tm_5Cp_4）和京西三角地块（Tm_6Cp_4）。虽然山西构造带的特定构造部位（它是跨过两条东西向构造带间洼陷区的隆起带）决定了它有较丰富的煤藏，但其分布的普遍性和丰度则差别很大。在晋中南及渭北地带和京西三角地块，煤藏分布相当普遍。不论二级波峰带与波谷带相交的部位，还是两个二级波谷带相交的部位，都有丰富的煤藏。甚至两个二级波峰带相交的山块边缘，以及内部一些特定部位，也赋存有可采煤层。然而，两个一级波峰带相交的晋东北复杂山块上，煤藏分布便有很大的局限性，一般只分布在二级波谷带内，其中主要是两个二级波谷带相交的部位。这是因为复杂山块隆起得较高，就只能在其中古地貌相对低下的部位才有希望成煤。但物极必反，隆起在一定条件下会走向它的反面。位于这个复杂山块中央的五台山块，是由两个方向的次级波峰带构成的更高隆起，这里是上太古界和下元古界变质岩系的大片裸露区，但老第三纪发生断陷，造成了繁峙群玄武岩夹褐煤层。

第一级镶嵌地块（TmTp）内，那些处于周边的小地块边部，也常具有良好的煤藏。其实，这些地方的煤系地层同其毗邻构造带的煤系地层大多相连。例如，华北平原西部煤田之与太东煤田的关系，以及河东煤田之与霍西煤田、渭北煤田的关系，便是这样。

（三）复杂山块上放射性元素矿产分布同二级镶嵌山块的关系

这里所说的"复杂山块"，既包括两个一级波峰带相交构成的隆起部位（CmCp），也包括各东西向构造带与斜向波峰带（Cm 或 Cp）的相叠加部位。在抬升较高的复杂山块中寻找放射性元素资源，更有利的部位是去求"隆上垒"，即两个二级波峰相交织的部位。在"隆上垒"发育的酸性侵入体或喷出层，都是放射性元素资源的远景区段[4,12]。除了应注意这些"隆上垒"之外，分布于这些"隆上垒"附近中、新生代小盆地内的沉积层，也应是重要的普查对象[12]。这里保存了从高处剥蚀而来，并经过自然分选的富含放射性元素矿物或岩屑，沉积作用、地下水、热水等还可进一步使其富集。此外，不同系统的二级波峰、波谷带之间断裂带相交叉，对寻求核能资源至为有利。刘德长等（1978）对华南断裂格局同铀矿床分布关系的研究[13]表明，几组断裂的交叉网点，控制着铀矿床的空间分布，尽管它们可以是各种不同成因类型的铀矿。陈肇博等（1982）对华东南中生代火山岩型铀矿的研究也表明，北东向和北西向两组断裂的交点，控制着这些酸性火山岩的火山口[14]。在我国，由两组地壳波峰交织而成的复杂山块达 30 个之多，而且它们内部两组斜向交织的断裂又很发育，这就为我们寻求放射性元素矿产资源提供了非常广范的构造地段。

（四）二级镶嵌构造格局同地热的关系

地热异常和天然热水、热气露头不只是一般性的沿大断裂带分布，同时也与二级网格状构造格局关系密切。无论一级复杂山块（CmCp）或一级构造带（CmTp，TmCp）中，断裂交叉网点同地热资源的关系，都是相当明显的。就是一级镶嵌地块（TmTp）内，这种密切关系仍隐约可见。还以沉积盖层发育较全较厚的四川盆地内部为例，天然热水露头主要分布在两个二级波峰带相交而成的重庆小地块（vi）中，而且它们都位于断裂交叉网点上，但在相同性质的绵阳小地块（ii），则因中、新生代的多次强烈沉降而遭到埋没。对于基底抬升较高、块断活动较强的地块，地热状况远远大于一般地块；特别是距当代剧烈活动着的一级镶嵌构造界面接近的地方，热异常要更高一些。例如渤海地块，由于基底埋藏不深，新生代以来块断活动又很强烈，于是就较其他地块明显表现出地热的异常；在渤海地块东部，热异常更是陡梯度增强[15]，因为这里已靠近我国东部最宏伟的大断裂带（沂沭郯庐断裂带）。

三、值得注意的其他一些问题

根据地壳的波浪状镶嵌构造探讨我国能源资源分布规律时，有几个值得引起注意的问题。只有注意了这些问题，才能更深刻地理解波浪镶嵌理论和避免产生认识上的错误，以便更好地运用这一理论去指导能源开发的实践。

（一）等间距构造的多级性

地壳波浪是一级套一级的。在大的地壳波浪构造中，还有次一级、更次一级的地壳波浪构造，直至极微小的波浪构造。地壳运动的波浪性，决定了地壳构造的等间距性；而地壳波浪的多级性，也就决定了地壳上等间距构造现象的多级性。由前述中国地壳的第一级、第二级波峰与波谷带的叙述可以看出，同级峰与峰、谷与谷之间，有着大体上的等间距。具体分析一个地块、小地块、山块或岩块，都要注意其中的等间距构造。含油凹陷中背斜储油构造的等间距性，早为人们所熟知；华北古潜山储油构造的等间距性，近年来逐渐被理解。含煤山块或小地块中的等间距构造现象，含煤岩系及煤层变质程度的等间距更替等，才刚刚开始引起注意。放射性矿产资源的分布，则更是受到具有等间距性的断裂所形成的网结控制。

（二）构造网的多级性

由前述等间距构造的多级性，自然可知由不同方向等间距构造交织而成的构造网的多级性。由于同级地壳镶嵌块体内的构造网是隆起、洼陷和过渡类型这三种基本单元有规律的空间布局，从而用它可以指导我们预测有利的储油构造分布的具体位置，探求煤层厚度和煤质、煤种的空间展布与变化规律。一些山块中，构造网似乎被深变质作用和岩浆活动所"吞食"，但仔细分析可以发现，花岗岩小岩株群占据着构造网的网结部位，它们又同放射性矿产密切相关。

（三）波峰波谷的相对性

由于地壳不均一性、边界条件差异及其他一些因素的限制，同级波峰波谷只具有相对意义。它们与其相邻的地壳部分相比较而存在，相对立而成一体，共同组成地壳波浪密不可分的两个方面。同一系统的一系列波峰或波谷，即使在同一地史时期内，其高度或深度也绝无每每相同。不同系统的这样一些都只具有相对意义的峰谷相互交织，所构成的镶嵌构造单元，更远非三大类型可以归纳得了，这就要求我们必须进行具体分析。事实上，某些波峰与波峰交织成的复杂山块，其隆起性质未必就很明显；而某些波谷与波谷交织成的波谷地块，也未必就坳陷得有多么深。所以，矿产资源的分布，也就会随之在一般性规律之外，根据具体情况有所变通。对于第一级镶嵌地块性质，如主要坳陷时代、坳陷程度等的具体分析，可能对我们到底应在其中的第二级、第三级地壳波浪中去寻找波峰还是波谷有所启示。

（四）居于次要地位的构造方向的重要性

居于次要地位的构造方向，在决定能源资源（以及其他多种矿产资源）的形成和分布方面，具有特殊的重要性。如果说一个半世纪以来，地质学家在查明全球各个区域占主导地位的构造方面，为普查找矿做了奠基工作，使得我们对于全球地质构造有了一个轮廓性的认识，那么今后地质工作者的一项重要任务，则是揭示一个地区被主导构造方向所掩盖了的次要构造方向。舍此无法探求新的地下资源，舍此也无从找到各种地下资源分布的内在规律性。

众所周知，东亚镜像反映中轴带把中国地壳分作了东西二部。在东部，北东向构造线居于优势地位；在西部，北西向构造线居于优势地位。而东部的北西向构造线和西部的北东向构造线，都是第二位的，甚至很不明显。20 世纪 70 年代以来，对于这种第二位的构造方向，已逐渐被越来越多的研究者所注意了。但目前所注意到的，还多限于那些相当明显的部分；而对于更多不太明显或极不明显的部分，仍有所忽视，或者当作主导构造派生出来的低序次构造去对待。这样就大大妨碍了地质构造在指导生产实践方面有效性的发挥。

作者既然认为中国地壳各部分的性质，都主要是由两个系统地壳波浪相互交织所控制，并因此也控制着包括能源资源在内的各种矿产分布，那么也就必然同样认为，对于任何一个地区的研究，都不能离开两个系统地壳波浪的任何一个。只要能正确寻求出被掩盖了的、极不明显的另一系统的地壳波浪，就能比较清楚地看出矿产资源的赋存规律。这种处于劣势方向的构造，未必全是断裂和褶皱，也可能表现为其他形形色色的地质现象。例如，成排的侵入体或断续呈带状分布的熔岩流；在优势方向的褶皱群中，褶皱鞍部、峰部、扭曲和转折的部位整齐排列出现；岩石变质程度在走向上的间互变化；同一波谷带中岩相在纵向上的陡梯度变更；沿断裂走向等间距地发生断裂面力学性质的转换；等等。总之，无论自然界的情况多么千变万化，只要从不同系统地壳波浪的交织方面去认真探求，便可化险为夷，在错综复杂的现象中找出固有的规律性来。

能源资源问题是一个大题目，它包括多科专门性很强的学问。而作者对这些专门学科的实践却极有限，甚至是空白，在这里只不过试图应用"波浪镶嵌"理论结合我国能源资源的实际，觉得还很值得一用，但讨论自觉肤浅，看法上更难免有不确当之处，期望得到这几门学科的专家们斧正。

本文附图经刘丽萍同志清绘，特此志谢！

（附图中国国界线系按照 1971 年出版的《中华人民共和国地图》绘制）

参考文献

〔1〕张伯声，王　战. 中国的镶嵌构造与地壳波浪运动. 西北大学学报，1974 年第 1 期

〔2〕张伯声，王　战. 中国地壳的波浪运动及其起因与效应. 见：国际交流地质学术论文集（1）. 地质出版社，1980

〔3〕张伯声. 中国地壳的波浪状镶嵌构造. 科学出版社，1980

〔4〕R·K·尼希莫里等著，章邦桐等译. 花岗质岩石中的铀矿床. 原子能出版社，1982

〔5〕 曹　添. 个别元素地球化学. 见：现代成矿理论及勘查地球化学汇编（第四集）. 秦皇岛冶金地质进修学院编印，1982

〔6〕 张伯声，王　战. 镶嵌构造波浪运动说. 见：构造地质学进展. 科学出版社，1982

〔7〕 赵天佑. 波浪状镶嵌构造对中国煤炭资源的控制. 见：地壳波浪与镶嵌构造研究. 陕西科学技术出版社，1982

〔8〕 黄尚瑶等. 中国温泉分布图及简要说明. 见：全国地热学术会议论文选集. 科学出版社，1981

〔9〕 张伯声等. 地壳的波浪状镶嵌构造同中国的矿产和地震的关系. 见：中国地质学会第二届构造地质学术会议论文摘要汇编（下册）. 1978

〔10〕 汤锡元. 波浪状镶嵌构造对我国油气资源的控制. 石油与天然气地质，1980 年第 2 期

〔11〕 张伯声，王　战. "汾渭地堑" 的发展及其地震活动性. 见：地壳波浪与镶嵌构造研究. 陕西科学技术出版社，1982

〔12〕 陈功等. 中国新生代盆地铀矿的成矿条件及成因模式探讨. 见：中国地质学会成立六十周年中新生代地质讨论会论文摘要汇编. 1982

〔13〕 刘德长，黄贤芳. 利用陆地卫星图像对华南深部断裂和铀矿床分布格局的探讨. 见：中国地质学会第二届构造地质学术会议论文摘要汇编（补编）. 1978

〔14〕 陈肇博等. 华东南中生代火山岩中的铀矿床. 见：中国地质学会成立六十周年中新生代地质讨论会论文摘要汇编. 1982

〔15〕 解政文等. 渤海及其邻近地区热流值的初步分析. 地震地质，1980 年第 3 期

辩证的地质学①

张伯声

【摘要】本文用唯物辩证的方法，说明自然界一切物质都是在波浪运动中发展的。中国地势和水文网的特征，都受到地质构造的控制，是地壳运动的结果。大陆与海洋地壳的演化，都存在一定的辩证关系，地质变化在时空上都具有波浪性。地质学本身的发展也是具有波浪性的。

所有的自然科学，都在有意无意之间符合自然辩证法。只有地质学的研究面过繁，还难以全面地符合辩证理论。本文是笔者运用辩证法的理论，使地质学向它密切靠拢的一个尝试。

在自然科学中，地质学由于密切地结合生产，是产生很早的一门学科。然而，它的发展速度却较慢，作为一门科学提出来，比较靠后。这是因为，它的研究面过宽，材料繁琐复杂，一时不能拢得起来。其中一个很重要的问题，就是地壳运动的垂直性或水平性问题，多少年来认识得不到统一，它们之间的辩证性还没有完全解决。地壳的垂直运动中蕴藏着水平运动，水平运动中蕴藏着垂直运动，二者密切结合，不能分离。它们的分离只是人为的。

一、波浪运动中的自然界

自然界的一切物质，都是在波浪运动中发展的。各门自然科学，都应以自然界的波浪运动为其研讨的根据。地质学并不例外。

地质学是研究地球中各种物质运动的科学。地球中各种物质的发展演化，主要依靠其物理和化学的变化。这两种变化是相辅相成的。没有两种变化运动的密切结合，就难有地球中各种物质的变化。物质的物理运动和化学运动，都是波浪

---

①本文 1984 年发表于《西安地质学院学报》第 1 期。

状的。生物的生长也采取波浪形式。但地质作用的过程，以前还没有人研究出与其他科学部门相统一的这种波浪运动形式。

地球通过几十亿年的发展变化，才到了现在的情况。在其发展变化中，各种成分不断地同时进行着化分与化合，以至于发展演化出目前的万物万象。

地球中所有物质都在运动中表现其存在。物质不运动就不能有其存在的表现。自然界没有不运动的物质，也没有物质不在运动。这是辩证唯物主义的核心，也是恩格斯著名的论点。

自然界物质的运动，主要是物理性与化学性的结合。而生物的运动与地质的运动，则各有其特殊的物理及化学运动。数学则是贯彻到所有自然科学的学问，而为各门自然科学所运用。各种自然科学如何区分呢？这要看各门自然科学所讨论的特殊运动形式。但各种特殊的运动，还应有其共同的统一的运动形式，这就是所有物质运动的波浪性。

物质运动的波浪性，有的一目了然，有的却难以一下子看得出。难以看得出的物质波浪运动，有些可以采用仪器测量出来；目前还无法测得的，但却可以想象得来。想象到的物质的波浪运动，到将来还是可以用仪器测得。这是所有自然科学理论的前提。

各种物理运动所表现的波浪，往往是显而易见，而且也容易测到的，如光波、电波、水波、风波等。化学运动的各种波浪，我们难以看得见、察得出，如各种化学反应，只可通过化学反应现象看到它的结果，而看不到它进行波浪运动的过程。化学运动是次显微式的。不能认为次显微式的运动，就不是波浪状运动。

地面上明显的波浪，可以是非常巨大的，如月球引力所形成的水波，它每时每刻都在地表的水域中造成两个波凸和两个波凹，即在两个区域涨潮，在另外两个区域落潮。波凸与波凹不断地随着月球的视运动而移动其位置。潮汐现象在海洋上的表现是清楚的。陆地上坚硬的地壳，其中也存在着潮起潮落运动，被称作固体潮。固体潮难以为肉眼看出，如果不用仪器测量，就难以认识；而水上的波浪，就很容易识别。水波的大小，除上述巨大的大波浪外，还有各种级别的波浪，其波长从不及一公分到几十公尺、几百公尺，直至目力不可辩认的长度。风波也有大有小，虽难看到，也可测量出来。不仅水与风中有波浪，固体物质也有波浪。地壳就可以传导地震波，这种微波难以保存。而岩石中早期的波浪运动是可以作长期保存的，这就是构造波。地壳构造波连续表现的就是褶皱，不连续表现的为断层。因为有剥蚀作用，构造波往往被破坏而难一目了然，这要靠我们由测量和想象来认识。这就推迟了地质学的发展。

构造波按大小大致可分为三种情况：①因为波形过小，用各种显微镜还看不到的微波构造；②因为波形过大，部分被破坏时尚难分辨的构造波；③用目力能分辨的构造波，或者利用显微镜尚能分辨的构造。

地质构造波就性质而论，也可分为三种情况，有物理性质的，有化学性质的，还有生物学性质的。物理性波浪，如水波，是很明显的；化学性波浪，则是一种成分接触另一种成分物质所发生的化学反应波；生物性波浪，则是蕴藏在生物体内的生物化学变化所发生的生理化学波浪。在波浪的研究中，总是要遇到各种物质的周期性变化，这是波浪的特点。

一般说，我们所能看到的波浪，都是物理性的波浪。岂不知，还有微细的、看不到的化学波浪，在自然界中的各种情况下表现出来。这就是物质的化分与化合。

化学讲的就是物质的化分与化合。物质化分与化合时的波浪运动是瞬时的，甚至比转瞬的时间还要快许多倍。物质化合时有化分，化分时也有化合，它们是相反相成的作用。两种成分化合时，必有另一些成分的化分；反之亦然。也就是说，一种物质化合时，必有其他物质的化分；反之，一种物质化分时，又必有其他物质的化合。能够化合的两种成分相遇时，一种物质的化分与另一种物质的化合同时发生。这两种变化同时并进。在地质活动中，也会同时有一种物质的化合与另一种物质的化分，如岩石风化时，有长石矿物的分解，同时有黏土矿物的形成。没有不同物质化合时，而能避免其他物质的化分。一个化学方程式中，某种物质化合的同时，也要出现另一种或数种成分的化合。所以，用化学方程式来说明自然辩证法的道理是很方便的。我们应注意它的辩证关系。总的说，一个方程式所代表的化学变化，既有新成分的化合，又有旧成分的化分。其实这个化分过程也是新的，在新的化分过程中，就有新成分的化分。它们的变化是比转瞬还要快千百倍的运动。它们作波浪状的发展变化。

生物的生长，不论植物或动物的生长，都是物质运动的过程。它们从幼小而壮大的形成过程中，不断地吸收着各种有用的物质，并同时不断地排泄着许多无用的物质。所谓生物，正是在用与不用的过程中，才形成一个成体。这个成体又能利用其所有吸收的物质，帮助生长、活动。它们由 30 亿年以前的单细胞生物，进化到高等动物和显花植物。这些高级的动植物，以及所有的低级生物，用其生命的生物化学波动过程，进一步影响了地面上亿万种物类发展变化，继而进化到我们最高级的人类。

进化就是生长的过程。任何东西都是代代相传的。我们常说"一代强似一代"。这就是说，代代相传，每代都有微弱变化，而其变化，总是"青出于蓝而胜于蓝"。世代相传得多了，子孙就会有对祖先的显著变化。总之，生命的遗传，代代都有微弱的变异。这些微弱变异，传之又传，变之又变，隔的世代多了，就成为明显不同于远祖的后代了，并不一定都是在突变中受到的变化。但突变也是有的，渐变与突变是相结合的。

以上所说事物的物理演变与化学演变，是混合在一起密不可分的。生物的遗传分阶段，在先期阶段与后期阶段不同的演变中，既有遗传，又有变异。化学的变化与生物的变化相似。开始是电子、质子等演化，当其突变成原子时，又在原子阶段的发展中，逐渐增加原子核和原子层圈的复杂性，分为不同的层次，形成百余种原子。原子的进一步互相结合，成为化学分子，再由少数简单的原子、碳、氢、氧等元素的原子，作有规律的结合，形成有机分子。在它们的演变中，越变越复杂。这就是动植物的根本。世界就是由变化着的物质构成的，将来还要演变成什么样子，难以推知，但总是越变化越达到更高级的程度，这是肯定的。

总之，物理性波浪是所有波浪运动的基础。化学性波浪只限于不同物质的接触而发生的化学变化波浪。生物化学波浪就是特殊的生物化学变化，是在生物体内形成的高分子化学波浪。地质学所讲的构造波浪就是上述各种波浪的结合，各种性质和各种大小的波浪都有。数学波浪则是各种物质运动的波浪变化（通过人们的认识在思想中综合、抽象出来的）。任何自然科学，都需要用数学作为工具和手段从事研究。

二、从地势谈辩证法

（一）中国水文网及其方向性

我国地势可从山脉与河流作一概括的叙述，由它们可以明确构造的方向性。岩石的构造方向，控制着山脉走向及河流流向。它们都是北东和北西的斜向，极少看到正东西和正南北的山势与流向。这就符合岩石的构造方向，即地表所有的褶皱和断裂及节理，绝大多数都有斜的构造方向。总之，山脉与河流的方向总是同构造方向大致相同，而构造走向大部分不是北东就是北西的斜向。

水文网，一般说来应服从山脉走向，而山脉走向，往往随着地质构造的发展而变化。地表的构造分布，往往是软硬地层相间排列。流水侵蚀总是顺着软弱层下切，所有大江小河对岩石的侵蚀都是这样。因而，山水的分布往往随着地质构造的延续方向。河流最终总是顺着弱层切下，强层就突出地峙立在河流的两侧。这种侵蚀作用，很自然地决定着水文网的形式。这就是说，地貌是追随着构造切割出来的。网格状水系是常见的，虽说树枝状水系也有分布，但仔细分析，仍旧是网格状。

河流侵蚀形成大多数的地貌，而地貌反过来又可以阻碍河流的流向。流水一旦为山地所阻，它就会在那里切割。这些山岭往往被流水切成峡谷。过了峡谷，又会冲积成平原，江河就在平原上蜿蜒奔流。黄河、长江穿山过峡，越过平原，就是跟着地层的构造而变化的。但万变不离其宗，不论大川小河，都跟着构造方向进行切割。它们把地壳切割又切割，形成大陆上大大小小的地块。这种切割是一级套一级的，一直可以切割成为拳头大的小石块，甚至成为显微碎块。涓涓细流与滔滔江河都是这样。它们万变不离其宗，这就是方向性。长江、黄河从源头起，分别向下流去，不管怎么弯转，总的方向是向东南奔流，直到受着高山强层的阻碍，它们才转向。长江在其上游云南地方曾折向东北，到了中下游又两次折向东北；黄河在上游也有几次大转折，一直到了内蒙才折向东南再向南流，过潼关又折流东北方向。我国无论什么大河小河，无论在中游怎么弯曲，最终总是流向东南，奔入大海。但它们的中游，有许多段落的流向多是北东或北西，这种自然地理的格局，都是由地质构造所决定的。一般的地质构造格局，就是北东和北西向。

从中国水文网的优势流向来看，所有河流、盆地的地势，也同我国地势总面貌相似，都是西北高东南低，许多更小的盆地也是这样。在部分地区，固然还有西流河，但它们总的归宿是东海（这个东海是我国东方的海，并非狭义的东海），我国古代的神话说"天塌西北，地陷东南"，其中也有科学。

（二）地势与构造的辩证关系

水文网的形成，自然是随地势高下逐渐得到的结果。流水为什么能够这样有规律地侵蚀而形成许许多多、大大小小的斜方水文网，这不能不使我们从构造运动着想。

地质构造是构造运动的结果，而地表侵蚀使其得到明显的表现。构造改变着地势，地势结合着构造，河流顺着地势流动，顺便就将其改造成目前的地形。我国的地势一般是西北高东南低，流水自然终归流向东南。这是中国水流的总趋势。但部分地区的水流，也有向其他方向流去，如向西流的河，我们叫作倒淌河，但最终多数还是流转东南。这都同构造向东南斜倾有关系。在云南和西藏之间，许多主流转向南方，这也是当地构造走向的变化所致。

地质构造是地壳运动的结果。构造运动把中国地壳分割成许许多多的大小地块。地块格局都有一定的方向性，所以结合起来也有一定的规律。大体来说，所有地块都是斜方形，或被改造了的斜方形，以及对于斜方形截了角的多边形或三角形，但大多数地块，都以斜方形为主。每个地块，一般是按地质构造的总形势排列着，它们遵循总的构造格局。中国构造总形势是西北高东南低，其在不同方向排列的分块中，也是西北高东南低。我们一直都笼统地说"西高东低"，这不符合古人的正确意见，也不很合乎我国地势的具体情况。古人用神话掩盖了地理的事实，说"天塌西北，地陷东南"，这有符合自然科学的部分，其不符合的部分，就是神话了。"天塌西北"，指的是每个盆地中的地势；"地陷东南"，指我国的总地势是西北高东南低。后人用省略的说法，把"西北"的"北"和"东南"的"南"省略了，使我们简单地认为中国地势是西高东低。这是不正确的简略。我们还应将其看作西北高东南低。但从每个盆地说，应是东南高西北低。在中国西南是东北略高，向西南略低；在东北是西南略高，向东北略低。这样来说，我国地势的高低就更清楚了；对于水流方向的看法，也就切合实际了。山地突起于两水之间，因为水顺山谷流。水的流向不是东北就是东南，流水之间的山势，也多是走向东南的了。除黑龙江及云南之外，大江大河的流向，总是向东南；流水两侧的山势，自然也是南东走向了。

山岭走向的大势，在中国东部以北东向为主，北西向为次。但到我国西部，这个大势就有些颠倒，即北西向为主，北东向为次。不论是东部或西部，这两个方向的构造，都形成了构造网，把我国地面分成斜方和一些多边形地块。一级一级大小不同的构造网，把地壳切成一级套一级大大小小的地块，最后可以把各种岩石切成大小不同的岩块、石块等。由于构造网的切割再切割，又把石块切成许许多多甚至用显微镜也观察不出的微小块体。这些大大小小的碎块结合，又成为各级镶嵌起来的石块、岩块以至很大地块，最后就成为镶嵌的地壳。所以，地壳的镶嵌块体，可以非常小，小到用显微镜还看不到的小块；又可以很大，大到和大陆及大海一样大的巨大地块或壳块。这样就形成地壳的镶嵌构造。这种情况，在大陆和大洋中都是如此。许多大的地块拼凑起来是这样，无数小地块拼凑起来也是这样。大小地块的镶嵌及其镶嵌的斜方规律，是亘古以来一直存在的现象和规律。

三、大陆与海洋地壳演化中的辩证法

所有自然界的物质，都是在变化中发展起来的。地球这个物体，自然也在变化中发展着。组成地球的各种成分，也不能脱离这个发展过程。它们都是发展过来的，将来还要不断发展变化。这就是自然变化。地球永远在变化之中，但其地表构造所表现出来的北东和北西总方向性却是不变的。

地球的发展变化，表现为组成其实体的物质变化。变化中的物质主要分为两种，一种是无机物，一种是有机物。地球中的物质，绝大多数是无机物。我们就以无机物的发展变化作为主题来谈谈。无机物的变化有质有形，质形是始终相合的。变化既离不开质，也离不开形。地壳中的无机物无时无刻不在变化它们的形，也无时无刻不在变化它们的质。质的变化就是岩石、矿物的成分变化，形的变化主要是地质构造的变化。对于地球的变化，我们在构造发展的研究中，更加注意的是构造形变。构造形变中，自然也有质的变化。为了谈地质构造，在这里只有多注意构造形变，但不能丢掉形变中的质变。

地壳变化，首先是构成地壳的矿物、岩石的发展演化。岩矿的发展演化，首先是岩浆岩的形成。地球在不断吸附宇宙物质而增大到一定程度时，就能吸住大气与水，这是地球演化在地质时代的起点。更早的变化发展就难说了，我们只有从大气圈与水圈的积累开始。在还没有水圈和大气圈时，可以从很小的陨石积累来说，极其缓慢，缓慢到难以想象的情况，地球上积累了大气圈和水圈之后，大气与水就开始对地球物质发挥了地质作用。

岩矿中的可溶成分最先被水溶解，带入海中，如钠和钾就是最容易溶解的。但是，为什么陆上岩石的成分富集了钾而溶去了钠？原来火成岩中钾钠成分的比例是钠多钾少，如大洋中的超基性－基性岩，其钠钾比例接近初始，但还不是真

正的初始比例，因为岩石已经遭受过风化了。起初钠高于钾更多，而大陆上的火成岩多为花岗岩及花岗闪长岩一类。它们之中的钠钾成分之比例，反为钾多于钠。花岗岩的原始成分应是钠比钾多，只是到后来钾钠比例才有变化。这是什么道理呢?

因为化学风化作用，把原生火成岩中的钾钠长石，逐渐变为黏土和其他成分。黏土对钾钠的吸附有选择性。钾有被吸附的作用，而钠没有，因而钾可保留在土中，钠多由水排去，最后流入湖海。这是海水与盐湖之水，特别富钠之来历。这种吸附作用，就把原来岩石中的钠钾分了家。原来的火成岩本是钠多于钾，海洋地区拉斑玄武岩的成分就接近这样。只是经过陆地上累次风化之后，钾就多于钠了。所以，如果我们碰到的岩浆岩其中钾成分超过了钠的话，就说明这种火成岩在大陆上经过了多次熔岩流侵入、喷出和风化剥蚀;而钾成分偏富的火成岩，过去也不知经过了多少次的再熔再凝和风化堆积。但也不能完全不考虑岩浆岩在融熔之中的分异。大陆上存在的火成岩与海洋中存在的火成岩，之所以有钾钠成分转化的主要原因，则是上述大陆中的火成岩经过了多次的再熔再凝及多次的风化，逐渐变得偏富于钾。这是大陆火成岩与海洋火成岩的主要区别。

从上述岩石成分钾钠含量的演变可知，说大陆之上的火成岩是"原生岩"并不确切。地质时代的多少亿年，有多少次的地壳运动，使陆上的火成岩和变质岩反复发生过多次沧桑之变。这可以从我们所能看到的不整合来作证，但这也只是有事实可查的证据。我们尚且没有发现的地质证据，还是不少，如前寒武时代的地壳运动变化，就有很多尚未认识。所以，地质时代的沧桑之变，从大陆与海洋火成岩物质成分的悬殊来看，其次数很多，决不是目前所发现的几个时期的不整合所能形成得了。

地质变化在时间上有波浪性，空间上也有波浪性，波浪总是变化着的。地壳构造波不断地、反复地水平转移，就会使地层中发生许多不整合。所以，地壳中保存下来的不整合，总在地位上和时代上有差别。所谓不同地区同时代的不整合，未必都能直接连得上，它们可以由不同的构造波形成。此外，地质时代的不整合面，乍看有愈新愈多的趋势。新生代第四纪地层中，保留的地层间断面很多;回溯到第三纪，保留的地层间断面就减少了些;中生代各纪地层中，保留的不整合面就更少些;至于古生代地层之中，不整合面就少到只有几个了，多数以不整合为界的地层间断是跨纪的。也就是说，地质年代越古老，其地层中的间断看起来就越少。第四纪有几万、几十万年的间断，到第三纪就有几十万年的间断，中生代就有几百万年的间断，古生代就有几千万年的间断，元古代和太古代地层间断相距的时期就更长了，起码是几亿年。前古生代的不整合很少，只是我们发现得很少，并不是地质时代的变化越古越简单，而是我们所能观察到并进行研究的记录越来越少。地质记录与人类历史的记录相似。文字记录方面，历史越近，记录越详；时代越古，记录越粗，其所占时期似乎就越古越长了。这并不是历史事件少了，而是遗留下来的记录粗略了。地质历史也是这样，时代越老，自然的记录似乎越少。其实并不很少，只是所记录的地质事实粗略，只能识其大略。地质学是要发展的，过去的地质历史记录，随着时间的过去，越发现越多，我们所不曾见过的地质记录多着呢，永远也认识不完。人类对地质知识的积累，也是波浪状发展。

地质现状的波浪性，从地质历史的波浪性发展演化而来。不论什么地质现象，都在时间和空间上有千丝万缕的联系。地质学与其他自然科学也有无限关系。如果没有其他各门科学的知识，就很难把地质学研究好。到目前，我们还在找矿上不断下功夫。地质学随各门自然科学的发展，逐渐扩大其研究范围。自然科学各个学科分别发展到现在，有些研究还碰了壁。地质学也是这样。我们需要从地质学碰到的壁中，钻出去，以扩大我们的眼界，作进一步研究。这就需要多一些的自然科学知识。

四、地质学发展的波浪性

地质学的发展也有波浪性。科学研究发展与生产发展分不开。地质学就是随着生产的发展而发展。我国的农业发展要求天文、气象和地学知识，而这些自然知识都要依靠物理及化学的发展。物理和化学都已探索到它们自己的自然规律。生物学也有自己接近实际的理论。在自然科学方面，只有地学还在摸索。地学的百家争鸣，现在已近高潮。关于地槽地台说，主要是讲地壳的垂直运动；关于大陆漂移板块构造说，主要是讲地壳的水平运动。但是，任何科学理论都要结合哲学的提示，地学也是一样。地槽地台说和大陆漂移板块构造理论，前者偏重于构造的垂直运动，后者偏重于地壳的水平运动。它们的看法，趋向于垂直与水平的两端，都有所偏。讲垂直运动的也要涉及一些水平运动，讲水平运动的也要涉及一些垂直运动，否则，就难以把地质构造有道理地表达出来。谈地壳运动，光谈垂直或水平运动，都要受到一些限制。实际上，单讲垂直运动，往往要辅以水平运动，褶皱就有水平运动，大多数断层也有水平运动。以水平运动为主的学说，也要辅以垂直运动，流体物质在海洋中脊的升起，固体地壳在削减带的俯冲，都应是水平运动的补充。地槽地台说与大陆漂移板块构造说，互不相干，各有千秋。一方面注重地壳的垂直运动，另一方面注重水平运动，两个学术观点，各走各的路，是否能够殊途同归？看情况，现在是殊途，将来仍会走到一起。或者一方面放弃它的观点，而服从另一方面；或者一方面坚持它的正确方面，放弃它不很合理的一面，都会走到一起。如果一种观点坚持其不很正确的一面（任何学说都有不正确的一面），这就很难捏合了。我想，构造运动的路子既不是垂直的，又有垂直的；既不是水平的，又有水平的。如果一方面把构造的水平运动看作运动在一个方向上的投影，另一方面把垂直运动看作在另一个方向上的投影，两个矛盾的方面就可以在实际中结合起来。如果坚持不同的看法，一方面只向平面看齐，另一方面只向剖面看齐，那就很难捏合了。剖面与平面只能是两个研究面上的极端。走到了极端，还得回转。任何有意义的学说，都有其合理的一面，也有其不太合理的一面。贵在放弃其不合理的那一面，坚持其合理的一面。如果把自己的想法都看成是合理，那就走上片面性了。

各门自然科学都有其合乎实际的定律，或符合自然规律的学说，唯有地学的说法，尚有许多争论。其争论集中表现在有关地壳运动的种种观点。地槽地台说的垂直运动和大陆漂移板块说的水平运动，一个是百多年来的地质理论，一个是近几十年来的地质理论，都还在发展之中。因为对地槽地台说讨论有百多年，似乎接近成熟，大陆漂移板块说也反复讨论了几十年，还在发展之中。它们都存在于理论探讨阶段，还难以看作定理。现在插到二者之间的，有波浪运动镶嵌构造的提法，这一构造理论位于以上二说之间。它既取地槽地台说之长，又择板块构造说之优，认为地槽地台并不单是垂直运动，板块构造也不单是水平运动。这样看，它们是可以结合的。如果把地槽地台说垂直运动的长处和板块构造说的优点结合起来，就可以合理地解释地壳运动的道理。这就要能够认识和放弃本方不太合理的部分。但是，这很不容易。世界事物总有"分久必合，合久必分"的现象。两个学派都能平心静气地看到自己不太合理的部分，坚持其合理部分，就可以捏合起来了。但到后来，还可出现新的对立，这就是"旧问题解决了，新问题又出现了"的道理。完全合理的说法只有一个，最后总是会结合。

笔者在这里提出波浪运动镶嵌构造的说法，可能是有意义的。首先，这个想法不像地槽地台说避开地壳运动的动力不加讨论，或者说，把地球自转运动所引起的地壳运动不加讨论。这是李四光所强调的地壳运动的动力。这是引起地壳运动的一种现实动力，不能不加考虑。其次，板块构造说放弃了地壳运动的现实动力——地球自转所引起的动力，而采用了"地幔对流"的动力，认为这个动力引起了地壳的构造运动，即板块构造运动，改进了原先的大陆漂移说。这个使地壳运动的动力，是多少有些想象的。

引起波浪状镶嵌构造运动的基本动力，是地球缩胀脉动所派生及其地球自转速度变化的现成动力。它导致了地壳运动的方向性。方向性是各种构造运动的统一表现，是在自古到今基本一致的构造动力作用下的结果。地壳运动的方向性，无论褶皱还是断裂构造，在全球不论哪一大陆或哪一海洋之中，都是一致的。这就排除了大陆的乱漂乱移，而是漂而不远，移而不乱。

地壳运动主要是随着地球脉动及由此导致的自转速率变更所引起的构造动力而发生的。不论平面或剖面上，地壳构造线的方向都是斜的。真正水平的构造运动和东西向构造线不常见，真正垂直的构造运动和南北向构造线就更少。它们基本都是斜向的。我们所意识到的垂直运动和水平运动，一般说都是运动方向的投影。构造运动所产生的断裂与节理构造，不论在平面或剖面上的表现，都是两个方向的面接近正交，但节理和断层的方向大多数都是斜的。因此，岩石的出露，不论在平面或剖面上，多被切成斜方块体，地壳中的岩石因而也就在不同方向被分成了各种大小的斜方块。这些情况都与地球脉动及其所导致的速度变化引起的动力所形成的构造基本符合。所以，我们不应把地壳水平运动看作南北向或东西向的水平运动，应看成北东向及北西向的斜向运动；将其剖面运动也看作斜向的，而非垂直的，也非水平的。这样想，就有可能把地槽地台说与大陆漂移板块说统一起来。

结束语

地质学同其他自然科学一样，讲的是自然规律在地壳发展变化中的表现。

地表的山脉水系都有一定方向性，这是由地质构造的方向性所决定的。同时，地质构造也伴随着山山水水的发展而发展。所有山水在平面上都是斜向，这是地质构造在平面上方向性的反映，同时地质构造在剖面上也是斜向。地质构造是地壳运动的结果，它们以斜向为主，看来在平面和剖面上都是这样。

地壳构造的波浪性，服从地球的波浪状发展变化及其运转中的波浪式变化，并由此决定了构造波的方向性。构造波的方向性决定了构造运动的方向性。构造发展的波浪性和地壳构造的方向性是统一的。

论地壳的波浪运动①

张伯声　王　战

【摘要】地壳的运动同自然界其他各种物质的运动一样，具有波浪性质。地质发展和地质构造在时空上的等距性及其可次分性，说明地壳运动具有级级相套的波浪性；任一地区构造方向的有限性和稳定性，说明地壳波浪运动波源的有限性和稳定性；而导致地壳作波浪运动的根源，在于地球的脉动性。

世界的物质性和物质以不停地运动为其存在的唯一形式——这两个哲学上的重大问题，看来已在科学实践中逐渐被公认了。物质运动还有一个共同特征，那就是波浪性。就目前的科学水平已知，小到电子和光子，大到银河系和河外星系的运动，无不采取波浪形式。但地学界对于地球发展、变化、运动的波浪性，注意得还很不够。地学界早已公认地球的大气圈和水圈有波浪运动，而对岩石圈运动（习惯上通称地壳运动）的波浪性则有所忽视。虽有少数学者提到过地壳乃至地球的起伏波动（Undation）[1, 2, 3]，个别学者还较详叙述过局部地区构造运动的波浪性[4, 5]，但对于地壳整体的波浪运动系统、波浪传递方式，以及波浪运动的结果及其实践意义的研究，还是作者及其同事们逐步发展起来的认识。张伯声在 20 世纪 50 年代后期提出的相邻地块天平式摆动[6]，实为地壳波浪运动思想的萌芽；以后提出了全球四大地壳波浪系统[7, 8]，认为它们的传播和交织导致了地壳的镶嵌构造；70 年代以来，我们在致力于中国区域构造研究时，着重讨论了中国地壳的波浪状镶嵌构造特征及其实践意义[9, 10, 11]，并根据地壳波浪运动的设想，初步探论了地壳波浪的形式、特点、应用，以及起因与效应[12, 13]。现在有必要就地壳构造、地壳运动，以及地球演化过程中所表现出来的共性，即波浪性问题，加以归纳和讨

①本文 1984 年发表于《西安地质学院学报》第 1 期。

论。这些问题是：①相邻地壳块体在地史时期互作天平式摆动的现象具有普遍性；②地质构造在空间分布上具有近等间距性；③任何地区在构造隶属上都具有多重性；④构造作用在方向上具有稳定性；⑤地球在演化阶段上具有等时性；⑥地球缩胀脉动的可能性，以及由其导致的地球自转速率变更的结合，应是造成地壳运动波浪性和地壳镶嵌构造的根本。

一、天平式摆动的普遍性

相邻地壳块体在地史时期互作天平式摆动的普遍性，是认识地壳波浪运动的向导。

1959 年，张伯声便总结了华北和华南这两个大小基本相当的相邻地块演化规律，发现二者在不同地史时期，均以其间所夹构造带（秦岭）为支点带，不断进行着天平式起伏摆动，并发现中国的许多相邻地块均具有这种天平式摆动关系[6]。空间上扩大范围来观察一连串的相邻地块，便发现它们呈现出波浪起伏的特征，于是引伸出了一起一伏的地块波浪运动概念。进一步研究发现，在从大到小的若干级相邻地块中，均存在这种天平式摆动的关系，从而把它看作地壳波浪状镶嵌构造的一条重要规律。用来检验全球规模的海陆变迁史，可以发现相邻地块的天平式摆动规律相当符合实际。

全球地壳的构造，总体上表现为太平洋、劳亚、冈瓦纳三大壳块，它们被环太和特提斯两大构造活动带分割并镶嵌起来[14]。而三大镶嵌壳块的关系，在地史时期不断地变化着。劳亚壳块与冈瓦纳壳块在地史时期即以特提斯构造活动带为支点带，不断进行着此起彼伏的运动。已知的地史事实表明，古生代冈瓦纳壳块以陆地占优势，劳亚壳块则以频繁而巨大海侵著称。但自三叠纪晚期以来，上述情况则打了一个颠倒，以致有人把当今主要由劳亚壳块占据的半球称为陆半球，而把主要是冈瓦纳壳块占据的半球称为水半球。

对于前寒武时期两大壳块的情形，人们得到的认识同这一地史时期的漫长性相比，还远远难以相称。但就已知的认识看，南北两大壳块在前寒武时期同样存在这种摆动。其中，较明显的是距今 800 ～ 600 百万年的震旦纪。这一时代的地层，华南发育极广，而华北则极少。相当于震旦系的地层，在冈瓦纳壳块上有较广泛的发育。非洲的孔德伦古（Kungdelungu）群、纳玛（Nama）群，澳大利亚的乌姆拜拉塔纳（Umberatana）群、斯楚特（Strut）群和马琳诺（Malino）群，印度的库尔努尔（Kurnool）群，其时代都大体上属震旦纪；南美洲和南极洲也发现有这一时期的地层。劳亚壳块上的情况则相反，震旦系主要发现于贝加尔以东的远东地区（这是由于邻近太平洋壳块之故）地台之间的少部分地向斜中也有发现，偶尔沿这些地向斜向地台中与之连通的坳陷超覆。总之，劳亚壳块上的震旦系远不如冈瓦纳壳块上广泛。因此，我们把分隔中国南北地质区域的一个重要界限，即天山－祁连－秦岭构造带，作为劳亚壳块和冈瓦纳壳块之间的特提斯构造活动带诸分带中最主要的一条，不是没有理由。

对于 800 百万年以前的情况，由于目前地层对比上的混乱，南北两大壳块进行天平式摆动的细节尚难恢复。但总的来看，无论元古宙或太古宙，劳亚和冈瓦纳两大壳块的环境都是极不相同的。劳亚壳块上的元古宇（尤其中、上元古界）多石英岩和硅质白云岩，火山喷发多为中基性甚或中酸性；而冈瓦纳壳块的元古宇则多杂砂岩等碎屑岩和复理石建造，以及部分硅铁沉积，喷发岩多为基性。两大壳块的太古宇两相比较，其差别更为显著。劳亚壳块太古宇的构造复杂性和变质程度都遥遥领先。以上不但说明南北两大壳块在元古宙乃至太古宙确曾进行天平式摆动，还可看出由此而导致的劳亚壳块的成熟度远远高于冈瓦纳壳块。

劳亚和冈瓦纳两大壳块合起来组成的外太联合壳块，同太平洋壳块的演化有更大差异。它们以其间所夹的环太构造活动带为支点带，也在地史时期做天平式摆动。从已知资料看，自地球上形成水圈以来，太平洋一直是地球表面最大的储水洼陷。它可能从未彻底裸露过，但却出现过全面的水下上升。太平洋中部有大量的平顶火山锥，或称盖约特（guyot），就是它曾大幅度全盘上隆的证据。太平洋壳块的大幅度上隆，必然伴随有外太两大壳块的同时海侵（二者海侵的程度会有很大差异）。这样一来，就为我们进一步分析外太南北两大壳块间天平式摆动的复杂性开阔了一条思路：外太南北两大壳块除了进行天平式海进与海退的摆动之外，它们有时出现基本同时的海进与海退现象，应是由太平洋壳块的抬升和下沉作用，亦即太平洋壳块和外太联合壳块之间所进行的全球最大规模天平式摆动所引起。

作者及其同事们对于中国各级相邻地块进行天平式摆动的论述已经很多[13]，本文不再赘述。这里只想强调一点：相邻地壳块体的天平式摆动具有普遍意义。

一连串相邻地块的天平式摆动，便构成了地壳波浪运动中的"蚕行波"（一起一伏的地壳横波）。它是地壳波浪传播的主要方式之一。

二、地质构造的近等间距性

地质构造在空间上的近等间距性，是地壳波浪运动在地表遗留下来的绝好标记。最明显的要算是构造带分布的近等间距性。

地球上有几个明显的或断续的环球构造活动带，由于其规模已接近地球的大圆而被称为大圆构造带。最引人注目的大圆构造带是环太构造活动带；其次是特提斯构造活动带。此外还有两个明显度较差的大圆构造带：一个遥遥环绕着印度洋，它包括一段地中海构造带，一段南大西洋中央海岭及一段南部太平洋海岭，可以叫作环印度洋构造带；另一个遥遥环绕着南大西洋，它包括印度洋的中央海岭、中东的扎格罗斯山脉、欧洲的阿尔卑斯山脉，并横跨北大西洋，过西印度群岛到东太平洋海隆，也可以叫作环南大西洋构造带。以上四个大圆构造带基本都处于地球上的巨大洼陷和巨大隆起之间部位[7]，可以认为是第一级构造带分布的等间距性。

几个世界著名地台之间，夹着地槽褶皱带。这些褶皱带相距 2500～3000 公里。中国及其邻近的东亚其他地区，造山带均为地块所隔，其间距多在 500～800 公里之间；这些构造褶皱带间的地块内部，又多在平分地块的地带发育着一条活动性较次的"构造带"。此外，在每一构造带内，还平行排列着若干条山带。它们的间距多为 40～50 公里，进一步还可划分出 5～7 公里宽的平行断条或复式背斜带和向斜带。

在山带内部，常可发现一系列类平行的断裂破碎带与构造带走向相垂直或斜交，其分布也近于等间距，通常在 6～10 公里之间。

由于各级构造带的近等间距性，夹于它们之间的地块带自然也表现出近等间距性。大的地块带是地台和海盆地的环球性联合，次一级的是在地台或海盆地内部，被较次构造带分隔的较小地块带。具体到中国及其邻区，由于环太平洋构造活动带同特提斯构造活动带在这里交接，二者的构造分带互相交叉，形成斜方构造网格（曾叫作"中国地槽网"[15]），从而使这里的地壳活动性较强。网眼中的地块自然在两个方向上构成地块，并随着分隔它们的构造带在空间上的等间距分布而具有等间距性。同理，更小的地块、山块、岩块所构成的带，也都具等间距性。构造带与地块带疏密相间地近等间距排列，便构成了地壳波浪运动中的"蠕行波"（一密一疏的地壳纵波）。它是地壳波浪传播的另一种主要方式。

各级构造带的近等间距性，还导致了各级沉积洼陷带、变质岩带、火山岩带、侵入岩带，以及脉岩带的近等间距性。在此基础上，各种成因的矿产分布也多具有各种级别的近等间距性。利用等间距原理找矿，已越来越引起人们的重视。实践证明，不只是成矿区、成矿带具有近等间距性，小到矿化带、矿点分布乃至控矿构造，都具有这种性质，就连小到几米、几十厘米距离的矿脉，乃至显微镜下的矿化细脉，也均多有近等间距的特点。

近年来，作者在研究中国地震时发现，地震带由于同构造带基本符合，也具等间距特征；地震活动常作沿带或隔带近等间距辗转跳迁[16, 17]。

多种地质现象在空间上均具近等间距性，使我们得以逐步由表及里地去发现和深入认识地壳波浪，因为一个系统的同级波浪具有相等的波长。作为地壳运动的各种直接和间接产物，其空间分布大多具有近等间距性，使我们不能不同波浪运动联系起来。

三、同一地区构造隶属关系的多重性

波浪状镶嵌构造说对同一个地区构造隶属关系的认识，是十分独特的。同其他一些学说把一个地区的构造隶属单一化完全不同，我们认为，地表任一地区在构造隶属关系上均具多重性。也就是说，同一个地区既属于此一构造系统，又属于别的构造系统。构造系统的归属，主要应考虑构造的方向性，以及在这一地区形成同一方向构造的同时性和来复性；然后分析该地区在同一构造系统中与其相邻地区的相对隆洼程度及其历史；还要注意构造强度的各种表现。前者可使我们看到地壳运动波浪般地不断沿着某一方向传播；后二者可使我们看到沿该方向传播的地壳运动隆洼相间和疏密相间的波浪状特征。加之它们空间分布的近等间距性，便使这个方向的地壳波浪得以被揭露。一个地区除了最明显的构造方向，还会不太困难地发现第二个构造方向。它与第一个方向的构造类似，只是强度稍次罢了。按照我们的分析，世界上任何地区都可以不太困难地找到至少两个方向的构造系统。如果进行较详工作，往往还会发现居第三位和第四位的构造方向。作

者把它们分别纳入到全球几个不同的地壳波浪系统中去。这样，地表的每一地区都是既隶属于这个构造波浪系统，又隶属于那个构造波浪系统，还属于第三、第四个构造波浪系统。这就是同一地区在构造隶属关系上的多重性。

然而，同一地区在构造隶属上的多重性，并非无限多重。恰恰相反，这种多重隶属关系非常有限。任何一个地区的构造方向，都不是大致平均地漫散于180°的范围内，而是集中表现于少数几组方向上。构造地质学家们在不同区域所作的构造玫瑰花图或投影图，从来都只透露出为数极其有限的几组构造方向的信息。因此，说构造系统只是有限的几组绝不过分。但正是这有限的几组地壳波浪系统的相互交织、叠加、干涉，却形成了全球地壳十分复杂而又有一定规律的波浪状镶嵌构造。

四、构造作用方向上的稳定性

构造作用方向上的稳定性，表明了地壳波浪在传播方向上的稳定性。

构造地质学家们早就发现，在地质历史中，地表构造带的位置不断地变迁着。后继构造旋回中形成的构造带，多数位置都基本平行于早先构造旋回形成的构造方向，且常常反复地在先期构造带的两侧徘徊。于是，构造学家们便称之为地槽带的横向迁移，认为这是地壳构造作用的继承性。例外的情形也不罕见，即后期构造的构造带与先成构造带不平行，二者相垂直或斜交，因此，这些例外的新情况便被称为地壳构造作用的新生性。促使出现继承性和新生性的原因是什么？新生性是否具有随意性？继承性和新生性之间有无什么关联？从地壳波浪运动的观念出发，我们认为，地球在不断进行脉动的过程中，全球四大地壳波浪系统的传播与交织，形成了地表大大小小的构造带，以及其间镶嵌着各级地块。脉动所派生的地球转速变化，在地表产生斜向的 X 型共轭破裂系。它们在各处不断地变换着张扭和压扭的性质，并使四大地壳波系相互交织的四组类平行环状构造带，在与之相适应的地段构造活动性加强，在与之相违背的地方构造活动性减弱，从而形成全球表面复杂的波浪状镶嵌构造。四大波系传播方向的大致固定性，以及斜向 X 型共轭破裂构造方向的基本稳定性，是造成较多构造带具有构造继承性的基本原因；而四大波系传播过程中在各地区所占优势的消长，以及二组斜向 X 型共轭破裂随地球转速变化而发生的性质转换，对各地壳波系在不同地段的不同影响，则可使原本是次要地位的构造方向占据主导地位，同时迫使原主导构造降低到从属地位，这就是构造的新生性。然而，构造的新生性并不"新"，因为在先成的构造中，它们一直存在着，只是由于处于从属地位而往往被忽视；或者在更古老的构造中曾居于优势地位，而被较后的另一方向占据了主导地位的构造所叠加和改造，从而很难认出。说穿了，在同一地区内，构造继承性和构造新生性之间的关系，不过是四大地壳波系传播过程中在不同地区优势地位的变更，特别是斜向X型共轭破裂叠加后所造成的优势构造方向的相互变换罢了。

构造带的横向迁移是一种十分直观的地壳波浪，而构造带的纵向迁移则常常是另一组地壳波浪同该组地壳波浪相交织时，在该组地壳波浪中所造成的效应。以前者为主，加上后者的制约或影响，地壳波浪常常表现为"蛇行波"，它的活动性状比较复杂，但基本仍可算作地壳横波。蛇行波也是一种不太罕见的地壳波浪表现形式。

世界上任何一个地区，都可以比较容易地找出两个方向的地壳波浪。只要仔细分析，找出第三组波浪也不太困难。但第四组地壳波浪的发现，通常要困难得多，因为四大波系的波源，总有一个距离该地最远，从而影响较小。一个地区显示出来的构造方向数，比起该地区的地壳运动旋回数来，无论如何要少得多。这是由于一个地区虽然在几十亿年的演化史中，可以留下多次地壳运动痕迹，而地壳波浪则只有固定的四组；即使它们在该地没有一组与斜向X型破裂方向相一致，也不过六组而已。因此，地壳波浪不但只是有限的几组，而且它们的传播方向基本是稳定的。这说明，导致全球地壳波浪运动的机制是统一的、贯彻古今的。

五、地球演化阶段上的等时性

地球演化阶段上的等时性，说明了地球本身在作波浪式演化运动。

我们居住的地球有一部波浪状演化史。目前公认的地球年龄是46亿年左右[18]。自那时起，这颗行星就开始了它自己的演化历史。地表岩层记录是恢复这一历史的物证。根据这些记录可以看出，地球自形成之后，大约每10亿年经历一次较大的突变，而在每个10亿年的阶段之内，则具有较多的共性。

零星发现老于36亿年的岩石同新于这个年限的岩石有着重大差别，是众所周知的事实。在36亿年这个时限之后，出现了几个前所未有的特征：一是海洋化学沉积岩的出现，如优势的硅铁沉积，以及部分碳酸盐沉积等；二是出现了斜长岩的第一次峰值；三是有了大量以富钠为特征的最古老"花岗岩"（实为英云闪长质的）；四是藻类和其他低级生物与环境作用而形成的综合沉积体——叠层石出现。因此，对于距今 36 亿年这个年限的意义是无庸置疑的。

距今 26 亿年左右是太古宙与元古宙的时限。在此之前，有比其后多得多的基性和超基性岩石分布，绿岩建造同碧玉铁质岩建造的交互层占据着优势；在此之后，基性喷发的范围和规模均大大减小，白云岩取代了碧玉铁质岩在海洋化学沉积岩中的优势。迄今为止，地球上所发现的富钾花岗岩年龄都不超过 26 亿年，也可说明这个年代数字的划时代意义。

距今 16 亿年左右是多数地区习惯性划分早、中元古代的界限。斜长岩的第二次峰值紧跟在这个时限之后，是一件值得注意的事；此外，较大范围的地台盖层沉积开始出现；硅质条带白云岩取代了较纯白云岩在海洋化学岩中的优势；由多种菌藻类生物参与作用而形成的叠层石和核形石形态属种数量猛增；伊迪卡拉动物群在元古宙末期出现，标志着生物界经过漫长的前寒武演化时期之后，即将进入一个空前繁荣的局面。

距今 6 亿年以来的显生宙同以前的显著区别早已被公认。这里只指出花岗岩在岩浆岩中的优势和石灰岩在海洋化学岩中的优势就足够了。

总之，地球演化中表现出 10 亿年一个阶段是十分明显的事。为此，作者曾建议可把这些阶段依次称之为"冥古宙"（46 亿～36 亿年）、"太古宙"（36 亿～26 亿年）、"元古宙"（26 亿～16 亿年）、"隐生宙"（16 亿～6 亿年）和显生宙（6 亿年以来）[19]。

在每个 10 亿年的演化阶段内，地壳运动又强烈地表现出 2 亿年左右的周期性。早已有人认为，银河系的旋转周期是 2 亿年，它可能是地壳运动的触发因素[20]；也有人将其同地球上的大冰期相联系[21]，但这些都是争论颇大的问题。作者从中国晚前寒武地层的划分，确信地球演化存在着 2 亿年左右的周期性[19]，无论它们同银河系的旋转周期是否有关。

2 亿年的旋回性在寒武纪以来更为明显。加里东旋回是 2 亿年左右；海西旋回与印支旋回合起来也是 2 亿年左右（我们一贯将它们合称"海西–印支旋回"）；晚三叠纪后期至今也已接近 2 亿年，难怪目前地壳运动活跃非凡。

对于较小的旋回性，由于寒武纪以来地层学研究较详而更易于被接受；特别是地球从第四纪以来的演化，包括新构造运动的旋回性，早已成为第四纪地质学及新构造运动学的一项重要内容。所有这些次级、再次级的旋回，均具有同级旋回大致等时性的特征。

地球发展史上这种一级套一级的旋回性，也使成矿作用显示出从大到小的成矿期[22, 23]。它们既反映了地球演化的不可逆性，又表现出各种成矿作用的旋回性。

以上所述，可以认为是地球演化在时间坐标上所表现出来的一级套一级的波浪性，其主导因素归之于地球的脉动比较合乎逻辑。

六、地球的缩胀脉动性

上述对地壳运动波浪性的分析，均可归结到地球的缩胀脉动，它是地壳波浪运动的根本。地球科学在现代的进步，给予了这种脉动以越来越多的支持。

上世纪中叶，已有人从全球海陆布局注意到了地球一定程度上具有四面体形态，并在距今 100 年前，通过数学家的证明和物理学家的实验，充分说明了具有一定固体外壳的球体，在收缩过程中向四面体过渡的趋势，从而使地球四面理论成为西欧轰动一时的地学最新假说[24]。但由于这一假说建立在地球作单向收缩的基础上，无法解释地球上后来发现的众多地壳拉张现象，也无法解释地史时期频繁的海进与海退，于是很快就被地学界遗弃了。

为了解释地壳有规律的镶嵌图案形成机制，张伯声对地球四面体理论进行了改造，使之建立在地球以收缩为主要趋势的缩胀脉动基础上，指出全球存在四大地壳波浪系统。四大地壳波系由于地球在球体和四面体之间的趋势性往返转换而受到激发，不断地从四个收缩中心（"地球四面体"的四个面心附近）向对侧的隆起极作圆环状传播。而与地球缩胀相伴的事件，则应是地球自转速率的周期性变更，后者又导致地表 X 型斜向破裂网络的生产。X 型破裂网络与四大波系交织而成的地壳波浪网络的叠加，形成全球的波浪状镶嵌构造。

尽管对地球的球体——四面体形状看法长期受到一些学者的非难或怀疑，但人类对地球形状的最新认识，却给予了这一假说以有力的支持。人造卫星所测得的地球形状，不是原来公认的旋转椭球体，而是一个梨形，但并非旋转梨形，却是腹部有几个凸起的梨形。这不是一个由球体转化来的准四面体形态又是什么呢?

剩下的问题是，这个准四面体形态同假说的地球四面体形态恰恰相反，即假说中认为的洼陷恰恰是这颗"梨"的凸起，而假说中的隆起却是其下凹部分。这怎么解释呢？要知道，用人造卫星测量的地球形状，同人们在地面和海洋进行重力测定所得出的地球形状，是两个基本一致但却相互倒置的梨形[24]。按后者测得的结果，则同假说认为的形状相吻合。地面重力测量和人造卫星测量结果的相反情况，当今正是地球学家们争论的一个题目[24]。我们认为，这个矛盾会通过对地球表面附近（既包括岩石圈之上的，也包括岩石圈之下的）流体物质重力补偿效应的研究得到解决。无论怎么说，两种最新手段测得的结果，既然都是准四面体而不是别的形体，那么地球在演化中，就完全可能具有进行以收缩为主的缩胀脉动的性质。这种脉动性及其必然导致的地球自转速率变更的综合，应是引起地壳波浪运动的主要原因。

总之，地壳运动的波浪性表现俯拾皆是。其中，地质发展和地质构造在时间和空间上的近等间距性及其可次分性，是地壳运动具有级级相套的波浪性的最好说明；而构造方向的有限性和稳定性，则说明地壳波浪运动波源的有限性和稳定性。地壳波浪运动通过地表固体壳层作环球远距离水平传播，但并不意味着大小壳体会进行远距离的漂移。我们的看法还是一句说过多次的老话：各地壳块体只不过是在作漂而不远移而不乱的上下起伏、前后推拉、左右扭动的摆动罢了。而各级地壳块体这种有章可循的运动现象的实质，则是地壳运动的波浪性。究其根本，又在于地球的脉动性。脉动性也是波浪性，是地球自身整体演化过程中所表现出来的波浪性。再深究其因，则应追究到宇宙物质演化的波浪性（如元素的聚变与裂变）了。

参考文献

〔1〕 E. Haarmann. Die Oszillations tneorie. Stuttgart, Ferdinand Enke. 1930

〔2〕 R. W. Van Bemmelen. The Undation Theory of the Development of the Earth's Crust. Int. Geol. Cong. 16th, Washington Vol. 2, 1935

〔3〕 R. W. Van Bemmelen. Plate Tectonics and the Undation Model: A Comparison. Tectonophysics, Vol. 32, 1976

〔4〕 B·B·别洛乌索夫著；吴伟，张文佑等译. 大地构造学基本问题. 中国工业出版社, 1965

〔5〕 V. V. Beloussov. Geotectonics. Mir Publishers Moscow. 1980

〔6〕 张伯声. 从陕西大地构造单位的划分提出一种有关大地构造发展的看法. 西北大学学报,

1959 年第 2 期

〔7〕张伯声. 从镶嵌构造观点说明中国大地构造的基本特征. 见：中国大地构造基本问题. 科学出版社，1965

〔8〕张伯声. 中国大地构造的基本特征与镶嵌构造形成的机制. 地质学报，1966 年第 1 期

〔9〕张伯声，王　战. 中国的镶嵌构造与地壳波浪运动. 西北大学学报，1974 年第 1 期

〔10〕张伯声，王　战. 中国镶嵌地块的波浪构造. 见：国际交流地质学术论文集（1）. 地质出版社，1978

〔11〕张伯声. 中国地壳的波浪状镶嵌构造. 科学出版社，1980

〔12〕张伯声，王战. 中国地壳的波浪运动及其起因与效应. 见：国际交流地质学术论文集（1）. 地质出版社，1980

〔13〕张伯声. 地壳波浪与镶嵌构造研究. 陕西科学技术出版社，1982

〔14〕张伯声. 镶嵌的地壳. 地质学报，1962 年第 3 期

〔15〕张伯声，汤锡元. 鄂尔多斯地块及其四周的镶嵌构造与波浪运动. 西北大学学报，1975 年第 3 期

〔16〕张伯声，王　战. 地震同地壳波浪状镶嵌关系初探——着重探讨陕西地震活动的规律. 西北大学学报，1980 年第 1 期

〔17〕张伯声，王　战. 地壳的波浪状镶嵌构造与地震. 西北地震学报，1980 年第 2 期

〔18〕G. J. H. McCall (Edited by). The Archean: Search for the Beginning. P. 5, Dowden, Hutchinson & Ross, Inc., Stroudsburg, Pennsylvania. 1977

〔19〕张伯声，王　战. 从地球演化的波浪性提出一种前寒武时代划分方案. 西安地质学报学报，1983 年第 1 期

〔20〕A·E·夏德格著；谢鸣谦等译. 地球动力学原理. 科学出版社，1977

〔21〕李四光. 天文、地质、古生物：资料摘要（初稿）. 科学出版社，1972

〔22〕马杏垣，肖庆辉. 国外前寒武纪构造研究的现状和趋势. 见：构造地质学进展. 科学出版社，1982

〔23〕曾庆丰. 成矿裂隙的成生和充填及其脉动性. 地质科学，1978 年第 2 期

〔24〕王　维. 地球的形状——人类对它认识的历史. 科学出版社，1982

甘肃南部的地层构造与铅锌矿[①]

张伯声　李　威

【摘要】甘南在加里东运动后，地壳的波浪坳陷转移到加里东褶皱带以北，形成了从中泥盆世到中三叠世的沉积坳陷带。甘肃铅锌矿的基础是中泥盆统的沉积作用。波浪状镶嵌构造又是铅锌矿形成的构造条件，它决定着铅锌矿的迁移，也控制着矿的富集。而沉积地层的形成，及其与构造运动发展的统一和相辅相成，正是今后找矿的前提。

一、甘肃南部的地层构造概况

　　甘南是中国北西－南东向天山－秦岭构造带与北东－南西向长白－龙门构造带的交叉地区，相当于张伯声教授（1974）提出的把中国分为东西两部分的"东亚镜像反映中轴"地带。该区北东向和北西向构造明显交叉，形成斜方地块构造网格式的波浪镶嵌构造格局。

　　该区志留系沉积厚度达 6000 余米，是晋宁运动后在龙门构造带地层褶皱和断裂造山带被夷平的基础上，又发展起来的激烈坳陷优地槽。晚加里东运动导致了甘南坳陷进一步向北迁移，形成了一个晚古生代冒地槽。这样就构成了一组优、冒地背－地向斜体系（图 1）。到三叠纪末期的印支运动，这里采取了蠕动波（冲击波的形式），结束了地槽型活动而褶皱造山。这次山地被夷平后，本区表现为波浪状断块构造运动。断块向南平缓倾俯下陷的同时，一系列断块北缘有不对称褶皱的掀起，这就是甘南起落结合的断块间波浪构造，也是该区突出的特点。现在地貌是侏罗纪以来的半地垒－半地堑断块波浪状构造地貌（图 2）。

---

①本文 1984 年发表于《西安地质学院学报》第 1 期。

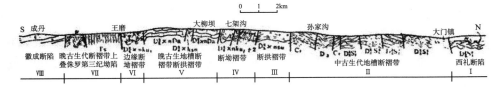

Arbk. 前寒武碧口群；Az₁nt. 下古生界牛头河群；Shp. 志留系黄坪组；S₂bl. 志留系中上统白龙江群；D₂s. 泥盆系舒家坝组；D₂. 中泥盆统三河口组；D₂. 中泥盆统西汉水群；D₃j. 上泥盆统九里坪组；D₃. 上泥盆统大草滩群；C. 石炭系大河店组；Tx＋s. 三叠系西坡组、三渡水组

图 1　西秦岭东端晚古生－三叠地槽波浪构造地貌

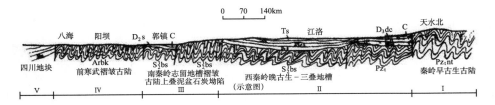

D₂s. 中泥盆统舒家坝组；D₂xh. 中泥盆统西汉水群（吴家山组：D₂xhsm. 石门沟碎屑岩亚段；D₂xhda. 大柳坝碳酸岩亚段；D₂xhku. 含矿碎屑岩亚段；D₂xhsu. 孙家沟碎屑岩亚段）；D₃. 上泥盆统；C₁. 下石炭统；Ts. 三叠系三渡水组；N. 第三系

图 2　西秦岭北部第三纪以来的半地垒－半地堑断块波浪构造地貌

　　甘南出露的地层主要有中泥盆统。这一带以南地区是加里东构造带。它有志留系及其以前地层的褶皱岩系，走向北西西，延续甘陕两省的白龙江复背斜。加里东褶皱变质后，地壳的波浪坳陷转移到加里东褶皱带以北，形成了从中泥盆到中三叠世的沉积坳陷带。三叠纪以后，在泥盆系褶皱基础上构成了一系列斜倾的断块山。这些断块一边倾陷，一边掀起。在漫长的地质构造发展中，地层中的铅锌矿一方面被"剥蚀"迁移，另一方面又再次堆积，富集成带。而且，断块盆地中沉积了侏罗系和以后的地层，形成了以古生－三叠海西褶皱山块为主的镶嵌格局。

　　甘南铅锌矿就赋存在白龙江复背斜以北的古生－三叠海西褶皱山块镶嵌构造带内。地层多属于泥盆统的西汉水群。构造线主要表现为中国西部的北西西向和东部的北东向构造交叉，其实是我国北西向波状构造与北东向波状构造交叉所形成的波浪状镶嵌构造。交叉处的铅锌矿田构造线显得乱一些，但总的趋势没有变。褶皱掀起的地层屹立成山岭，山岭间的断陷盆地中有侏罗及其后地层沉积。这也就是半地堑－半地垒的盆地－山岭构造地貌。所以，正确认识盆地－山岭地貌的构造形式，是认识甘南铅锌矿赋存规律的一个途径。

二、甘南铅锌矿的成矿基础

甘南铅锌带东起陕西凤县，经西成地区抵岷县，一带长达 300 余千米，涉及地层范围大致是 3000 平方千米。地层以中泥盆统西汉水群为主，蕴藏着丰富的铅锌矿。这里还有石炭、二叠系及部分三叠系。这是一套从中泥盆世到石炭、二叠及三叠纪的长期渐变厚层沉积，记录了从中泥盆到中三叠的地层形成及其变动。其中包括中三叠世构造突变的印支运动（我们把它看作是海西的末期运动）。本区丰富的铅锌矿是在泥盆纪地层沉积基础上，又在华力西褶皱运动的长期构造变动过程中迁移、富集而成。

陕西区测队（1970）曾把这里的中泥盆统西汉水群划分为七个岩性段，其符号是 $D_2^3xh_{1-7}$。甘肃地质局（秦峰，甘一研，1976）又将其划分了雷家坝组、榆树坪组及与其相当的四个岩段（表1）。1977年，李威等同志在 1000 平方千米范围内研究构造的同时，对该区西汉水群岩性特征、组合、岩相变化做了较细的观察，对地层及其铅锌矿的沉积环境有些新的认识，如原来第六岩性段（$D_2^3xh_6$）下部，厚层大理岩层顶部，有明显不大的沉积间断。这说明碳酸盐岩层不应作为一个岩段的开始，而应该是一个岩性建造结束前的低能量沉积建造。经过多年地质实践，这个沉积间断面上有的部位是重晶石层与含铅锌矿薄层状铁白云质灰岩薄层相间的岩层。而大多数岩层是一套碎屑岩夹薄层灰岩及白云质、铁白云质灰岩薄层或透镜体的岩层组合。这套碎屑岩的厚度仅有 200～1000 米，却集中着矿田的绝大多数铅锌矿床。

为了从含矿性目的出发，更合理地划分西汉水群，我们在西成铅锌矿田区确立了一个暂时性的地方性地层单位，即吴家山亚组（$D_2^3xhw_{1-4}$）[①]，并进而划分了四个岩性亚段（表2）。自下而上为：

1. 石门沟碎屑岩亚段

这是吴家山亚组（D_2^3xhw）的下部碎屑岩建造。岩石组合主要为灰绿色杂砂岩、砾岩及含砾杂砂岩互层，夹长石石英砂岩、泥碳质细砂岩。顶部为石英砂岩、炭质板岩等。副矿物多为梢石、磷灰石、电气石等。砾岩产于该亚段上部。砾石主要成分为石英砂岩、大理岩、灰岩等，磨圆度好，分选性差（粒径 2～13cm），胶结物为灰绿色砂岩。砾岩层位不稳定，可能属暂时水流的冲积物，上部多炭质板岩、炭质灰岩，反映了未补偿的海湾溺谷深水相堆积。本亚段变质为各种片岩，并常见黄铁矿、黄铜矿化。

---

①李威等，西成铅锌矿田航空地质工作报告（1：5万），1977年。

表1　中泥盆统西汉水群岩性段划分

划分单位			陕西省地质局地质测量队（1970）			秦锋、甘一研（1976）			
系	群	岩性段	符号	岩性描述	厚度(m)	组	段	岩性描述	厚度(m)
中泥盆系	西汉水群	第七岩性段	D_3xh_7	灰色厚—中厚层粉砂岩、千枚岩夹薄层—中厚层灰岩、泥质灰岩。纵观七个岩性段的生物组合，与基维期中重要分子相当。	809.9	榆树坪组	龙林桥段	下部为深灰绿色板岩夹薄层砂岩及灰岩。上部为钙质板岩夹灰岩。层位与华南东岗岭组上部相当。	＞1900
		第六岩性段	D_3xh_6	灰白薄—厚层灰岩、钙质砂岩夹千枚岩、粉砂岩，纵横向岩性变化大。	1766～2478		坪头段	下部为绿灰色砂岩、砂质板岩。上部为中厚层状灰岩夹板岩和砂岩。层位与华南东岗岭组中部生物群对比。	1860
		第五岩性段	D_3xh_5	西部灰色薄—中厚层钙质砂岩、千枚岩夹少量灰岩；东部灰绿色变质砂岩、条带大理岩、绢云母片岩夹变质砂岩。	650～1007				
		第四岩性段	D_3xh_4	灰色薄—中厚层灰岩夹少量钙质千枚岩、钙质粉砂岩。东部钙质千枚岩夹薄层灰岩和少量钙质灰岩及砂质千枚岩。	1163～16104	雷家坝组	上段	深灰色千枚岩、灰岩及砂岩同互层。依化石组合层位大致与华南东岗岭组下部相当。	3400
		第三岩性段	D_3xh_3	灰绿色薄—中厚层钙质砂岩、钙质粉砂岩夹粉砂质千枚岩和薄层灰岩。纵横向岩相变化较大。	1703～2197				
		第二岩性段	D_3xh_2	以千枚岩和灰色薄层灰岩为主，夹中厚层灰岩、钙质砂质、粉砂质、千枚岩。	1802.2		下段	深灰色砂质千枚岩与钙质砂岩互层，上部夹少量薄层灰岩。根据化石组合与华南东岗岭组下部相当。	680～1850
		第一岩性段	D_3xh_1	灰—灰绿色钙质粉砂岩、含炭千枚岩夹薄层灰岩。出露面积小。岩性及厚度变化不明。	2234.3				

表 2　西汉水群岩性亚段划分

组（亚组）	亚段	符号	厚度 (m)	岩性描述	
榆树坪组	孙家沟碎屑岩亚段	D_3xhsu	300	为块状石英砂岩夹泥质粉灰质石英粉砂岩。	铜 铅 锌
	含矿碎屑岩亚段	D_3xhku_2	800	顶部：石英砂岩与泥质粉砂岩互层。下部：灰质粉砂岩与薄—中厚层灰岩及浅灰绿色石英粉砂岩夹薄层条带状泥灰岩。	铅* 锌* 铜
		D_3xhku_1	200	上部：含粉砂质灰岩、泥质石英粉砂岩、砂质灰岩等，灰质砂岩，夹砂岩豆体及少量生物灰岩。变质为白云母石英干枚岩。下部：硅化含砾砂粉砂岩，含炭硅质岩、炭质板岩，绢云母绿泥干枚岩夹生物碎屑灰岩及白云岩。变质区变质为石英干枚岩，厂坝地区变质为灰质生物碎屑灰岩及白云岩。	铅、锌 白云石 重晶石
吴家山亚组	大柳坝碳酸盐亚段	D_3xhda	1000	上部：灰色灰岩，灰白色块状灰岩（均大理岩化）、生物碎屑灰岩、岩屑灰岩、岩石，局部含白云岩重晶石薄层，并赋存铅锌矿化。下部：浅灰色含泥砂质灰岩夹薄层灰及质细砂岩及灰质细砂岩，底部深灰色砂岩、灰岩及含变质为片岩类岩石。厂坝地区变质为片岩类岩石。	铅、锌 重晶石 白云石* 铜
	石门沟碎屑岩亚段	D_3xhsm_2	500	顶部：石英砂岩、含砾杂砂岩等，均变质为各种片岩。下部：灰绿色泥质杂砂岩，夹含砾杂砂岩。	铜
		D_3xhsm_1	>450	灰绿色杂砂岩、砾岩及含砾杂砂岩互层，夹长石石英砂岩、泥炭质质细砂岩。杂砂岩灰绿色杂砂岩中变质较深夹深海相岩，可见有铜矿染。	铜

*已有工业矿床

2. 大柳坝碳酸盐岩亚段

该亚段出露在西成铅锌矿田区域，岩相稳定，是明显的构造标志层。下部为炭质砂质灰岩及灰质砂岩，往上过渡为泥砂质灰岩、灰质细砂岩夹薄层灰岩，厂坝、李家沟矿区为各类变质片岩。上部为灰岩、灰白色块状大理岩、生物碎屑灰岩（剥鳞无洞贝、李希霍芬无洞贝、冯氏假泡沫珊瑚、大方珊瑚、相似新匀板珊瑚等）。局部含白云岩、重晶石薄层，并含铅锌矿体。岩石中含大量锆石、金红石、梢石、长石、石英等碎屑。其 Cu，Pb，Zn 金属含量高出同类岩石克拉克值的 1 ～ 3 倍（12 ～ 50ppm）。本亚段岩石组合，反映了由浅海到局限－半局限滨海沉积环境的复变化。

3. 含矿碎屑岩亚段

西成铅锌矿田内，绝大多数矿点和矿床都赋存于该亚段内。含矿围岩多为砂质灰岩、泥质石英砂岩、灰质砂岩，夹生物碎屑灰岩及少量砂岩、白云岩等。变质为绢云母石英千枚岩、绢云母绿泥石千枚岩等。厚度约 1000 米。该亚段水平变化明显，往往由灰岩突变为灰质粉矿岩，砂岩常相变为泥质粉砂岩或含炭质、泥质粉矿岩。剖面上由下而上，岩性逆变同样明显，灰岩→砂岩、泥质页岩→灰岩→砂岩、泥质页岩夹薄层灰岩→砂岩，显示着明显的韵律层理。砂岩中见微弯曲交角 10 ～ 15° 的似楔状交错层，并发育有水平层理和斜层理。灰岩中含有丰富的生物化石，如珊瑚、腕足、海百合、腹足、苔藓虫、海绵、藻类等。

该亚段灰岩及砂岩内，Cu，Pb，Zn 浓度克拉克值为 2.5 ～ 3。由此看来，金属元素的富集明显，可以认为是含矿层。这一含矿碎屑岩亚段内，自东向西有一系列铅锌矿床，它们是洛坝铅锌矿、毕家山铜铅锌矿床、厂坝铅锌矿床、庙沟铅锌矿、焦沟铅锌矿、人土山铅锌矿、邓家山铅锌矿、页水河铅锌矿，另外的铅锌矿点有 40 余处。

4. 孙家沟碎屑岩亚段

本亚段主要为块状石英岩、泥质石英砂岩。交错层理及冲蚀槽发育，为滨海相沉积。

我们认为，吴家山亚组和亚段的提出，对研究甘南铅锌矿的沉积作用、矿田与矿床构造是有裨益的：①在矿田、矿床的构造研究和找矿工作中，有明确的标志层作用。大柳坝碳酸盐岩亚段及含矿碎屑岩亚段，尤其后者是直接的找矿标志层。②吴家山亚组和亚段的划分，反映了与成矿有关的沉积岩层，如从原来的第六岩性段（$D_2^2xh_6$）中分出了含矿碎屑岩亚段，并以沉积间断与下伏大柳坝碳酸盐亚段相隔。③亚组、亚段的划分，尽量体现了已经认识的古地理环境差别。大柳坝碳酸盐亚段顶部是海进层序的泻湖、湖湾、潮坪的局限－半局限水体环境。这个环境对成矿物质的初步集中有利。含矿碎屑岩亚段处于一个海退层序的局限性盆地，由于气候干燥，咸化的盆地中发生了白云岩化。这既给白云岩夹层的成因作了解释，也进而阐明了其上含砾粉砂岩上部含菱铁砂质灰岩的生成，是在白云石（铁白云石）化过程中，随着铁离子增大的产物。另外，岩层中富含生物化石及含炭灰岩、炭质板岩等夹层的存在，指示着含矿碎屑岩亚段某些部位沉积和成岩的还原环境。含砾粉砂岩纵向与横向上的相变大，又因为多有类复理石沉积，说明其沉积环境有频繁的变化，不论从海底地貌或沉积环境，都是随地区而不同。从具有交错层、条纹状构造、冲蚀痕及含化石碎屑看来，一些岩层是在滨海环境下沉积（图3，表3）。

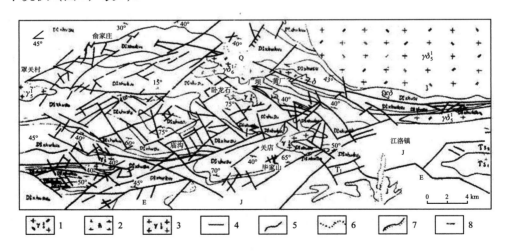

1. 印支期花岗闪长岩；2. 闪长岩；3. 印支期花岗岩；4. 断裂；5. 地层界线；6. 第四纪沉积界线；7. 不整合；8. 岩层产状　　注：D_2^2xhwda. 大柳坝碳酸盐岩亚段；D_2^2xhwsm. 石沟门碎屑岩亚段；D_2^2xhwsu. 孙家沟碎屑岩亚段；D_2^2xhwku. 含矿碎屑岩亚段

图3　甘南××铅锌矿田地质图

表3　甘南××铅锌矿田地层表

界	系	统	群/组	亚组	符号	亚段	岩性简述	厚度(m)
新生界	第四系				Q		黄土、冲积及坡积物	
	第三系				E		紫红色砾岩、砂砾岩	700
中生界	侏罗系				J		浅红色砂砾岩、砂岩	300
	三叠系	中下三叠统	三渡水组		T	Ts_1	灰绿色砂岩、灰岩、角砾状灰岩夹泥灰岩及泥质板岩	1000~5400
						Ts_2	砂岩、泥灰质板岩、薄层状泥灰岩	
			西坡组		Tx		泥质条带灰岩夹角砾状灰岩及砂岩	
上古生界	泥盆系	中泥盆统	西汉水群	吴家山亚组	D_2^2xhwsu	D_2^2xhwsu	石英砂岩夹泥灰质粉砂岩	300
					D_2^2xhwku	$D_2^2xhwku_2$	上部石英砂岩与粉砂岩互灰层，下部灰质粉砂岩夹薄层泥灰岩	800
						$Dxhwku_1$	含砾粉砂岩、含铁粉砂质灰岩、炭质硅质板岩夹灰岩为主要含矿层	200
					D_2^2xuwda		顶部为灰岩、白云岩（大理岩），中部为含泥砂质灰岩夹薄层灰质细砂岩，底部炭质细砂岩，厂坝地区变质为各类片岩	1000
					D_2^2xhwsm	$D_2^2xhwsm_2$	顶部为石英砂岩、杂砂岩，下部含砾杂砂岩	500
						$D_2^2xhwsm_1$	杂砂岩、砾岩、含砾杂砂岩互层，变质为片岩类岩石	>450

"东亚镜像反映中轴"以西的岷县铅锌矿田，与上述以东的铅锌矿沉积地层基本相同，被人称为岷县小峪河－半沟铅锌铜多金属矿带。一系列北西西向的晚华力西期冒地槽，控制着中泥盆世的沉积建造和岩相变化。这里含矿沉积地层与东部西成铅锌矿田吴家山亚组基本可以对比，大致相当于该区中泥盆统的中上部层位。该地层主要是一套碎屑岩、泥质岩、泥灰岩夹碳酸盐岩建造；层位相当于西汉水群榆树坪组，总厚度大于1500米；含矿层主要为碎屑岩夹碳酸盐岩，向上逐渐变为泥灰岩、碳酸盐岩层的一套复理石建造；岩石中多具条纹状构造。这些显

示着该区华力西期地壳波浪状运动中, 较活动和较平静沉积作用环境的频繁相间。

尽管上面对甘南铅锌矿的沉积地层作了叙述, 但我们仍然认为, 岷县铅锌矿田、西成铅锌矿田的某些地区地层, 构造尚待进一步研究, 深信它的找矿远景相当可观。

三、甘南铅锌矿成矿作用的分析

在过去 20 年来的地质矿产调查研究中, 对甘南铅锌矿的成矿作用有过很多意见, 归纳为以下几点: ①岩浆期后中——低温热液充填交代矿床; ②沉积变质形成的层状矿床; ③沉积－再造矿床。

20 世纪 70 年代初还有同志提出, 西成铅锌矿田有三个东西向分布、自北而南平行排列的矿带, 即南、中、北铅锌矿带。随着时间推移和地质资料的积累, 有学者对这里以岩浆期后热液成矿为思想基础的三个铅锌矿带的意见提出了不同看法。1977 年, 李威等利用航空照片, 在更加广阔的地区从事调查 (见图 3), 发现了平行的三个矿带原来赋存于同一个含矿层中。由于反复褶叠, 褶叠隆起部分被剥蚀了, 陷落部分保留了, 这样形成矿床 (点) 平行成带的结果。当然, 保留部分还有次级的隆起, 这就形成了许多个别的矿床与矿带。

经过作者的综合分析, 认为甘南铅锌矿的成矿作用是中泥盆世沉积地层, 在长期沉积和构造发展中的产物。初期的含铅锌地层大多数不够品位, 但是矿有了物质来源。这种来源是在中泥盆统中, 海水沉积、生物遗体分解和其 H_2S 的生成, 同时进行着硫化铅锌等沉积。它们又在地层褶皱后发生铅锌等矿的溶解再溶解, 运移再运移, 沉淀再沉淀, 使许多不同部位形成了富集的矿带。地层在褶皱时变质, 铅锌矿随着迁移到褶皱隆起的轴部, 再经过风化剥蚀, 而在地层较低处再次聚集, 这就是铅锌矿在地层中再运移和再富集及分成为不同矿带的原因。不同的铅锌矿带, 还会有一次次不同的运移变化。

另外, 铅锌矿成矿作用, 就是在长期周期性构造运动中的改造作用, 也就是在一定环境下, 含矿溶液运移到适当部位的聚集作用。这个过程中, 围岩会发生复杂的不同程度绢云母化、绿泥石化、硅化、大理岩化、黄铁矿化及角砾岩化等。这些也可由深层地下热水形成。在成矿作用过程中, 金属矿物间出现闪锌矿交代黄铁矿, 方铅矿既交代闪锌矿又交代黄铁矿, 于是相应出现了一些交代溶蚀结构。

这些铅锌矿物质的运移和富集，往往在碎屑岩及孔隙度大、渗透性好的岩石或构造破碎带充填交代成矿。它是逐渐发展，长期且多因素的产物。由于这种想法，铅锌矿的形成和富集，不能仅局限于某一时期较小的地层单位内，要开展从泥盆到三叠纪地层范围内的铅锌矿找矿工作。这样，秦岭构造带的铅锌矿才有更大远景。

前人所说的都是铅锌矿成矿作用过程中的一个段落，也有一部分论据，但不能用来说明成矿作用问题的总体。我们认为，要综合地加以考虑，这就更合理一些。20 多年来，大家在甘南对铅锌矿作地质调查中，有很多不同的观点，仁者见仁，智者见智，这是很自然的。我们认为，在对甘南铅锌矿的成矿作用下结论时，要求同存异，把许多合乎实际的观点保留下来，以作讲一步探索。

四、甘南铅锌矿形成的地质条件

甘南铅锌矿的矿源层是中泥盆世沉积。当时，铅锌等元素呈分散状初步沉积于中泥盆世地层中。在构造运动过程中，地层热潜水携带沿途矿源层的金属元素，使原来沉积的铅锌等物质成分发生了运移再运移，堆积再堆积，从而形成了矿床。这种过程可能重复多次。下面淡一下甘南铅锌矿在构造发展中的演变过程。

1. 地壳坳陷带是铅锌矿沉积的前提

上面叙述了沉积地层是铅锌矿的基础，而控制着中泥盆统沉积作用发展的前提，正是地壳坳陷带。中泥盆世，甘南地区逐渐坳陷，接受了中泥盆统的沉积。在坳陷带加深并作水平迁移时，地层沉积越来越厚，产生了中间厚、南北两侧薄的巨大透镜体。虽然沉积有万余米厚的地层，但与沉积的面积相比，那就不太厚了。因此，原始的构造弯曲不明显。地层的原始构造向下弯曲，不经过测量仪器就难以认识。原始沉积的吴家山亚组，以及伴随沉积于其间的铅锌物质，只是初步的分散沉积。当时吴家山亚组中，也只能是少数地层有分散的铅锌矿，而在地层中还未成为矿床。大多数矿床的形成，都经过沉积以后的再迁移、再积累过程。

这里中泥盆统蕴藏了不少的有用物质，特别是铅锌成分，而且往往蕴藏在灰质岩石或含有石灰质的砂岩中，也可能多在某一时期有灰质混入的地层底部。含矿岩系的堆积，总厚度可达 15 000 米。这套地层在盆地波浪运动中，时上时下，以下沉为主，原生地层厚度不断改变，铅锌成分可有明显的迁移。当地层在褶皱运动中，原来还原条件下含大量金属物质的酸性溶液，可能呈重碳酸盐掺和着 SiO_2，一起迁移到弱氧化环境里，首先发生了碳酸盐岩化（菱铁矿化，铁白云石、白云石化）、硅化等作用。其他金属元素与 H_2S 生成硫化物的同时，SiO_2 也以凝聚或渗透交代的方式固定下来（含矿的微石英岩、硅化的硅质岩等）。这个过程经过多次再溶解、再迁移、再聚集的长期作用而完成。每次溶解、迁移、堆积过程中，都会在某些地带溶解一部分、保留一部分，另一些地带堆积一部分，同时也保留其溶解状态的一部分。我们看到的铅锌矿只是它最后一部分的聚集。这就是铅锌矿在原始地层中，随着波浪运动的发展而不断迁移和富集的一般规律。

2. 铅锌矿在构造运动中的迁移

在西秦岭，泥盆纪的沉积地层到印支运动，即海西运动末期，才明显褶皱。在褶皱的同时，又有轻微的变质作用。

（1）从含矿地层的沉积到矿体的形成：吴家山亚组沉积了数千米厚的沉积地层，有一定数量的铅锌矿。有原来同生及成岩阶段的铅锌，也有后来迁移富集的铅锌。最后，铅锌矿的形成掩盖了地层和矿产形成以前许多地质活动，使我们很难一下子认识到这些矿床形成的演化过程。地质工作者往往根据矿石堆积的最后过程，或对其形成的中间过程，提出了它形成这一部分的地质作用。因而，在总结成矿规律时，难免有片面性结论。地层在还原条件下，其中金属重碳酸溶液随着 SiO_2 一道迁移的热潜水，总是沿地压减轻方向而迁移到地层较上部的适当部位——断层破碎带或地层背斜部分。

西汉水群在构造运动中，并不是简单的背斜构造，而是复背斜。复背斜之间不可避免地还有复向斜。复向斜中还有小背斜和小向斜，这些构造中都可以发育较小和更小的构造。褶皱地层中是一级背、向斜套着更小一级的背、向斜构造，一级断裂套着次一级的断裂。所以，这里褶皱和轻微变质的地层中，构造隆起与构造凹陷是相间的，次相间再次相间的；一级一级的断裂，也是相间的。这里的铅锌矿液可以随时随地渗入地层上部，形成各种各样的矿体，它们也是相间的。由于从不同角度观察，这里的锌铅矿，你看到是同生沉积的，他看到是热液的。殊不知，它们都是原来沉积形成又在后来变化的结果。潜水下渗可以变成热水，热水上升可以沉淀热水矿床。所谓的热液矿床，不光与岩浆岩有关。甘南铅锌矿的来历，也不妨这样来看。

　　沉积来源的铅锌物质，逐渐埋藏到深处，由于封闭层间的潜水受热增温，或因地层受挤压变质时潜水增温变成热水，溶解了大量矿质，迁移到较冷的上部地层再一次堆积。这种含矿热水，对有用成分再溶解和再迁移，再沉积成为富集矿体，也就带有热液矿体的某些特点了。其实，它是由沉积地层演化而来的。

　　西成铅锌矿田三个主要矿床 40 件硫同位素样品的分析结果，δS^{34} 是正值，以富集重硫为特点。δS^{34} 数值变化在 +12.1‰ ～ +24.2‰ 之间，其离差度较小，组成数据分布形态具塔式图像，位于 0 点标准线稍远的左侧。这说明硫主要来源于海水，并有两种以上硫源，而不是深部上来的原生水，后期改造的热水则是明显的。

　　以上所述铅锌矿物质迁移的地质作用，可能是在不止一次循环往复的波浪构造及运移变动中完成。

　　(2) 波浪镶嵌构造对铅锌矿的富集作用：地壳波浪状镶嵌构造运动，提供了甘南中泥盆世沉积的坳陷，并控限着中泥盆统含矿层的厚度及岩相变化。其间铅锌矿的成矿物质，随着地壳波浪运动而作迁移和富集。地层从起初的沉积，到后来地壳在沉积带作缓慢沉陷，而比较激烈的运动往往落到最后。从中泥盆到中三叠的长期缓和坳陷中，堆积了 15 000 米厚的地层，到中三叠世就难以作更深的坳陷了，随之便隆起。尤其印支运动，地层就有了强烈褶皱与变质，并明显地表现为波浪状特点。褶皱呈带状分布。褶皱开阔、产状平缓的地段间，是挤压强烈的褶皱带及密集断裂带。这样就产生了镶嵌构造的形式（见图 2）。在褶皱带，构造波的波长几百至几千米，波峰高几十米至百余米。甘南地层褶皱，随着地壳波浪的从大变小，其波长越来越短，波高越来越低，以至手标本上可以发现的波浪构造，其波长、波高不超过几厘米，甚至几毫米。虽然地壳波浪从大到小，各式各样，但其运动的方向性比较稳定，一般来说都是北西和北东两组斜向。这种北西与北东的方向性，是地球自转对构造运动影响形成的，甘肃南部尤其明显和普遍。北东向和北西向的相互结合，联合成一系列似弧形构造。所谓的"武都弧"，就是这样的北东向和北西向褶皱断裂构造交叉所形成，可能不是真正的山字型构造。这也是甘南地区的构造情况。它们分割并镶嵌着山块，使甘南呈现着一幅十分生动的半地堑 – 半地垒构造地貌，或褶皱山块及盆地地貌（图 4）。

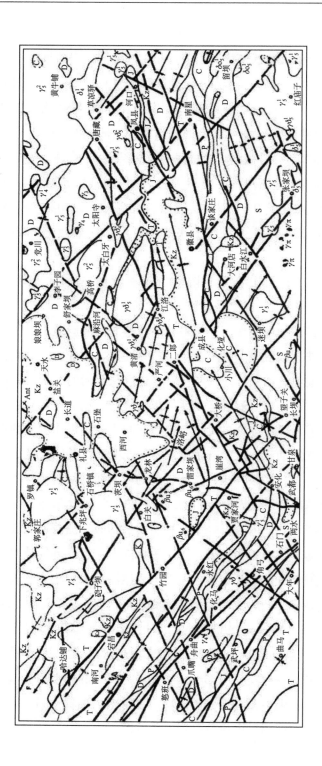

图 4　甘南地块波浪镶嵌构造图

　　褶皱山块就是在地块生成的同时，又伴随地块间褶皱断裂带发生和发展的产物。它以宽阔且较稳定的山块，与狭窄褶皱紧密的较活动地带，有机地镶嵌在一起。而且，大块之中又有不同级别的小块，大带之中还夹着不同级别的小带。这样，甘南地壳被北东向和北西向构造交叉而成的斜方地块，又受到各级构造网格割裂、镶嵌，再割裂、再镶嵌，从而形成从大到小，以至微小的岩块。

　　无数构造平缓的斜方块，有时呈三角块镶嵌到一起，在其之间分布着产状陡立的岩层或断裂带，含铅锌矿液就在这些地区汇集起来形成矿体。而且，构造斜方块或三角块之间褶皱断裂带内的背斜轴部，及其北侧陡倾倒转层位和由陡变缓的岩层弯曲部位，是成矿物质充分堆积交代的构造空间。两组斜向地壳波浪在甘南的交叉，控制着该区的应力分布，以及所形成的各斜方地块与三角地块之间边界的方向性。这些斜方和三角形边界，一般有一定的方向，不是东北就是西南的褶皱断裂带。这些褶皱断裂带的构造，不但平面上都是北东和北西的斜向，而且剖面上也是斜向的。岩层中铅锌矿脉就为这些平面、剖面上的斜向褶皱断裂带所控制。总之，甘南铅锌矿开始沉积主要是随着中泥盆地层的沉积而出现，又随着中泥盆地层构造运动而集中。如果说它们跟侵入岩有什么关系，也只是由岩浆而来的热水，通过已有铅锌沉积的中泥盆统，使其再溶再凝的作用。这只能是部分的作用，不是主要的作用。

五、甘南铅锌矿的找矿方向

　　甘南铅锌矿的基础是中泥盆统。沉积地层的形成和构造运动的发展是相辅相成的。这里从地层沉积和地壳构造发展的统一性方面，阐述甘南铅锌矿床的形成，并进而确定以下找矿方向：

　　1. 含矿层位的找矿

　　甘南铅锌矿赋存于中泥盆世的褶皱断裂带中。这套上万米的地层，我们在西成铅锌矿田暂时划出了吴家山亚组中的含矿碎屑岩亚段，厚度仅 1000 米。这给本区提出了找矿的最小地层单位。含矿岩系的展布区域，在进一步作沉积地层研究工作的基础上，确定找矿靶区，配合成矿构造的地质工作，是行之有效的找矿方法。

　　2. 盆地－山岭式构造中的找矿

　　从陕西到岷县数百千米的构造带内，绝大多数铅锌矿赋存于同级褶皱山块北侧的褶皱翘起构造断裂带内。因此，今后所开展的波浪状镶嵌构造研究，应注意对分割再分割褶皱山块的分析，找准铅锌矿田、矿床、矿体与级级相套的褶皱山块的依赖关系，以类同方法找隐伏的矿床。

由于波浪镶嵌构造决定了铅锌矿质的迁移与富集规律，就必然有一系列成矿地带的同期性、成带性，以及矿田、矿床近等间距的规律性。在找矿工作中，要多加注意。背斜部分是矿液容易汇聚的构造位置，不过要看背斜构造的规模大小。较大规模的背斜构造，容易受到风化剥蚀，有矿也难保存。所以，大而突出的背斜，不是找矿的地方，应该在次一级背斜上找矿，如毕家山背斜、邓家山背斜等。当然，很大的背斜部位，也很难有大矿赋存，这都是应该注意的。

3. 构造交叉部位的找矿

实践证明，构造交叉部位，尤其断裂、区域裂隙带（节理）发育地带交叉部位是很好的找矿地段。一个大型铅锌矿床，就处于这类构造的交叉部位上。因为这里容易汇聚两种不同性质的矿液，又是不同温度、不同压力的矿液相汇之处。这种情况容易有矿床的赋存，是成矿的良好地段，应该加以注意。

参考文献

〔1〕张伯声. 中国地壳的波浪状镶嵌构造. 科学出版社，1980

〔2〕张伯声. 地壳波浪与镶嵌构造研究. 科学出版社，1982

〔3〕秦锋，甘一研. 西秦岭古生代地层. 地质学报，1976 年第 1 期

〔4〕董红里. 甘肃西成地区铅锌矿床地质特征及成因初步探讨. 西北地质，1980 年第 3 期

地壳运动的波浪性①

张伯声　王　战

【引言】 自然界的物质都在不停地运动着，而物质运动的共同性，则是其发展、变化、运移的波浪状性质。就目前所知，小到电子和光子，大到星系和星团的运动，无不采取波浪形式。地学界早已公认地球的大气圈和水圈有波浪运动，而对岩石圈运动（习惯上通称地壳运动）的波浪性则有所忽视。虽有少数学者提到过地壳乃至地球的起伏波动（undation）[1, 2, 3]，个别学者还较详叙述过局部地区构造运动的波浪性[4, 5]，但对于地壳整体的波浪运动系统、波浪传递方式、波浪运动结果及其实践意义的研究，还是作者及其同事们逐步发展起来的认识。张伯声在50年代后期提出的相邻地块天平式摆动[6]，实为地壳波浪运动思想的萌芽；以后提出了全球四大地壳波浪系统[7, 8]，认为它们的传播和交织导致了地壳的镶嵌构造；70年代以来，我们在致力于中国区域构造研究时，着重讨论了中国地壳波浪状镶嵌构造的特征及其实践意义[9, 10, 11]，并根据地壳波浪运动的设想，初步探讨了地壳波浪的形式、特点、应用，以及起因与效应[12, 13]。现在有必要就地球演化、地壳构造，以及地壳运动中所表现出来的共性，即波浪性问题加以归纳：①地球在演化阶段上具有等时性；②地质构造在空间分布上具有近等间距性；③任何地区在构造隶属上都具有多重性；④相邻地壳块体在地史上互作天平式摆动的现象具有普遍性；⑤构造作用在方向上具有稳定性；⑥地球缩胀脉动的可能性，以及它和由它导致的地球自转速率变更的结合，应是造成地壳运动波浪性和地壳镶嵌构造的根本。限于篇幅，本文只取其要而述之。

一、地球演化阶段上的等时性

我们居住的地球，有一部波状演化史。目前公认的地球年龄是46亿年左右[14]。自那时起，这颗行星就开始了自己的演化历史。地表岩层记录是恢复这一

_____

①本文收录于1985年地质出版社出版的《国际交流地质学术论文集2——为二十七届国际地质大会撰写》。

历史的物证。根据这些记录可以看出，地球自形成之后，大约每 10 亿年经历一次较大的突变，而在每个 10 亿年的阶段之内，则具有较多的共性。

零星发现老于 36 亿年的岩石，同新于这个年限的岩石有着重大差别，这是众所周知的事实。在 36 亿年这个时限之后，出现了几个前所未有的特征：一是海洋化学沉积岩的出现，如优势的硅铁质沉积，以及部分碳酸盐沉积等；二是出现了斜长岩的第一次峰值；三是有了大量以富钠为特征的最古老"花岗岩"（实为英云闪长质的）；四是藻类和其他低级生物与环境作用而形成的综合沉积体——叠层石的出现。因此，对于距今 36 亿年这个年限的意义是毋庸置疑的。

距今 26 亿年左右是太古宙与元古宙的时限。在此之前，有比其后多得多的基性和超基性岩石分布，绿岩建造同碧玉铁质岩建造的交互层占据着优势；而在此之后，基性喷发的范围和规模均大大减小，白云岩取代了碧玉铁质岩在海洋化学沉积岩中的优势。迄今为止，地球上所发现的富钾花岗岩年龄都不超过 26 亿年，也可说明这个年代数字的划时代意义。

距今 16 亿年左右是多数地区习惯性划分早、中元古代的界限。斜长岩的第二次峰值紧跟在这个时限之后，是一件值得注意的事；此外，较大范围的地台盖层沉积开始出现；硅质条带白云岩取代了较纯白云岩在海洋化学岩中的优势；由多种菌藻类生物参与作用而形成的叠层石和核形石的形态属种数量猛增；伊迪卡拉动物群在元古宙末期的出现，标志着生物界经过漫长的前寒武演化时期之后，即将进入一个空前繁荣的局面。

距今 6 亿年以来的显生宙，同以前的显著区别早已被公认。这里只指出花岗岩在岩浆岩中的优势和石灰岩在海洋化学岩中的优势，就足够了。

总之，地球演化中表现出 10 亿年一个阶段是十分明显的事。为此，作者曾建议可把这些阶段依次称之为"冥古宙"（46 亿～36 亿年）、"太古宙"（36 亿～26 亿年）、"元古宙"（26 亿～16 亿年）、"隐生宙"（16 亿～6 亿年）和显生宙（6 亿年以来）[15]。

每个 10 亿年的演化阶段内，地壳运动又强烈地表现出 2 亿年左右的周期性。早已有人认为，银河系的旋转周期是 2 亿年，它可能是地壳运动的触发因素[16]，也有人将其同地球上的大冰期相联系[17]，但这些都是争论颇大的问题。作者从中国晚前寒武地层的划分，确信地球的演化存在着 2 亿年左右的周期性[15]，无论它们同银河系的旋转周期是否有关。

2 亿年的旋回性,在寒武纪以来更为明显。加里东旋回是 2 亿年左右;海西旋回与印支旋回合起来也是 2 亿年左右(我们一贯将其合称"海西－印支旋回");晚三叠纪后期至今也已接近 2 亿年,难怪目前地壳运动活跃非凡。

对于较小的旋回性,由于寒武纪以来地层学研究较详而更易于被接受;特别是地球从第四纪以来的演化,包括新构造运动的旋回性,早已成为第四纪地质学及新构造运动学的一项重要内容。所有这些次级、再次级的旋回,均具有同级旋回大致等时性的特征。

地球发展史上这种一级套一级的旋回性,也使成矿作用显示出从大到小的成矿期[18, 19]。它们既反映了地球演化的不可逆性,又表现出各种成矿作用的旋回性。

以上所述,可以认为是地球演化在时间坐标上所表现出来的一级套一级的波浪性,其主导因素归之于地球的脉动比较合乎逻辑。

二、地质构造空间上的近等间距性

地质构造空间上的近等间距性是地壳波浪运动在地表遗留下来的绝好标记。最明显的要算是构造带分布的近等间距性。

地球上有几个明显或断续的环球构造活动带,由于其规模已接近地球的大圆而被称为大圆构造带。最引人注目的大圆构造带是环太(平洋)构造活动带,其次是特提斯(即古地中海)构造活动带。此外还有两个明显度较差的大圆构造带:一个遥遥环绕着印度祥,它包括一段地中海构造带,一段南大西洋中央海岭及一段南部太平洋海岭,可以叫作环印度洋构造带;另一个遥遥环绕着南大西洋,它包括印度洋的中央海岭、中东的扎格罗斯山脉、欧洲的阿尔卑斯山脉,并横跨北大西洋,过西印度群岛到东太平洋海隆,也可以叫作环南大西洋构造带。以上四个大圆构造带,基本都处于地球上巨大洼陷和巨大隆起之间的部位[7],可以认为是第一级构造带分布的等间距性。

几个世界著名地台之间,夹着地槽褶皱带。这些褶皱带相距 2500～3000 公里。中国及其邻近的东亚其他地区,造山带均为地块所隔,其间距多在 500～800 公里之间;这些构造褶皱带间的地块内部,又多在平分地块的地带发育着一条活动性较次的"构造带"。此外,在每一构造带内,还平行排列着若干条山带。它们的间距多为 40～50 公里，进一步还可划分出 5～7 公里宽的平行断条或复式背斜带和向斜带。

在山带内部，常可发现一系列类平行的断裂破碎带与构造带走向相垂直或斜交，其分布也近于等间距，通常在 6～10 公里之间。

由于各级构造带的近等间距性，夹于它们之间的地块带自然也表现出近等间距性。大的地块带是地台和海盆地的环球性联合，次一级的是在地台或海盆地内部被较次构造带分隔的较小地块带。具体到中国及其邻区，由于环太平洋构造活动带同特提斯构造活动带在这里交接，二者的构造分带互相交叉，形成斜方构造网格（曾叫作"中国地槽网"[20]），从而使这里的地壳活动性较强。网眼中的地块自然在两个方向上构成地块带，并随着分隔它们的构造带空间上的等间距分布而具有等间距性。同理，更小的地块、山块、岩块所构成的带，也都具等间距性。

各级构造带的近等间距性，还导致了各级沉积洼陷带、变质岩带、火山岩带、侵入岩带，以及脉岩带的近等间距性。在此基础上，各种成因的矿产分布也多具有各种级别的近等间距性。利用等间距原理找矿，已越来越引起人们的重视。实践证明，不只是成矿区、成矿带具有近等间距性，小到矿化带、矿点分布乃至控矿构造，都具有这种性质；就连小到几米、几十厘米距离的矿脉，乃至显微镜下的矿化细脉，也均多有近等间距的特点。

近年来，作者在研究中国地震时发现，地震带由于同构造带基本符合，也具近等间距特征，地震活动常作沿带或隔带等间距辗转跳迁[21, 22]。

多种地质现象在空间上均具近等间距性，是我们得以认识地壳波浪的向导，因为一个系统的同级波浪具有相等的波长。作为地壳运动的各种直接和间接产物，其空间分布大多具有近等间距性，使我们不能不同波浪的运动联系起来。加上前述对地球演化过程中各级旋回等时性（或周期性）的认识，更增加了我们对地壳运动具有波浪性质的信心。

三、同一地区构造隶属关系的多重性

同其他一些学说把一个地区的构造隶属单一化完全不同，我们认为，地表任一地区在构造隶属关系上均具多重性。也就是说，同一个地区既属于此一构造系统，又属于别的构造系统。构造系统的归属，主要应考虑构造的方向性，以及在

这一地区形成同一方向构造的同时性和来复性；然后分析该地区在同一构造系统中与其相邻地区的相对隆洼程度及其历史；还要注意构造强度的各种表现。前者可使我们看到地壳运动波浪般不断沿着某一方向传播；后二者可使我们看到沿该方向传播的地壳运动隆洼相间和疏密相间的波浪状特征。加之它们空间分布的近等间距性，便使这个方向的地壳波浪得以被揭露。一个地区除了最明显的构造方向，还会不太困难地发现第二个构造方向。它与第一个方向的构造类似，只是强度稍次罢了。按照我们的分析，世界上任何地区都可以不太困难地找到至少两个方向的构造系统。如果进行较详细工作，往往还会发现居第三位和第四位的构造方向。作者把它们分别纳入全球几个不同的地壳波浪系统中去。就这样，地表的每一地区都是既隶属于这个构造波浪系统，又隶属于那个构造波浪系统，还属于第三、第四个构造波浪系统。这就是同一地区在构造隶属关系上的多重性。

然而，同一地区在构造隶属上的多重性并非无限多重，恰恰相反，这种多重隶属关系是非常有限的多重。任何一个地区的构造方向，都不是大致平均地漫散于180°的范围内，而是集中表现于少数几组方向上。构造地质学家们在不同区域所作的构造玫瑰花图或投影图，从来都只透露出为数极其有限的几组构造方向的信息。因此，说构造系统只是有限的几组绝不过分。但正是这有限的几组地壳波浪系统的相互交织、叠加、干涉，却形成了全球地壳十分复杂而又有一定规律的波浪状镶嵌构造。

四、各级相邻地壳块体进行天平式摆动的普遍性

地壳大大小小的块体，在空间上呈现出波浪起伏的特征。1959 年，张伯声便总结了华北和华南这两个大小基本相当的相邻地块的演化规律，发现二者在不同地史时期，均以其间所夹的构造带（秦岭）为支点带，不断进行着天平式起伏摆动，并发现中国许多相邻地块均具有这种天平式摆动关系[6]。空间上扩大范围来观察一连串的相邻地块，必然引伸出一起一伏的地块波浪运动概念。进一步研究发现，从大到小的若干级相邻地块中，均存在这种天平式摆动的关系，从而把它看作地壳波浪状镶嵌构造的一条重要规律。用相邻地块天平式摆动规律来检验全球规模的海陆变迁史，可以发现它们的变化相当合辙。

全球地壳的构造，总体上表现为太平洋、劳亚、冈瓦纳三大壳块，它们被环

太平洋和特提斯两大构造活动带分割并镶嵌起来[23]。三大镶嵌壳块的关系，在地史时期不断地变化着。劳亚壳块与冈瓦纳壳块在地史时期即以特提斯构造活动带为支点带，不断进行着此起彼伏的运动。已知的地史事实表明，古生代冈瓦纳壳块以陆地占优势，劳亚壳块则以频繁而巨大的海侵著称。但自三叠纪晚期以来，上述情况则打了一个颠倒，以致有人把当今主要由劳亚壳块占据的半球称为陆半球，而把主要由冈瓦纳壳块占据的半球称为水半球。对于前寒武纪时期两大壳块的情形，人们得到的认识同这一地史时期的漫长性相比，还远远难以相称。但就已知的认识看，南北两大壳块在前寒武纪时期同样存在这种摆动。其中较明显的是距今 800 ～ 600 百万年的震旦纪。这一时代的地层在华南发育极广，而华北则极少。相当于震旦纪的地层，在冈瓦纳壳块上有较广泛的发育。非洲的孔德伦古（Kungdelungu）群、纳玛（Nama）群，澳大利亚的乌姆拜拉塔纳（Umberatana）群、斯楚特（Strut）群和马琳诺（Malino）群，印度的库尔努尔（Kurnod）群，其时代都大体属震旦系；南美洲和南极洲也发现有这一时期的地层。劳亚壳块上的情况则相反，震旦系主要发现于贝加尔以东的远东地区（这是由于邻近太平洋壳块之故），地台之间的部分地向斜中也有发现，偶尔沿这些地向斜向地台中与之连通的坳陷超覆。总之，劳亚壳块上的震旦系，远不如冈瓦纳壳块上广泛。因此，我们把分隔中国南北地质区域的一个重要界限——天山－祁连－秦岭构造带，作为劳亚壳块和冈瓦纳壳块之间特提斯构造活动带诸分带中最主要的一条，不是没有理由的。

对于 800 百万年以前的情况，由于目前在地层对比上的混乱，南北两大壳块进行天平式摆动的细节尚难恢复。但总的来看，无论元古宙或太古宙，劳亚和冈瓦纳两大壳块的环境都是极不相同的。劳亚壳块上的元古宇（尤其中、上元古界）多石英岩和硅质白云岩，火山喷发多为中基性甚或中酸性；而冈瓦纳壳块的元古宇则多杂砂岩等碎屑岩和复理石建造，以及部分硅铁沉积，喷发岩多为基性。两壳块的太古宇相比较，其差别更为显著。劳亚壳块太古宇的构造复杂性和变质程度都遥遥领先。以上不但说明南北两大壳块在元古宙乃至太古宙确曾进行天平式摆动，还可看出由此而导致的劳亚壳块成熟度远远高于冈瓦纳壳块。

劳亚和冈瓦纳两大壳块合起来组成的外太联合壳块，同太平洋壳块的演化有更大差异。它们以其间所夹的环太平洋构造活动带为支点带，也在地史时期作天平式摆动。从已知资料看，自地球上形成水圈以来，太平洋一直是地球表面最大的储水洼陷。它从未彻底裸露过，但却出现过全面的水下上升。太平洋中部有大量平顶火山锥，或称盖约特（guyot），就是它曾大幅度全盘上隆的证据。太平洋壳块的大幅度上隆，必然伴随有外太两大壳块的同时海侵（二者海侵的程度会有很大差异）。这样一来，就为我们进一步分析外太南北两大壳块间天平式摆动的复杂性开辟了一条思路：外太南北两大壳块，除了进行天平式海进与海退的摆动之外，它们有时出现基本同时的海进与海退现象，应是由太平洋壳块的抬升和下沉作用，亦即太平洋壳块和外太联合壳块之间所进行的全球最大规模天平式摆动所引起。

　　作者及其同事们对于中国各级相邻地块进行天平式摆动的论述已经很多[13]，本文不再赘述。这里只想强调一点：相邻地壳块体的天平式摆动具有普遍意义。一连串相邻地块的天平式摆动，便构成了地壳波浪运动中的"蚕行波"（一起一伏的地壳横波）。它是地壳波浪传播的主要方式之一。

五、构造作用方向上的稳定性

　　在地质历史中，地表构造带的位置不断地变迁着。后继构造旋回中形成的构造带，多数位置都基本平行于早先构造旋回所形成的构造方向，且常常反复地在先期构造带的两侧徘徊。构造学家们称之为地槽带的横向迁移，认为这是地壳构造作用的继承性。例外的情形也不罕见，即后期造就的构造带与先成构造带不平行，二者相垂直或斜交，被称为地壳构造作用的新生性。促使出现继承性和新生性的原因是什么？新生性是否具有随意性？继承性和新生性之间有无什么关联？从地壳波浪运动的观点出发，我们认为，地球在不断进行脉动的过程中，全球四大地壳波浪系统的传播与交织，形成了地表大大小小的构造带及其间镶嵌着的各级地块。脉动所派生的地球转速变化，在地表产生斜向 X 型共轭破裂系。它们在各处不断地变换着张扭和压扭的性质，并使四大地壳波系相互交织的四组类平行环状构造带，在与之相适应的地段构造活动性加强，在与之相违背的地方构造活动性减弱，从而形成全球表面复杂的波浪状镶嵌构造。四大波系传播方向的大致固定性，以及斜向 X 型共轭破裂构造方向的基本稳定性，是造成较多构造带具有构造继承性的基本原因；四大波系传播过程中在各地区所占优势的消长，以及两组斜向 X 型共轭破裂随地球转速变化而发生的性质转换，对各地壳波系在不同地段的不同影响，则可使原本是次要地位的构造方向占据主导地位，同时迫使原主导构造降低到从属地位，这就是构造的新生性。然而，构造的新生性并不"新"，因为在先成构造中它们一直存在着，只是因为处于从属地位而往往被忽视，或者在更古老的构造中曾居于优势地位，而被较后的另一方向占据了主导地位的构造所叠加和改造，从而很难认出。说穿了，同一地区内构造继承性和构造新生性之间的关系，只不过是四大地壳波系传播过程中在不同地区优势地位的变更，特别是斜向 X 型共轭破裂叠加后所造成的优势构造方向相互变换罢了。

构造带横向迁移是一种十分直观的地壳波浪，而构造带纵向迁移则常常是另一组地壳波浪同该组地壳波浪相交织时，在该组地壳波浪中所造成的效应。

世界上任何一个地区，都可以比较容易地找出两个方向的地壳波浪。只要仔细分析，找出第三组波浪也不太困难，但第四组地壳波浪的发现通常要困难得多，因为四大波系的波源总有一个距离该地最远，从而影响较小。一个地区显示出来的构造方向数，比起该地区的地壳运动旋回数，无论如何要少得多。这是由于一个地区虽然在 46 亿年的演化史中可以留下多次地壳运动痕迹，而地壳波浪则只有固定的四组；即使它们在该地没有一组与斜向 X 型破裂方向相一致，也不过六组而已。

六、地球的缩胀脉动性

上述对地壳运动波浪性的分析，均可归结到地球的缩胀脉动。地球科学在现代的进步，给予了这种脉动以越来越多的支持。

上世纪中叶，已有人从全球海陆布局注意到了地球在一定程度上具有四面体形态，并在距今 100 年前通过数学家的证明和物理学家的实验，充分说明了具有一定固体外壳的球体，在收缩过程中向四面体过渡的趋势，从而使地球四面体理论成为西欧轰动一时的地学最新假说[23]。但由于这一假说建立在地球作单向收缩的基础上，无法解释地球上后来发现的众多地壳拉张现象，也无法解释地史时期频繁的海进与海退，于是很快就被地学界遗弃了。

为了解释地壳有规律的镶嵌图案形成机制，张伯声对地球四面体理论进行了改造，使之建立在地球以收缩为主要趋势的缩胀脉动基础上，指出全球存在四大地壳波浪系统。四大地壳波系由于地球在球体和四面体之间的趋势性往返转换而受到激发，不断地从四个收缩中心（"地球四面体"的四个面心附近）向对侧的隆起极作圆环状传播。而与地球缩胀相伴的事件，则应是地球自转速度的周期性变更，后者又导致地表 X 型斜向破裂网络的产生。X 型破裂网络与四大波系交织而成的地壳波浪网络叠加，形成全球的波浪状镶嵌构造。

尽管对地球球体——四面体形状的看法，长期受到一些学者的非难或怀疑，但人类对地球形状的最新认识，却给予了这一假说以有力支持。人造卫星所测得的地球形状，不是原来公认的旋转椭球体，而是一个梨形，但并非旋转梨形，却是腹部有几个凸起的梨形。这不是一个由球体转化来的准四面体形态又是什么呢？剩下的问题是，这个准四面体形态同假说的地球四面体形态恰恰相反，即假说中认为的洼陷恰恰是这颗"梨"的凸起，而假说中的隆起却是它的下凹部分。这怎么解释呢？要知道，用人造卫星测量的地球形状，同人们在地面和海洋进行的重力测定所得出的地球形状，是两个基本一致但却相互倒置的梨形[24]。按后者测得的结果，则同假说认为的形状相吻合。地面重力测量和人造卫星测量结果的相反情况，正是当今地球学家们争论的一个题目[24]。我们认为，这个矛盾会通过对地球表面附近（既包括岩石圈之上，也包括岩石圈之下）流体物质重力补偿效应的研究得到解决。无论怎么说，两种最新手段测得的结果，既然都是准四面体而不是别的形体，那么地球在演化中就完全可能具有进行以收缩为主的缩胀脉动性质。这种脉动性及其必然导致地球自转速率变更的综合，应是引起地壳波浪运动的主要原因。

总之，地壳运动的波浪性表现俯拾皆是。其中，地质发展和地质构造在时间与空间上的等间距性及其可次分性，是地壳运动具有级级相套的波浪性的最好说明；而构造方向的有限性和稳定性，则说明地壳波浪运动波源的有限性和稳定性。地壳波浪运动通过地表固体壳层作环球远距离水平传播，但并不意味着大小壳体会进行远距离的漂移。我们还是一句说过多次的老话：各地壳块体只不过是在几个系统的地壳波浪驱使下，作漂而不远移而不乱的上下起伏、前后推拉、左右扭动的摆动罢了。

参考文献

〔1〕 E. Haarmann. Die Oszillationstheorie. Stuttagrt, Ferdinand Enke. 1930

〔2〕 P. W. Van Bemmelen. The Undation Theory of the Development of the Earth's Crust. Int. Geol. Cong. 16th, Washington, vol. 2, 1935

〔3〕 P. W. Van Bemmelen. Plate Tectonics and the Undation Model: A Comparison. Tectonophysics, Vol. 32, 1976

〔4〕 B·B·别洛乌索夫著; 吴伟, 张文佑等译. 大地构造学基本问题. 中国工业出版社, 1965

〔5〕 V. V. Beloussov. Geotectonics. Mir Publishers, Moscow. 1980

〔6〕 张伯声. 从陕西大地构造单位的划分提出一种有关大地构造发展的看法. 西北大学学报, 1959 年第 2 期

〔7〕 张伯声. 从镶嵌构造观点说明中国大地构造的基本特征. 见: 中国大地构造基本问题. 科学出版社, 1965

〔8〕 张伯声. 中国大地构造的基本特征与镶嵌构造形成的机制. 地质学报, 1966 年第 1 期

〔9〕 张伯声, 王战. 中国的镶嵌构造与地壳波浪运动. 西北大学学报, 1974 年第 1 期

〔10〕 张伯声, 王战. 中国镶嵌地块的波浪构造. 见: 国际交流地质学术论文集 (1). 地质出版社, 1978

〔11〕 张伯声. 中国地壳的波浪状镶嵌构造. 科学出版社, 1980

〔12〕 张伯声, 王战. 中国地壳的波浪运动及其起因与效应. 见: 国际交流地质学术论文集 (1). 地质出版社, 1980

〔13〕 张伯声. 地壳波浪与镶嵌构造研究. 陕西科学技术出版社, 1982

〔14〕 G. J. H. McCall (Edited by). The Archean: Search for the Beginning. P. 5, Dowden, Hutchinson & Ross, Inc., Stroudsburg, Pennsylvania. 1977

〔15〕 张伯声, 王战. 从地球演化的波浪性提出一种前寒武时代划分方案. 西安地质学院学报, 1983 年第 1 期

〔16〕 A·E·夏德格著; 谢鸣谦等译. 地球动力学原理. 科学出版社, 1977

〔17〕 李四光. 天文、地质、古生物: 资料摘要 (初稿). 科学出版社, 1972

〔18〕 马杏垣, 肖庆辉. 国外前寒武纪构造研究的现状和趋势. 见: 构造地质学进展. 科学出版社, 1982

〔19〕 曾庆丰. 成矿裂隙的成生和充填及其脉动性. 地质科学, 1978 年第 2 期

〔20〕 张伯声, 汤锡元. 鄂尔多斯地块及其四周的镶嵌构造与波浪运动. 西北大学学报, 1975 年第 3 期

〔21〕 张伯声, 王战. 地震同地壳波浪状镶嵌构造关系初探——着重探讨陕西地震活动的规律. 西北大学学报, 1980 年第 1 期

〔22〕 张伯声, 王战. 地壳的波浪状镶嵌构造与地震. 西北地震学报, 1980 年第 2 期

〔23〕 张伯声. 镶嵌的地壳. 地质学报, 1962 年第 3 期

〔24〕 王维. 地球的形状——人类对它认识的历史. 科学出版社, 1982

自然之路·物质变化·岩石和矿物同人类社会文化的发展——自然辩证琐谈①

张伯声　王　战

一、自然发展的道路

自然辩证是宇宙间一切事物发展的道路。

自然科学的研究对象，包括一切物质及其运动。运动着的物质无时无刻不在变动其位置、形态及性质，即不断地改变着它们的物理性和化学性。物质物理性和化学性的变化是互相结合、密切联系的。人类的理、工、农、医等各门自然科学研究，都是认识和应用物质的物理性质和化学性质。应用科学的研究，必须通过正确的理论才能有所进步，而理论又是来自人类对物质属性的认识，即应用科学的研究过程中。

人类对于自然的认识，开始总是糊涂的。后来逐渐地清楚，但也只能算是部分糊涂与部分清楚。认识的初期，愚昧是很多的。唯物的思想在实践中渐渐萌芽、成长，但其间夹杂着较多胡思乱想的迷信。两种思想互相矛盾、互相斗争着。应用科学每前进一步，都是唯物思想的一个胜利。唯物与唯心的斗争越发展，唯心的想入非非也越发展。就这样，唯心与唯物的斗争永无休止。迄今为止，以至永远，唯心论还会在人们心中不断地生长出来。唯物论就是要不断地从人们的心目中拨除唯心论这根毛刺。但是，当人们唯物地想通了一个问题时，新的问题便又在那里等待着。对待这些新问题，仍然有唯物与唯心之争，其争论是没有止境的，因为它们是一对双生子。不能想象，有可以万事大吉的时候。

①本文收录于 1986 年陕西科学技术出版社出版的《地壳波浪与镶嵌构造研究》（第二集）。

科学的想法决不是凭空胡思乱想，而是有根据的。想法总是有预测性。预测的想法不一定能完全符合事实。不能完全符合将来实际的想法，对我们却有切实的教育意义。因为由这些偏差的想法在实践中碰壁所造成的不愉快，可以使我们联想到自然发展方面的无数次大悲局。比如，在自然界，动植物的发展过程都是按其演化过来的事实表现为一定的规律性，而那些不符合演化规律的更多得多的部分，就会因不能发展而中断。越是盛极一时的东西，将来的结局往往越惨；而某些十分不起眼，但能适应遂合的环境条件的物种，却使生命的长河得到了延续。这就是自然发展的规律。无机物的发展也有一定规律，也是从低级到高级，从简单到复杂，不停地变化、再变化。

自然科学就是研究自然界一切事物变化发展的学问。物质变化没有一时一刻的中断。在物质演化的道路上，新事物层出不穷，但没有原来的旧事物，新事物也就不可能出现。任何新生事物都是从原来的旧事物发展而来。

一切事物的演变，都由一条自然路线贯穿起来。这条路线就是自然辩证过程。自然辩证，就是自然界事物的自然发生、自然发展、自然变化、自然转化（在这里可以不用"消灭"这个词）；事物的发展变化总是由量变到质变，旧事物转化为新事物以后，在相对稳定的新的情况下，再开始来一套新的发展变化，如此等等。自然界总是在那些通过不同道路的事物中，选择某些走最合适道路的事物，让其继续前进。这就是"物竞天择，适者生存"的道路。在自然界，不知有多少事物走到"此路不通"的地方去了。

自然界的岔道之多，赛过任何迷宫，但总有一条路可以一直走下去，这就是自然发展的道路。我国古人所讲的道，一定意义上就是指这条自然道路。韩愈说的"行而宜之谓之道"就是这个道理。所有物质在自然过程中之所以能够过来，就是因为它走的是合理的自然道路。有机物走过的路是这样，无机物走过的路也是这样。有机物从无细胞到单细胞，到复细胞……一直走到人类，有一定的"道"。大批大批生物走到"此路不通"的境地时，总会有某些生物探出新径来。这是有机物发展的道路。无机物的发展遵循另一条道路。但也是从简单到复杂，以单成分到复成分，从单个晶体到复合晶体的道路。

由于各种各样矿物的结合，组成了各种类型的岩石，又由各种类型的岩石组成了地壳。但地壳的演化也是从简单到复杂，从太古宙早期很薄的原始地壳一直发展到现今几十千米厚、构造十分复杂的地壳。地壳成分也在逐渐发生着从基性到酸性的变化。

自地球形成 46 亿年以来，地壳中矿物、岩石的花色品种大大地增加了。然而，通过地球演化历史的百科全书——地壳——的记载可知，一些矿物、岩石、矿床的形成条件已不复存在，颇有"时过景迁""机不可失，时不再来"之意。它们在新条件下变化为新的形式。

太古宙到早元古代，地球上到处都形成纹层状硅铁沉积；元古宙一些海洋生物化学沉积岩中，白云岩占据着优势。现今，这样的环境也有很大变化。太古、元古时期形成的诸多物质，到了显生宙又被打乱重新组合，构成了复杂得多的地球新时期记录。

由此可见，无机物与有机物，它们各自有自己的发展道路，二者有一定区别，但也可把二者看作同一条自然发展总道路中的分岐。

在环境变化时，无机物就要改变其组构，有机物就要改变其习性。当一种物质发生之初，必有前一阶段的事物存在作为新物质发生的根据。前存根据的转变，造成后继物的到来。一物传一物，永不中断。这就是物质发展的波浪。它总是后浪推前浪，不会停止。这就是"道法自然"的唯物波浪。

二、地球物理与地球化学的辩证

地球物理与地球化学，在自然界的作用是密切结合的。不论什么时间和什么场合，它们在地球发展变化的各个方面，都是密不可分。它们二者的不可分，就像物理与化学的不可分一样。物质的物理性与化学性，物理作用与化学作用，是一个问题的两个方面。物理学家与化学家，看来从事的是截然不同的研究，但到了分子和原子，以及更小的粒子，就分不清到底是该由物理学家研究，还是该化学家研究了。以往常常在这些方面争领地，就像动物学家和植物学家在一些原始生物的归属方面发生争执那样。

原子和分子的结构及其运动变化，既然分不清该归物理学还是归化学，那么，宏观的化学反应实际上是原子运动和分子结构变化的集合，又怎能同物理分得开呢？因此，物理与化学是紧密结合在一起的。地球物理与地球化学，可以认为是地球这个大容器里的物理与化学反应，自然也是紧密结合在一起的。自然科学家在一定时期内为了研究的方便，人为地将物理与化学分成各自独立的学科，地质学家因之也人为地将地球物理与地球化学分了家，于是大家都搞了个分道扬镳。在科学研究过程中，也就经常出现把它们分不清或显得机理混乱的情况。我们应该把问题综合起来，把糊涂了的东西弄得清楚些。其实，在自然界，物质总是按照自然发展的道路演变，没有什么物理学与化学之分。为了科学研究的方便，有时确有必要把它们分开来，但有时又必须将其结合在一起。科学研究也有"分久必合、合久必分"的道理。这符合自然的辩证。这就是对一切事物进行科学研究的道理。

科研的道路是曲折的，波浪式的，也是没完没了的。自然科学的发展，从来都是有分有合，这要看社会文化发展的背景条件和自然科学家的综合能力了。在一定时期，分开来讲似乎才能把一事一物说得清楚。但在这个已"说清楚"的问题中，还可以出现新的混乱，于是需要合起来讲，才能解决这些新的混乱。在解决新的混乱时，又需要以新的办法将其分开来加以分析。这就是科学的辩证。

在地球科学的研究上，地质学者往往把地壳和壳下物质的物理现象作为一方，把其化学成分和化学变化作为另一方，来加以说明。这种分别的研究，似乎容易使人理解，但也容易使人糊涂。如果再把它们合起来，弄得不好，还可能使人们发生混合的糊涂。但是，科研的路线，总是先作个别分析，再作综合研究。综合并非混合，综合研究是把纷乱的东西用一条线串起来，理出头绪。在把地壳及壳下各种物质的物理和化学特征作了个别分析之后，再把它们综合起来进行研究，然后按其发展变化的规律重新加以分门别类，理出一条辫子来，才能把地壳中千头万绪作出有理性的综合，才能对地球发展演化有个较深入的认识。

自地球形成之始，就有物理运动和化学运动的结合。直到现在，它们也总是相伴而行，不能有一时一刻的分离。地球物质的物理性及化学性，都是地球物质运动变化过程中所表现出来的属性。物理作用与化学作用在地内的密切结合，促进地球演化过程中大致分离出不同的圈层构造。大气圈、水圈、固态地壳、地幔、地核等，各自的物质成分不同，性状不同，即各有其物理、化学特征。它们的形成，有一个漫长而复杂的过程，既有地球物理过程，又有地球化学过程。地球物理与地球化学过程是同步的，糅合在一起很难分辨开来。现今这样的过程还在各圈层内部，以及相邻圈层之间进行着。再过多少亿年以后，地球圈层状况还会有很大的变化。

君不见，大气圈、水圈、地壳、地幔、地核都还可以分出亚层吗？而这些亚层有些是连续的，有些是断续的，层的分化和层间交换也很厉害，一刻都没有停止过。目前出现了一类新学问，即地球界面学，分别研究地球不同圈层界面上物质运动性状和物质交换关系。从某种意义上讲，圈层界面也是人为的。其运动和交换关系，既是地球物理的，又是地球化学的。正是这种复杂而统一的变化，谱写了一部地球波浪式演化史。

地球物理与地球化学的结合，还能引起生物的变化。生物产生和发展的前提是大气圈及水圈的形成与演化，而这两个圈层的形成与演化，则代表着地球本身物理和化学的综合作用过程。地球最外部三个圈层间相互关系的些微变化，都会对生物的演进造成极重要的影响。再者，生物生长的过程，也是生物物理与生物化学作用密切结合的过程。因此，物理作用同化学作用分开了，也都没有了生物，更谈不上生物演化、生物生长和繁衍了。地质学家要能够通过地壳岩石和化石这些最佳的地球演化史记录，看出地球所经历过的物理、化学变化。

在地质学研究中，地球物理要借助于化学，地球化学也要借助于物理。只凭一种或主要凭一种方法去研究地壳与壳下物质的性状及其来龙去脉，都将失于片面。一个有见地的地质工作者，都会主动去补足自己所欠缺的一面，以促成两个方面研究的有机结合。也只有这样，才能在前人研究基础上有所发现，有所前进。

三、岩石、矿物是文化发展的纽带

地质学是牵连各门自然科学的一根链条。不论哪一门自然科学，都要利用岩石、矿物及其变化；而岩石与矿物的自然变化，则是地质学研究的基本。没有岩石与矿物及其变化和发展，就不可能有地质学及其他自然科学，医、农、工业的发展也会落空。地质学随着农业和工业的发展而发展。虽然在历史早期，还不曾有地质学及其他自然科学，人们却早已利用了岩石与矿物。原始人类利用所有能够利用的、随意捡来的石头；现在人类利用所有能够利用的岩石与矿物，制造各种器具；将来人类就要利用所有岩石与矿物。因此可以说，岩石、矿物不但是地质学的基础，也是文化大厦的基础。没有这个基础，人类文化就无从发展。文化的发展，也是后浪推前浪的波浪式发展，在发展中显示出阶段性而又永无休止。

它紧跟着人类对岩石、矿物的应用状况，而显示出阶段性，而发展变化。这也符合自然发展的道路。

自然科学的研究，首先是为了生产。人类为了生产而利用岩石、矿物。不利用岩矿，生产工具就成了问题，也就谈不上文化的发展。现在人们都明白，工业生产在很大程度上依赖于农业，要以农业为基础。农业生产则以土壤为基础，还要有生产工具。土壤和生产工具也都来自岩石、矿物。于是，岩石、矿物也可以被认为是各门学科的总基础。人类文明的开始，就是利用岩石、矿物；到末了，还是利用岩石、矿物。现代的"上天、入地、下海"，都离不开岩石、矿物这个总基础。

自然科学是人们用脑用手的研究，研究岩石、矿物的特性，利用岩石、矿物的特性。首先利用的是岩石、矿物的硬度和坚度，用来制造工具。硬度与坚度是岩石和矿物的基本特性。这种物理性质根源于其化学成分。物理性与化学性相结合，使岩矿有疏密强弱之分，为其奠定了被应用的条件。这是人们制作岩矿用具的根据。利用了这个根据，人类的文化才能得到发展。就所制造的工具出现的顺序来说，在世界各国的历史上，竟然是雷同的，即先是石器，然后铜器、铁器、钢器。这样不同地域的人类，在其发展历史上对岩石、矿物应用顺序的惊人相同，绝非巧合，而是由自然发展道路所决定的。到了现在，各国都在努力地向着利用所有能够利用的岩石、矿物奋进。

在农业方面，人们利用由岩石、矿物风化而成的土壤种植植物，以及用植物养殖动物。而农业和养殖业归根结蒂还是离不开土和水。当地球刚形成时，并没有水和土。水圈和大气圈都是地球发展演化的结果。只有当地球发展凝聚到有足够引力的时候，才能保住外空的气体，以及由氢、氧二气合成的水分，逐渐形成大气圈和水圈。只是当地球表层岩石和矿物同大气中循环的水经常发生接触之时，岩石和矿物才发生风化而形成土壤，植物才得到养分而生长，动物才得到食料而繁殖。由于动物的演化，才终于出现了人类。因此，人类本身的出现，以及人类为了生存所从事的农、林、渔、牧，无不以岩石、矿物为根基。

在农业发展初期，就已有制造农具的小工业出现。随着农业的进一步发展，工业也越来越发达起来。工业和农业的发展也是辩证的，它们互相影响、互相促进。而工业生产的原料，一部分来自农业产品，更多还是来自岩石、矿物。至于工业生产所使用的生产工具——无论最原始的手工业，还是最现代化的自动化生产线——应用岩石、矿物，则无须赘述。可以设想，今后工业的进一步发展，将取决于对各种岩矿物化性质应用的开拓。

农业、工业的发展，促进医学事业的进步。但医学从开始到现在，都直接同岩矿相联系。人类早期用矿泉水、温泉水治病，用干燥土壤和砂土消毒，以及逐渐认识到许多岩石、矿物可以入药。李时珍的不朽医著《本草纲目》，生物学家、化学家、地质学家分别将其视为生物学、化学和矿物学（乃至岩石学和古生物学）的经典著作。随着近代科学兴起的西方医学，早年使用的药物，则几乎无例外地全是矿物。现代医学朝着应用有机药物和利用与控制生化过程方向发展，但有机药物的妙用，以及生化过程的变异与奇迹，却往往是由于某些特殊的微量矿物质或元素在起催化作用。许多高分子有机物质都具有一定的结晶格架和晶形，它们将会被一部分矿物学家所重视，而去进一步开拓有机结晶矿物学的新领域。

人类发展的历史，就是同自然斗争的历史。人同人的斗争，也可以算作是人同自然斗争的一部分。人在改造自然的同时，也改造了人类自己。在改造自然之初，人得向自然学习，研究自然。这才产生了自然科学。同自然斗争之时，首先要拿起斗争的武器，这就是自然科学。随着斗争武器的进步，陆续有石器、青铜器、铁器、钢器，最近是企图利用所有的岩石与矿物。因此，岩矿不只是地质学的基础，也是所有自然科学的基础，乃至人类文化发展历史的基础。人类文明发展历史的各个时代，都是根据人们利用岩石、矿物的状况来命名。人类历史中的旧石器时代、新石器时代、青铜器时代、钢铁时代，以至将来的全矿时代，都同岩石、矿物有密切关系。由此可知，岩石、矿物在文化发展中是离不开的东西。文化越发达，文明程度越高，人类所利用的岩石、矿物就越多。

总而言之，变化中一切物质的物理性与化学性，都是在二者密切结合中发展变化的。任何物质，有机物或无机物，都是这样。不过，对于生物生长和繁殖过程中物理性与化学性的结合，人们如今还知道得太少了，相信不久的将来会有一个较深入的认识。对于无机物的变化，固然不能利用生长、繁殖的生命世代更新作用过程加以阐明，但其发展变化过程也是在时间和空间所构成的坐标系中，留下一条不可逆的波状演化轨迹。地质变化是地球中一切物质变化的综合，它的运动变化路线不是随意的，其轨道只能是一条，就是我国古代对自然界发展的提法：道法自然。

地质变化，既有生物的，也有无机物的，而绝大部分是无机物的。人们在文化发展中，利用了有机物的变化，也利用了无机物的变化。人类文明发展的始终，离不开岩石、矿物。在文化发展之初，人类就以岩石、矿物为生产和生活工具。文化发展到了现在的高度，人们仍离不开岩石、矿物，而且越用越多，越用越入微。可以说，"开发矿业"是文明赛跑中的接力棒。文明在不断发展，"开发矿业"也在不断发展。工农业生产和科学技术的进一步发展，还要利用更多的岩石、矿物。因此，人们把自己的文明史，用被利用的岩石、矿物的演变来分段落，说成石器、铜器、铁器等时代，这种提法是非常恰当的，将来人类还一定会进入"全矿时代"。

文化的发展离不开岩石、矿物的物理性和化学性，有如人们离不开流动的血液。种类繁多的岩石、矿物，各有其特定的物理性及化学性。人们利用岩石、矿物，就是利用它们的物理性和化学性，根据这些性质，制造工具和武器。制造工具以促进生产发展，掌握武器以保护生产成果。在人类历史中，所有强大的民族都有完善的工具，并有锐利的武器。文化不发达的民族是无能为力的。而岩石、矿物的物理性及化学性，则是人们制造工具和武器的根据。

自然哲学随着人们对于物质的辩证理解而发展。不论哪一门自然科学，都是为了探寻物质组成及其变化的自然法则。不研究物质（岩石、矿物及其衍生物质）的辩证发展，人类的文化发展也就没有根基了。

略论滑动构造①

张伯声　李　侠

【摘要】 根据滑动构造表现出的地质构造特征及其地质体力学性质，本文把滑动构造划分为塑性或半塑性和脆性两种基本类型，并运用地壳波浪状镶嵌构造理论，探讨了滑动构造的演化及形成机制。

滑动构造是地壳表层一种常见的变形现象。不论在古老岩层里，还是较新地层中，不论在构造活动带，还是稳定地块边部，都可见到这种构造现象。多年来，对于这一构造问题，在地质工作，尤其煤田、石油等沉积矿产的勘察和开采中，人们给予了足够的重视和关注，从而使许多原被滑体掩覆的矿田获得发现和探明。随之而产生的有关研究论著，一些不仅有科学理论价值，而且对实践也具有重要的指导意义。尽管研究得如此详尽，但人们对滑动构造的性状及其形成机制等问题，仍存在着不尽相同或截然相反的认识。这些不同认识归纳起来基本有两种：一种是重力滑动说，另一种是水平挤压说。前者认为，地体的滑动变形主要在重力作用下形成，依据是滑体大部分地段沿着倾斜面向下滑动，其前缘有挤压现象，后缘常有拉伸体制形成的正断层；后者则认为，岩块的滑动由水平挤压作用引起，理由主要是只有水平挤压才能使滑体从基盘拆离（detachment），并产生大规模水平位移，同时还依据滑体尾端常有逆冲断裂的发育。

种种争议，不仅涉及地质基础理论问题，也与生产实践紧密相关。因此，进一步认识滑动构造的特征，探讨其形成的动力学和运动学规律，无疑是必要的，也是很有意义的。本文试图用波浪镶嵌说理论来探讨这一问题。

①本文 1986 年发表于《西安地质学院学报》第 3 期。

一、滑动构造的基本特征

滑动构造的特征是指其各组成单元的性状，以及它们所构成的结构和构造型式。常见的滑动构造，因受复杂地质因素的影响，在结构、构造、形态、尺度、展布特征等方面都各有特色。但总体来看，它们一般都具有明显的三元结构，即下部为滑床，中间为润滑层，上部为滑体。滑床的构造与上覆系统的构造一般不相和谐，在滑体荷压和滑动牵引作用下，滑床常发育楔状断裂，构造较简单。润滑层是滑体和滑床之间的错动带，也是剪切应力集中带。这种滑移带可以很薄，也可以很厚；滑动面有时只一个，有时为一组。滑体的结构和构造较复杂，由各种性质断裂面规律地镶嵌着大小、形态不同的岩块统一体。实际上，由于后期构造的改造和剥蚀，完整保存的滑体较少，常见的则为滑体残块或零星分布的残片。

滑动构造在物理性质不同的岩石里，往往会表现出一些不同的构造特征。一般来说，岩石物理性质更接近于弹性、塑性和黏性等基本性质的组合。这三种不同性质的组合比例并不相等，也不是一成不变，而是随着岩石成分和时间的变化而变化。在同一力学条件下，岩石形变随其物理性质的差异，或随受力作用时间的长短，显现不同的构造特点。同样，在岩石习性基本相似的条件下，随作用力的性质和方式不同，也会形成异样的形变。

在塑性或半塑性状态的岩层里，形成的滑动构造有如下一些基本特征：①可以分出三元结构，但不甚分明。②滑体和滑床的构造具有明显不协调性。滑床构造一般简单，亦无楔状断裂发育；润滑层为一个不明显的滑移面，很少有压碎角砾岩；滑体形变在垂向上差异较大，一般是上层往往比下层形变强度相对剧烈。③各级滑移裂面一般表现为韧性，且愈往滑体前缘愈发育，滑移面倾角越往前缘也随之逐渐变大。④滑体内褶皱多为等斜紧闭、屈曲迭复的之字型正、倒转褶皱形态，人们形象地称之为"红绸舞"构造。这种柔滑褶皱的特点是褶皱轴面成弧形弯曲，而且在褶皱转折处的内、外侧基本见不到压性和张性裂隙。

岩石处于塑性或半塑性状态下而发生的这种滑动构造，典型例子是福建上京煤矿（图1）。据宋伯钟报道[1]，类似构造在永安加福和洪田、龙岩、永安、永春天湖山等主要煤矿区都相继有所发现，它们严格控制着这些地区煤层的赋存和展布状态。因此，研究这类构造，对矿产开发和矿井建设无疑有着重要意义。

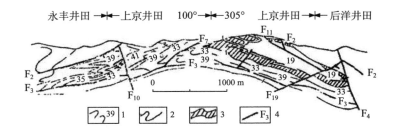

1. 煤层及编号；2. 地层界线；3. 加福组二段；4. 断层及其编号

图 1　上京 108 线地质剖面图（据宋伯钟）

在某些地质环境里，岩层的塑性和黏性会逐渐变小，脆性便随之增强，以至呈现脆性状态。

岩层基本为脆性状态时与其塑性状态下形成的滑动构造有明显区别。前种性状下形成的滑动构造基本特征：①具有分明的三元结构，下伏系统与上覆系统的古构造（这里指滑动前已有的构造）有时和谐，有时不和谐。前者一般表现在上、下系统地层之间为整合接触的关系，后者则表现在二者多为角度不整合接触。②下伏系统的上界面一般呈勺状或铲状，同时发育有楔状断裂。③润滑层一般为软弱岩层，如泥岩、煤层等，其内可以发育一个到数个滑裂面，主滑面上普遍存在滑动角砾岩层[2]。角砾成分为滑动过程中，挟带和剥蚀的滑面附近两盘岩层断体，粒度差异较大，角砾亦常被软泥包裹。④滑体构造形态主要以断裂和褶皱为特征。一般来说，前缘为推挤带，发育逆断层；后缘为拉张带，发育正断裂。此外，还有一些次一级的低角度滑裂面。褶皱则以斜歪褶皱为主，平卧褶皱次之，其间还常伴生具有各种力学性质的低序次断裂。⑤在平面上，滑体表现为被断裂围切的圈形，且常掩覆在较老地层之上。

这类滑动构造普遍见于豫西荥阳、朝川、新密、巩县小牛山[2]地区；此外，广东曲仁[3]、湖南杨家山[4]和秦岭等地也有发现。

以上所述，仅是滑动构造一些最基本的特征，具体到某一滑动构造本身，由于所处构造环境和构造部位的不同，以及岩石物理性质的差异，理应还有自己独特的现象，但总体的构造类型及其组合特点仍然具备。

二、滑动构造的地球动力学和运动学

滑动构造正如地壳中其他构造现象一样，也是地壳波浪运动的一种表现。

那种将滑动构造形成机制完全归为重力作用或水平挤压作用，认为非此即彼，这种截然分明的划分方案与地质事实难以相融合。事实上，地壳运动中，重力作用和水平挤压作用总是相反相成。垂直运动和水平运动也绝不互相排斥，而是构造的互补，统一在滑动构造形成、发展的完整过程之中。至于造成滑动构造的原因，应该说是多因素的，除了动力和运动的作用外，还有一些其他方面的因素，如地体的物性、地化特性等。因此，对任意一个滑动构造只要经过详细剖析，就很难把它完全归于哪一类。本文的分类，也只是在主要考虑了地体形成滑动构造中所表现的基本力学性质及其形变特征基础上提出的。

波浪镶嵌构造学说认为[5]，地壳波浪由地球脉动及地球自转速度的变化所引起。不同方向的地壳运动，互相交织，形成地壳的网格状构造格局。构造网中互相邻接的地块，都不断地作天平运动，就形成地壳波澜起伏的波浪。相邻地块或壳块的每一次天平式摆动，都会造成地块间的位能和势能差。这种能量差为地块之间提供了滑移条件。因此，这些构造带或构造过渡部位，常有滑动构造存在。

镶嵌构造格局控制着滑体的分布，波浪运动则驱使了滑体的滑动。地壳波浪运动的形式多种多样，概括来说有三种基本形式，即蚕行式、蠕行式、蛇行式。地壳中各级地块在它们所夹持的构造活动带两侧，既进行着此起彼伏（蚕行波）、又进行着或推或拉（蠕行波）、还进行着一左一右（蛇行波）的运动[5]。这些运动中，既包含水平运动，也包含垂直运动。由于地壳的这种波浪运动，地表往往产生隆升的波峰和坳陷的波谷，或形成挤压的波密带和拉张的波疏带。前者使地壳各块体具有大小不同的位能和势能，即抬升的波峰地块获得较大的位能，而沉陷的波谷地块的位能则相对较小；后者使地壳各块体的密度发生变化，即波密带地块密度高，而波疏带地块密度相对较低。地壳波浪的这种效应，不论抬升或沉降，还是压紧或拉松，都最终破坏了地壳各块体间的平衡状态。这样，地壳中具不稳定势态的壳块或岩块，就必然要向稳定状态运移。当然，岩层从不稳定状态向稳定状态发生的变化，不是个简单过程，而是较为复杂的地球物理动力学过程。

　　这个过程，首先表现为岩石力学性质的发展。一般岩石在地表条件下或固结硬化后都表现为脆性，而在固结成岩前及成岩期或地内高压高温条件下，则一般表现为塑性。岩石的这两种主要力学性状，在一定条件下又可以互相转化，即岩石既可以从脆性状态变成塑性状态，又可以从塑性状态发展成脆性状态。根据岩石力学性质的实验[6]，岩石在恒定应力作用下，其变形随时间的增长而不断增强，这就是岩石的蠕变现象。图 2 所示，σ''' 曲线不仅反映了岩石由弹性应变、塑性应变到脆性破裂的发展，而且主要显示了岩石的蠕变过程。这个过程

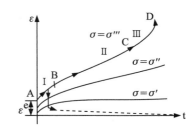

图 2　岩石蠕变曲线图（据王仁简化）

分三个阶段：第一阶段，蠕变或过渡蠕变（A—B），应变不断增加，但速率逐渐减慢；第二阶段，蠕变或定常蠕变（B—C），应变以恒定速率增长；第三阶段，蠕变或加速蠕变（C 点以后），应变加速增长，直至达到脆性破坏阶段。地壳中的岩层在温度和围压不很高、应力不很大的情况下，只要应力作用的时间持续较长，也会发生类似的蠕变现象，软弱岩层尤其是这样。滑动构造在地壳中的发育程式，首先是润滑层构造的孕育和发展。润滑层一般是岩层间的软弱带，如地层间的不整合接触面、假整合面，或塑性较强的岩层，如煤层、泥岩层等。在地壳波的驱动下，它们首先发育一系列微褶皱，继而发育成韧性剪切带，最终连贯成统一的滑移系。在此过程中，只要持续作用力有足够长的时间，不需要很大的力就可形成。同样，滑体的形成和滑动，也是一个从微观到宏观的发展过程，并非滑体顺润滑层同时整个发生移动，而是滑体中一部分先发生滑移，然后带动另一部分滑移，这样逐波往前，最后使整个滑体相对于滑床有了滑动。这个过程好比移动地板上的一张地毯，整体拉动它需要很大的力量，假如将地毯局部移动形成褶皱，再推动皱纹向前移动，最后使整个地毯移动一个距离。二者相比，后一方式所需的外力比前者小得多，滑体滑动类似后面的过程。此外，减小滑体的滑动摩擦阻力，促使滑动的因素还有流体活动的作用。岩层中的孔隙流体压力[7]，像气垫船作用一样，对上覆岩层起着浮托作用，它驮负着滑体可以在较小的应力作用或较低的坡度下进行滑移。滑体这种整体沿坡下滑的运动，主要是受重力的影响。

　　滑动构造发生、发展的全过程，始终有重力作用相伴随[8]。整个地球的重力

场中，重力作用的趋势总要使地壳中一切块体尽可能地取其最小位能，或使其相互间具有较为近似的密度，从而使它们相安于一种相对稳定的环境或平衡状态。因此，对于由地壳波浪造成的地壳中各块体重力不稳定性，必然要得到调整，其方式就是一些地质块体通过重力作用发生滑动，以期达到均衡。地壳波浪总是不停地破坏这种均衡，使之处于不稳定状态。重力作用则又不断驱地块产生滑移，进行均衡调整。地壳各块体间这种不平衡—平衡—不平衡的地球动力学过程，永远没有完结。它们在改变地壳结构面貌的过程中，既是矛盾对立的，又是连续发展的。

下面通过一个实例来说明地壳波浪运动是如何造就滑动构造的：

典型例子是河南登封卢店滑动构造（图3）。燕山晚期，箕山山块相对于嵩山山块，先期发生抬升，并协迫夹于其间的卢店地块东南翘起，向西北倾俯。卢店地壳表皮（二叠系石千峰组和三叠系红层），受地壳波的侧向挤压和重力均衡作用，沿二煤层顶部软弱层拆离，并由东南向西北滑移，同时，在滑体内形成次级蠕行波构造。滑体的滑动，使其后缘拉伸区（东南缘）地层遭受构造剥蚀，稍有减薄，而使其前缘挤压区（西北缘）地层，稍有增厚（图3Ⅰ）。其后，发生反向天平式摆动，嵩山升而箕山降；随之卢店地块也进行了反向翘倾运动，即西北翘东南倾，滑体沿原主滑面反向滑移，由西北滑向东南，并使西北缘地层发生拉伸和减薄。从而，基本形成了南北缺层及中部因应力波密集，地层相对增厚拱起而缺层较少的局面（图3Ⅱ）。喜山期，嵩箕天平又发生反向摆动，卢

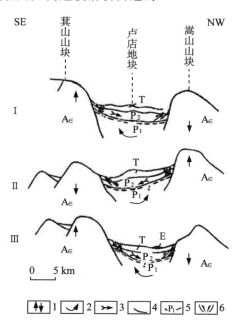

图 3 卢店滑动构造波浪发展程式

Ⅰ，Ⅱ. 燕山晚期早、晚两次天平式摆动；Ⅲ. 喜山期天平式摆动
1. 山块升降方向；2. 地块翘倾方向；3. 滑体滑动方向；4. 主滑面；5. 煤层号及煤层；6. 断裂

店地块也进行了反相翘倾，造成告成一带的第三纪盆地，并使第三系也发生滑动（图3Ⅲ）。

应用地壳波浪运动理论，分析滑动构造的演化史，对卢店区多年来争论不休的问题，如"红层压煤"、南北缘缺层（500～1000米）、南北两侧均发育逆断层和正断层，以及有些断层力学性质的转化等问题，都可以做出合理的解释。

参考文献

〔1〕宋伯钟. 上京煤矿"红绸舞"构造的形成机制——重力滑移. 煤田地质与勘探，1984年第3期

〔2〕李万程. 豫西晚古生代煤产地的"表皮构造". 煤田地质与勘探，1979年第2期

〔3〕陈崇燊. 同向断层的形成机制及对煤系赋存的影响. 煤田地质与勘探，1981年第5期

〔4〕张道德. 杨家山勘探区构造特征. 煤田地质与勘探，1981年第3期

〔5〕张伯声. 中国地壳的波浪状镶嵌构造. 科学出版社，1980

〔6〕王仁等. 固体力学基础. 地质出版社，1979

〔7〕K. Hsü, Jing Hwa. Role of cohesive strength in the mechanics of overthrust faulting and of landsliding. Geol soc. Am. Bull., 1969, 8 (6)

〔8〕马杏垣等. 嵩山构造变形——重力构造、构造解析. 地质出版社，1981

略论塔里木盆地的波浪状镶嵌构造[①]

张伯声　吴文奎

【摘要】塔里木盆地是个套合的"毋"字型构造。在"毋"字型地块翘起的部位，有油气储集。盆地地块内，褶皱断裂构成波浪构造。波浪构造在运动中迁移着，时而作北东向、时而作北西向迁移，而以北西向为主。通过这样不同方向的迁移而形成编织构造。塔里木盆地的斜方形及其内部所有斜方地块，都是这种编织的一部分。此外，由于编织组成的波浪镶嵌构造，使得盆地内部出现许多叠谷型构造。

新疆塔里木盆地同我国所有盆地基本相似，都是一些菱形或类菱形块体拼合的构造。我们对塔里木盆地的注意，主要在于它是个很有远景的含油气构造盆地。

一、塔里木盆地与含油气矿藏

塔里木地块盆地是我国一个最大的内陆盆地，一个巨大的菱形、套合的"毋"字型地块。四周北东东与北西西向山脉及大断裂，把盆地围限成一个类菱形的轮廓。盆地中部有缓和隆起，形成北西向与北东向交叉，把盆地分为四个斜方地块，形成"毋"字型格局。

盆地的菱形轮廓服从于地壳的总结构，这个总结构则是无数菱形地块的拼合。塔里木地块盆地也是更小菱形块体的拼凑。这些斜向断裂构造形成了构造波浪，它们在地壳之内散布到地壳的各个层圈。地球各个层圈都有与其环境相适应的波浪运动，如地核的、地幔的、构造圈的，以及地壳内各层圈的波浪运动等。虽说大小不一，但总的构造形式都具有各层圈的波浪起伏。这是由于地球里外层圈的波浪运动，构成"地球波浪"所导致的结果。

---

①本文 1986 年发表于《西安地质学院学报》第 3 期。

地球上部层圈的波浪运动，我们称之为地质构造波。构造波可以贯穿到软流圈的顶层，还可能影响到更深的层圈。构造波是在刚性地壳与可塑性——流变性的层圈——上地幔中发展起来，在下层表现揉皱的褶皱或缓慢的变形——流动，到上层表现为褶皱与断裂混合体，这就是地壳部分之所以成为波浪状镶嵌构造的根本原因。地质构造波在地壳中的传播，称为地壳波浪运动。莫霍面常可与地形呈反向隆坳，形成"壳幔镜像反映"[①]。

"壳幔镜像反映"可分为平缓型与陡变型。太古及元古宙，塔里木处于壳幔隆坳急剧变化、幅度很大的陡变型阶段。此时，上部沉积物遭受隆升或强烈褶皱，并发生逆掩、推覆构造和不同程度的岩浆活动、混合岩化及变质作用。因而，这一时期生运储油的有序性，长期遭受破坏，或在某些环节终止发展，或发育不良，对油气田的形成极为不利。古生代以来，塔里木处于"壳幔镜像反映"平缓型发展时期，上部形成古生代坳陷和中新生代坳陷重叠的叠谷型盆地。这一时期的波谷中，它为生物－沉积物堆积创造了较为平静的地质环境，其地幔隆起地带可以提供一定的地热流补偿，促进成油过程的转化；而幅度不大的壳幔相反隆坳变化，促使油气的生运储机制能够有序运动，各个构造的缓和变化，使构造免遭重大破坏，对油气田的形成极为有利。这就是为什么油气田往往出现在"壳幔镜像反映"平缓变化区及其接近的边部，或平缓与陡变两种构造变化区相邻的地段。柯克亚、伊希克里克油田，以及塔北隆起带喷油的沙参二井等都属此例。

塔里木盆地的重力、磁场及卫照资料表明，盆地具有地幔双峰隆起特征，深部构造轮廓呈菱形，基底地层大致由太古及早元古宇组成，基底构造则为北东向与北西向构造近等间距地交叉编织（图1）。

塔里木地块是我国大陆上基底岩系埋藏最深（-12 ~ -15千米）的菱形叠谷型盆地。叠谷型盆地的一般特点是位于两个波谷相交的构造地区，这个地区占据着斜交构造的坳陷部分，这就是"网目"所在区域，常表现为类菱形地块。它们在早期为大范围的强烈坳陷，到晚一些时期，这种较大坳陷又因次级波浪运动而发生较小隆坳的波浪变化。各地块一侧隆起，一侧洼陷，一边剥蚀，一边沉积，就在上层叠加沉积了不同时期的地层。由于上下地层沉积环境、构造形式等不同，把它们叫作叠谷盆地。这种叠谷盆地的构造隆起部位，对于油气储集十分有利。

---

①吴文奎，1983，闽赣及邻区波浪镶嵌构造特征（出版中）。

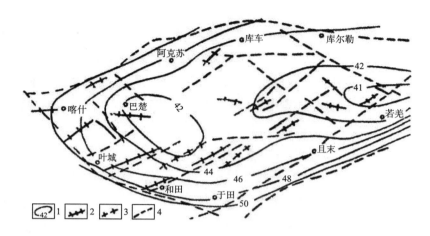

1. 地壳等厚线（千米）；2. 航磁正异常带；3. 航磁负异常带；4. 基底断裂

图 1　塔里木地壳厚度、航磁异常及基底构造略图
（地壳厚度大致按王谦身等，1983）

二、塔里木盆地的"毌"字型地质构造变化

塔里木地块的波浪状镶嵌特点，就是随着大大小小"毌"字型构造的强弱、兴衰、交织态势而展开，并对油气形成产生影响。

1. 塔里木地块的反复波浪迁移

地壳内部的深层和浅层，时刻都有波浪运动，塔里木地块也不例外。

晚太古－早元古宙时，塔里木盆地很可能是一个时期以北东向断裂为主，另一时期以北西向断裂为主的复式褶皱断裂构造。塔里木运动时，使中、上元古宇遭受紧密褶皱断裂，成为盆地的基础地层[1]。此时，地块范围扩展，包揽了天山、阿尔金山、祁连山及东昆仑山在内的所有周边地带，成为古塔里木菱形地块的全盛时期，我们称之为"华西北地块"。鉴于叶城以南的西昆仑山哈罗斯坦河北岸晚元古早期依莎特－阿特群和中元古早期塞拉加兹塔格群细碧角斑岩建造的存在[2]，西南边界大大北迁。

①高振家，吴文奎，李天德等，1960；吴文奎，吴乃元，王务严，梁云海等，1962～1963；阿奇山－牙满苏一带 1∶20 万区调报告。
②吴文奎，周良仁，胡立强等，1958，叶城以南西昆仑山地区 1∶20 万区测报告，地质部第十三地质大队八中队。

到震旦纪，塔里木地块北界回缩，并开始受制于盆地北缘及库鲁克塔格北缘断裂的影响。到寒武纪－中奥陶世，地块北界再度北迁到博罗霍洛山及卡瓦布拉克塔格一带。晚奥陶－早二叠世，天山地带构成相交的北西西和北东东向两带地槽坳陷，地台型海相盆地向南移到北至库鲁克塔格北缘、东南达且末河、西南到柯北堤及柯斯拉巴等深断裂带的范围内。晚二叠世－第四纪，陆相盆地范围再无多大变化。

2. 塔里木地块内部的构造编织

塔里木地块内部，一般在北西西及北东东向两组相交的次级波峰带两侧，不断地作天平摆动式反复翘倾，两带构造也相互编织。

塔里木地块中的各个波峰带两侧，北东东向的反复翘倾运动，是以北西西向各级波峰带为枢纽，以库鲁克塔格块褶带及塔东坳陷带为一侧，西昆仑东北缘块褶带及塔西南坳陷带为另一侧的天平摆动。太古－早元古宙，库鲁克塔格与铁克里克的火山－沉积建造都很厚；中元古－晚元古宙早期，两侧的泥砂质碳酸盐岩沉积厚度相仿；震旦纪，冰碛层东北较厚[1]，西南粗碎屑堆积稍薄，似为东北俯西南翘；寒武、奥陶纪，南北沉积相似，但北厚南薄；志留纪，南升北降，晚期整体隆起；泥盆纪，陆相堆积两侧厚度相仿，暂告平衡；石炭纪，中央隆起带略缩，塔东上凸而塔西南下凹；二叠纪，海水渐退，早期东陆西海，晚期已是湖盆，但西部稍低；三叠纪，塔里木大部隆起，库车、康苏一带沉积稍厚；侏罗纪，盆地反复翘倾，南北侧地层岩相、厚度相差甚微；早白垩世，东抬西落，晚白垩世，东陆西海；早第三纪，塔里木成为东湖西海的盆地；中新世，湖盆更加广阔，再度形成一定的生油层；新第三纪晚期－第四纪早期，坳陷西迁，现代的塔里木河及其支流都在盆地东北，表现为西南翘升，东北倾俯。总之，在侏罗－白垩纪和新生代，东北翘西南倾的半地堑－半地垒式块断盆地系列发展十分清晰（图2A）。

塔里木地块在北西西向隆起带的西北与东南两侧反复翘倾运动，以瀚海隆起带为枢纽，塔北隆起带及塔中坳陷带（见后文表1，图4）为一侧，且末河北坳陷

---

① 吴文奎，胡树荣，1965，1：20万巴勒衮布拉克地质图及说明书。

带及阿尔金块断带为另一侧，不断作天平式摆动（图 2B）。太古－下元古宇绿岩基底在两侧都有发育。中元古－晚元古宙早期南倾北翘。到震旦纪，处于北海南陆与北陆南海相冰碛的交变状态（高振家等，1980；王云山等，1980）。早古生代，且末河一带继续隆起，南北两侧坳陷。晚泥盆世－二叠纪南北反复翘倾。在三叠纪，先是短暂平衡，终于北部下坳。侏罗纪－早白垩世，断陷堆积北厚南薄。到晚白垩世－早第三纪，中带凸起，南陆北海分明。晚第三纪，西北沉积稍薄。第四纪，盆地波浪使其地层在不同地区有厚薄变化。

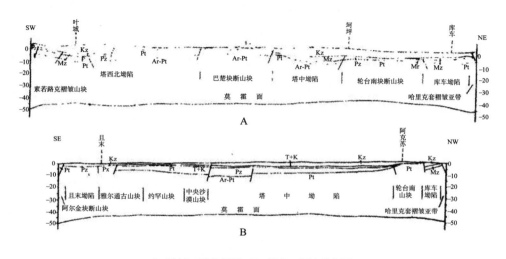

A. 叶城－库车剖面；B. 且末－阿克苏剖面

图 2　横切塔里木盆地剖面示意图（据西北石油地质局和新疆石油管理局等综合改编）

　　构造编织是两组或两组以上构造带，在不同方向互相交织而形成的构造。构造编织的形式：①沉积编织作用，即沉积中心的波浪迁移与一对盆地－山岭相结合的天平翘倾（图 3A）；沉积－剥蚀编织作用，起因于盆地－山岭的翘倾，代表古地理变化（图 3B）；不同方向坳陷沉积自然结合，系受构造控制，呈不同方向断陷上层与下层的相互叠置（图 3C）。②褶皱构造编织，即一般叠加褶皱。③断裂编织，就是不同时期、不同方向的断裂交叉，以及同一断裂带，其性质随时间演进而转变。④还有深层变质构造的叠置编织和岩浆作用编织等。从上述北东和北西向构造波浪分析来看，塔里木盆地的编织构造，以寒武纪－中奥陶世、早志留世、石炭纪及晚白垩世－早第三纪等"毌"字型编织最显著。

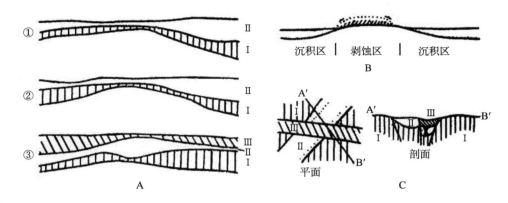

A. 沉积编织；B. 沉积–剥蚀编织；C. 坳陷–断陷沉积编织；Ⅰ，Ⅱ，Ⅲ. 沉积先后次序

图3　地块波浪构造编织类型之一

三、塔里木盆地构造划分

从地质、地球物理及卫片影像等信息综合解释来看，塔里木盆地构造主要为北东东与北西西两带斜向构造的镶嵌编织，具体构造划分如表1及图4所示。其特征简述于后。

表1　塔里木盆地镶嵌构造划分表*

一级	古地中海构造带						
	亚一级	塔里木–四川波谷带					库鲁克塔格块褶带
		亚二级	西昆仑东北缘块褶带	塔西南坳陷带	中央隆起带	塔东坳陷带	库鲁克塔格块褶带
外太平洋构造带	哈密–塔里木波谷带	库车坳陷	三级			库车坳陷 I_4^1	
		塔北隆起带			柯坪块断山块 I_3^1	轮台南块断山块 I_4^2	西库鲁克塔格块断山块 I_5^1
		塔中北坳陷带	素苦路克褶皱山块 I_1^1	塔西北坳陷 I_2^1	巴楚块断山块 I_3^2	塔中坳陷 I_4^3	
		瀚海隆起带	铁克里克褶皱山块 I_1^2	墨玉北块断山块 I_2^2	约罕块断山块 I_3^3	中央沙漠块断山块 I_4^4	东库鲁克塔格块断山块 I_5^2
		且末河北坳陷带		塔南坳陷 I_2^3	雅尔通古块断山块 I_3^4	塔东南坳陷 I_4^5	
	阿尔金波峰带	阿尔金块断带			且末断陷 II_1	若羌断陷 II_2	
					阿尔金块断山块 II_3		

*塔里木地块即为二级构造，表中未注。

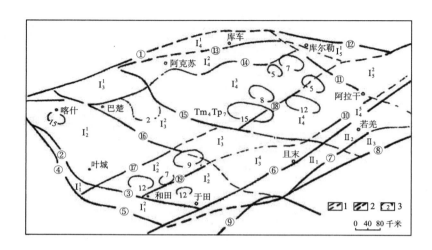

1. 构造单元界线；2. 基底断裂；3. 部分地区基底等深线（千米）

北西向构造：$I_1^1 - I_1^2$. 西昆仑东北缘块褶带；$I_2^1 - I_2^2$. 塔西南坳陷带；$I_3^1 - I_3^4$. 中央隆起带；$I_4^1 - I_4^4$. 塔东坳陷带；$I_5^1 - I_5^2$. 库鲁克塔格块褶带。

北东向构造：I_4^1. 库车坳陷；$I_3^1 - I_3^2$. 塔北隆起带；$I_2^1 - I_2^3$. 塔中北坳陷带；$I_2^2 - I_4^2$. 瀚海隆起带；$I_3^3 - I_3^4$. 且末河北坳陷带；$II_1 - II_3$. 阿尔金块断带。

基底断裂及主要断裂：①塔里木西北缘断裂；②英吉莎－莫莫卡断裂；③和田断裂；④喀斯拉巴断裂；⑤柯北提断裂；⑥且末河断裂；⑦若羌断裂；⑧阿尔金断裂；⑨库牙克断裂；⑩阿拉干南断裂；⑪尉犁（或库鲁克塔格南缘）断裂；⑫库鲁克塔格北缘断裂；⑬轮台断裂；⑭柯沙断裂；⑮图木休克断裂；⑯玛扎塔克断裂；⑰皮山断裂；⑱中央断裂；⑲和田北断裂

图 4 塔里木盆地构造略图

西昆仑东北缘块褶带，主要由前震旦系基底及奥陶－二叠系盖层组成，华力西晚期褶皱隆起，其上有中生代陆相沉积覆盖，喜山期升起甚高。它与北东向塔中北坳陷带及瀚海隆起带相交织时，形成素苦路克山块及铁克里克褶皱山块，它们都是古生代地台上的褶皱山块，后者还有下元古界基底出露。

塔西南坳陷带，呈北西－北西西向分布。在喀什到于田一带，它是盆地基底埋藏最深的地区之一（达－12～－15千米）。中新生界总厚度达万米左右，是一个向西南倾、在东北坳的中新生代次级盆地。燕山运动以来，其坳陷沉积中心不断由西南向东北作波浪迁移。到喜山运动期间，其坳陷更加剧烈。在它与北东东向构造带交叉地区，难免局部有近东西向构造的形成，与较早期构造叠加到一起。塔西南坳陷带被北东向剪切断裂分为三段：西北段为塔西北坳陷，其基底埋深在－12～－15千米；东南段的塔南坳陷基底埋深为－10～－12千米；它们之间则有被皮山及和田北两条断裂所挟制的块断凸起，称为墨玉北块断山块，其基底埋

深 -7 ～ -12 千米。这是北东向瀚海隆起带与塔西南坳陷带交织的次级峰谷型构造。

中央隆起带由一条北西 - 北西西向块断山块组成，向东南可能与祁曼塔格及阿尔格山波峰带连接。基岩向东南俯倾。西部有古生界基岩裸露，东部露头极少，埋深可达 -4 ～ -6 千米。这里缺失中生代沉积，新生界常超覆在古生界或更老地层之上。柯坪块断山块是一系列向西南推覆的构造体，其形成时代是喜山期。巴楚山块尚有三四千米厚的古生代地层，华力西晚期有岩浆活动。约罕块断及雅尔通古块断都是有少量基岩露头的潜伏隆起。

塔东坳陷带与塔西南坳陷带遥遥相对。盆地东部的北西向塔东坳陷带与该处北东向次级波浪带相交，又分成五带隆坳相间的次级构造。库车坳陷是一个在华力西基础之上发育起来的中新生代断陷盆地，中新生代沉积总厚达万米，中生代形成北倾南翘的断陷盆地，新生代则反转翘倾、南俯北仰。轮台南块断山块是一个隐伏的次级隆起，这里在古生代基岩之上有三叠、侏罗系超覆，白垩系 - 下第三系较薄，上第三系相当厚（大于 3500 米）。塔中坳陷是盆地内另一个基底埋藏最深的地区（-12 ～ -15 千米），中新生界最厚可达 10 千米左右。中央沙漠块断（包括所谓的跃进七号凸起）的基底稍浅，侏罗系 - 中新统厚度在 6 ～ 10 千米或更少。塔东南坳陷实际上是第三纪的坳陷，晚第三纪早期发育同生断阶构造。

库鲁克塔格块褶带是天山 - 秦岭波峰带与哈密 - 塔里木波谷带构造编织结合带，同时也是塔里木地块插入天山褶皱带的镶嵌构造带，它介于天山与塔里木之间。太古 - 下元古宇组成它的基底构造，发育中元古 - 晚元古代晚期及古生代沉积地层，中生代以来以块断隆坳为主。其总走向为北西西，局部地带有变化，变化多在北西西向与北东东向构造交叉地区，有时显示近东西的假象。其东南受阿尔金构造带影响，形成北东东向构造。南部称孔雀河断阶构造带。

呈北东东向斜排的次级波浪构造，有库车坳陷、塔北隆起带、塔中北坳陷带、瀚海隆起带和且末河北坳陷带，其组成的山块特征已如前述。

北东东向阿尔金块断带是阿尔金波峰带的一个次级构造带，它构成了塔里木盆地东南侧的块断镶嵌构造。在且末、若羌一带，主要是古生界之上覆盖着第三系，部分地区有侏罗系。阿尔金块断山块有前震旦系结晶基底和薄薄的古生代沉积。阿尔金块断带总体是经过多次块断上升，并向盆地推覆和长期屡经剥蚀的隆起，其基底岩系在许多地区有所暴露。

四、结语

综上所述，塔里木盆地构造发育随着地层的变化而变化。地层变化的波浪表现为厚薄相间、岩相转变，犹如在沉积时的波浪转变。构造变化大都随着地层沉积时的厚薄而变化。沉积极厚的地带，褶皱断裂复杂；沉积薄的地带，褶皱简单，而多断裂。塔里木地块与其周边地槽褶带构造变动的差异即是例子。褶皱与断裂都是地壳波浪运动的形式。

塔里木盆地的沉积地层与地质构造，由持续不断的波浪运动所引起。现在的构造格局就是过去波浪运动的发展。地壳内的斜向断裂、褶皱构造，就是由于地球自转与其快慢变化发生南北向和东西向不同应力作用的结果。地球自转变快，就产生南北向压力；自转变慢，就相对地发生东西向压力。地壳的张压方向有了变化，构造应力就会因南北推挤或引张而形成斜向的北东和北西向共轭构造，这就是地壳构造的一般方向性。塔里木盆地就在这种作用下，形成斜列交叉构造。斜列断裂形成的部位越深，则挤压方向的斜交钝角就越大。如果基底发生隆起，就可暴露这种钝夹角的现象。西伯利亚地台与印度地台之间的右行扭动，加强了塔里木盆地北西向构造的发育。晚期构造对早期北东东向基底构造继承性活动和外太平洋波系的影响，以及晚期 X 型互补断裂的发生与叠加作用，进一步促成了塔里木盆地大大小小斜方地块镶嵌格局的复杂性。北东向断裂若明若暗，并往往截断北西西向断裂而构成许多斜方地块，这就是包括塔里木地块在内的我国西部地区类菱形地块所组成的一般特点。

从破裂构造来说，最容易看到的是节理断裂呈 X 相交的两组，它们在塔里木盆地构成一个斜方整体套着一系列的斜方地块，形成大大小小一级套一级的地壳波浪。这些地壳波浪的结合，构成塔里木盆地一级套一级的"毌"字型构造。其地史演化在北东与北西两大波系交织下，不断由于地壳波浪的迁移而发展。

地壳的天平式摆动，只不过是地壳波浪在一时一地的摆动罢了。许多大大小小波浪的组合，就结合成为波系。多次地壳波浪反复，就把地壳构造编织到一起，这就是塔里木构造演化的一般轮廓。由于两组波浪反复迁移，使塔里木盆地形成一个叠谷型构造盆地。这是上下波浪叠加所成的构造方式。不管在中国还是世界各地，都可见到这种构造叠加。这也是一般的地壳构造特点。

参考文献

〔1〕 李四光. 地质力学概论. 科学出版社，1962

〔2〕 李春昱. 对亚洲地质构造发展的新认识. 地质出版社，1981

〔3〕 朱夏主编. 中国中新生代盆地构造和演化. 科学出版社，1983

〔4〕 关士聪等. 中国中新生代陆相盆地简介. 石油与天然气地质，1983 年第 4 期

〔5〕 阎秀刚. 从地壳的波浪运动探讨我国大型沉积坳陷（盆地）的找油前景. 石油与天然气地质，1980 年第 2 期

〔6〕 王宜昌，谭试典. 塔里木板块构造的演化与含油气远景. 石油勘探与开发，1981 年第 2 期

〔7〕 张伯声. 中国地壳的波浪状镶嵌构造. 科学出版社，1980

〔8〕 张伯声，吴文奎. 新疆地壳的波状镶嵌构造. 西北大学学报，1975 年第 3 期

〔9〕 张伯声，吴文奎. 天山东南端卡瓦布拉克塔格 - 东库鲁克塔格的地壳波浪编织构造. 见：地壳波浪与镶嵌构造研究. 陕西科学技术出版社，1982

〔10〕 张用夏. 塔里木盆地区域构造特征. 地球物理学报，1982 年第 3 期

〔11〕 胡冰等. 新疆大地构造的几个问题. 地质学报，1964 年第 2 期

〔12〕 康玉柱. 塔里木盆地石油地质特征. 石油与天然气地质，1981 年第 4 期

〔13〕 雍天寿. 塔里木地台晚白垩世-老第三纪岩相古地理概貌. 石油实验地质，1984 年第 1 期

地质构造发展的斜向性与宇宙运动①

张伯声

【摘要】 地球在宇宙中犹如太仓一粟或大海一滴，每粒每滴都是太仓与大海的一个分子，它们无时不在结合与分散之中。这种结合与分散在同地、同时、辩证地发展着。所有的星球都松散地结合在一起。实际上，它们是随地随时变化着，这种变化服从于宇宙的斜向运动，因此地质构造具有普遍的斜向性。

一、万物变易

物质是变化的基础。变化是物质的特性。没有物质不变化，没有变化非物质。物质变化要有空间基础，又有时间过渡。变化有量变质变之分。没有空间不能容物，没有时间不能变化。物质变化有量变与质变。量变变其位，质变变其性。物质、变化、空间、时间，四位一体，密不可分。

地球是太空中的一员。组成这一物体的所有成分不断变化其质与量。质与量的变化互相结合，密不可分：量变之中有质变，质变之中有量变，二者不能有一刻的分离。

人类历史的发展，随着气候与地形的变化而转移。地形随气候的变化而变化，气候随地形的变化而变化。地形地貌与气候、天气的变化，难分难解，总是辩证统一的。气候变化不能随意，它总是随着地球的公转与自转规律而变化的。一切物质都在变，大有大变，小有小变，整有整变，零有零变，这是牵一发而动全局的变。全体变化又随个体的变化而变化。无物不变，无时不变，无处不变。自然万物总在变化之中。宇宙中，如果没有物质变化，就难证明空间与时间的存在。

①本文 1987 年发表于《西安地质学院学报》第 1 期。

　　所以，"真空"不空，时间不断。在"真空"与时间中变化的物质永存永变。什么也没有的空间与什么都不变的时间是不存在的。没有无物质的空间，也没有物质不变的时间。存在就是不断地有物质的永远变动。总而言之，没有不变的物质，物质没有不变的空间与时间。

　　组成宇宙的物质总是在发展变化着。星球在变，地球在变，组成各个星球与地球的所有一切都在变，变是自然的特性。

　　宇宙中的一切物质变化，好似放电影，一片接一片，连续不断。电影只能代表各种事物变化的各个段落。变化着的巨大物体，都是极微细的分子组合而成。物质变化从最大的星球到个别的微粒，都是各种物的极细小分子组合而成。大的粒子分为微粒，微粒组成万物。大物有大分子，小物有小分子。小分子的组成更有比较微细的分子，最细微的电子与光子。光、电子的组成又是什么子，这是以后科学的发展和称谓了。所以宇宙之大，大无边界，宇宙之小，小无限制，到了无数质点。什么是其中心，无以断定。可以说，宇宙大到没有外缘，宇宙小到没有中心。无数中心等于就没有中心。我国古代哲学对于宇宙的认识，就是这样。"上下四方之谓宇"。上下四方实际就是环空发展，无边无际。"古往今来之谓宙"。古往今来，既无头，又无尾。这就是说，万物在空间和时间方面的变化是无边无际无头无尾的。

　　从宇宙到万物都在变。这就是中国先哲的"易"，"易"就是变化。一切事物，万变不离其宗。这个宗就是"变"，就是"易"。根本来说，万物无时无刻不在变化中，这就是"易"的哲理。

　　古人明"易"，我们也应明"易"。中国人明"易"，外国人也应明"易"。恩格斯的辩证唯物主义就是用"易"作解。辩证说的是，一切事物都在辩证地发展着。这就同中国的"易"有相似之处。"易"离不开物，物也离不开"易"。"易"就是变，变离不了物。所以说，辩证唯物主义与我国哲学中的"易"是合拍的。

　　物质变化既占空间，又占时间。没有空间，就没物质存在；没有时间，不会有物质变化。所有物质的不断发展变化，同中国的"易"是同样的。变化就是物质的特点，没有变易的特点，就不成其为物质。地球中的一切物质，永远变化发展着，没有时间停留。变化的物质总不能脱离空间与时间。物质要占空间，变化要有时间。没有空间，物质不能存在；没有时间，物质不能变化。时、空、物、变四位一体的道理，就在这里。

二、宇宙无真空，时间无间断

认识是自然变化的反映，它的变化随着物质变化而发展，它不能独立于自然变化之外。变化不能脱离物质，认识不能脱离变化，二者有密切的关系，绝对不能分离。因此，物质变化是精神变化的基础，精神变化是物质变化的行为。没有物质的不断变化，就不会有认识的发展。物质与变化并存，缺一不可。物质是存在的基础，变化是物质的行为。无物不变，无变非物。所有万物，无往不有，无处不变，无时不变。空间是物质存在的场所。时间包含物质变化的过程。因此，物质、变化、空间、时间，四位一体，密不可分。

太空中有个不断变化的地球，其中的每种动、植、矿物，都是地球的组成部分，可说是组成地球的分子。这种分子不是化学元素，而是在地球中不断变化之物的质、量、形、位的体现。各种岩石、矿物以至人类，都是组成地球的分子。个人则是人类的分子，这就是分子的综合解释。任何物种，都由各种不同分子所组成。

分子是在各种不同环境中发展变化而来的。在不同的地理环境中的万物发生变化，成为不同的物质，最高到了人类。它们都是随着地理、地质的变化发展所形成的。

地形与气候二者互相变来变去，它们总是在辩证发展。人类与地理的关系是不断地辩证发展着的。自然地理不断影响人类，人类行为也不断影响地理。

万物存在，时刻变化。有机物与无机物的存在，都以变化为基础，而且是互相交换的。它们不过是两种不同物质的变化交换。生物是通过生长繁殖来变化的，无机物则是通过气候变化而转变的。无机物的矿物随着气候转变，变化其本质，为生物提供生存的原料。无机物与有机物的变化是相互结合，也互相分离的。

气候变化有其规律性，它不能随意地转变。随着地球的公转与自转，而有四季之分与昼夜之别，又有寒温热带的不同，寒温热带还跟着地轴的倾斜有四季的变化。地球公转与自转则是地面的各种事物变化的共同因素。

一切物质都在变。有变化，才能有万物的发展。大有大变，小有小变，整有整变，零有零变。不论什么变化，都是牵一发而动全局的。整体中的任何一点变化，都能影响全局。没有明察秋毫的人们的神经系统，也难以认识变化的全面。这就是在这个弥漫的物质所占的空间之中与不断的时间之内，无物不变，无时不变。

物质变化随时转移。质变、量变、形变、位变，都密不可分。没有空间与时间，物质变化不能存在。没有物质变化，也不能说明所有被物质弥漫的空间与其所有变迁的时间。空间与时间都是无穷无尽的。物质、变化、空间、时间，四位一体的道理，就在这里。

宇宙之中，不存在纯粹无物的"真空"，也不存在绝无变化的"时间"。不存在没有物质变化的"真空"与"断时"，说明物质变化，无孔不入，无时不有。什么也没有的空间与什么也不变的时间，是没有的。自然界中，总有存在，总有变化，才能成为"万有"。"万有"是不断变化的物质的反映。

宇宙物质在太空中，根据成分与温度，有气态、液态与固态的变化，还应该有超气态与超固态物质的存在。超气态物质以外，有电子与光子，其实光子、电子又何尝不是物质存在的显示？超固态以外，还有黑洞。黑洞中存在着物质最密集的情况。光、电子以外与黑洞以外，是否还有什么物质的存在，还要看今后认识的发展了。

三、组成分子与结合力

地球内外所有的东西，都为大大小小的分子所组成，各种恒星则是宇宙的组成分子。把各种分子结合起来的力是必要的。如果没有这些结合力，物质就很难成其为物质了。有物质存在的结合力，才能把各种物质粒子结合到一起。所以物质存在的特点，一是物质的无数粒子，二是各个粒子之间的结合力。没有物质粒子，就没有东西来结合；没有结合力，所有物质粒子也不能结合在一起。物质的存在，一要靠有物质粒子，二要靠粒子之间的结合，二者缺一不可。

或大或小的物质粒子，大可大到星球，小可小到原子，或更大或更小。它们各有正负二极，构成物质的结合力。物质的正负二极以不同的强弱，互相结合。相似强弱的二极，结合成相似的物质；不同强弱的二极，组成不同的物质。由此形成了千差万别的不同物质。它们混合起来，组成各种相似的星球。星球都有类似的成分与共同的组合。

以矿物质组成的地壳可以分之又分，成为各种微细的粒子。大小与成分不同的粒子，各自分为二极。二极的反复相结合成为不同成分的物质。

　　各种粒子，都在不断运动中。小粒有小自转，大粒有大自转，小自转组成大自转，大自转套着小自转。大自转就是公转。在公转中，蕴藏自转，自转汇聚为公转，使自转一刻也不停留。物质与运动使运动着的物质的大小粒子变化不已（大变小，小变大），大小变化就是物质变化的二重性。用中国古代哲理来说，就是万物都分为阴阳二仪，变化不已，这就是"天行健，君子以自强不息"的合理解释。万物自力更生，不断变化的道理就在这里。

四、构造运动的斜向性

　　地球构造就是通过各种物质的大小粒子不断地聚合与分裂，分裂又聚合而来的。这种辩证发展既非先合后分，又非先分后合，总是又分又合地分裂不止、聚合不已；分了合，合了分，谁先谁后，永远说不清。

　　地质作用总在沉积形成与构造变化之中。没有岩石沉积，哪来构造运动？没有构造运动，也不能有岩石沉积。埋深不同的地层，有不同的构造运动。浅层变化以破裂为主，褶皱次之；埋深地层的构造运动，以流动为主，破裂次之。破裂构造与流动构造又因岩性不同，有所区别。脆性地层虽在深部，也可破裂；柔性地层如果埋深较浅，也能褶皱。褶皱与断裂又与地壳运动的快慢有关，运动快时柔性地层也发生破裂，运动慢时脆性地层也可褶皱。

　　地球自转时快时慢。小变化可短时为期，大变化可以千百万年为期，或可长到地质时期的多少亿年。

　　地球自转轴因地球自转的速度变化而有或快或慢的缩短。自转变快时，自转轴缩短得更快；自转变慢时，自转轴的缩短较慢。地球自转速度的变化影响地球物质，有从两极向赤道带的迁移，或由赤道向极区的迁移。反复迁移引起地壳运动。

　　地球自转由西向东，使地壳物质由西向东移动。由于其自转速度的时快时慢，物质由西向东的移动，又有变化，时而运动较快，时而移动较慢，当运动速度有变化时，物质自然或东迁或西移。所谓西移，并非真正的西移，而是运动较慢时，比起运动较快部分，假象地西移了。

　　地壳物质的南北运动或东西迁移，都会使其发生斜向运动，变为东北或西南的斜向，以及西北或东南的斜向。二种斜向运动互相结合，成为地质运动中的互补作用。北半球地壳的向西南或东南运动，南半球地壳的向西北或东北运动，都是这种互补的影响。不论深到什么程度，地层都有二种斜向运动。只是到了岩层变成流动的深层，弹塑性就变成流性的了，运动的二重性又要变的。

浅层的构造变动多破裂，深层多流动。越往深处，斜向破裂就越少，直到地幔以下，就变成完全流动的了。这是为什么上层多节理断层，深层多褶皱变质之缘故。如果变质与流动的地壳上升，节理断层就会又变多起来。古老地层由于反复多次的埋深与暴露，其构造就更复杂了。

地壳运动的水平方向，或南或北，或东或西；在垂向，或上或下，往往在构造方面不是真正的南北或真正的东西，也不是真正垂直的或水平的。固然，极少数构造是可以成东西、南北、垂直与水平的。因此，百分之九十以上的构造，多是斜向，把地壳构成许多拼合的斜方地块。斜方地块的切角就成了较小三角形，但斜方形地块是基本的。大斜方地块削去两个尖角，剩余的部分就成了多边形。层层切割，地壳就分成了许多更小的三角形、斜方形和多边形，而以斜方形为主。海洋多斜方形，大陆多三角形，这是因为破裂级别的关系。海洋大块的斜方以内，多三角构造；大陆三角之内，多斜方构造。地壳构造就这样，一级一级地分割成许多斜方形与三角形、多边形。

大陆的组成是三角陆块套着许多较小的斜方地块，斜方地块之中又分割成许多小三角地块及多边地块，等等。大洋则是在大斜方地块中套着许多较小三角，又在较小三角之中包有更小的斜方。但总的来说，斜方形地块是构造的基本。不论大陆上的构造或海洋中的构造，都是这样。

地壳构造似乎是静止的。这不过是暂时现象。实际上，随着时间变化，地壳是静中有动，动中有静，动与静的运动转变，永无休止。地壳在不断运动中，不同的相邻地带，总在地壳波浪状的发展中。波浪发展时的地壳各部，时上时下，时左时右，时前时后，变化不定，不过因为运动时间太长，看起来好像是平静的。但在构造方面，总有明显变化的现象，地质工作者往往捕捉一点二点，争论不休，其实只是看到地壳变动的某一部分，如果把它们综合地加以讨论，才可能得到更加全面的理解。

在地质构造研究中，只能看构造静止的一面，由这一面推测其历史变化的一面。能否从这一面捕捉到地质构造变化的实质，这是不容易的。

地表岩层在形成后，由于南北的及东西的反复变动，岩石受了挤压和张弛，破裂成斜方地块。地块不断下陷，不断接受沉积，越埋越深，在较深处的构造变化，因热的影响，斜方地块的斜角会越来越尖，在三角的二边变得接近平行时，就变质了。在超变质的过程中，塑性流动可以逐渐变为液化流动。所以地层在接近地表时有破裂，到深部，多变塑性，到很深处，就成流动的了。塑形变化的结果，在岩层中还可确定构造的方向性。当岩层埋深到了完全接近流动以后，等它反过来再上升到地表时，就显示出烟雾状构造，难以研究其原岩的运动方向了。太古岩层由于反复埋深，才有复杂构造。但是，岩石变化的总形势则是南北的和东西的，而构造形式则是东北与西南的斜向。地球自转速度时快时慢，不免使地壳时而多向赤道推动，时而多向两极转移。运动的总体，就变成东北－西南及西北－东南的破裂方向了。更由于地壳波浪运动，地壳时升时降，时南时北，时东时西，由于运动方向的综合，构造运动的方向不仅在平面上成斜向，剖面上也成了斜向。因为地面太大，我们搞地质调查的和构造研究的，往往只见到局部现象，在讨论中难免有所夸大，但构造的方向性，从全球来看，才能更清楚一些，大多是斜向的。

总之，构造斜向是地壳构造运动的共性。这是因为各种构造运动，互相结合与发展的结果，不能不是斜向的。流水垂直下切与水平环曲相结合的结果，使其剥蚀方向不能不斜。根据构造方向，流水右弯左拐，都成斜向。河流的垂向切割与正东正西的流动是极少的。全球大陆上的河流，大多数作斜向流动，把地形地貌切成斜向，这是根本原因。

五、结论

宇宙中存在的物质时刻在变。最大的星球与最小的光子总在变化着。它们以外，还有什么，这要看以后的科学发现了。

地球在宇宙之间，好像沧海一滴。这一比喻，可能把地球看得太大了。其实，宇宙之大，大无外；宇宙之小，小无内。

宇宙是各种大小颗粒的物质所组成。组合一切颗粒的范围有多大，它的组合力也有多大。大颗的结合有大力，微粒的结合有微力。物质不仅有结合力的聚拢，它还有扩散力的散开。结合力与扩散力相等。所有的空间与时间都弥漫着物质粒子，包括一切大粒小粒，这就是物质存在的共同规律性。

物质粒子的凝聚是吸力，扩散是张力。天体的凝聚与扩张、地球物质的凝聚与扩张，以及所有物质的凝聚与扩张都是这样。

地球与各天体都是物质颗粒所组成，还都是结合力所团聚，也还有分散力的扩张。地球的内内外外物质都是这样一缩一胀地变化着。地球物质总在变。地理描述的是地球上物质的目前组合。地质说的是地球内外物质变化的历史。没有地球历史的变化发展，就难有目前的地形地貌。地球上的物质随时随刻都在变，地质历史变到现在，就成了目前的地理状况。

地质变化是物质的结合与分离的物理的与化学的表现。不论多大的物质粒子集合体或多小的物质粒子，总是在结合中分离，分离中结合。各种物质，都是既分又合，既合又分，这就是地质与地理的辩证结合。它们也是现实的与历史的密切结合。

自然科学中的各门科学，都有辩证的理论。地学的发展最早，对于地质和地理现象描述了千百年，在自然辩证的理论方面，却落到后边。学理不少，个别看法很多。发展到现在，还是垂直运动与水平运动互不让步的辩论。实际上，构造方面的垂直运动脱离不了水平运动，水平运动也脱离不了垂直运动。运动的两种方向性要结合，结合起来的综合，总是斜向的。

从波浪状镶嵌构造学说观点看陕西①

张伯声　王　战

【摘要】 波浪状镶嵌构造学说萌芽于"天平式摆动"原理的发现，该原理是张伯声在秦岭及其南北两侧经过多年地质实践后提出的。地壳波浪的概念起源于对地块波浪的认识，后者又始于对秦岭造山带内"半地垒－半地堑"构造系列及其所具有的近等间距性的认识。再后，对地壳运动斜向性和周期性认识的深化，又缘于对陕西地震的研究。因此，陕西是波浪镶嵌学说的故乡。

　　中国构造网由北东向环太（平洋）构造活动带各分带与北西向特提斯构造活动带各分带交织而成，陕西即位于中国构造网的中央部位。由于属于环太构造活动带的燕辽－太行－龙门山构造带（Ct_4）和属于特提斯构造活动带的祁连－秦岭－大别构造带（Tt_4）的交织，陕西中南部形成了一个 X 形构造骨架，陕西境内的造山带及其分支全都位于这个骨架之上。这个构造骨架的中心是秦岭构造结（Tt_4Ct_4），其北为隶属于华北联合地块的陕甘宁地块（Tb_4Cb_4）之主体，其南为隶属于华南联合地块的扬子地块（Tb_3Cb_3）之西北一隅（汉南山块）。综观陕西各构造单元的特性，无不同华北、华南两大联合地壳块体的天平式摆动，以及从东南向西北方向传播的环太地壳波系和从西南向东北方向传播的特提斯地壳波系主导地位的周期性变更及其相互叠加、干涉有关。秦岭构造结因其具有两大波系的双重构造活动性，以及长期处于华北、华南地壳块体作天平式摆动的支点带上，因而具有很强的活动性与很复杂的构造。

　　陕西是波浪状镶嵌构造学说的发祥地。波浪状镶嵌构造学说是地壳镶嵌构造和地壳波浪状运动两者的有机结合。这两个概念都起源于相邻地块的"天平式摆动"，而"天平式摆动"规律，恰是张伯声在秦岭地带及其南北两侧地区多年地质实践过程中发现并提出的[1]。所以，完全有理由说，陕西是波浪镶嵌说的故乡。

　　最直观的地壳波浪是地块波浪，首先由张伯声发现于秦岭山区的构造地貌。这里

①本文 1989 年发表于《陕西地质》第 2 期。

是一系列北翘南倾的断条，由它们组成"半地垒－半地堑式"构造[2]。前人只叫作"块断山"，也算接触到了一部分本质性问题，但不够深入，缺乏精神。其精神就是它们排列的规律性：一侧翘起，向另一侧俯倾，具有大致的等间距性。这种精神表现出了地壳运动的波浪性这个实质性问题。所以，波浪镶嵌说赖以生长的土壤是秦岭。

到 70 年代，波浪镶嵌说强调了斜向构造的普遍性和连续性，以及正向构造的约略性和断续性；同时，在地壳水平运动和垂直运动的争论中提出了新的认识，即介于二者之间的斜向运动为最常见的地壳运动方式（当然，这种斜向运动不一定是倾斜的直线，而是时而以水平占优势、时而以垂直占优势的波状运动）。作者对斜向构造和斜向运动的重视，起源于 1976 年唐山大地震之后的"地震慌"。那时一些地震专家纷纷预言，下一个 8 级左右大地震将在陕西关中地区发生，有人还计算出了年、月、日。社会上更是人心惶惶、一片混乱。出于构造工作者的责任心，我们用了近 3 个月时间，研究了中国 3000 年历史强震震中跳迁的规律，提出了与众不同的相反意见[1]，对社会安定起了一定的积极作用，直到现在还有不少人津津乐道。但对我们来说，研究地震活动规律，帮助我们认识了斜向构造的普遍性。这真是给学说的发展帮了大忙。眼光敏锐一点的同行会发现，我们对中国构造格局的划分，在 1976 年以后，显然更加突出了斜向构造[3]。此外，还有个地壳运动周期性问题，也是由研究陕西地震开始的。所以，该学说的重要进展，都同陕西这片黄土地息息相关。

虽然波浪镶嵌学说萌芽于陕西，成长于陕西，发展于陕西，但在其基本成型之后，较多地论述了全球及中国等大区域的构造特征，同时也做了些局部范围的较详工作，而对陕西这块宝地再未做过较系统的论述。作者早想编制一幅 1：50 万陕西省波浪状镶嵌构造图，一直受种种条件的限制而未如愿。作为喝了数十年泾、渭、洛、汉之水的我们，确也有点愧对三秦父老。现借《陕西地质》上有限的篇幅，将该学说对陕西地质构造背景及其特征的最新认识概述于后，与陕西地质界同仁共勉。

波浪状镶嵌构造学说认为，中国的地质构造特征，主要表现为北东向的环太平洋构造活动带各分带，同北西向的特提斯构造活动带各分带的交织，其结果编织成斜方网格状的中国构造网。构造网上任何部位，均兼具环太平洋和特提斯构

①西北大学地质系中国区域地质研究组（张伯声、王战），1976，地震同地壳波浪状镶嵌构造关系初探——兼论陕西地震趋势。西北大学印刷厂印刷。

造的双重性。构造带与构造带的交织形成构造结，是构造活动强烈部位；地块带与地块带的交织，形成构造网眼，称为地块，是构造活动缓和部位；构造带与地块带的交织，则显示出构造带的单一优势构造方向，形成构造网线，称为构造段，其构造活动性介于地块和构造结之间[①]。

陕西位于中国构造网的中部，为环太平洋构造活动带的三条分带——（自东南向西北排）渤海－川滇地块带（Cb_3）、燕辽－太行－龙门山构造带（Ct_4）、松嫩－陕甘宁地块带（Cb_4），同特提斯构造活动带的三条分带——（自西南向东北排）柴达木－四川地块带（Tb_3）、祁连－秦岭－大别构造带（Tt_4）、准噶尔－河淮地块带（Tb_4）的交织部位（图1）。其结果是形成秦岭构造结（Tt_4Ct_4），呈东西延长的菱形，横亘于本省中南部；由秦岭构造结向东北延为沁汾构造段（Tb_4Ct_4）；向西北延为陇山构造段（Tt_4Cb_4），但它们均只在本省边部掠过；向西南延为龙门山构造段（Tb_3Ct_4），它在本省只占一个小三角形（勉略宁山块）；向东南延伸形成东秦岭－大别构造段（Tt_4Cb_3），在本省的分量较大，占该构造段 1/3 以上。上述 5 个构造单元，形成一个南北压扁了的 X 形构造骨架，其北有陕甘宁地块（Tb_4Cb_4），大部在本省；其南有扬子地块（Tb_3Cb_3），本省只有该地块的最北一角。

秦岭构造结包括秦岭主脉的大部分，及其北邻渭河地堑的中南部。这是本省构造活动性最强、也最复杂的构造单元。它从太古宙起，便因其处于华南与华北地壳作天平式摆动的支点带上（甚至可能是位于南、北两个半球性壳块作驻波运动的波节带上），而具有很强的构造活动性；此后，它交替地受到环太平洋和特提斯两个系统地壳波浪的多次冲击，叠加了多次构造运动的印记，因而这里的变质程度普遍较高，一些地段出现混合岩化、花岗岩化乃至岩浆化。花岗岩化多数发生于太古宇及下中元古界发育地段，岩浆化多发生于这些地段的中部，以及同南侧地壳块体（古扬子壳，现多为古生界－三叠系分布区）相互强烈挤压的部位。喜马拉雅运动以来，主要是张、压作用相间而造成的半地垒－半地堑（盆地－山岭）式地块波浪。渭河地堑南侧同秦岭北侧主峰间的差异升降可达上万米，迄今新构造运动仍很强烈。该构造结内的内生矿化作用强烈，但主要发育在古生代裂陷带及变质作用尚未达混合岩化程度的区段。

---

①张伯声等，1986，中国地壳波浪状镶嵌构造的基本特征（1∶400 万中国地壳波浪状镶嵌构造图说明书）。

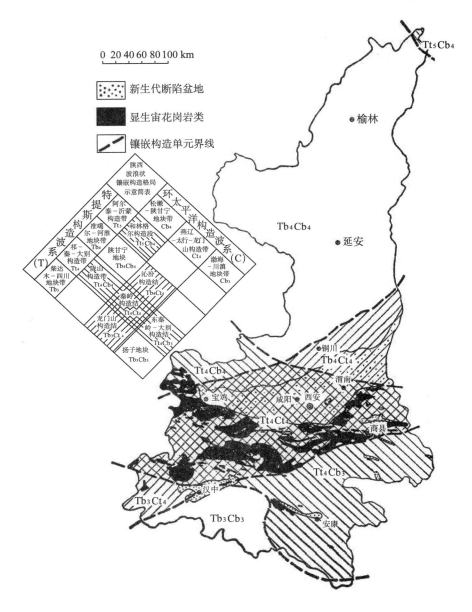

图 1　陕西波浪状镶嵌构造格局

　　陕甘宁地块构造活动性较弱,在太古宇基底上发育了同华北联合地块基本一致的盖层。石炭－二叠纪地块东缘具良好成煤环境,中生代由于是一个大型内陆湖盆而利于生油。上三叠统以巨厚及沉积快速而闻名,这也可作为中国地壳非地台性的旁证之一。第四纪以来风运水积的巨厚黄土，也是地块上一大特色。该地块基底坚固，整体性强，受环太及特提斯两大波系影响而作周期性的左旋与右旋交替运动，并对地块周边新生代盆地的形成及地震活动性有重要制约作用。

扬子地块西北角的汉南山块，多半位于本省。它具有一套同华南联合地块基本一致的震旦－三叠纪沉积地层，其基底为元古宙汉南花岗岩及部分元古宇。汉南山块西北缘和东缘，分别以长期活动的断裂同西秦岭南缘和北大巴山相接触，因其多次作左旋和右旋反复扭动[4]，而对不同构造期的内生矿产造成有利通道。

东秦岭－大别构造段，出露于本省者为东秦岭的主体。它又可分为南、北两部分：北部为太古－元古优地向斜褶皱带，上叠早古生代裂陷褶皱带；南部为震旦－加里东优、冒地向斜褶皱束，上叠海西－印支优、冒地向斜褶皱束。南北两部的界限，现今地表表现大约为沙河湾－丹凤－商南断裂带。这个带也有可能拓宽到南边的凤镇－山阳－银花断裂。它在地史早期起着华北、华南两大地块作天平式摆动的支点带作用。其后，构造带向南、北两侧分散。但由于华北地壳成熟度较高，北部只在太古宙和元古宙表现为典型的地槽性质，到古生代则表现为裂陷槽（南有丹凤裂陷，北有云架山裂陷，更北乃有陶湾裂陷）；而华南地壳成熟度较低，故南部在整个古生代仍为地槽性质，直到印支运动才完成陆壳演化而褶皱成山，并同华北地壳块体弥合。此后，在燕山期和喜山期又经受了周期性的拉张与挤压[1]，形成盆地－山岭构造地貌。本构造段矿产同各时期地槽与裂陷的发育史相联系。

以上粗略认识，既有作者的一贯思想，也有近几年来西安地质学院地质构造研究所全体同志在秦巴地区地质实践中得来的新认识。原来地质实践所得到的理论，指导了后来的地质实践；后来的地质实践，又反转过来丰富、改造和发展了理论。这正是自然的辩证，也是伟大的马克思主义者毛泽东同志在其不朽哲学名著《实践论》中早已论述了的人类认识过程。可以预料得到，波浪状镶嵌构造学说，今后还要在指导地质实践的过程中接受检验和改造，从而也使其自身更向客观存在的真理迈进一步。

诚望地质界，尤其陕西地质界同仁指正。

---

①张伯声等，1988，东秦岭地区地壳的波浪状构造演化（地矿部"七五"重点攻关项目：秦巴地区重大基础地质问题和主要矿产成矿规律研究，ⅡC-1课题）。

参考文献

〔1〕 张伯声. 从陕西大地构造单位的划分提出一种有关大地构造发展的看法. 西北大学学报, 1959 年第 2 期

〔2〕 张伯声. 在块断构造的基础上说明秦岭两侧河流的发育. 地质学报, 1964 年第 4 期

〔3〕 张伯声. 中国地壳的波浪状镶嵌构造. 科学出版社, 1980

〔4〕 王战. 四川地块的扭动与翘倾运动——探讨扭动同吊筛式摆动的关系. 西安地质学院学报, 1987 年第 1 期

地壳波浪状镶嵌构造学说撮要[①]

张伯声　王　战

【摘要】本文阐发了波浪状镶嵌构造学说的要义。在对学说的创立和发展做了简要回顾之后，着重阐述了学说发展的现状，并对其今后发展的广阔前景，以及有待解决的问题，也进行了概略讨论。

20 多年来，地质学的发展呈加速趋势，新发现、新模式层出不穷。在新的形势下，有些原有构造学派对其观点做了比较大的修改，以适应发展了的时代。一些朋友关心波浪状镶嵌构造学说，并希望也能有一个较大的发展。现乘喜迎西安地质学院建校 40 周年庆典之东风，借我院学报几幅版面，重申波浪镶嵌学说的基本观点，并将其在 80 年代以来的最新进展加以扼要而系统的阐明，看来是十分必要的。

一、什么是波浪状镶嵌构造

波浪状镶嵌构造学说认为，整个地壳（乃至整个岩石圈）的构造是由大大小小的地壳块体和大大小小的活动带镶嵌而成的复杂构造图案，这就是地壳（或整个岩石圈，下同）的镶嵌构造；同一级别的活动带与地块带相间分布，地貌上显示峰－谷起伏，构造上显示疏－密相间，并具有近等间距性，这样的构造就是波浪状构造；全球地壳表现为几个系统从大到小一级套一级的活动带与地块带的定向排列，因而在几个方向上表现出一级套一级的波浪状构造；地壳几个系统从宏观到微观，级级相套的这种地壳波浪状构造的交织与叠加，形成十分复杂，但却有一定规律的镶嵌构造格局，这就是地壳的波浪状镶嵌构造。

---

①本文 1993 年发表于《西安地质学院学报》第 4 期。

二、波浪状镶嵌构造说的形成与发展

张伯声根据自己多年的地质实践, 尤其是 1958 年领导西北大学地质系一批教师及原 "西北地质研究所" (即现 "西安地质矿产研究所") 几个青年, 在编制第一个世代的五十万分之一《陕西省地质图》过程中, 他认真分析了华北、华南及夹于二者之间的秦岭构造带地质发展异同之后, 提出了 "天平式运动" 原理。按照这一原理, 大凡大小近似 (同一级别) 的相邻两个地壳块体, 在其发展的各个地史时期内, 都以它们之间所夹的构造活动带为支点带, 作天平式的起伏摆动, 支点带本身也与之同时做激烈的波状运动。张伯声一开始就强调了这种 "天平式运动" (1974 年后改称 "天平式摆动"), 无论在全国还是全世界, 都具有普遍意义。

1962 年, 张伯声根据第二次大世界战后, 国际地学界在研究全球构造 (尤其是大洋区构造) 方面的最新进展, 提出了 "镶嵌的地壳" 的观点, 认为整个地壳是由大大小小不同级别的构造活动带, 将其分割为大大小小不同级别的地壳块体, 然后再把它们焊接 (或镶嵌) 起来的构造, 并称之为地壳的镶嵌构造。

1964 ～ 1965 年, 张伯声为了解决镶嵌构造的形成机制问题, 而把地壳镶嵌构造同相邻地块的天平式摆动统一起来考虑, 引伸出地块波浪, 进而建立了地壳波浪运动的概念, 并指出全球地壳存在四大波浪系统 (北冰洋 – 南极洲波系, 太平洋 – 欧非波系, 印度洋 – 北美波系, 南大西洋 – 西伯利亚波系)。这一观念是 "地球四面体理论" 在科学发展形势下的全面更新与发展。"地球四面体理论" 是上世纪中叶以后发展起来的一种地学理论模型, 属于 "收缩说" (冷缩说) 派生出来的一种地球构造动力学假说。该假说认为, 地球的演化由于其体积不断收缩, 而呈由球体逐步向四面体过渡的趋势, 从而地球表面大陆与大洋的分布, 呈四面体四个顶角和四个面心的两两对跖关系。该假说 19 世纪中后期曾在西欧流行一时, 直到本世纪初, 四面体理论随着收缩说的日渐衰落而被科学界多数人所冷落。之后, 虽仍有少数人断续提及, 并用来解释某些地质现象, 但终因多无新意而再未引起重视。张伯声则从根本上改造了原有的四面体理论, 将其从收缩说的营垒中解脱出来, 纳入到脉动说的范畴, 使一个原本不断作单向收缩的理论一改故辙, 成为强调地球进行交替性的收缩与膨胀, 而以收缩为其主要趋势, 从而不断激发

地壳四大波系传播与交织的新理论。由于这一新理论除了保留"球体收缩时有向四面体过渡的趋势"这一根本属性外,其他方面均已同原四面体理论相去甚远,故后来被称之为"新四面体理论",以同原有的"地球四面体理论"相区别。

1974年以来,张伯声和王战注意到了由于地球脉动所派生的地球自转速率变更而形成的构造,尤其是斜向X型共轭破裂网络对地壳波浪状镶嵌格局的重要影响,特别强调了地质构造的近等间距性及其级级相套性,以及在找矿和地震研究方面的意义。在此基础上,"中国波浪状镶嵌构造网"(张伯声,汤锡元,1975)和"构造编织"(张伯声,吴文奎,1982)的概念也相继提出。

1983年,张伯声和王战指出了地球演化所表现出10亿年的阶段性及20亿年的大周期,以及2亿年的基本构造周期和一级套一级的更小、更更小的周期性。由此,形成了地球(壳)波浪式演化与地壳波浪状构造相统一的时空观。

三、波浪状镶嵌构造说发展现状

波浪状镶嵌构造说近10年来有突破性发展,而驻波运动的引进,可以被认为是这种突破的契机。

1983年,王战向郝家璋表述了相邻地块的天平式摆动具有"驻波运动"性质,并认为支点带部位相当于驻波的"波节",地块部位相当于驻波的"波腹"。郝家璋同意,并进而大大拓展了驻波运动在地壳波浪构造研究中的意义。

郝家璋等(1984,1986)系统论述了全球地壳的驻波运动,即地球在脉动过程中,表现为正四面体和负四面体的反复转换(设北极处于顶角部位为正四面体,处于面心部位为负四面体),并用其对全球性重大地质事件做了尝试性的解释。但郝氏所强调的地壳驻波运动是单一级别的,且认为正、负四面体的变换与地磁极性倒转同步,这同已知地史时期磁场反转事件表现出的不均匀性相悖;且他所强调的地球波动膨胀趋势,也离开了四面体理论的基本原理。然而,由郝氏所开拓的用地球整体驻波运动规律,探讨地质构造发展演化的思路与方法,在推动波浪镶嵌学说发展方面所起的作用和意义,无论怎样估量都不算过分。

王战(1988,1990)对郝家璋建立的地壳驻波运动模型做了重要修正,并根据波浪运动的一般原理,指出这种驻波运动是多级的,从而建立了"地球多级驻波脉动理论模型"。由于这一新模型的建立,使波浪镶嵌学说对于近20年来国际地球科学领域的一系列重要进展，以及涉及地球演化的多种重大地质事件，基本上可以作出较为合理的解释。

经过 80 年代的长足进步，该学说发展到今天，其主要观点似可作如下概括：

地球在其演化过程中，进行着周期性的收缩与膨胀相结合，而以收缩为主要趋势的脉动；这种脉动是大周期中套有次级、更次级小周期的驻波运动，因而地球的演化呈现出"准球体→负准四面体→准球体→正准四面体→…"的反复变换，从而周期性地激发全球四大地壳波浪系统的活动，使全球造山带的分布具有规律性，造山运动具有旋回（周期）性；脉动又导致自转速率的周期性变更，从而产生全球表面的 X 型共轭构造网络，这种斜向交织的构造网叠加于四大地壳波系之上，使全球地壳形成以斜向为主的波浪状镶嵌构造格局；由于地壳波浪的级级相套，从而导致它们相互交织、叠加后，形成的镶嵌构造也级级相套，即高一级的地壳块体可分为次一级的活动带和次一级的块体，高一级的活动带内也包含着许多次一级的活动带及许多小型地壳块体。全球第一级的镶嵌构造，是环太平洋、特提斯两个环球性活动带与劳亚、冈瓦纳、太平洋三个壳块的镶嵌，而那些最低级别的镶嵌构造，则见于显微镜下或高倍电子显微镜下。构造活动带、地震带、岩浆带、沉积带、变质带及各类成矿带等不同地史时期的地质构造现象，在空间分布上的近等间距性及其级级相套性，以及它们相互间的交织、叠加和干涉等特征，都是石化了的地壳波浪遗迹。波浪镶嵌学说还认为，地球的多级驻波式脉动，是大陆起源和演化的根本驱动机制，因而也是多数全球性重大地质事件的共同起因。例如，全球早期陆核的分布特征，恰恰反映了第一代和第二代准四面体（分别为负、正准四面体）的顶点所在位置；北大陆地壳成熟度普遍高于南大陆，恰是它们属于不同世代的有力证明；南极洲和北冰洋的对跖性，表明地壳演化进程中的先在性对后期地表形态的影响；全球性海侵事件多与冷事件近乎同时，是准球体阶段的产物，此时洋－陆地貌差异减小，地球因膨胀而吸热；全球性海退事件、热事件，以及造山运动、推覆构造等近于同时，是准四面体（无论正、负）阶段的产物，此时洋－陆地貌差异扩大，水平挤压力增大，地球因收缩而放热；正、负准四面体的变换，又导致了全球裂谷系作半球规模的周期性转换，以及次一级海水进退的半球性变更；地磁极性呈"多变－不变（正向）－多变－不变（反向）"的阶段性反复，恰是地球演化的驻波运动模式"准球体－负准四面体－准球体－正准四面体"形态转换，对外核液态电离层形态的制约而导致的磁效应；磁极在准球体阶段的多变，是次级驻波运动所造成的次级正、负准四面体反复变更的结果，因为磁极反复多变阶段的磁场强度，一般均小于磁极持续长期不变阶段的磁场强度。

波浪镶嵌学说强调中国地壳的活动性（非地台性），认为中国恰恰处于环球两大构造活动带（环太平洋与特提斯）在东亚的 T 字型接头地区，北东向的环太平洋构造活动带各分带，同北西向的特提斯构造活动带各分带的交织，其结果是编织成斜方网格状的中国构造网。该构造网上的任何部位，均兼具环太平洋和特提斯构造的双重特征。构造活动带的分带，根据其构造的相对活动程度，分成构造带和地块带，二者相间排列，近等间距分布，可以认为是一种沿水平方向传播的地壳纵波（疏密波）。构造带与构造带的交织形成构造结，是构造活动强烈部位；地块带与地块带的交织形成构造网眼，称为地块，是构造活动性相对和缓的部位，具有山间地块性质；构造带与地块带的交织，则显示出构造带的单一优势构造方向，形成构造网线，称为构造段，其构造活动性一般介于地块和构造结之间。中国构造网不同部位的上述构造特征，也就决定了不同部位的成矿特征：内生矿产多分布于构造结；外生矿产多分布于地块和构造段，其中油气资源又多分布于地块之中，煤炭及沉积成因的铁铝锰磷等多分布于构造段及地块边缘；同内生、外生作用均有成因联系的夕卡岩矿床等，则多分布于构造段，并受其内潜在同构造段优势构造呈互补构造关系的次级构造叠加作用的控制。按照波浪状镶嵌构造学说的划分（1986），中国地壳在中国构造网中共占有 159 个基本镶嵌构造单元，其中构造结 43 个，地块 38 个，环太平洋构造段 40 个，特提斯构造段 38 个。该学说还认为，由于从东南向西北传播的环太平洋构造波浪和从西南向东北传播的特提斯构造波浪，在亚洲大陆中东部相遇后相互间所产生的干涉作用，形成了一条北起西伯利亚中部，南至印支半岛，蜿蜒曲折纵贯亚洲大陆的构造活动性相当强烈的地带，称为"东亚镜像反映中轴带"。该带同地震活动及矿产分布均有较密切的关系，是中国大陆地壳内不容忽视的一条活动带。

四、展望波浪状镶嵌构造说的前景

波浪状镶嵌构造说在其创立以来的 30 多年间，已经得到了很大的发展。在全国各个省、市、自治区（包括台湾省在内），都有部分地质学者从事该学说的理论研究及实践探索；在众多地学同仁的热心支持下，波浪镶嵌说已跻身于我国为数不多的著名构造地质学派行列，发挥着它愈来愈明显的作用。

但我们必须对已做工作有清醒的认识和正确的估价，要看到不足，找出同国际地球科学先进水平间的差距，以利今后改进。虽然在学说建立之初，我们就立足于对全球构造的系统论分析，但在其后较长一段时期内，对中国大陆地壳内部的波浪状构造特征及其演化研究较多，而在大陆边缘和洋－陆界面附近的研究显得十分薄弱，模拟实验及定量化研究也较少，对于地壳以下深部构造特征的认识也还有待深入。

然而，要弥补这些差距以赶上甚至超过世界先进水平，并非太困难的事，只要坚持不懈地努力，目的就能达到。该学说当前最有利的条件，就是在80年代中后期，建立起了地球的多级驻波脉动理论模型，全面涉及了地球演化的一系列重大问题。我们自认为，已经初步触摸到了地球发展演化的脉搏，尽管认识还十分浅薄。不难预料，该学说沿着这个方向发展下去，对这些重大问题的研究必将得到深化，也有可能会很快得到部分的解决。今后10～20年间，波浪镶嵌学说很可能在下述方面取得重要进展：

（1）上地幔的波动；

（2）地球的多级驻波脉动在各圈层的形成与演化方面的表现；

（3）拉张构造与压缩构造在时间与空间上的波动式变换；

（4）地球多级驻波脉动同地磁极性倒转现象的必然联系细节；

（5）地史时期全球气候变迁或波动的细节及其同全球性海侵－海退、造山及岩浆事件相耦合的程度；

（6）地球化学旋回同成矿作用的时空波动规律；

（7）地球演化进程中灾变事件的周期性及其同更大天体的波动式演化关系。

国际地科联及其下属机构，20多年来组织世界各国地学家们进行了一项又一项的众多全球性研究计划，大大推动了地质学的进展。尤其值得注意的是，现正进行的"全球沉积计划"，将在本世纪结束之前取得一系列重要成果，这必然会对波浪镶嵌学说在上述7个方面研究中的大部分有所助益。

人类更全面地认识地球历史，更大限度地利用和改造地球的新世纪，就要到来了。为迎接这个伟大的时代，波浪镶嵌说研究者将做出自已应有的贡献。

参考文献

〔1〕 张伯声. 从陕西大地构造单位的划分提出一种有关大地构造发展的看法. 西北大学学报，1959 年第 2 期

〔2〕 张伯声. 镶嵌的地壳. 地质学报，1962 年第 3 期

〔3〕 张伯声. 从镶嵌构造观点说明中国大地构造的基本特征. 见：中国大地构造问题. 科学出版社，1965

〔4〕 张伯声. 中国大地构造的基本特征与镶嵌构造形成的机制. 地质学报，1966 年第 1 期

〔5〕 张伯声，王 战. 中国的镶嵌构造与地壳波浪运动. 西北大学学报，1974 年第 1 期

〔6〕 张伯声，汤锡元. 鄂尔多斯地块及其四周的镶嵌构造与波浪运动. 西北大学学报，1975 年第 3 期

〔7〕 张伯声，王 战. 中国镶嵌地块的波浪构造. 见：国际交流地质学术论文集（1）. 地质出版社，1978

〔8〕 张伯声，王 战. 地壳的波浪状镶嵌构造与地震. 西北地震学报，1980 年第 2 期

〔9〕 张伯声，王 战. 中国地壳的波浪运动及其起因与效应. 见：国外交流地质学术论文集（1）. 地质出版社，1980

〔10〕 张伯声. 中国地壳的波浪状镶嵌构造. 科学出版社，1980

附　录

张伯声主要《序》文

《陕西省志·地震志》

序

中国位于环球两个最宏伟的构造活动带之交织部位，地质历史中之构造运动频频发生，新构造运动尤为强烈。地震乃新构造运动在人类历史时期的重要表征之一，中华大地历史地震之频度和强度自不待言。地震屡屡给人类带来重大灾害，造成威胁，因而人们为寻求地震成因、地震规律而进行的探索一直没有停止过，从而也促进了人类文明的发展。这种探求，最初常常表现为宗教的唯神论，特别是最高统治者历来多把地震作为天神的一种告诫，从而令史官将其如实地记载下来，以求总结历史之经验教训。中华乃世界四大文明古国之一，其文字历史悠久。于是，从古人的唯神论行动，到留给今人的这笔唯物财富，这也许可以算做自然辩证之一例吧！

陕西是中华文明的摇篮之一，其先期的历史记载几乎与中华民族之早期历史等驾齐驱，其地震记载之源远流长恐再无第二个省份可相伯仲。《陕西省志·地震志》的重要意义，由此而自不难想见。

本志书的长处远不止于此。它决不仅仅是有史以来陕西发生的诸多地震现象 的 记录。更对地学工作者在陕西这片土地上含辛茹苦地进行地震科学研究的曲折历程和光辉成果有着较全面地记载，其中既有成功的经验，也有失败的教训。

写到这里，我不禁想起了1976年下半年到1977年上半年陕西乃至全国不少 地 方 闹"地震荒"之事。由于唐山地震伤员来陕后对大地震可怕情景的回顾与渲染，更由于接踵而至的松潘地震对陕连续二次有感的波及，一时间人心惶惶，生产停顿，成千上万的人露宿街头。后来又因搭防震棚以及由此而导致的次生灾害，所造成的损失不可胜记。为此我感到，在全国地震表现异常活跃的情况下，身为长期在陕西工作的地学工作者，有责任对陕西的地震形势闹个清楚。于是我和王战同志动手分析了陕西有史以来的全部4.7级以上地震的时空迁移规律，并将其纳入各个时期全国大的地震活动背景中去研究。经过两个多月的奋斗，终于按照波浪运动观点提出了对陕西（主要是关中这个地震多发区）发震趋势的看法，阐发了我们对陕西地震活动周期长以及必待全国北东、北西这两组斜向传播的地壳波浪在陕西的交织才会使关中地震活跃的结论。

地震属于地球的构造运动，有其波浪性。波浪性之表现，其一在于时间上 的 周 期性，其二在于空间上的等距性。时间上的周期性由大到小，级级相套。空间上的等距性也是由大到小，级级相套。大地震有大的周期，大的间距；小震呈小的周期，小 的 间距。丁国瑜和李永善二同志曾研究过全国的斜向构造网络。这种斜向网络对陕西照样实用，这也就是我们所强调的中国波浪状镶嵌构造网。地震是当今的构造运动，当然受到先期已形成的构造带的制约且基本相符合，但有时也稍有偏离。地震活动是波浪运动，既有前述时 —— 空等间距性的规律，又有两组（甚至多组）波浪在传播过程中所造成的各种效应（如干涉）。陕西大震活动的特长周期很可能是两组波浪的干涉现象。

本志书以类系事，篇章节目层层相辖，井然有条，所录资料不仅做到了一个"博"字，而且做到了一个"实"字，编者在茫若云海的资料堆中做了大量去伪存真的工作，在设身处地为读者着想、踏踏实实为读者服务方面做出了重要贡献。笔者作为本志书正式出版前的第一批读者之一，我真诚地感谢主编、编者们以及其他众多为本志书做了有益工作的人！

地球的构造运动永无止息，地震还要继续不断地发生，这就是古人说的"自强不息"。所以，我们人类也要不断地总结经验，在前人基础上有所发现，更多地掌握自然规律，这属于人类自身的"自强不息"。《陕西省志·地震志》正是这两个"自强不息"的真实写照，相信它一定会对后事、后人有所启迪。

愿读者能从本质上去认识本书的真正价值！

　　　　　　　　　　　　　　　　　　　　　　张伯声
　　　　　　　　　　　　　　　　　　　　　　1988年5月23日
　　　　　　　　　　　　　　　　　　　　八十五周龄写于西安

《西安市地震志》

序

　　西安乃中国六大古都中建都朝代最多、历时最长的一个，因而又是世界四大历史名城之一。古城西安及其附近的古文化遗址、名胜古迹早已饮誉中外。中华民族的历代祖先在西安这片黄土地上，留下了他们所创造出的最精采、最动人的文化艺术珍品，这些都已成为中华民族乃至全人类引以为荣的宝贵遗产。然而，也许有人还不知道，古长安人在对大自然的记述和奇异自然现象的探寻方面，也毫无愧色。三年前，我在为《陕西省志·地震志》所作的序言中曾写道："陕西是中华文明的摇篮之一，其先期的历史记载几乎与中华民族之早期历史等驾齐驱，其地震记载之源远流长恐再无第二个省份可相伯仲。《陕西省志·地震志》的重要意义，由此而自不难想见。"如果把这段话照搬过来用于《西安市地震志》，我想会更恰如其分。因为，西安恰恰位于这个文明摇篮的中心，那些以愚公移山精神百代相继而无间断地记载地震史实的学者正是古长安人。

　　现今的西安市辖七区六县，人称是"关中的白菜心"。可见其地势之优良及其在政治、经济、文化、交通诸方面的重要性。搞好西安市辖区内的地震地质、历史地震及地震趋势研究，其意义十分重要。除此之外，作为一个构造地质研究者，我还认为西安在中国的地质构造格局中占有着极其重要的位置。中国的地质构造，至少明显表现出两个方向的构造带的X型网贯交织，即北北东及北东向的环太平洋构造带的诸分带与北西西及北西向的特提斯构造带诸分带的斜向交叉，其结果形成了一个大斜方形的"中国构造网"，内中包含了许多小斜方形的网眼地块（盆地、平原、高原等）。在这个大斜方形的网状构造框架上，其东南边框（台湾山）和西南边框（喜马拉雅山）是当今构造极为活动的地带。在中国大陆内部，以北西西方向的天山—祁秦—大别山构造带和北北东方向的燕辽—太行—龙门山构造带最为醒目。二者无论在地质历史时期，也无论在晚近地质时期及现代，都实属中国大陆内部较为活动的地带。二者作X型交织的交叉点，形成"秦岭构造结"（包括东秦岭中段的主体部分及渭河地堑大部分地域）。由此可知，西安地区正是处于"触一发而动千钧"的中国大陆中心地区的构造关键部位。这也正是为什么1556年1月23日的华县大地震的破坏作用和影响范围大得出奇的构造原因。

　　不过，自然界的事物总有其两面性。人们往往只看到了关中和西安地区可触发大地震的危险性一面，固而致使解放后多年来西安不敢建筑高楼大厦；人们却没有看到关中及西安地区强震活动的特长周期。有时，进行某项科研工作也是形势所逼。在1976年唐山大地震之后，全国许多地区曾一度染上"地震慌"，西安则更由于接踵而来的松潘地震连续的有感波及而使慌情达到高潮。这一高潮又因省、市有关部门的短期地震误报而持续了长达半年之久。本地震志对这些教训进行了较详细而认真的总结，实录了在此过程中所导致的巨大经济损失。在松潘地震之后，作为一名长期在西安工作的构造地质工作者，我觉得有责任对关中，尤其是西安地区的地震形势作出较为客观的判断。当时的紧张形势和责任心促使我和我的学生王战一起动手分析了关中、陕西乃至全国相关地区有史以来的全部4.7级以上地震的时空迁移状况，并按照我们对中国斜方构造格局的认识，将其按阶段地纳入到北东向和北西向两组构造活动带的背景中去研究。经过两个多月的日夜奋战，终于按照我们的地壳波浪状镶嵌构造观点提出了对陕西（主要是关中，尤其是西安地区）发震趋势的看法，阐发了我们对关中强（或中强）地震活动的650—800年（平均约700余年）的特长周期以及关中地震活跃期到来的必要区域地震活动背景条件——必待中国大陆北东、北西这两组斜向传播的地壳波浪活跃的前锋同时到达关中地区时（两组地壳波浪的叠加）才会使关中地震活跃的结论。在1966—1976年间的强与中强地震震中，均集中在北东向的燕辽—太行—龙门山构造带上及其附近，而北西向的天山—祁秦—大别山构造带则基本上尚无趋于活动的迹象。这正是我们坚定地认为西安乃至关中地区在相当一段时期内尚无大地震危险的科学依据。我们的文章当时无处发表，只能印成小册子在很局限的范围内散发。在1976年10月至1977年3月间，我和王战曾应一些大单位之邀，断续做过14场学术报告，总算把我们的研究思路、科学依据及结论抛向了社会，据说在当时"地震慌"的大气候中确也给古城西安带来了一点镇定。

我们还认为，有幸在西安地区从事地震测报工作的同志们，实在是在为子孙后代积累极为宝贵的科学资料。随着年复一年的日积月累，不但可以更精确地知道西安地区大、中、小、微地震发生及传播、迁移的时、空规律及其各种前兆，而且可以弄清一些前兆异常同全国其它地区大、中地震的关系。从地质构造的特殊地位考虑，1976年下半年至1977年上半年西安地区地电阻率的特大异常事件，难道不会是对中国大陆总体地震活动性状的一种显示吗？西安这块宝地在中国地震测报工作方面的重要地位必将会被引起重视，全国只需不多的监测中心便可统览全局的时代为期不远了。

本志书的编者们并不满足于将搜集来的历史记载只是进行简单的编排，而是作为一项地震科学研究，进行了大量艰苦细致的去伪存真工作，为以后的研究者增加了许多的便利。我虽年迈而在今后已无力再事地震研究，但可以代替中青年地震、地质以及其他地学研究者和爱好者向编者表示诚挚谢意！

本书还对西安地区的地震构造以及70年代以来西安市的地震监测、地震科研、地震对策和地震事业机构的萌芽与成长过程进行了如实的记述，简明扼要、条理清楚，实为一册上好的地方地震志书。笔者有幸作为本书脱稿之后的第一个读者，再次对谢正章局长和主编罗伯发以及诸位编者的认真求实精神和辛勤劳动表示极大的钦佩和感激！

1990年12月22日

《东秦岭波浪状构造演化》

序

　　用波浪状镶嵌构造学说的理论对秦岭的地质构造系统地总结一下,是我多年的夙愿.现在,《东秦岭波浪状构造演化》一书终于问世了,使我不胜兴奋.由于自然辩证法规律的制约,现今我主要是在家里看点书和写点即感之类的东西.在地质构造学的研究方面,我寄希望于我的学生们.他们正年富力强,学习和研究也都十分努力,这些年来,通过在秦岭和在全国其它地方的认真工作,取得了不少可喜的成绩,使认识向前跨进了一大步,也把"波浪状镶嵌构造说"向前推进了一大步.近十年来,我在学生们的簇拥之下又到秦岭里边去了两次,但都没有超过一天的时间.我抚摸着北秦岭那些由于饱经地质事件而深变质了的片麻岩,一时间万千感慨难于言表!看来还是要靠中青年人,现在和未来都属于他们.他们已经做出了成绩,今后还必定会做出更多更大的成绩.

　　陕西是波浪状镶嵌构造学说的发祥地.波浪状镶嵌构造学说是地壳的镶嵌构造和地壳的波浪状运动两者的有机结合.这两个概念都起源于相邻地块的"天平式摆动",而"天平式摆动"这个很有意义的现象又恰恰是我通过在秦岭地带及其南北两侧地区几十年的地质实践逐步积累的认识而终于发现了的.所以,完全有理由说陕西、尤其有理由说东秦岭是波浪镶嵌说的故乡.东秦岭那坚硬的岩石、挺拔的群山正是波浪镶嵌学说得以萌生的肥沃母土和得以发展的可靠根基.

　　天山一祁连一秦岭一大别山构造带是把中国地质构造特征划分为北、南二个部分的最宏伟的构造带,同时它又是把地球整个大陆岩石圈层划分为北、南二大部分的特提斯构造活动带的重要组成部分.由此看来,秦岭在地质构造方面的重要性自然是不言而喻的了.八十年代以来,中外地质界有识之士,都以能跻身于秦岭考察为莫大的快事.这本在我多年前的意料之中,不足为奇.奇却奇在大家的考察结果竟然差之千万里之遥!《礼记》云:"差若毫厘,谬以千里."导致这千万里之差的关键看来还应归结于对手下和足下的客观现象的观察与认识.

　　秦岭还将继续被争论下去,这也是由于它的伟大和重要.这同一些伟人在其身后被反复争论、似乎不会休止是一样的.但科技史乃至整个人类历史在不停地发展进化着,人的认识也在随之前进,今后只会愈来愈接近于客观真理.

　　最后,对于王战等著者们在本书中所表现出的创新精神和求实态度深表欣慰.波浪镶嵌说终于有了它较详的造山带形成与演化理论,尽管它还有待于进一步地完善.

　　请阅读或浏览一下这本系统论述东秦岭构造特征及其演化的小册子吧!姑且不说它内中所蕴含的波浪运动要义在自然界中普遍存在,至少它可以向地质界同仁们展示:什么叫做独树一帜.

张伯声

1991 年(辛未)春分写于西安地质学院

《陕西省志·地质矿产志》

序

　　抗日战争初期,平津一些高校内迁西安,合称西安临时大学;不久继迁陕南,正式成立西北联大;由于联大组合松散、内涵庞杂,持续时间不长即告解体,而又为西大、西工和西农等新的独立体制所取代。我于1937年随北洋工学院由天津内迁来陕,经历了这段院校间聚散离合的过程。西大在城固县城,西工在城固古路坝,我身兼二校教授,暑期常带学生们在附近的秦巴山区实习,时山河破碎,师生们常忧民族之危亡,所幸实习中偶有新见而聊以自慰。原北师大文学院院长、当时任西大文理学院国文系主任的黎锦熙先生,虽逢国难而鸿志未减,紧紧抓住区区城固小县竟人才荟萃于一时之良机,倡修城固县志,思"开文教更新之运",此亦黎老一大功德也。我当时应约为《城固县志》撰写了《城固地质志》,删节后曾刊于《西北工学院季刊》(1939年第1期)上,题为《城固地质略志》(后又经删改称《陕南城固地质略志》于1948年刊于国立西北大学地质学会主编的《地质通讯》创刊号上。以上二文之署名均为"张遹骏")。据称这还是我国在县地方志中设置地质专业志的首例。此以前历代修志,均将地质和矿产列入《地理篇》与《物产卷》中(史书则多列入《食货志》)。《城固县志》设地质志之例一开,遂有白士倜等人撰写的同官(即铜川)等七县地质志问世。黎老在此后总纂的《洛川县志》等均专设有地质志和矿产志。今逢盛世修志,闻全国各省、市、县志均将设地质矿产专志,喜不自胜。这同半个世纪前少数文人学子于困难中发愤修志自然无法同日而语。

　　今日喜看《陕西省志·地质矿产志》交付出版前之文稿,眼见在一省的志书中将地质矿产作为专业志单列已成千真万确的事实。它把陕西自具特色的地质和矿产以及这里的人民对其研究和开发的史实予以单独记述,这于无形之中也就提高了我们地质矿产工作者在国家和社会中的地位。作为大半生都在陕西从事地学研究和地质教育事业的我,其激动之情实难言表。

　　经通篇浏览本志书,觉得其特色显而易见:

　　首先,本志书彰明昭著了陕西的地质矿产资源优势,其地域特色跃然纸上。陕西复杂的地质构造环境和多种多样的地史发展历程造就了本省独具特色的多种地质环境和成矿条件，使煤、金、钼等资源闻名全国，铅锌、汞锑及其它一些非金属矿产也储藏颇丰；千姿百态的地质景观胜迹，自然都各有其形成的地质构造背景条件，它们为人们在久已熟知的周秦汉唐胜地凭吊帝王将相、寻古觅踪之外，更增添了新的山川地质胜迹旅游新天地。

再者，每部志书都理所当然地应反映出其编纂的时代特色，本志书则由于遵从了多数中华史志类典籍"详今略古"的优良传统而突出地表现了新中国成立40多年来、尤其是改革开放10余年来陕西地质矿产工作的突出成就；成千上万的地质工作者在秦巴山区和关中、陕北这片古老的黄土地上数十年如一日含辛茹苦的工作业绩，终于在本志书中得到了一定的体现。

此外，本志书也实现了其"资治存史"的固有价值。它以事系人，较客观地记叙了建国前后地质工作者所取得的累累硕果和对国家、对人类做出的贡献，这无论对时下的青年或对后人都将起到激励作用。志书从来都以弘扬文化、教化人民为己任，本志书寓教于地质事业史的叙述，既具专业特色，又体现了思想性与人民性。

统览《陕西省志·地质矿产志》全书，可以说是一部体例得当、资料翔实、文风简朴、图文并茂之作，其资料性、科学性、思想性乃至可读性均较强，作为一部在新的历史时期编撰的、统合古今的陕西省地质矿产专业通志是完全合格的。

如要对本书吹毛求疵，我也是三句话不离本行，那就是构造观记述得过于单薄。我的学生王战教授在撰文论述"地壳波浪状镶嵌构造学说"形成、发展及其前景时曾这样写道："纵观全国各省、区，直接跨越华南、华北两大地质构造单元者，惟安徽与陕西耳！而前者在地层出露及构造复杂程度方面，却远远无法同陕西相比拟。难怪当今全世界的著名地质学家们都把眼睛瞪得大大的望着位于中国大陆腹心地区的秦岭，……李四光生前曾说过，由于中国地质构造的复杂性，……这块地方是出构造观点的地方。……我们还可以推进一步地说，……秦岭是锻炼地质学家、生长和考验学说的最佳地域之一。"王战对陕西和秦岭的誉美之词我看并不过分，各个地质构造学派都无法回避复杂的秦岭，而且也都确乎有独到见解。本志书对此虽有述及，惜只限于蜻蜓点水；尤其各家通过对构造特征与构造演化之论述，如何指导地质找矿实践，似更为重要，然几乎未曾涉及。另据编撰者云，由于受某些因素制约，而不得不舍弃了某些矿产的记述，从而使志书的完整性受到一定程度的影响，此亦不无遗憾。然《礼记》上有句名言，叫做"瑕不掩瑜"，我想用在这里是合适的。

据我所知，陕西省地质矿产局领导非常重视本志书的编写工作，为此专门成立了"陕西省地质矿产志编纂委员会"，负责统一计划和指导编写工作，拟定了篇目体例和质量要求，并抽调有相当水平的专业人员组成编写班子。华夏神州自古就有盛世修志之风，先人为我们留下了难以尽数的各类方志与史志。这些均已成为浩瀚中华文化宝库中的重要组成部分。本志书的编撰与出版，无论对当代还是对后世都是一项可贵的奉献。作为方志中的专业志书，它不但会受到地质同行们的爱戴，而且由于起着"资治、教化、存史"的功能，也必定会受到各科研究者、社会学者和广大人民群众的欢迎。本志书副总编方永安高级工程师约我为之作序，我欣然从命，写了如上的话，不知妥否？

张伯声

写于 1992 年夏至后二日，恰值九十诞辰。

张伯声主要论著目录

（以首次刊发时间先后为序）

1. 张遹骏. 火成岩分类及其译名之体系. 国立北洋工学院工科研究所研究丛刊第 9 号, 1936 年

2. 张遹骏. 闪长岩与辉长岩抑酸长岩与基长岩？. 地质论评, 1937 年 第 2 卷 第 1 期

3. 张遹骏. 火成岩之分类及定名. 地质论评, 1937 年 第 2 卷 第 4 期

4. 张遹骏, 魏寿崐. 陕西凤县地质矿产初勘报告. 地质论评, 1939 年 第 4 卷 第 2 期

5. 张遹骏. 城固地质略志. 西北工学院季刊, 1939 年 第 1 期

6. Zhang Yu-Chun. Pre-Sinian Geology of Hanchung Districts Shensi. Bulletin of the Geology Society of China, 1945, Vol. XXV

7. 张遹骏. 黄河上中游考察报告：第四章 地质. 水利委员会黄河治本研究团, 1947 年

8. 张遹骏. 黄河上中游地形与地质之蠡测. 地质论评, 1948 年 Z2 期

9. 张遹骏. 陕南城固地质略志. 地质通讯, 国立西北大学地质学会主编, 1948 年 创刊号

10. 张伯声. 岩名语尾"岩峀嵒巌"之商榷. 地质通讯, 国立西北大学地质学会主编, 1949 年第 2 期

11. 冯景兰, 张伯声. 豫西地质矿产简报. 河南省人民政府工业指导委员会印, 1950 年

12. 张伯声. 嵩阳运动和嵩山区的五台系（节要）. 地质论评, 1951 年 第 16 卷 第 1 期

13. 张伯声. 宝丰大营梁洼区煤田. 见：豫西地质矿产调查报告. 中南地质调查所开封分所编, 1952 年

14. 张伯声. 巩县小关涉村煤田及铁铝矿. 见：豫西地质矿产调查报告. 中南地质调查所开封分所编, 1952 年

15. 张伯声. 陕县观音堂煤矿断层问题. 见：豫西地质矿产调查报告. 中南地质调查所开封分所编, 1952 年

16. 张伯声. 运城盐池及中条山地质矿产报告. 中国地质学会西安分会会刊, 1953 年 第 1

期；1954 年　第 2 期

17. 张伯声.《中国东部地质构造基本特征》读后. 地质学报，1954 年　第 34 卷　第 3 期

18. 张伯声. 从黄土线说明黄河河道的发育. 科学通报，1956 年　第 3 期

19. 张伯声. 陕北黄土高原的形成与发展（节要）. 中国地质学会会讯，1957 年　第 11 期

20. 张伯声. 结晶外形对称表周期分类及其说明. 西北大学学报（自然科学版），1957 年　第 1 期

21. 张伯声. 陕北盆地的黄土及山陕间黄河河道发育的商榷. 中国第四纪研究，1958 年　第 1 卷　第 1 期

22. 张伯声. 中条山的前寒武系及其大地构造发展. 西北大学学报（自然科学版），1958 年　第 2 期

23. 张伯声，从陕西大地构造单位的划分提出一种有关大地构造发展的看法. 西北大学学报（自然科学版），1959 年　第 2 期

24. Zhang Bosheng. The Pre-Cambrian Systems the Geotectonic Development of Chungtiaoshan Shansi. Scientia Sinica, 1959, Vol. VIII, No. 5

25. 张伯声. 镶嵌的地壳. 地质学报，1962 年　第 42 卷　第 3 期

26. Zhang Bosheng. The Analysis of the Development of the Drainage Systems of Shensi in Relation to the New Tectonic Movements. Scientia Sinica, 1962, Vol. XI, No. 3

27. Zhang Bosheng. The Mosaic Earth's Crust. Scientia Sinica, 1963, Vol. VII, No. 9

28. 张伯声. 从镶嵌构造观点说明中国地壳构造的特征. 见：中国地质学会第 32 届学术年会论文选集（构造分册）. 1963 年

29. 张伯声. 在新构造运动的断块构造基础上说明秦岭两侧河流的发育. 见：中国地质学会第 32 届学术年会论文选集（水文地质、工程地质、第四系、地貌分册）. 1963 年

30. 张伯声. 在断块构造的基础上说明秦岭两侧河流的发育. 地质学报，1964 年　第 44 卷　第 4 期

31. 张伯声. 关于大地构造分类的一个建议. 见：中国地质学会第一届构造地质学术会议论文摘要汇编（第一册，区域构造、前寒武纪及变质岩构造、大地构造）. 1965 年

32. 张伯声. 地壳波浪运动——形成镶嵌构造的一个主要因素. 见：中国地质学会第一届构

造地质学术会议论文摘要汇编（第一册：区域构造　前寒武纪及变质岩构造　大地构造）. 1965 年.（全文见：张伯声地质文集. 陕西科学技术出版社，1984 年）

33. 张伯声. 从镶嵌构造观点说明中国大地构造的基本特征. 见：中国大地构造问题. 科学出版社，1965 年

34. 张伯声. 中国大地构造的基本特征与镶嵌构造形成的机制. 地质学报，1966 年 第 46 卷 第 1 期

35. 张伯声，王　战. 中国的镶嵌构造与地壳波浪运动. 西北大学学报（自然科学版），1974 年 第 1 期

36. 张伯声，汤锡元. 鄂尔多斯地块及其四周的镶嵌构造与波浪运动. 西北大学学报（自然科学版），1975 年 第 3 期

37. 张伯声，吴文奎. 新疆地壳的波状镶嵌构造. 西北大学学报（自然科学版），1975 年 第 3 期

38. 张伯声. 地壳的镶嵌构造与地质学基本理论. 见：地质参考资料. 河南省地质局科研所，1975 年 第 15 期（后收入《张伯声地质文集》）

39. 张伯声. 板块构造说的正反面概述. 西北大学学报（自然科学版），1976 年 第 1 期

40. 张伯声，王　战. 中国镶嵌地块的波浪构造. 见：国际交流地质学术论文集（1）区域地质　地质力学. 地质出版社，1978 年

41. 张伯声，王　战. 地壳的波浪状镶嵌构造. 见：地质科技在发展中（之三）. 国家地质总局情报研究所编印，1978 年

42. 张伯声，汤锡元，吴文奎，王　战. 地壳的波浪状镶嵌构造同中国的矿产和地震的关系. 见：第二届全国构造地质学术会议论文摘要汇编（下册）. 第二届全国构造地质学术会议筹委会秘书组，1978 年

43. 张伯声，王　战. 地震同地壳波浪状镶嵌构造关系初探——着重探讨陕西地震活动的规律. 西北大学学报（自然科学版），1980 年 第 1 期

44. 张伯声，王　战. 地壳的波浪状镶嵌构造与地震. 西北地震学报，1980 年 第 2 卷 第 2 期

45. 张伯声，王　战. 中国地壳的波浪运动及其起因与效应. 见：国际交流地质学术论文集（1）——为二十六届国际地质大会撰写. 地质出版社，1980 年

46. 张伯声. 中国地壳的波浪状镶嵌构造. 科学出版社, 1980 年

47. 张伯声, 王　战. 镶嵌构造波浪运动说. 见: 构造地质学进展. 科学出版社, 1982 年

48. 张伯声, 周廷梅. 地壳的一级波浪状镶嵌构造. 见: 地壳波浪与镶嵌构造研究. 陕西科学技术出版社, 1982 年

49. 张伯声, 吴文奎. 天山东南端卡瓦布拉克塔格－东库鲁克塔格的地壳波浪编织构造. 见: 地壳波浪与镶嵌构造研究. 陕西科学技术出版社, 1982 年

50. 张伯声, 李　威. "东亚镜像反映中轴"对甘肃南部及其邻区的构造和矿产分布的控制. 见: 地壳波浪与镶嵌构造研究. 陕西科学技术出版社, 1982 年

51. 张伯声, 王　战. "汾渭地堑"的发展及其地震活动性. 见: 地壳波浪与镶嵌构造研究. 陕西科学技术出版社, 1982 年

52. 张伯声主编. 地壳波浪与镶嵌构造研究. 陕西科学技术出版社, 1982 年

53. 张伯声, 王　战. 从地球演化的波浪性提出一种前寒武时代划分方案. 西安地质学院学报, 1983 年 第 1 期

54. 张伯声, 王　战. 波浪状镶嵌构造同中国能源资源分布的关系. 西安矿业学院学报, 1983 年 第 2 期

55. 张伯声, 吴文奎, 李　侠. 渭汾桑断裂系统. 见: 全国断裂构造学术会议论文摘要汇编. 1983 年

56. 张伯声. 张伯声地质文集. 陕西科学技术出版社, 1984 年

57. 张伯声. 辩证的地质学. 西安地质学院学报, 1984 年 第 1 期

58. 张伯声, 王　战. 论地壳的波浪运动. 西安地质学院学报, 1984 年 第 1 期

59. 张伯声, 李　威. 甘肃南部的地层构造与铅锌矿. 西安地质学院学报, 1984 年 第 1 期

60. 张伯声, 王　战. 地壳运动的波浪性. 见: 国际交流地质学术论文集（2）——为二十七届国际地质大会撰写. 地质出版社, 1985 年

61. 张伯声, 王　战. 自然之路、物质变化、岩石和矿物同人类社会文化的发展——自然辩证琐谈. 见: 地壳波浪与镶嵌构造研究（第二集）. 陕西科学技术出版社, 1986 年

62. 张伯声主编. 地壳波浪与镶嵌构造研究（第二集）. 陕西科学技术出版社, 1986 年

63. 张伯声，李　侠. 略论滑动构造. 西安地质学院学报，1986 年　第 3 期

64. 张伯声，吴文奎. 略论塔里木盆地的波浪状镶嵌构造. 西安地质学院学报，1986 年　第 3 期

65. 张伯声. 地质构造发展的斜向性与宇宙运动. 西安地质学院学报，1987 年　第 1 期

66. 张伯声.《陕西省志·地震志》序. 地震出版社，1989 年

67. 张伯声，王　战. 从波浪状镶嵌构造学说观点看陕西. 陕西地质，1989 年　第 2 期

68. 张伯声，王　战. 地壳波浪状镶嵌构造学说撮要. 西安地质学院学报，1993 年　第 4 期

张伯声大事年表

张伯声出身耕读之家。祖父半农半商。父辈兄弟五人，除三叔随祖父经商外，其余皆以教师为业，兼事农耕。父亲张铭宸，为河南省议员，南阳中学监督；母亲杨氏，终生为农。

1903 年

6 月 23 日，出生于河南省荥阳乔楼村一富裕大户人家。

1908 年

入村中私塾学习。

1913 年

入荥阳县高等小学堂。

1917 年

考入开封留学欧美预备学校（现河南大学）二次英文科。

1918 年

考取清华学校，开始了长达 8 年（中等科 4 年，高等科 4 年）的学习生涯。

1926 年

清华学校毕业后，被保送赴美留学。先到旧金山中国领事馆报到，被分配到威斯康辛大学化学系学习。

1927 年

年初，转入芝加哥大学化学系学习。

1928 年

3 月，从芝加哥大学化学系顺利毕业并获学士学位。遂考取芝加哥大学地质系研究部，跟随著名岩石学家约翰森教授、构造地质学家坎伯仑教授及费歇尔教授攻读地质学专业。

1929 年

7 月，为追随著名构造地质学家维里斯，转入斯坦福大学地质系研究部。因维里斯赴非洲考察东非大裂谷，于是得到地层古生物学家布莱克·卫尔德教授的精心指导。

1930 年

5 月初，因家事中断学业回国。

9 月，被聘为私立焦作工学院（现中国矿业大学、河南理工大学）地质学、岩矿学教授，兼任经济监察委员会委员、出版委员会委员。

是年，与欧阳氏（冯景兰教授姑表妹）结婚。

1932 年

9 月，夫人欧阳氏因病去世。

1933 年

任唐山工学院教授。后又转任上海交通大学教授（约 7 个月）。

1934 年

任河南大学教授。其间，与省立开封女子中学教师赵慧文（赵九章妹妹）结婚。

1935 年

7 月，长子张廷良出生。孩子半岁时，夫人赵慧文因伤寒去世。

1936 年

任国立北洋工学院教授。

1937 年

抗日战争全面爆发后，平津被日军占领，各大院校及研究院所相继西迁或南迁。随国立北洋工学院内迁西安，在由平津各院校联合组成的国立西安临时大学任教。

暑假期间，到湖南郴州调查煤矿。

1938 年

1 月，与魏寿崑、雷祚文等率领矿冶工程系 19 名学生对陕南 5 个县域的砂金资源及地质矿产进行勘查。

3 月，山西临汾失陷，日寇攻抵风陵渡，关中门户潼关告急，西安屡遭日机侵扰轰炸，国立西安临时大学迁往陕西汉中。

4月3日，教育部电令：国立西安临时大学改为国立西北联合大学。主校址在城固县古路坝。任国立西北联合大学教授。

8月8日，教育部电令：撤销国立西北联合大学，成立国立西北大学、国立西北师范学院、国立西北医学院、国立西北工学院、国立西北农学院。

1939 年

任国立西北工学院教授，兼任国立西北大学地质地理系教授。

4月，与魏寿崐合著《陕西凤县地质矿产初勘报告》，发表于《地质论评》第2期。

是年，全家迁往四川。经原国立北洋工学院同事介绍，认识了裘婉容女士，不久与之结婚，并赴峨眉山共度蜜月。

1940 年

是年前后，多次指导国立西北工学院和国立西北大学学生，在汉中南部及巴山中西段进行野外地质实习和调查。其间，发现前人所认定的中生代印支期汉南花岗岩与震旦系不是侵入接触关系，而是断层接触；并发现震旦系在一些地方直接覆盖于汉南花岗岩之上，说明该花岗岩应是前震旦纪花岗岩，故汉南花岗岩应从秦岭地槽中析出。这一发现和研究成果，不仅为"汉南地块"的建立奠定了基础，而且为正确认识汉中地区大地构造的性质提供了科学依据。

7月2日，女儿张廷娥（后改名张娥）出生。

1943 年

1月15日，次子张廷安降生。

6月15日，《西北学报》复刊，《陕南砂金》发表于该刊第二卷第一、二期合刊。

是年前后，多次赴青海、甘肃、宁夏、新疆进行地质考察。

1945 年

《Pre-Sinian Geology of Hanchung Districts shensi》（《陕西汉中区之前震旦纪地质》）发表于《Bulletin of the Geology society of China》1945, No. 25（《中国地质学会志》1945 年第 25 期）。

1946 年

是年夏，国立西北大学由陕南回迁西安。任西北大学地质地理系教授，兼西北工学院教授。

参与国民政府水利委员会黄河治本研究团，沿青海、甘肃、宁夏、绥远、内蒙古、陕西、山西、河南等地黄河两岸，考察黄河上中游水利情况。

1947 年

国立西北大学地质学系正式成立，任地质学系教授。

撰写《黄河上中游考察报告　第四章　地质》。

1948 年

任国立西北大学地质学系主任，兼岩矿教研室主任，支持并协助时任校长杨钟健，抵制国民政府迁校四川的命令。

4 月 9 日，率领地质学系四年级学生赴华山野外实习。

9 月 30 日，三子张廷皓出生。

12 月，《陕西城固地质略志》刊发于国立西北大学地质学会主办的《地质通讯》创刊号。

1949 年

5 月 20 日，西安解放。继续担任地质学系主任。

7 月 31 日，西北自然科学工作者协会举行筹备大会，当选为筹备会常务委员。

8 月 4 日，西安市军事管制委员会发布命令（学会字第 20 号），被任命为国立西北大学校务委员会委员。

8 月 8 日，国立西北大学第一次校务委员会召开，被任命为理学院改革事宜负责人。

9 月 24 日，国立西北大学教职工福利委员会改选，当选为候补监察委员。

1950 年

4 月 10 日，学校举行西安市教职员联合会国立西北大学分会成立大会，当选为执行委员。

5 月，接受河南省人民政府聘请，担任"豫西地质矿产考察团"顾问。亲赴豫西与考察团成员一起发现了平顶山煤矿和巩县铝土矿；并在中岳嵩山发现了太古界与元古界之间角度不整合面，遂将其所代表地壳运动命名为"嵩阳运动"。编写《豫西矿产地质报告》，并绘制了 1：10 万地质图。

9 月，接受中央人民政府燃料工业部为西北石油局（当时为中国唯一的石油局）培养石油地质人才的委托，在地质学系设立速成班，招生 60 名。国立西北大学地质学系为我国建立石油地质专业开了先河。

12 月 6 日，学校召开中国教育工会国立西北大学委员会成立大会，当选为第
一届工会委员会副主席。

1951 年

1 月 31 日，被中央人民政府教育部任命为西北大学理学院院长，仍兼任地质
学系主任。

发表论文《嵩阳运动和嵩山区的五台系》（《地质论评》1951 年第 1 期）。

参加教育部与燃料工业部召集的全国重点高校地质系领导座谈会，踊跃接受
连续三年为国家培养一两千名地质专科人才的任务，率先创办西北大学石油
专修班，为后来兄弟院校接受这一任务起了模范带头作用。

1952 年

起任九三学社西安分社主任委员。

5 月 13 日，经最高人民法院西北分院批准，在西北大学成立西北区一级机关
第 18 人民法庭，被任命为副审判长。

7 月 19 日，被西北军政委员会任命为暑期招生办公室兼职副主任。

1954 年

9 月，被河南省人民代表大会推选为第一届全国人民代表大会代表，并于
15 ~ 28 日在京出席第一届全国人民代表大会第一次会议。

1956 年

3 月 20 日，加入中国共产党。

12 月 18 日，国务院全体会议第 41 次会议通过，被任命为西北大学副校
长。

是年，经多次对黄河两岸地区进行野外地质考察，发现黄土分布高度的规律，
提出了"黄土线"概念。

1957 年

是年春，带领学生到中条山区的铜矿峪、胡家峪、皋落等地实习，并进行地
质勘查研究，发现多年来中国地质学界对中条山前寒武纪地质构造问题争论
不休的症结，皆因对本区地层、岩石和矿产及地质构造调查不够深入、认识
不全面使然。

1958 年

发表论文《中条山的前寒武系及其大地构造发展》(《西北大学学报》〔自然科学版〕第 2 期),提出了中条山铜矿为沉积变质矿床的观点。

1959 年

主编《陕西省地质图(1∶50 万)》。

发表论文《从陕西大地构造单位的划分提出一种有关大地构造发展的看法》(《西北大学学报》〔自然科学版〕1959 年第 2 期),首次提出相邻地块的天平式运动(后修改为"天平式摆动")观点。

4 月 7 日,被地质部部长李四光聘请为地质部秦岭协作区地质测量指导组陕西省地质测量指导组组长。

被河南省人民代表大会推选为第二届全国人民代表大会代表,并于 4 月中旬赴京出席第二届全国人民代表大会第一次会议。

5 月 5 日,被地质部部长李四光聘请为地质部地质图编审委员会委员。

《中条山的前寒武系及其大地构造发展》转译为英文《The Pre-Cambrian Systems the Geotectonic Development of Chungtiaoshan Shansi》,发表于《Scientia Sinica》1959, Vol. Ⅷ, No. 5。

在陕西地质学会年会上宣读《从水系发育看陕西的新构造运动》论文。

1960 年

被评为全国教育系统先进工作者,并出席全国文教群英会。

是年,带领西北大学教师张耀麟、学生张国伟等到秦岭进行第四纪冰川活动调查,东起河南熊耳山,经陕西华山、太白山至甘肃麦积山,查实太白山确有第四纪末冰川遗迹。

1961 年

1 月 6 日,中共陕西省委宣传部批复,同意为中共西北大学第二届委员会常委。

是年,为西北大学地质学系应届毕业生宣讲"镶嵌的地壳"。

1962 年

《镶嵌的地壳》发表于《地质学报》第 3 期,首次提出"镶嵌构造"的概念。

《The Analysis of the Development of the Drainage Systems of Shensi in Relation to the New Tectonic Movements》(《陕西水系的发育同新构造运动关系分析》)

发表于《Scientia Sinica》1962，Vol. XI，No. 3（《中国科学》1962 年第 11 卷第 3 期）。

1963 年

4 月 24 日，中共西北大学第三届党员代表大会上，被选为党委委员。

论文《镶嵌的地壳》转译为英文《The Mosaic Earth's Crust》，发表于《Scientia Sinica》1963，Vol. XII，No. 9。

1964 年

6 月 25 日，中共西北大学第四届党员代表大会上，被选为党委委员。

是年底，被陕西省人民代表大会推选为第三届全国人民代表大会代表，出席了第三届全国人民代表大会第一次会议。

完成"再谈镶嵌的地壳"初稿。

1965 年

把"再谈镶嵌的地壳"扩展为《从镶嵌构造观点说明中国大地构造的基本特征》，收入科学出版社出版的《中国大地构造问题》（论文集）一书。（1972 年，我国台湾省出版的《中山自然科学大辞典·地球科学卷》收录此文〔无署名〕，作为中国构造地质研究的首席观点）

9 月，发表《地壳的波浪——形成镶嵌构造的一个主要因素》（《中国地质学会第一届构造地质学术会议论文摘要汇编》第一册。全文收入 1984 年《张伯声地质文集》），提出"地壳波浪运动"的概念，其大地构造理论框架已基本成型。

11 月 10 日，中共西北大学第五届党员代表大会上，被选为党委委员。

1966 年

发表论文《中国大地构造的基本特征与镶嵌构造形成的机制》（《地质学报》1966 年第 1 期），系统探讨"地壳波浪状镶嵌构造"的形成机理。

1968 年

11 月，作为西北大学"文革"时期最后一个被进入"牛棚"的人。

1969 年

8 月，成为西北大学首批（8 人）被"解放"的干部教师之一，同时恢复原有领导职务（副校长——时称"校革委会副主任"，主管理科教学和科研）。

1970 年

是年春，到略阳县煎茶岭"帐篷大学"，为冶金地质试点班野外授课。

8 月 7 日，妻子裴婉容离世。

1971 年

12 月 21 日，与西北大学医务室校医范妙龄结婚。

1972 年

到潼关金矿考察等间距成矿问题。

1974 年

发表论文《中国的镶嵌构造与地壳波浪运动》（《西北大学学报》〔自然科学版〕1974 年第 1 期）。

1975 年

发表《地壳的镶嵌构造与地质学的基本理论》（河南省地质局科研所《地质参考资料》第 15 期。1984 年收入《张伯声地质文集》）。

1976 年

2 月，发表论文《板块构造说的正反面概述》（《西北大学学报》〔自然科学版〕1976 年第 1 期），阐释"波浪状镶嵌构造说"与"板块构造说"的根本区别。

7 月，唐山大地震后，与助手冒着酷暑奋战一个多月，把中国全部有历史记载的中强地震绘成地震强度时间变化表，得出陕西中强以上地震活动周期为620 ～ 800 年的结论；同时又做出全国几次地震活跃期的中强地震平面分布图，说明一个方向的地震活动不足以激发陕西（关中）地震活跃，必待两个方向同时活动或频繁交替的情况下陕西地震才会活跃起来，从而引申出不同地壳波浪的叠加干涉效应。通过分析研究，明确得出"陕西近期无强震"的结论。曾与助手将这一研究成果在西安地区作报告 14 场，对消除民众恐慌情绪，稳定社会起了重要作用。

1977 年

7 月 16 日，校党委扩大会议上，被评为"科技工作先进个人"。

11 月 10 日，被中共西北大学委员会提名为出席省人大会议的人大代表。

1978 年

2 月 24 日至 3 月 8 日，作为教育界的优秀代表，当选为第五届全国政协委员，出席中国人民政治协商会议第五届全国委员会第一次会议。

3 月 18 ～ 31 日，出席在北京召开的全国科学大会，并荣获"全国先进科技工作者"称号；《中国地壳的镶嵌构造和波浪运动》获全国科学大会优秀科研成果奖。

4 月 23 ～ 30 日，出席陕西省科学大会，并受到表彰；《中国地壳的镶嵌构造和波浪运动》获省科学大会优秀科技成果奖。

6 月 1 日，被陕西省委组织部任命为西北大学副校长。同日，西北大学学术委员会成立，经校党委讨论批准，被任命为学术委员会理工科委员会主任委员。

10 月，印制《中国大地构造图（1∶1000 万）——按照波浪镶嵌观点编制》（内部交流）。

1979 年

2 月，赴南宁参加"中国石油地质学会成立大会"。

3 月中旬，赴北京参加"第二届全国构造地质学术会议"，当选为全国构造地质学专业委员会副主任；继之参加"中国地质学会第四次会员代表大会"，当选为中国地质学会 32 届理事会副理事长。

在上述两个会议上，"地壳波浪状镶嵌构造"学说，被公认为中国五大构造地质学派之一。

1980 年

1 月 21 日，被陕西省委任命为西安地质学院党委委员、院长，同时免去西北大学副校长职务。

2 月，发表《地震同地壳波浪状镶嵌构造关系初探——着重探讨陕西地震活动的规律》（《西北大学学报》〔自然科学版〕1980 年第 1 期）。

3 月，当选中国科学院地学部委员（1993 年改称院士）。

5 月 31 日，陕西省人民政府举行 1979 年度科学技术成果授奖大会，《地壳的波浪状镶嵌构造及其应用》获一等奖。

6 月，出版专著《中国地壳的波浪状镶嵌构造》（科学出版社），全面系统地阐述了"地壳波浪状镶嵌构造"学说。

7 月 21 日，被陕西省高教局推荐为国家优秀拔尖人才。

11 月 20 日，西安地质学院批准建立教师职称评定委员会，任第一主任委员。

1981 年

12 月 19 日，地质矿产部教育司批准成立西安地质学院地质构造研究室，兼任研究室主任。

1983 年

10 月 26 日，中共地质矿产部批准，免去西安地质学院院长职务，改任名誉院长。

11 月 2 ～ 7 日，"全国首届地壳波浪运动与镶嵌构造学术讨论会"在西安地质学院召开，莅会讲话并接见全体与会代表。

1984 年

4 月，《张伯声地质文集》出版（陕西科学技术出版社）。

1985 年

《地壳波浪状镶嵌构造理论研究及其在能源资源和地震方面的实践意义》获地质矿产部科研成果二等奖。

1987 年

3 月 20 ～ 24 日，在西安召开的"地壳波浪状镶嵌构造研究会成立大会暨第二届全国地壳波浪运动与镶嵌构造学术讨论会"上，当选为研究会主任委员。

1988 年

11 月 17 日，地质矿产部批准成立西安地质学院地质构造研究所，任名誉所长。

1989 年

被国家教育委员会授予"全国优秀教师"称号。

1990 年

主持编制《中国波浪状镶嵌构造图（1∶400 万）》（1995 年改版为 1∶500 万，由地质出版社出版）。

开始享受国务院政府特殊津贴。

1991 年

被评为陕西省劳动模范。

1992 年

1 月，应邀为母校河南大学题词。

10 月 1 日，夫人范妙龄去世。

1993 年

6 月，被聘为西北大学终身教授。

发表《地壳波浪状镶嵌构造学说撮要》（《西安地质学院学报》第 4 期），将波浪镶嵌说的最新发展做了最全面而简要的总结。

1994 年

4 月 4 日下午 5 时，因病医治无效在陕西省人民医院去世。

6 月 23 日上午，其子女及部分学生在秦岭峰顶隆重举行骨灰撒放仪式。遵照先生"不筑墓地，不留骨灰"的遗嘱，亲友们驱车秦岭之巅（沣峪垴秦岭梁垭口），将先生与爱妻裴婉容的骨灰分撒在奇峰异石旁、清泉溪流中、绿茵花草间……将骨灰盒安葬在秦岭梁一处云腾雾罩的油松丛林中。